普通高等教育网络空间安全系列教材

密码芯片设计基础

戴紫彬　著

科 学 出 版 社

北 京

内 容 简 介

本书是作者在多年科研和教学工作实践总结的基础上整理编写而成的。全书共7章，全面介绍密码芯片设计的基础知识和关键技术。主要内容包括：密码芯片的基本概念与性能指标，密码芯片的总体设计与结构设计，逻辑运算、模加运算、模乘运算、有限域乘法运算、移位操作、比特置换、查表操作、反馈移位寄存器等8类密码处理单元设计，存储单元与互联单元设计，分组密码算法 DES、序列密码算法 Grain-80、杂凑算法 SHA1、非对称密码算法 RSA 的核心运算、大整数乘法芯片的数据路径设计和控制器设计，以及密码芯片安全防护等内容。

本书可作为高等院校密码科学与技术、集成电路科学与工程、网络空间安全等专业的高年级本科生和研究生教材，也可供密码芯片、安全芯片、密码模块与专用集成电路设计工程人员参考。

图书在版编目(CIP)数据

密码芯片设计基础 / 戴紫彬著. —北京：科学出版社，2023.6
普通高等教育网络空间安全系列教材
ISBN 978-7-03-075883-5

Ⅰ. ①密… Ⅱ. ①戴… Ⅲ. ①密码—芯片—设计—高等学校—教材
Ⅳ. ①TN402

中国国家版本馆 CIP 数据核字(2023)第 109757 号

责任编辑：于海云 / 责任校对：胡小洁
责任印制：张 伟/ 封面设计：马晓敏

科学出版社 出版
北京东黄城根北街 16 号
邮政编码：100717
http://www.sciencep.com
北京建宏印刷有限公司 印刷
科学出版社发行 各地新华书店经销
*
2023 年 6 月第 一 版 开本：787×1092 1/16
2023 年 6 月第一次印刷 印张：17
字数：436 000

定价：69.00 元

（如有印装质量问题，我社负责调换）

序一

密码作为通信保密的技术手段，长期应用于军事、政治、外交等国家重要领域。20 世纪七八十年代以来，随着全球信息化高速发展，密码应用快速进入经济社会和人们生活的方方面面，各类远程、无纸化信息交互迫切需要解决身份鉴别认证、数据保密、信息防篡改等信息安全问题，密码也从此脱去了神秘的面纱，从军事科学的一个分支逐步走向民用、走向大众，密码技术在应用需求推动下不断丰富发展，成为备受关注的学科领域。

密码芯片是承载、执行密码算法的一类专用集成电路。密码芯片加速密码算法实现，提升了密码处理性能；密码芯片集成密钥生成、密钥存储、密钥销毁等密钥管理功能，加强了密码安全防护能力；密码芯片可以提供数据加密、数字签名、身份认证、完整性认证等密码服务，进而支撑各类安全协议，服务于各类安全应用。密码芯片是支撑网络信息安全的核心电子元器件，密码芯片设计技术已经成为网络空间安全的核心和关键技术之一。

2015 年，国务院批准设立网络空间安全一级学科，该学科将“密码芯片技术”设为密码学方向的一门重要课程；2021 年底，密码专业学位获国务院学位办批准设立，学科专业建设迫切需要“密码芯片技术”高水平教材的支撑。

中国人民解放军战略支援部队信息工程大学是国内最早开展密码学学科建设与人才培养的高等军事院校，也是首批“一流网络安全学院建设示范项目高校”，在密码学、网络空间安全方向积淀深厚，自 2004 年学校率先在本科专业中开设了“密码芯片设计”课程，培养了大批密码芯片设计与应用人才。该书结合作者近 20 年的密码芯片设计经验与课堂教学内容编写而成，其内容全面、层次分明、描述清晰，涵盖了从密码芯片的起源、发展历程、分类、功能作用到密码芯片总体设计、结构设计、单元设计和安全防护技术的方方面面，既介绍了当今最为常用的分组密码、序列密码、杂凑算法及非对称密码算法芯片设计方法，也对各种密码算法中常用到的布尔函数、移位寄存器、加法/减法/PHT 运算、乘法运算、有限域乘法运算、移位操作、比特置换、查表操作等密码处理单元设计技术进行了深入浅出的讲解，还分析了密码芯片面临的安全威胁，讲述了密码算法芯片安全防护基本理论与技术。

该书的出版，将进一步丰富完善密码工程的知识体系，完善国内网络空间安全、密码科学与技术等相关专业的教材体系，为国内密码工程技术人才培养提供一本有益的教材和参考书。衷心祝贺该书的顺利出版！

郑建华

中国科学院院士　郑建华

2022 年 12 月

序二

密码技术事关国家安全、经济安全和个人信息安全，集成电路是信息技术的基础，是密码技术在当代密码设备中的实现载体。自 20 世纪 80 年代诞生以来，密码芯片一直受到政府和用户的高度重视，显示出旺盛的生命力。进入 21 世纪以来，随着集成电路制造工艺水平和芯片设计技术水平的不断提高，密码芯片技术迅猛发展。密码芯片的出现使密码设备的结构发生了革命性变化，不仅性能有了惊人的提升，而且功耗、体积大幅度减小。同时，密码芯片也改变了密码设备的开发和工作方式，促进了密码技术保障范围的不断扩大，已经成为商用密码市场不可或缺的基础产品，在确保网络空间安全方面发挥着不可替代的重要作用。

当前，我国集成电路人才严重短缺，人才数量和质量都与需求相差甚远，已经成为制约集成电路产业发展最大的软肋。在这种背景下，集成电路科学与工程被列为交叉学科门类下的一级学科。密码芯片所独有的密码学与集成电路技术交叉融合的属性，使其成为集成电路设计技术的重要方向，而密码芯片设计技术是集成电路设计技术在密码学中的具体应用，是集成电路设计技术的重要内容。

教材建设是人才培养的组成部分，课程建设的重要内容，也是学科发展的基础工作。密码芯片设计作为集成电路科学与工程一级学科重要的研究内容，学生急需此方面的高质量教材。《密码芯片设计基础》此时面世，转变了集成电路设计技术方向缺乏优秀密码芯片教材的现状，为密码芯片设计领域的人才培养提供了重要支撑，也为密码芯片的研究开发提供了重要参考。

该书从密码芯片起源、发展历程、分类、功能作用及性能度量方法出发，依据集成电路设计方法学，讲解了密码芯片总体架构、模块组成和基本单元的设计理论与方法，结合不同体制的密码算法，讲述了典型分组密码、序列密码、杂凑算法芯片及非对称密码核心模块设计实现技术，从密码芯片面临的安全威胁分析开始，介绍了密码芯片的安全防护技术。该书内容丰富全面，分析设计描述清晰，文字深入浅出，可作为高等学校集成电路科学与工程、网络空间安全及电子信息工程等相关专业的高年级本科生及研究生的专业教材，也可作为密码芯片、密码设备设计工程师的专业参考书，还是一本为专用集成电路设计人员提供的设计方法学基础教程。

清华大学　魏少军

2022 年 12 月

前　言

党的二十大报告指出，要“健全国家安全体系”。密码作为网络安全保障体系中的重要组成部分，是维护国家根本利益的重要战略资源，核心技术要不来、买不来、买来了也不能用，必须依靠自主创新。近年来，我国明确了建设世界一流密码强国的奋斗目标。一流密码强国，必须要有比肩世界强国的密码基础理论研究水平和技术创新能力，必须要有世界先进水平的自主研发的密码算法和产品，必须要有先进的密码保障能力和治理体系，归根结底是要有一流的密码人才。

密码芯片是承载密码信息、实现密码处理、提供密码服务、具有自身安全防护功能的专用集成电路芯片，是实现密码技术的最高效、最安全、最可靠的技术手段，密码芯片事关国家安全、经济社会安全和个人信息安全，是确保网络空间安全的核心与关键技术，必须自主可控、自主创新。我国集成电路产业薄弱，集成电路工程与密码技术人才奇缺，密码芯片设计与应用人才更为匮乏。当今，网络空间安全、密码科学与技术等本科专业将“密码芯片与安全”相关教学内容作为其支撑性课程之一，集成电路科学与工程也明确将“密码芯片技术”作为高年级本科生的核心课程，而这些学科、专业近期才刚刚设立，国内缺少系统的专业教材。

中国人民解放军战略支援部队信息工程大学自 2004 年起在密码学及相关本科专业开设了“密码芯片设计基础”课程，2005 年为微电子学与固体电子学硕士研究生及集成电路工程专业学位研究生开设了“密码芯片设计技术”选修课。在这种背景下，作者 2005 年主编了《密码芯片设计基础》学校内部教材，迄今为止，已经使用了 17 年，得到相关专业的本科生、研究生的好评。限于当时的条件，内部教材还比较粗糙、内容还有所欠缺，作者在十几年的课程教学实践过程中，不断丰富完善、补充教学内容，本书是在原内部教材和教学课件的基础之上，又进行了三年系统的完善、修订编写而成的。

本书依据集成电路与系统设计方法学，结合网络空间安全对密码芯片的需求，从密码芯片总体设计、架构设计、基本单元设计入手，由浅入深，讲述现代密码芯片数据路径、控制单元设计的基本方法和基本技术，讲解密码芯片面临的安全威胁及安全防护设计方法，力图让学生理解并掌握密码芯片设计的基本方法、基本技术。全书共 7 章，第 1 章介绍密码芯片的基本概念、分类，密码芯片发展历程与现状，密码芯片性能度量；第 2 章从数字系统的层次化描述方法入手，介绍密码芯片总体设计、结构设计、工作流程设计；第 3 章介绍布尔函数、模加/模减运算、乘法运算、有限域乘法运算、移位操作、比特置换、查表操作等常用的密码处理单元设计技术；第 4 章介绍密码芯片设计中常用的寄存器堆、移位寄存器、FIFO 等数据存储单元及互联单元的设计方法；第 5 章介绍密码芯片数据路径的组成及设计步骤，并以典型分组密码算法 DES、序列密码算法 Grain-80、杂凑算法 SHA1 以及大数乘法运算为例，讲解数据路径设计技术；第 6 章介绍密码芯片控制器基本结构、分类及设计步骤，以典型密码算法控制器设计为主线，介绍移位寄存器型、计数器型和有限状态机型控制器以及微代码控制器的设计步骤及描述方法。第 7 章介绍密码芯片面临的安全威胁及安全防护的基本方法，并重点介绍密码算法芯片抗能量分析攻击、抗计时分析攻击及抗故障分析攻击的设计技术。

本书作者长期从事密码芯片设计领域的教学科研工作，具有二十多年的密码芯片研发经验，先后主持“核高基”国家科技重大专项、国家863计划及省部级密码芯片研制类科研项目数十个，获国家科技进步奖一等奖1项，省部级科技进步奖一等奖2项、二等奖3项、三等奖6项，公开发表密码芯片设计类学术论文300余篇。

本书全书由戴紫彬教授统稿，并编写了第1~7章的内容，参与编写工作的还有其他几位教师，他们是朱春生(参与第7章编写)、严迎建(参与第7章编写)、张立朝(参与第1章、第2章部分内容编写)、陈琳、戴乐育、杜怡然、刘军伟、李军伟(参与第3章部分内容编写)。

陈韬、孙万忠、徐建参与了原内部教材的编写工作，为本书的成稿奠定了基础，研究生蒋丹萍对本书的设计进行了编程实现与验证。本书编写过程中参阅了大量的研究生学位论文，他们是孙万忠、陈韬、徐建、刘元峰、黄小苑、杨晓辉、于学荣、向楠、孟涛、李伟、张学颖、李淼、南龙梅、刘邦、马超、李校南、纪祥君等同学，在此一并表示感谢。

由于时间仓促，书中难免存在不足之处，恳请读者批评指正！

作　者

2022年12月于郑州

目　　录

第1章 绪　论

自从20世纪80年代初密码芯片诞生时起，各种密码芯片迅速地涌现出来，并很快占领了军政和商用密码市场。这种大规模、超大规模集成电路工艺与密码算法相结合而形成的密码芯片，一经问世就受到人们的普遍重视和欢迎，显示出旺盛的生命力，成为通信保密乃至信息安全不可或缺的核心电子元器件。密码芯片的出现使密码设备、安全设备的构成发生了革命性变化，保密强度产生了质的飞跃，速度有了惊人的提高，体积、功耗有了大幅度缩减。同时，密码芯片改变了密码设备的开发和工作方式，使得密码保障的范围不断扩大，密码芯片已经成为支持网络空间安全的不可替代的关键的核心电子元器件。本章首先讨论密码芯片的概念和分类，介绍密码芯片的发展背景、历程和现状，然后研究密码芯片的性能指标。

1.1 密码芯片

1.1.1 密码芯片的概念

密码芯片是一类专用集成电路芯片，是承载密码信息、实现密码处理、提供密码服务、具有自身安全防护功能的专用集成电路芯片。

众所周知，密码是确保计算平台安全和网络空间安全的最有效、最核心、最严密的技术手段。密码处理可以通过软件和硬件两种方式实现，硬件实现又可分为以通用集成电路为基础的实现方式和密码芯片实现方式。在以软件或通用集成电路为基础的硬件实现密码处理时，密钥及其他敏感数据存储于磁盘或者通用芯片之中，极易被非法读取，密码安全性无法得到保证，迫切需要研制专用密码芯片。

密码芯片可以提高密码设备的安全性。密码芯片基于大规模或超大规模集成电路设计实现，可以通过在内部配置私有秘密信息存储区存储密钥及其他敏感信息，以及通过片内专用电路、策略配置等构建安全防护电路，确保密钥等秘密信息不能从外部读取，以确保密码的安全，达到提高整个密码系统安全性的目的。

从本质上说，密码芯片是一种半导体集成电路，是一种密码技术与半导体技术相结合的产品。密码芯片无论在设计流程、实现工艺，还是在工程应用上，都具有通用半导体集成电路的特点。同时，密码芯片与通用半导体集成电路又有显著的不同，除专用独特的密码处理架构之外，其自身安全防护设计是密码芯片与通用集成电路芯片之间最大的区别，密码芯片设计重在安全。

密码芯片在设计时，不仅要在逻辑设计上考虑内部存储的密钥及敏感信息不被直接访问、非法读取的防护手段，还需要考虑运算过程中信息泄露(如工作电流、运行时间、电磁辐射、动态功耗等)带来的安全隐患，芯片处于非正常工作状态(如电源电压过高/过低、超频、环境温度过高)导致的信息泄露；同时，必须考虑失控状态下恶意物理入侵攻击(如撬盖、照相、聚焦离子束攻击等）的防护手段。密码芯片的安全防护设计是密码芯片设计的重中之重。

密码芯片具有高速处理能力。密码芯片基于半导体器件设计，内部结构为专门的密码算法定制，采用硬件实现的数据处理单元实现核心密码变换，具有高速处理能力。密码芯片内部具有面向密码处理的专用运算单元，从而消除了通用微处理器基于通用指令顺序执行实现密码算法带来的速度瓶颈。

密码芯片提高了密码设备的工作可靠性。与软件加密方式相比，使用密码芯片消除了病毒、木马程序对密码处理过程的影响；与采用通用集成电路实现密码运算方式相比，密码芯片减少了连线数目、器件数量，提高了密码设备的工作可靠性。

密码芯片依据应用需求进行定制，其外部总线接口符合标准的集成电路接口规范，能够方便地嵌入其他设备之中，但往往针对特定的几种密码算法设计实现，与软件及通用集成电路相比，灵活性不足。表 1-1 给出几种密码算法实现方式在性能上的对比。

表 1-1　密码算法实现方式性能对比

性能	软件	硬件	
		通用集成电路	密码芯片
安全性	低	中	高
处理速度	低	中	高
可靠性	低	中	高
灵活性	高	中	低

1.1.2　密码芯片的功能

密码芯片用于实现密码运算，提升密码处理性能，实现数据加密、数据解密、杂凑运算、数字签名与验签等功能。

密码芯片用于存储密钥、算法、关键参数及用户敏感信息，确保秘密信息不被非法读取，进而保证信息安全，是密码芯片的基本功能。

密码芯片用于提供密码服务，实现传输加密、存储加密、完整性认证、可信度量、身份认证、访问控制和随机数生成与检验等密码服务，为上层应用提供支撑。

密码芯片能够抵抗通过各种接口的软件攻击、逻辑攻击，具有抗侧信道攻击、抗物理入侵攻击、抗故障注入攻击等安全防护措施，确保内部存储秘密信息的全生命周期的安全，是密码芯片区别于其他通用集成电路的最主要功能。

密码芯片自主设计，可以消除进口集成电路存在的漏洞、后门，做到自主可控、安全可靠；密码芯片针对密码算法定制实现，与通用硬件相比，可以获得更高的性能；密码芯片体积小，便于设备微型化，减小设备体积、功耗；密码芯片针对密码处理的特殊性，设计有抗攻击措施，安全防护能力强。自主设计密码芯片实现密码处理，是现代网络空间安全的客观需求，也是现代科学技术发展的必然趋势。

密码算法芯片是实现密码算法的密码芯片，主要用于实现密码算法的硬件加速处理，是复杂密码芯片的核心模块，也是复杂密码芯片设计的基础。它还被称为密码算法加速引擎、密码算法协处理器，是本书研究的重点。

1.1.3　密码芯片的分类

1. 按照所选用的半导体器件分类

密码芯片是随着大规模、超大规模集成电路的发展而发展起来的，密码芯片可以采用专用集成电路（Application Specific Integrated Circuit，ASIC）设计技术进行研制，也可以在现场可编程门阵列（Field Programmable Gate Array，FPGA）基础上进行开发，据此可以分为基于 ASIC 的密码芯片和基于 FPGA 的密码芯片。

2. 按照所实现的密码算法种类分类

密码芯片是实现密码处理的集成电路，按照所实现的密码算法进行分类，可以分为分组密码算法芯片、序列密码算法芯片、杂凑算法芯片、非对称密码算法芯片等。

3. 按照所实现的密码算法数量分类

根据应用需求，密码芯片可以实现一种密码算法，也可以实现多种密码算法。按照实现的算法数量分类，可以分为单算法密码芯片、多算法密码芯片。在实际应用中，往往需要多种密码算法才能实现密码协议、提供密码服务，因此一般情况下密码芯片都包含多种密码算法。

4. 按照所实现的密码芯片是否能够编程/重构分类

密码芯片在设计上不但要考虑速度、功耗，还需要注重其灵活性，能否对密码芯片进行编程/重构，实现多种不同的密码算法，是评价密码芯片灵活性的重要指标。据此分类，密码芯片可分为可编程/可重构密码芯片和定制算法密码芯片。

5. 按照所提供的密码服务功能分类

按照所提供的密码服务功能，密码芯片可以分为密码算法芯片和密码片上系统（System on Chip，SoC）芯片，密码算法芯片实现某一个或几个算法的加速功能，而密码 SoC 芯片往往可以提供综合密码服务，包括密码算法加速、密钥生成、密钥存储、密码协议等。由于密码 SoC 芯片往往可以实现整个密码系统的主体功能，因此最受用户青睐。

1.1.4　密码芯片的作用

密码技术作为保密通信的技术手段，已经有千年的历史。随着现代密码学的发展，密码不仅在实现信息的保密性，而且在实现信息传输的完整性、可用性、可控性和不可抵赖性方面发挥着不可替代的作用。密码芯片作为 20 世纪 80 年代诞生的一种新型电子元器件，一经问世就受到人们的普遍重视和欢迎，显示出旺盛的生命力，成为确保网络安全、信息安全不可或缺的核心电子元器件。

密码芯片是密码技术实现的最有效、最安全、最可靠方式。密码芯片能够提供数据加密、身份认证、数字签名、访问控制等安全机制，可以广泛应用于保密通信、网络安全、访问控制等方面，有效地保护信息不被非法获取。同时，密码芯片改变了安全设备的开发和工作方式。密码芯片与密码运算软件实现相比，具有速度高、不占用主系统资源、不影响主系统性能、安全可靠等优点，密码处理开始从以软件处理为主转换到以专用密码芯片处理为主，从而使信息系统的性能发生了质的飞跃，密码芯片已经成为确保网络空间安全的不可替代的核心电子元器件。

在当今信息化的时代，密码芯片的运用已经深入人们生活的各个方面，小到智能卡、银行信用卡，大到云计算平台、大数据中心，从个人到公司，从办公自动化到工业控制系统，从传感器、移动终端到服务器集群，从民间到政府，从地方到军队，无一例外地依赖密码芯片所提供的密码支撑。因此可以说，密码技术是保护网络空间安全的最有效的手段，而密码芯片是承载密码技术的核心电子元器件，密码芯片设计技术已经成为支撑计算平台安全、网络空间安全的核心和关键技术。

可以预计，随着网络空间安全形势的日益严峻，密码芯片必将更加引起社会的关注，密码芯片的服务领域、保障范围将不断扩大。密码芯片必将提供更多可信、可靠、可控、可用的密码服务，满足社会各行业、各领域日益增长的密码服务需求。

1.2　密码芯片发展概况

1.2.1　密码芯片发展背景

在国际上，规模宏伟的密码芯片计划开始于美国。1983 年，美国国家通信保密委员会普查了全美通信保密(Communication Security，COMSEC)状况，提交了《呈总统：关于 1982—1983 年联邦政府通信安全状况的报告》，宣称联邦政府的通信安全正处于危险状态。1984 年 6 月，美国发布《第 6002 通信保密令》，规定要对政府合同商的通信保密要求做出评审，同年9月里根总统发布“关于国家电信与自动化系统保密政策的第145号国家安全决策指令”，要求美国国家安全局(National Security Agency，NSA)除了保护军政Ⅰ型秘密信息之外，还要保护民商通信的Ⅱ型非密敏感信息。为了解决信息系统安全和机密信息保密的问题，美国政府经过周密计划出台了密码芯片发展计划。核心要点包括：

(1) 1985 年 3 月，NSA 成立“嵌入式通信保密产品开发中心”，负责组织嵌入式通信保密设备标准化的设计和生产工作，被称为“COMSCE 革命”。

(2) 1985 年 7 月起，启动“超越计划”，研制 7 种“标准密钥发生器模块”，密码算法由 NSA 提供，芯片设计、制造、销售由 NSA 及其认可的 11 家厂商负责。

(3) 1985 年底，NSA 宣布用《商业通信保密担保计划》来满足全美未来 85%通信保密(COMSEC)的需求。

至此，美国的专用密码芯片计划正式出炉，密码芯片发展从杂乱无序开始在联邦政府的统一规划下逐步收敛。自 1984～1994 年，由 NSA 及其认可的 11 家厂商(AT&T、GTE、Harris、Hughes、Honeywell、IBM、Intel、Motorola、RCA、Rockwell、Xerox)研制生产了多款专用密码芯片，满足数据通信、计算机网络、语音与图像通信的需求，它包括基本的密钥生成模块、对称密码算法芯片、RSA 算法芯片等。其中，比较典型的有 Clipper、Capstone 芯片。

Clipper 密码芯片是 EES 标准加密算法的第一种芯片，它由美国家安全局于 1985 年开始设计，于 1990 年完成评估工作，1993 年 4 月 16 日在美国总统宣布的加密倡议计划中正式推出。Clipper 密码芯片可以按照美联邦信息处理标准 FIPS-81 中规定的四种工作方式进行工作，在电子密码本方式下工作时的数据加/脱密速度为 15Mbit/s。Capstone 密码芯片是采用 EES 标准的第二代加密芯片，安装在标准的 PCMCIA 卡中，NSA 用这种密码芯片装备国防电报系统(DMS)的军方用户，用于电子邮件和文件数据的加密。此外，这种密码芯片还能为国家信息基础设施(NII)中的保密电子业务和其他各种应用提供所需要的加密功能。

为了进一步规范密码模块(包括芯片)的安全性能、明确安全等级、统一密码模块的接口标准，美国国家技术与标准研究院(National Institute of Standards and Technology，NIST)于 1994 年推出了联邦信息处理标准 FIPS 140-1，FIPS 140-1 明确了包括密码芯片在内的密码模块四种不同的实现方式，划分了四个安全等级，涵盖了密码模块的安全设计和实现的诸多技术领域，包括密码模块规范、端口和接口、有限状态机模型、自测、电磁干扰/电磁兼容性等。自此，美国的密码芯片完成了从收敛到统一的阶段工作。为适应技术变化的要求，NIST 后续又先后发布了 FIPS 140-2、FIPS 140-3。

1.2.2 密码芯片发展现状

自美国“超越计划”出台以来的三十多年中，集成电路制造技术一直遵循摩尔定律，呈现高速发展趋势，随着半导体器件工艺水平的不断提高，集成电路线径、工作电压和功耗不断下降，处理性能不断提升，集成电路制造工艺从微米级发展到纳米级，单片集成电路规模从百万门级到百亿门级，密码芯片设计技术快速发展，密码芯片产品不断出现。同时，密码芯片设计技术发展与应用需求密不可分，云计算、物联网、移动互联网、大数据、人工智能等新型信息技术的快速发展与应用促进了密码芯片设计技术的发展，当前密码芯片发展呈以下特点。

(1)低功耗密码芯片得到广泛应用。近年来，随着互联网、移动互联网、物联网的广泛应用，网上银行、远程办税、智能电表/水表、保密手机/对讲机等应用逐渐兴起，各类终端、手机、传感器节点的接入认证、信息加密的需求更加旺盛，涌现出多种低功耗密码芯片，它们已广泛应用于居民身份证、通行证、社保卡、公交卡、银行卡、U 盾之中，这类应用对密码处理性能要求不高，但对功耗要求极为苛刻，密码芯片功耗应达到毫瓦级，满足手机电池、纽扣电池甚至耦合供电的需求。

(2)密码芯片处理性能得到大幅度提高。随着高速网络通信和云计算、大数据技术的应用更加广泛，国际、国内，各个省、市、大型骨干企业陆续建设了通用和专用的云计算平台、大数据中心以及骨干网交换中心，这类应用对密码处理性能要求极高，密码芯片设计人员开始在密码处理性能提升问题上攻坚克难。目前，对称密码算法芯片处理速度已从早期几百 Mbit/s 提高到百 Gbit/s 以上，非对称密码芯片签名速度也已从每秒百次左右提高到每秒十万次以上数量级，典型的密码芯片，如 Intel 公司的 AES 芯片，其加密速度可达 100Gbit/s 以上。

(3)密码服务芯片成为主流。早期的密码芯片主要是针对特定算法设计密码算法协处理器(如 AES 算法芯片、ECC 算法芯片等)以提升处理速度，设计基于硬件的真随机数发生器芯片以确保随机数质量，随着密码技术的广泛应用、密码设备嵌入化、微型化发展趋势和集成电路设计技术与制造工艺的高速发展，市场对密码模块的整体处理速度、功耗、体积和安全性更加重视，基于 SoC、系统级封装(System in Package，SiP)的密码服务芯片应运而生，基于以上技术的密码芯片可以实现单片密码机的功能，能够提供完善的密码协议处理和密码服务，已经成为当今密码芯片的主流。

(4)芯片的安全防护措施得到普遍重视。密码芯片与一般集成电路最大的区别就在于其安全性，必须确保其内部存储的密钥等秘密数据不被非法获取，确保芯片在设计、制造、封装、测试、应用和失控等全生命周期内部秘密数据的安全性。为此国际、国内相关机构都制定了严格的安全性标准，如《安全芯片密码检测准则》(GM/T 0008—2012)、《信息安全技术 具有中央处理器的IC卡芯片安全技术要求》(GB/T 22186—2016)、《识别卡 金融IC卡芯片技术要求》(GB/T 37720—2019)、《密码模块非侵入式攻击缓解技术指南》(GM/T 0083—2020)、《密码模块物理攻击缓解技术指南》(GM/T 0084—2020)等，这些标准的出现对于规范密码芯片安全防护能力及密码芯片安全防护技术研究起到了极大的推动作用。

1.2.3 密码芯片发展趋势

高度集成，采用SoC和SiP技术研制密码芯片，是近年来密码芯片发展的重要趋势之一。现阶段，集成电路制造工艺已进入纳米阶段，芯片集成度呈指数级增长，芯片的功能日益强大，性能日益提高。与此同时，要求产品投放市场的时间(Time to Market，TTM)却越来越短。当今，个人甚至单个公司已经很难单独进行芯片的完整设计，取而代之的是多个公司、团队根据各自的经验进行联合设计或者开发单个模块，SoC技术使得IP(Intellectual Property)复用更加方便，芯片功能更加强大；SiP技术使得芯片裸片(Die)可以复用，并且可以将不同工艺的Die封装在一个管壳之中，这将进一步降低芯片研发投入，缩短研发周期。在密码芯片面临“更快、更强大、更安全”的要求的背景下，采用SoC/SiP技术研制密码芯片必将成为重要趋势。

高度融合，将密码处理嵌入通用计算平台处理器和网络通信处理器之中，是密码芯片发展的一个重要趋势。随着病毒、木马在网络中泛滥成灾，恶意软件层出不穷，网络空间安全面临前所未有的严峻形势，对通用计算处理器、网络通信处理器提出了更高的要求。由于传统的冯·诺依曼架构自身缺乏安全性考量，因此近年来，很多微处理器芯片都采用增加密码处理指令、增加密码处理模块等打补丁的方式，以提升其安全性能。将密码处理模块嵌入通用计算处理器/网络通信处理器之中最大的优点在于，它可以将密码处理与安全协议处理一体化，避免一些不必要的环节，减少出现数据瓶颈的机会，提高系统的处理性能；同时，还可以通过增加安全存储区、访问控制机制，提高系统的整体安全性能。

高度灵活，采用可重构技术和可编程设计技术研制算法灵活可变的密码处理器，是密码芯片发展的一个重要趋势。不同应用场景下，对密码算法的需求不同，例如，GSM采用A5算法，蓝牙采用E0算法，Wi-Fi采用AES、RC4算法，国际银行业要求支持AES、DES/3DES、SHA1/224/256、RSA/ECC等算法，国内正在大力推广国产密码算法，如SM2/SM3/SM4/ZUC算法，这就要求密码芯片具有一定的灵活性，支持密码算法的重构或编程。同时，随着集成电路制造工艺不断向先进工艺提升，制造成本不断提高，采用可重构/可编程技术设计通用密码处理架构是降低制造成本的一种有效途径。可重构/可编程密码处理器芯片支持密码算法的灵活编程与配置，可以满足更多的场景应用、降低一次性制造成本，是密码芯片发展的重要趋势。

1.3 密码芯片通用性能指标

密码芯片是一类用于密码处理的专用集成电路，其性能指标除集成电路通用的电气特性、时序特性等外，还包括密码处理独有的性能指标等。

1.3.1 电气特性

1. 电源电压

密码芯片的电源电压即密码芯片所选用半导体器件的电源工作电压。电源电压包括密码芯片的I/O(输入/输出)电源电压和内核电源电压。

现代大规模、超大规模集成电路往往将内核工作电源与I/O工作电源相分离。内核工作电压较低，有利于降低内部功耗，一般为3.3V、2.5V、1.8V、1.5V、1.2V、1.0V、0.8V等，随着先进工艺的不断使用，内核电压越来越低。I/O工作电压要兼顾与主流数字集成电路的接口通信及抗噪声需求，一般为5V、3.3V、2.5V等。

2. 电源电流

电源电流即密码芯片所消耗的电流。电源电流包括密码芯片的I/O工作电流和内核工作电流。随着密码芯片规模不断扩大，内核工作电流在电源电流中占据的比例越来越大。

内核工作电流能够反映出密码芯片的工作状态，当密码芯片工作时，内部的各个逻辑部件状态发生翻转，电流增加，当密码运算结束后，电路处于某个稳定状态，电流基本保持不变，处于较小的状态；即使在密码处理过程中，不同的工作时刻，内核电流大小可能也不同，常常被攻击者利用来破译密钥。

3. 芯片静态功耗

众所周知，芯片的功耗由静态功耗和动态功耗共同组成。静态功耗是指芯片处于稳定状态下的功耗，对于门电路而言，指输入保持不变；对于CPU而言，指程序不执行，处于等待状态；对于存储器而言，指不进行读、写操作；对于密码芯片而言，指不执行加解密操作，输入不发生变化。静态功耗主要来自漏电，与芯片资源占用、集成电路制造工艺密切关联。

4. 芯片动态功耗

动态功耗是指芯片处于工作状态下的功耗，对于密码芯片而言，指执行加解密操作时的功耗，包括翻转功耗和短路功耗。如图1-1所示，给出一个CMOS与非门电路，当输入A、B发生变化时，将导致NMOS管、PMOS管工作状态发生变化，产生自V_{DD}至地之间的动态电流，形成动态功耗。

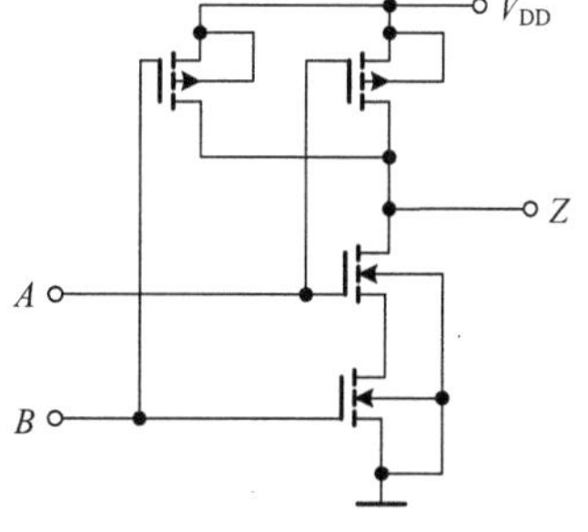

图1-1　CMOS与非门电路结构

1)翻转功耗

门电路翻转过程中功耗，翻转功耗P_T计算公式如下：

$$P_T = f \cdot C_L \cdot V_{DD}^2$$

显然，要降低翻转功耗，可通过降低供电电压、减小负载电容、降低翻转概率、降低时钟频率来实现。

2) 短路功耗

翻转过程导致 NMOS 管和 PMOS 管都导通，形成到地短路电流产生的功耗。短路功耗与电压、翻转频率、时钟频率有关，还和门的输入、输出转换时间有关。

1.3.2　时序特性

1. 建立时间

在触发寄存器的时钟信号到达时钟引脚确立之前，经由数据输入或使能端输入而进入寄存器的数据必须提前出现，以确保能够在时钟边沿有效锁存数据，提前出现的时间称为建立时间。建立时间一般用 T_{SU} 表示。建立时间的存在主要有两个原因：一是电路延迟，二是路径延迟。图 1-2 给出芯片数据输入端建立时间。

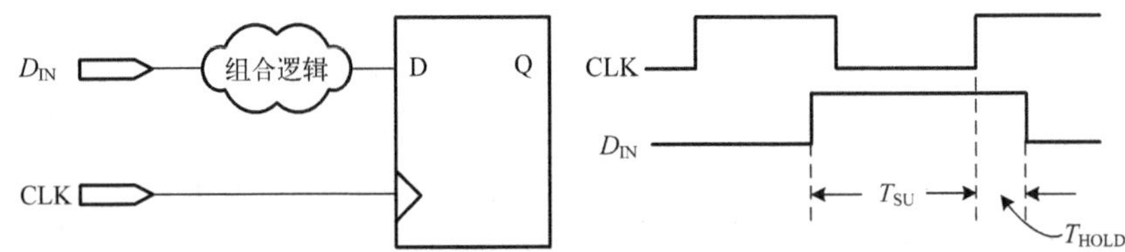

图 1-2　建立时间和保持时间

在集成电路内部，数据(包括寄存器使能信号)路径往往需要经过一定的组合逻辑电路，这种由逻辑电路带来的延迟称为电路延迟。同时，数字信号在集成电路内部需要通过一定长度的连线才能到达目的寄存器，数据连线必将带来一定的延迟，这种延迟称为路径延迟。而时钟通过专用布线网络直接连接到内部寄存器时钟输入端，中间不经过任何其他组合逻辑，路径延迟也很小。这样，数据信号与时钟信号到达目的寄存器在时间上就有一定的差距，这种时间差就是建立时间。

建立时间=电路延迟+路径延迟–时钟路径延迟+寄存器内部的建立时间

其中，寄存器内部的建立时间指的是由寄存器自身结构设计造成的时间延迟。该建立时间很短，往往忽略不计。此时，有

建立时间=电路延迟+路径延迟–时钟路径延迟

建立时间要求数据信号必须比时钟信号提前一段时间到达引脚，否则数据信号将无法正常被锁存，芯片内部逻辑功能将出现紊乱。值得注意的是，现代集成电路设计已经进入深亚微米阶段，路径延迟已大大超过电路延迟，在集成电路设计时必须对路径延迟给予足够的重视。

2. 保持时间

当触发寄存器时钟信号在时钟引脚确立之后，经由数据输入或使能端输入而进入寄存器的数据在输入引脚必须保持一段时间，这段时间称为保持时间。保持时间一般用 T_{HOLD} 表示。图 1-2 给出某个 D 触发器数据输入端保持时间。

保持时间=时钟路径延迟–电路延迟–路径延迟+寄存器内部的保持时间

同样，寄存器的保持时间很短，往往忽略不计。此时，有

保持时间=时钟路径延迟−电路延迟−路径延迟

3. 输出延迟

触发寄存器的输入引脚上的时钟信号发生跳变之后，寄存器状态将发生变化，而由寄存器馈送到输出引脚上的信号将延迟一段时间才能有效，这段延迟时间称为输出延迟。输出延迟一般用 T_{CO} 表示。其中，CO 表示 Clock to Output 的缩写，即时钟有效至输出有效。与建立时间一样，输出延迟存在的原因主要有两个：一是电路延迟，二是路径延迟。图 1-3 给出芯片的输出延迟。

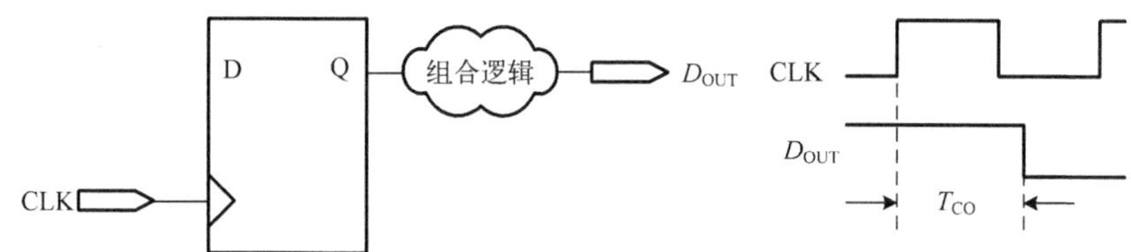

图 1-3　输出延迟

输出延迟 = 电路延迟+路径延迟+时钟路径延迟+寄存器的输出延迟

与建立时间和保持时间一样，寄存器的输出延迟很小，往往忽略不计。此时，有

输出延迟 = 电路延迟+路径延迟+时钟路径延迟

4. 最小时钟周期

确保密码芯片正常工作情况下，最小时钟周期一般用 T_C 表示。

例 1-1　如图 1-4 所示，设触发器 T1 的输出延迟为 T_{CO}，自触发器 T1 至触发器 T2 之间的组合逻辑及路径延迟为 B，触发器 T2 的建立时间为 T_{SU}，时钟信号自引脚输入，至触发器 T1 的延迟为 C，至触发器 T2 的延迟为 E，试计算该电路的最小时钟周期。

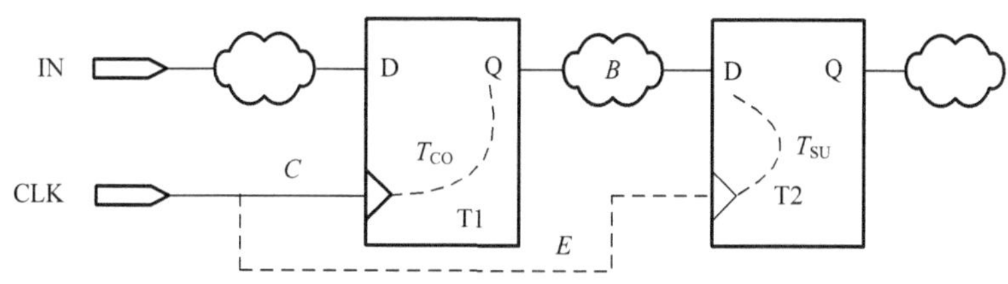

图 1-4　双触发器构成的电路

解：时钟周期=触发器输出延迟+数据路径延迟+触发器建立时间−时钟偏移，即

$$T_C = T_{CO} + B + T_{SU} - (E - C)$$

这里 $E-C$ 称为时钟偏移。

5. 最高工作频率

确保密码芯片正常工作，不违背芯片建立时间、保持时间的情况下，芯片最高工作频率一般用 f_{max} 表示，$f_{max} = 1/T_C$。

1.4　密码处理速度

密码处理速度是评估密码芯片重要的性能指标，可以定义为单位时间内密码芯片处理的数据量。

$$\text{密码处理速度}=\frac{\text{输入数据长度}}{\text{完成数据处理消耗时间}}$$

1.4.1　分组密码算法芯片处理速度

分组密码是现代密码学的重要分支之一，分组密码算法不仅可以实现数据加解密运算，而且可用于构造消息认证码(Message Authentication Code, MAC)和 Hash 函数，在现代商业密码中有着广泛的应用。

分组密码算法将数据按照一定长度(64bit，128bit，256bit，…)进行分组，用同一个密钥进行加解密运算；分组密码算法由子密钥生成算法和加解密算法构成，如图 1-5 所示。

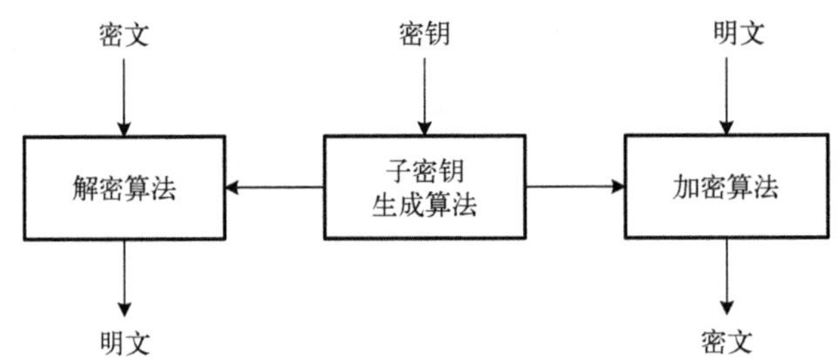

图 1-5　分组密码算法构成

如图 1-6 所示，分组密码算法执行加解密运算之前，应先执行子密钥生成算法，以生成各轮运算所需的子密钥，然后执行加密或解密算法。每执行一定数量的数据分组，就需要更换密钥，每次更换密钥，均需执行一次子密钥生成算法，只有在更换密钥时，才执行子密钥生成算法。

1. 片外密码处理速度

统筹考虑密钥注入、子密钥生成及数据输入和输出等操作的情况下，密码芯片执行密码运算的速度又称密码芯片吞吐率(Throughput)，单位为 bit/s、Kbit/s、Mbit/s、Gbit/s。

对于分组密码算法而言，完成数据处理消耗的时间包括以下几方面。

(1)密钥注入时间：密钥自外部注入芯片所需要的时间。

(2)子密钥生成时间：密钥注入后，执行子密钥生成算法所需要的时间。

每次更换密钥，均需要计入密钥注入时间、子密钥生成时间。

(3)数据输入时间：数据自外部注入芯片所需要的时间。

(4)加解密运算消耗时间：数据注入后，执行数据加解密算法所需要的时间。

(5)数据输出时间：数据加解密算法执行完成后，自芯片内部读出数据所需要的时间。

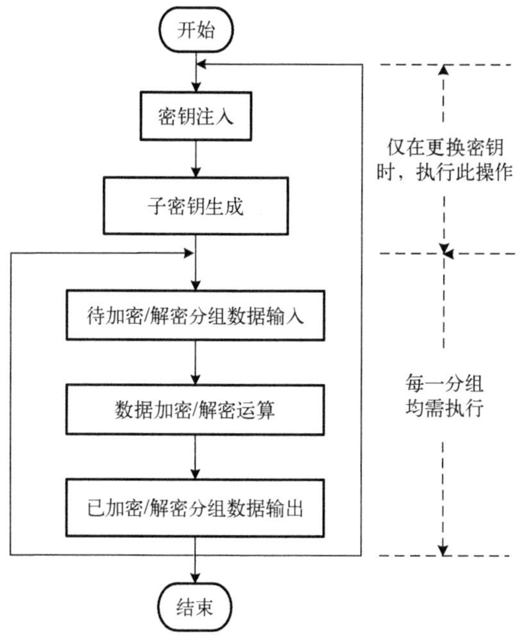

图1-6　分组密码处理流程

运算时间包括密钥注入及子密钥生成消耗时间，数据输入、加解密运算及数据输出时间。密钥注入时间、数据输入时间、数据输出时间与密钥长度/分组长度、总线位宽、总线通信协议密切相关，子密钥生成时间、加解密运算消耗时间与密码算法本身、运算电路设计、密钥/数据存储方式密切相关，片外密码处理性能是评价密码芯片性能优劣的重要指标。

分组密码算法的子密钥生成算法一般为循环迭代结构，子密钥生成算法首先生成加密运算第一轮所需的子密钥，然后在此基础上循环迭代生成加密运算第二轮所需的子密钥，依次递推，直至生成最后一轮子密钥，如图1-7所示，而且子密钥生成与明文/密文无关，因此，

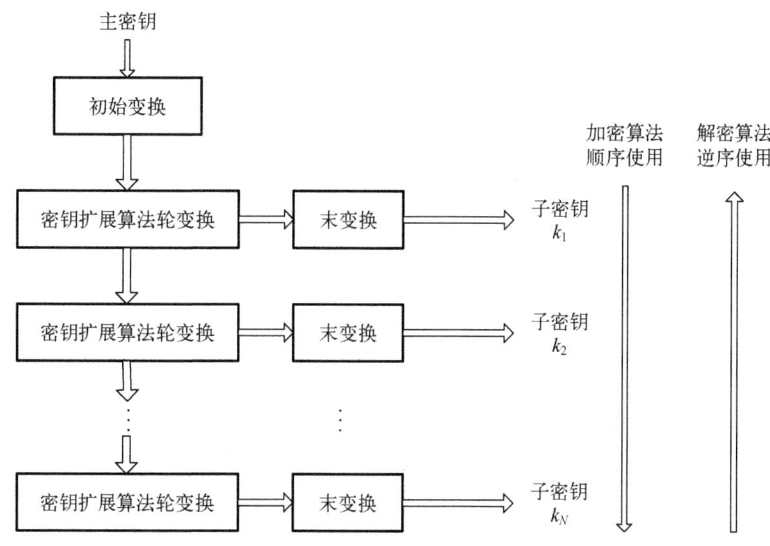

图1-7　分组密码子密钥生成与使用方式

子密钥生成可以和加密运算同步进行。当执行解密运算时，子密钥往往逆序使用，即首先使用最后一轮子密钥，然后使用倒数第二轮子密钥……部分算法的子密钥生成算法可以直接生成最后一轮的子密钥，然后迭代生成倒数第二轮子密钥，以此类推，如图 1-7 所示，直至生成第一轮所需的子密钥，此时，子密钥生成算法也可以和解密算法同步执行，称为 On-the-fly-key 模式，如 DES 算法等。一部分算法无法直接生成最后一轮的子密钥，而必须先生成第一轮所需的子密钥，逐步递推生成，此时解密算法无法和子密钥生成算法同步执行，如 AES 算法等。

一般情况下，运算消耗时间=密钥注入时间+子密钥生成时间+数据输入时间+加解密运算消耗时间+数据输出时间，当密码算法支持 On-the-fly-key 模式，密码芯片采用加解密运算与子密钥生成算法并行处理架构时，密钥注入时间和子密钥生成时间忽略不计，此时，运算消耗时间=数据输入时间+加解密运算消耗时间+数据输出时间。在实际应用过程中，一个密钥往往需要对多个分组数据进行加解密运算，因此当分组数量很多的时候，密钥注入及子密钥生成消耗时间可以忽略不计。

就加解密运算而言，当数据输入、加解密运算及数据输出时间能够构成流水操作、实现时间并行时，可使密码芯片性能最优。

2. 片内密码处理速度

在不考虑密码芯片密钥注入、数据读写等操作的情况下，芯片执行密码运算的速度称为密码芯片内部运算速度，简称片内运算速度。此时：

$$\text{运算消耗时间}=\text{加解密运算消耗时间}=\text{片内运算占用时钟数}/\text{时钟频率}$$

$$\text{片内运算速度} = \text{时钟频率}\times\text{分组长度}/\text{片内运算占用时钟数}$$

其中，片内运算占用时钟数为密码芯片执行密码运算占用的时钟周期数，包括芯片初始化占用时钟数、启动运算占用时钟数和密码运算占用时钟数。

片内运算速度忽略了密钥注入、子密钥生成、数据输入和数据输出时间，可用于评估分组密码算法自身的硬件实现性能。

例 1-2 已知 AES 算法的分组长度为 128bit，针对该算法设计的密码芯片，数据输入、输出分离。芯片的最高时钟频率为 400MHz，假定芯片密钥注入、子密钥生成工作已经完成，此时工作流程如图 1-8 所示。若写入一个分组数据需要 3 个时钟周期，从芯片读出一组密文数据需要 3 个时钟周期，一个分组的加密运算需要 12 个时钟周期。

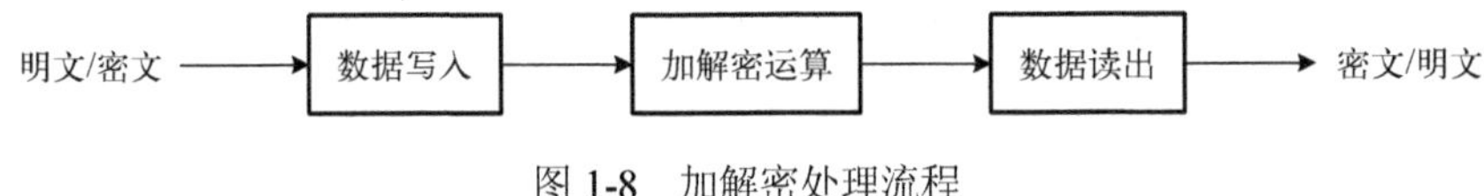

图 1-8 加解密处理流程

(1) 若芯片一次只能处理一个分组数据，即必须等前一分组数据运算结束并读出之后才能注入下一分组数据，计算此时的芯片运算速度；

(2) 若芯片内有足够大的缓存，可存储多个分组数据，数据写入、加解密运算、数据读出三步可流水执行，计算此时芯片所能达到的最高运算速度。

解： (1) 此时，每完成一个分组的加解密需要 3+12+3=18 个时钟周期。

芯片运算速度为 400×128/(3+12+3)=2844.44Mbit/s。

(2) 当数据量足够大时，可以忽略数据写入、读出时间，此时完成一个分组的加解密仅需 12 个时钟周期。

芯片所能达到的最高运算速度为 400×128/12=4266.67Mbit/s。

1.4.2　序列密码算法芯片处理速度

序列密码也称为流密码，它用密钥流对消息序列进行逐一加密，序列密码与分组密码最大的不同在于序列密码内部包含记忆元件，用于消息加密的密钥是时变的。序列密码安全性高、处理速度快，被广泛应用于军事、外交等重要的保密通信领域。

图 1-9 给出序列密码处理流程，可以看出，序列密码算法由初始化算法、乱数生成算法和加解密算法三部分组成，其中加解密算法往往采用模二加运算，利用生成的乱数，对明文信息进行加密，因此，序列密码算法主要评估乱数生成速度，单位为 bit/s、Kbit/s、Mbit/s、Gbit/s。

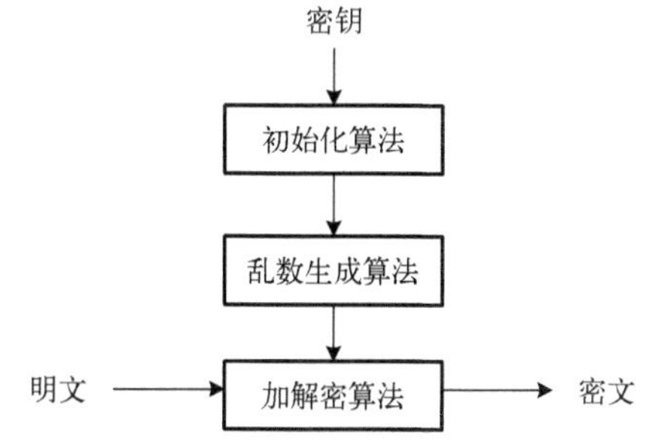

图 1-9　序列密码算法处理流程

$$乱数生成速度=\frac{乱数长度}{乱数生成所需时间}$$

乱数生成所需时间=密钥注入时间+算法初始化消耗时间+乱数生成算法工作时间+乱数输出时间

(1) 密钥注入时间：密钥自外部注入芯片所需要的时间；

(2) 算法初始化消耗时间：密钥注入后，算法初始化所需要的时间；

(3) 乱数生成算法工作时间：初始化完成之后，为生成一定长度的乱数，乱数生成算法工作所需时间；

(4) 乱数输出时间：乱数输出所需的时间。

对于生成一定长度的乱数而言，密钥注入是一次性动作，且所需时间远远小于初始化算法与乱数生成算法工作时间，因此密钥注入时间往往忽略不计。在乱数生成的过程中，乱数就可以按照一定的长度输出，即乱数生成与乱数输出两部分电路在时间上可以并行工作，因此，乱数输出时间往往不计入。此时：

乱数生成所需时间=初始化算法消耗时间+乱数生成算法消耗时间

无论生成多少乱数，序列密码算法都必须先进行初始化处理，因此，序列密码算法生成不同长度的乱数，乱数生成速度不同。只有在乱数生成长度很长时，乱数生成算法消耗时间才远大于算法初始化时间，此时初始化时间才可以忽略不计。

对于序列密码算法芯片而言，由于加解密运算结构极为简单，即使考虑数据加解密运算，其消耗的时间也是远远小于乱数生成算法消耗时间的。

1.4.3　杂凑算法芯片处理速度

杂凑算法是一类非常重要的密码算法，杂凑算法将任意长度的数据映射为固定长度的比特甲，称为杂凑值或摘要值。常用于信息系统中的认证、数据完整性保护、数字签名等。

如图 1-10 所示，杂凑算法由消息填充与扩展算法、压缩变换构成。明文数据按照一定的分组长度送入芯片，每一分组计算完毕，才能计算下一分组数据。与分组密码密文链接模式非常相似，不同在于不输出每一分组的计算结果，全部数据计算完成之后才有输出，输出仅有一个分组数据，处理流程如图 1-11 所示。

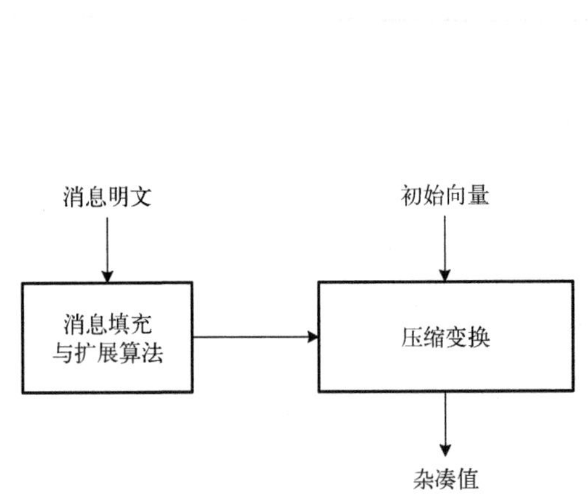

图 1-10　杂凑算法组成结构

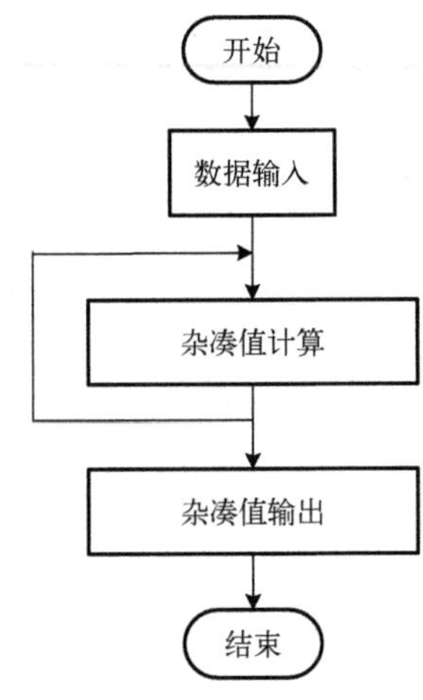

图 1-11　杂凑算法处理流程

杂凑算法的处理性能用杂凑值(摘要值)计算速度来衡量，单位为 bit/s、Kbit/s、Mbit/s、Gbit/s。

$$杂凑值计算速度 = \frac{数据长度}{杂凑值计算所需时间}$$

$$杂凑值计算所需时间=数据输入时间+杂凑运算消耗时间+数据输出时间$$

(1)数据输入时间：数据自外部注入芯片所需要的时间。

(2)杂凑计算所需时间：数据注入后，执行杂凑算法所需要的时间。

(3)数据输出时间：所有数据计算完成后，自芯片内部读出杂凑值所需要的时间。

对于杂凑值计算而言，每一个分组均需要输入一次，而只在最后一个分组计算完成后，才能输出，因此数据输出时间可以忽略不计。

例 1-3　某 SHA1 算法芯片运算一个 512bit 分组需要 82 个时钟周期，其中第一个周期启动运算，第 2～81 个周期执行 SHA1 运算，第 82 个时钟周期将数据送入输出寄存器。该芯片的最高时钟频率为 45MHz，试计算芯片的片内密码运算速度。

解：芯片的片内密码运算速度可以通过下式得出：

$$片内运算速度(\text{Mbit/s}) = 时钟频率\times分组长度/片内运算占用时钟数$$

$$片内运算速度 = 45\times512/82=280.976\text{Mbit/s}$$

1.4.4　非对称密码算法芯片处理速度

非对称密码算法也称为公钥密码算法，与只使用一个密钥的对称密码算法相比，它在加解密时，分别使用了两个不同的密钥，一个对外界公开，称为公钥，另一个只有为所有者知道，称为私钥，如图 1-12 所示。公钥和私钥之间具有紧密关联性，用公钥加密的信息只能用相应的私钥进行解密，反之亦然。但是要想从一个密钥推出另一个密钥，是极其困难的。

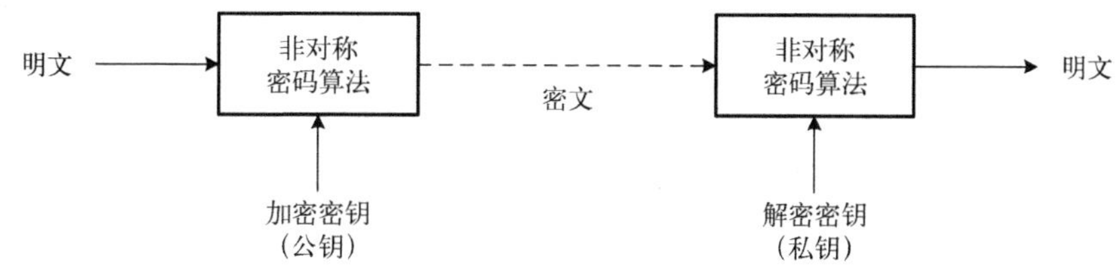

图 1-12　非对称密码算法实现加解密

非对称密码算法可用于信息的加解密，衡量指标为每秒完成加解密运算的数据量，单位为 bit/s、Kbit/s、Mbit/s、Gbit/s。但是，由于非对称密码算法加密与解密采用不同的密钥，密钥长度不同，非对称密码算法的加密速度与解密速度并不相等。在 RSA 算法中，往往加密密钥(公钥)选用二进制数长度较短的数据，解密密钥(私钥)选用二进制数长度较长的数据，因此，加密速度要远远高于解密速度。

$$加解密速度=\frac{数据长度}{消耗时间}$$

非对称密码算法不但可以用于信息的加解密，而且可以用于数字签名、身份认证之中，签名时采用私钥，验签时采用公钥，如图 1-13 所示。衡量签名、验签的性能指标为每秒签名/验签的次数，单位为次/秒。同样，由于非对称密码算法签名与验签采用不同的密钥，密钥长度不同，因此非对称密码算法的签名速度与验签速度并不相等。在椭圆曲线密码体制(Elliptic Curve Cryptography，ECC)中，由于签名验证需要调用两次点乘运算，数字签名仅需调用一次点乘运算，而点乘运算是 ECC 算法中最耗时的运算，因此一般签名速度要高于验签速度。

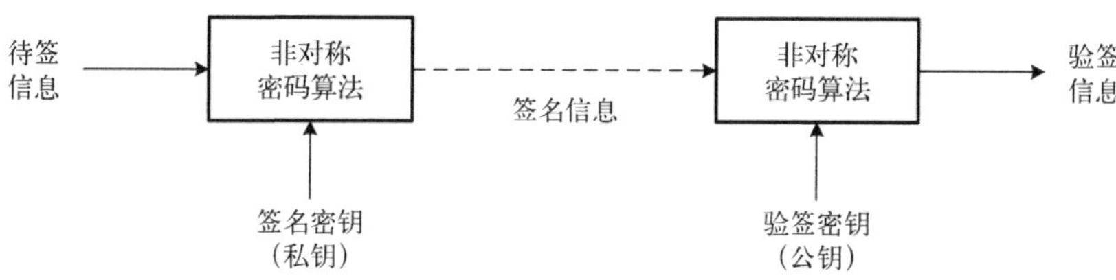

图 1-13　非对称密码算法实现数字签名/验签

$$签名（验签）速度=\frac{签名（验签）次数}{消耗时间}$$

这里，消耗时间包括数据输入、非对称密码运算、数据输出所消耗时间，由于非对称密码算法的核心运算往往基于大整数模乘、大整数指数运算之类极为复杂的运算，数据输入和输出时间远短于运算时间，此时数据输入和输出时间往往忽略不计，计算性能时只考虑运算时间。同时，由于非对称密码运算复杂，其处理速度远低于对称密码算法，往往仅用于密钥交换、数字签名，很少用于信息加解密运算。

习　题　一

1-1　为什么说密码芯片比软件实现密码算法具有更高的安全性和可靠性？

1-2　为什么说密码芯片设计技术是确保信息安全的核心和关键技术？

1-3　如题图 1-1 所示电路。设时钟信号到触发器 FF1 时钟输入端的延迟时间为 T_{CD1}，到触发器 FF2 时钟输入端的延迟时间为 T_{CD2}，时钟到达触发器 FF1 时钟输入端后延迟 T_{CKO} 后 Q 端输出有效，触发器 FF2 的建立时间为 T_{SETUP}，触发器 FF1 与 FF2 之间组合电路延迟时间为 T_{LOGIC}，路径延迟为 T_{NET}，试给出电路最小时钟周期的计算公式。

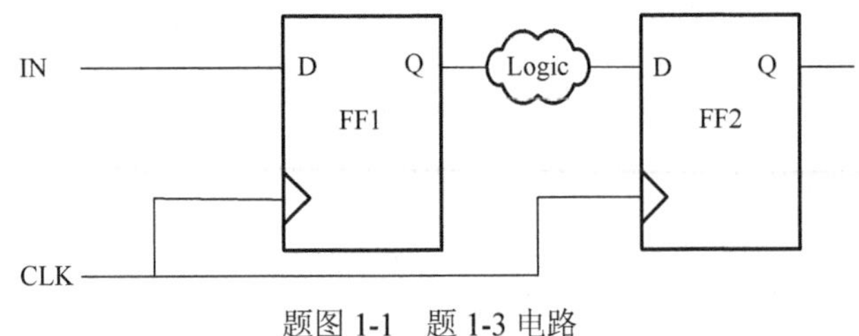

题图 1-1　题 1-3 电路

1-4　如题图 1-2 所示电路，已知组合模块的延时 T_{DELAY} 为 170ns，触发器 FF1 的寄存延时 T_{CO} 为 15ns，触发器 FF2 的建立时间 T_{SETUP} 为 25ns，时钟偏移 T_{PD} 为 10ns。试计算该电路的最高时钟频率。

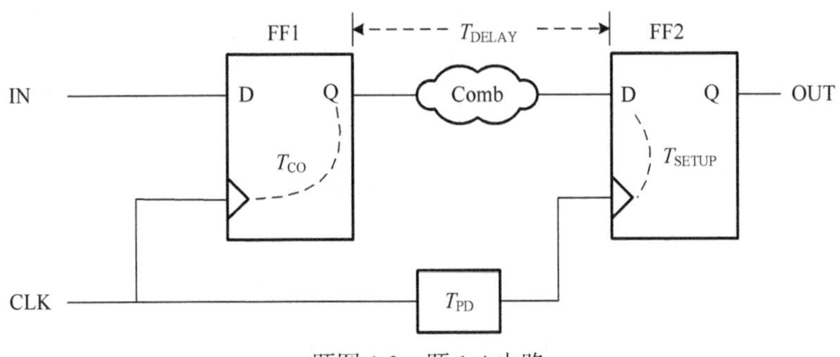

题图 1-2　题 1-4 电路

1-5　如题图 1-3 所示电路，在两个 D 触发器之间是三个组合逻辑模块 A、B、C，它们的传输延时分别是 45ns、70ns、55ns。已知 D 触发器的建立时间是 20ns，输出延迟是 10ns，试计算该电路的最高时钟频率。如果在该电路上加上流水线(A、B、C 不再分解)，电路的最高时钟频率能提高到多少？

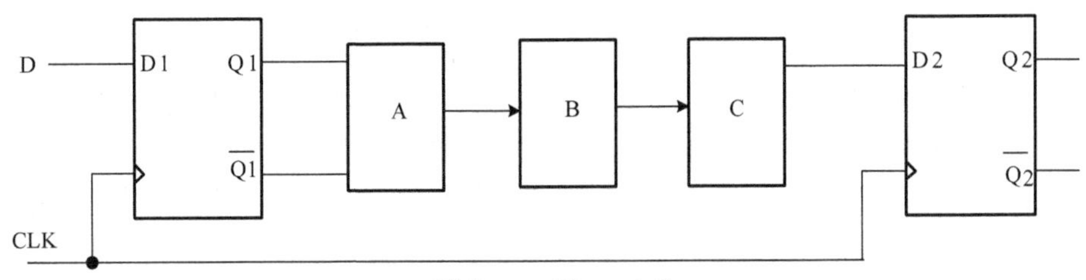

题图 1-3　题 1-5 电路

1-6　已知某分组密码算法的分组长度为 128bit，密钥长度 128bit；针对该算法设计的密码芯片，连接外部总线，数据总线宽度为 32bit，写入 128bit 数据需要 5 个时钟周期，读出 128bit 数据需要 5 个时钟周期；密码芯片完成一个分组的运算需要 32 个时钟周期。若芯片的最高时钟频率为 100MHz。试计算：

(1) 在不考虑外部数据输入、输出及密钥注入、子密钥生成情况下的芯片密码运算速度；

(2) 考虑外部数据输入、输出，不考虑密钥注入、子密钥生成情况下的芯片密码运算速度。

1-7　已知某分组密码算法的分组长度为128bit，针对该算法设计的密码芯片，连接外部总线，外部总线宽度为64bit，数据输入、数据输出分离，均有独立的端口，片内有足够大的输入、输出缓存，数据写入、加解密运算、数据读出三者之间可流水执行。若写入一个分组数据需要3个时钟周期，读出一个分组数据需要3个时钟周期，片内完成一个分组数据的加解密运算需要10个时钟周期，若芯片的最高时钟频率为256MHz。试计算：

(1)芯片的片内密码运算速度；

(2)在不考虑外部密钥注入情况下的片外密码运算速度。

1-8　某分组密码算法芯片，分组长度为64bit，密码长度为128bit，外部总线宽度为32bit，写入数据需要5个时钟周期，读出数据需要5个时钟周期，片内完成一个分组的加解密运算需要48个时钟周期。若芯片的最高时钟频率为58MHz。试计算：

(1)芯片的片内密码运算速度；

(2)在不考虑外部密钥注入情况下的片外密码运算速度。

1-9　A5算法乱数生成密码芯片，工作过程如下：

(1)将64bit密钥顺序写入芯片，共需64个时钟周期；

(2)将22bit参数顺序写入芯片，共需22个时钟周期；

(3)片内移位寄存器空转100个时钟周期，将生成的100bit乱数舍去；

(4)芯片再工作114个时钟周期，产生114bit乱数，结果保留；

(5)芯片再工作100个时钟周期，产生100bit乱数，结果舍去；

(6)芯片再工作114个时钟周期，产生114bit乱数，结果保留；

(7)将生成的228bit乱数顺序读出，需要228个时钟周期。

若芯片工作频率为10MHz，问完成228bit乱数生成、读出共需多长时间？此时的乱数生成速度为多少？

1-10　已知某杂凑算法的分组长度为512bit，输出杂凑值长度为160bit，针对该算法设计的密码芯片，连接外部总线，数据总线宽度为32bit。芯片的最高时钟频率为200MHz，写入一个分组数据需要16个时钟周期，执行运算需要要8个时钟周期，从芯片读出计算完成的杂凑值数据需要6个时钟周期，芯片工作流程如题图1-4所示。试计算：

(1)在不考虑分组数据输入、杂凑值读出情况下，片内最高密码处理速度；

(2)考虑分组数据输入、杂凑值读出情况下，片外最高密码处理速度。

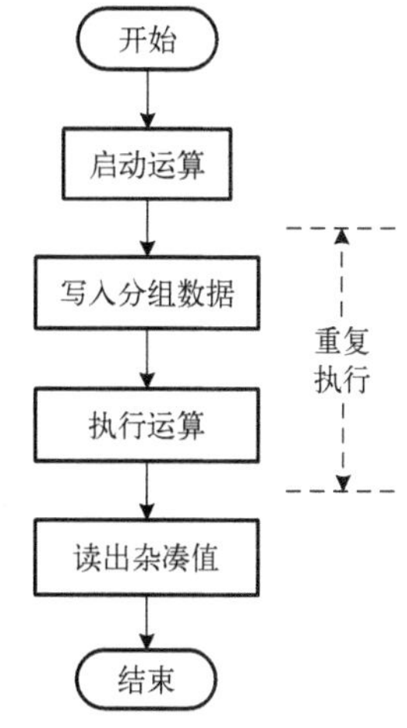

题图1-4　芯片工作流程

1-11　某RSA算法芯片，分组长度为1024bit，完成一次签名运算最少需要3591168个时钟周期，完成一次验签运算最少需要115732个时钟周期。若芯片的最高时钟频率为100MHz，在不考虑外部密钥、数据注入和读出的情况下，试计算：

(1)完成一次数字签名运算最少需要多长时间；

(2)完成一次验签运算最少需要多长时间；

(3)芯片的数字签名速度；

(4)芯片的验签速度。

第 2 章　密码芯片设计概述

2.1　密码芯片设计描述方法

2.1.1　数字系统与密码芯片

数字系统是对数字信息进行存储、传输、处理的电子系统，可用图 2-1 描述，其中输入量 X 和输出量 Y 均为数字量。

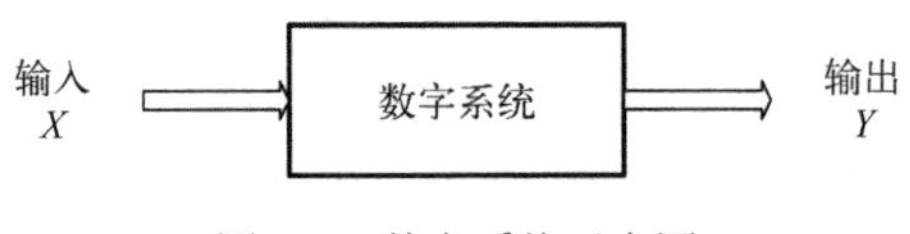

图 2-1　数字系统示意图

数字系统可以是一个独立的实用装置，如数字万用表、出租车计费器、心率测量仪器等，可以是一台计算机、笔记本、手机等；也可以是一个具有特定性能的逻辑部件，如频率计中的测试板，计算机中的内存板、主板等；还可以是一块实现特定功能的专用集成电路，如 MP3 编解码芯片、微控制器芯片等。但不论它们结构如何、逻辑复杂程度如何、规模怎样，就其功能而言都是对数字信息进行存储、传输和处理的系统。

数字系统是由许多能够进行各种逻辑操作的功能部件组成的，这类功能部件可以是基本的逻辑门电路，也可以是各种中规模、大规模功能电路，其基本功能是对数字信息进行变换、整形、处理、传输、存储，各功能部件在控制部件的统一协调控制下，有机配合、协调工作，构成一个数字信息处理有机体，即数字系统。数字系统与逻辑功能部件(数字单元电路)的最大差别在于内部是否有控制部件，一般而言，逻辑功能部件的功能单一、结构简单，内部没有控制器，是数字系统的重要组成部分，而数字系统是由一系列逻辑功能部件组合构建的，各逻辑功能部件在控制器的控制下接收、处理数据。

密码芯片是一种提供密码服务的集成电路，而密码算法芯片是一种实现密码算法的数字集成电路芯片，是一种密码技术与半导体技术相结合的数字集成电路产品。密码算法芯片在密钥的作用下，对输入的数字信息，如待加密的明文、待解密的密文、待签名的信息、待验证的数据，进行密码变换，将其转换为另外的数字信息，如已加密的密文、已解密的明文、签名信息、验证结果等。密码算法是一种复杂的数学变换，密码变换的硬件实现会涉及多种不同的逻辑运算部件、算术运算部件、存储部件、通信互联部件等，密码算法处理流程也极为复杂，待处理的数据在内部多个部件之间流转、传输，涉及各种部件的控制，因此，密码算法芯片是一类典型的数字系统。

密码芯片无论在层次描述、设计方法、设计流程上都与数字集成电路保持高度一致，数字系统的设计方法学、层次化描述方法、软硬件设计工具同样适用于密码芯片，密码芯片可以分别从系统级、结构级、逻辑级和物理级进行描述，模块化技术、自顶向下的设计方法和自底向上的集成方法通用于密码芯片。

2.1.2　数字系统层次化描述方法

系统学的一个重要的观点是：系统是分层次的，是研究复杂对象的总称。系统是若干相互依赖、相互作用完成特定功能的有机整体。数字系统可以认为是一种层次结构，其设计过程是：以用户对系统性能的要求所定义的系统功能说明为出发点，确定系统包含的数据流和控制流，自上而下将系统逐级分解为可由规模较小的硬件单元、软硬件协同实现的模块。然后通过逻辑设计选择合适的结构和物理实现途径，将元器件和基本单元集成为实现某种功能或性能的模块和子系统，进而组装成系统，进行自下而上的集成、验证和实现。

数字系统设计过程分为图 2-2 所示的四个层次：系统级、结构级、逻辑级和电路级。将系统级说明映射为结构级的设计过程称为系统设计，将结构级的描述转换为逻辑电路的过程称为逻辑设计，将逻辑电路转化为晶体管电路上的实现称为电路设计。

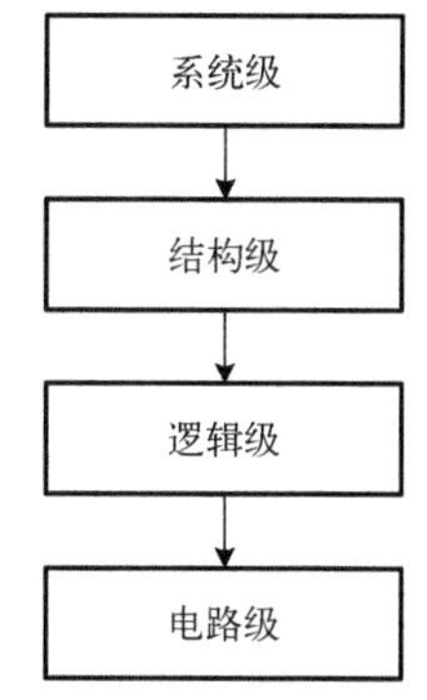

图 2-2　数字系统设计过程

1. 系统级

要求设计者集中精力研究分析用户让系统“做什么”，明确设计什么，达到什么指标。以系统说明书的形式作为设计者与用户之间的合同，避免设计过程中不必要的反复，保证设计顺利进行，从而为进一步的系统设计、逻辑设计、电路设计以及最后测试、验收提供依据。

对系统级设计可以用多种描述形式来正确说明，如文字、图形、符号、表达式等。对于密码芯片而言，至少应包括芯片的功能要求、性能指标、安全性要求、接口信号及工作时序、工作流程等。

2. 结构级

设计者从系统的功能出发，把系统划分为若干子系统，每个子系统再分解为若干模块；子系统或模块间通过数据流和控制流建立起相互之间的联系，从而给出系统的组成结构，完成结构级设计。

随着系统结构分解过程的推移，每个子系统、模块的功能越来越专一，结构越来越明确，总体结构也逐渐清晰起来。在结构设计中应该采用合适的手段和方法(如结构图)对子系统以及子系统之间的逻辑关系加以描述和定义。对于密码芯片设计而言，结构级设计应当完成内部组成模块划分，模块功能定义，确定模块之间的通连关系，明确信号工作时序、数据通路、控制关系等工作。

3. 逻辑级

逻辑级设计是将子系统或模块的功能描述转化为具体的硬件和软件描述。首先对子系统的功能首先进行实现算法设计，把其功能进一步分解、细化为一系列运算和操作，然后采用逻辑表达式、逻辑图等来描述其运算和操作，最后采用 HDL 语言进行描述，完成逻辑设计。

逻辑设计完成之后，需要借助 EDA 工具进行逻辑综合，得到门级连接关系，即门级网表。之后，需要进行功能仿真，以验证设计的正确性。此过程往往需要多次反复，直至得到符合设计要求的结果。

4. 电路级

电路级设计是针对特定的工艺进行设计，电路级设计将上一步得到的门级网表转换成晶体管一级的物理实现，包括晶体管的选择、电路布局、布线和优化、芯片测试、电源及抗干扰措施的实现等。

此过程需要利用 EDA 工具软件，进行物理综合，以得到集成电路版图。物理综合完成之后得到的版图，需要进行时序仿真，以验证设计的正确性。如此多次反复，直至得到符合设计要求的结果。

任何复杂的密码芯片和数字系统可以最终分解成基本门电路和存储元件，并通过晶体管大规模集成电路来实现。密码芯片设计过程就是把高级的系统描述最终转换成下一级的描述过程。设计过程中要注重层次化设计、结构化设计方法，层次化的设计方法能使复杂的数字系统简化，并能在不同的设计层次及时发现错误并加以纠正；结构化的设计方法中把复杂抽象的系统划分成一些可操作的模块，允许多个设计者同时设计一个系统中的不同模块，而且某些单元、模块、子系统的资源可以共用。

2.1.3 数字系统的设计方法

1. 模块化设计技术

模块化设计技术将系统总的功能分解为若干个子功能，通过仔细定义和描述子系统来实现相应的子功能。子系统又可以分解为若干模块或子模块，随着分解的进行，抽象的功能定义和描述的实现表现出更多的细节，从而保证系统总体结构的正确。

一个系统的实现可以有许多方案，划分功能模块也有多种模块结构。结构决定系统的品质，这是系统论中的一个重要观点，即一个结构合理的系统可通过参数的调整获得最佳的性能，一个不合理的系统结构即使精心调整，往往也达不到预期的效果。因此系统整体结构方案的设计直接关系到所设计系统的质量。在划分系统的模块结构时，应考虑以下几方面：

(1) 如何将系统划分为一组相对独立又相互联系的模块？

(2) 模块之间有哪些数据流和控制流信息？

(3) 如何有节拍地控制各模块实现数据交互？

模块结构的相对独立性从两个方面来衡量：一是模块内各组成单元之间联系的紧密程度；二是指模块间的联系程度。提高模块内部的紧密程度、降低模块之间的联系，是提高模块相对独立性的两个方面。如果把系统中密切相关的单元划分在不同的模块中，则使其内部的凝聚度降低，模块之间联系程度提高。这给系统的设计、实现、调试和修改都带来许多困难。因此为了设计一个易于理解和开发的系统结构，应该提高模块相对独立性。

描述系统模块结构的方法主要有以下两种。

(1) 模块结构框图：以框图的形式表示系统由哪些模块(或子系统)组成以及模块(或子系统)之间的相互关系，定义模块的输入/输出信息和作用；

(2)模块功能说明：采用自然语言、专用语言或算法形式描述模块的输入/输出信号和模块的功能、作用及限定条件。

一般而言，一个数字系统可以划分为数据路径与控制单元两个大的子系统，数据路径又可以根据需求，拆分为接口模块、存储模块、运算模块等，运算模块又可以拆分为具体的基本运算单元、存储单元、互联单元。如图 2-3 所示，左侧为依据总体需求，经过系统功能描述、算法设计、硬件结构确定等步骤后，确定芯片系统将由 A、B、C、D 四个子系统组成，并规定了各个子系统的详细技术指标。进而对各子系统进行逻辑设计，例如，其中 C 又被确定为由 E、F、G 三个模块组成。此后再对这些模块进行逻辑设计，并将这一过程一直进行到详细的逻辑图为止。

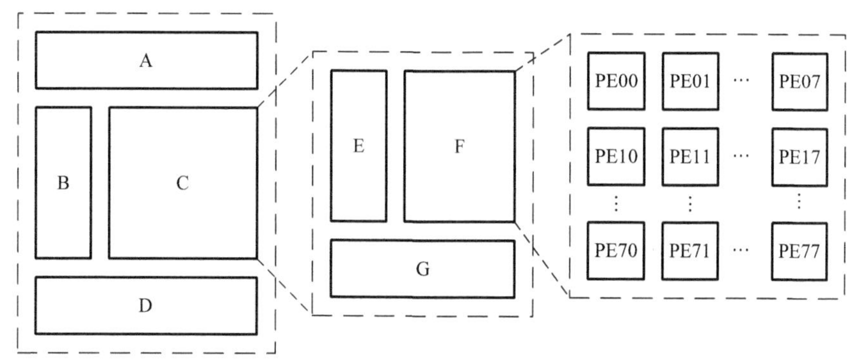

图 2-3　系统模块结构划分

由于系统中的模块具有相对独立性、功能比较专一，对其中的数据处理单元和控制单元可以单独描述和定义，通过逻辑设计最终达到物理实现，每个模块还可单独进行测试、排错和修改，使复杂的设计工作简单化，提高研制工作的并行性。同时限制了局部错误的蔓延和扩散，提高了系统的可靠性。

2. 自顶向下的设计和自底向上的实现

数字集成电路在设计实现时，往往采用自顶向下(Top-down)的设计方法和自底向上(Bottom-up)的实现(集成)方法。如图 2-4 所示，自顶向下的设计就是首先从整体上规划整个系统的功能和性能，然后对系统进行划分，分解为规模较小、功能相对独立的子系统，并确立它们之间的相互关系，这种划分过程可以不断地进行下去，直到划分得到的单元可以映射到物理实现。由于整个设计是从系统顶层开始的，可以从一开始根据经验评估所实现系统的性能状况，结合应用领域的具体要求，在此时就调整设计方案，进行性能优化或折中取舍。随着设计层次向下进行，系统性能参数将得到进一步的细化与确认，并随时可以根据需要加以调整，从而保证了设计结果的正确性，缩短了设计周期。设计规模越大，这种设计方法的优势越明显。

如图 2-5 所示，自底向上的实现就是设计者依据设计方案，首先选择最底层、具体的、标准单元库中缺少或实现性能不理想的单元(如 FPGA 内部查找表)进行定制实现，开展仿真验证，评估功能性能；之后在逻辑电路一级，将所需标准单元与定制单元连接起来，得到系统需要的较为复杂的功能单元(如 FPGA 内部 CLB 等)，进行功能性能评估，完成逻辑级实

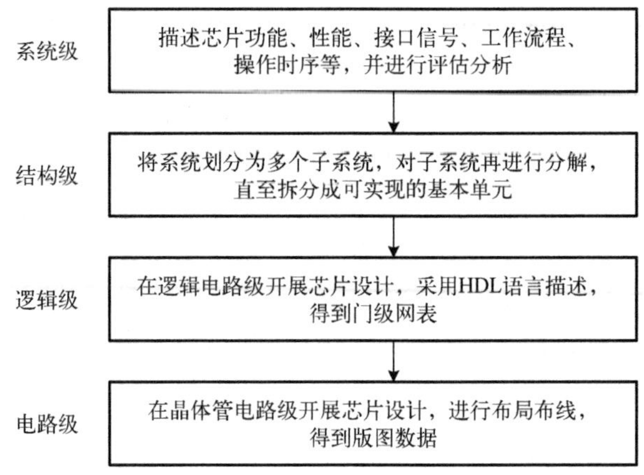

图 2-4　自顶向下的设计方法

现；之后将这些功能单元连接起来，组合实现系统的各模块、子系统（如数据路径、控制器等），完成子系统集成；最后把这些子系统连接起来，完成整个系统的实现。自底向上的实现方法是自顶向下的设计方法的逆过程，由于芯片实现是从最底层单元模块开始的，可以很方便快速地完成模块实现，进行验证，评估实现结果与设计预期是否一致，必要时对设计方案进行调整。由于底层模块功能单一，具有实现方便、易于评估、便于集成等优势，同时多个模块可并行实现，加速了集成电路的研制进度。自底向上的实现方法得以顺利实施的先决条件是设计方案正确，子系统与模块划分合理，功能性能定义准确。

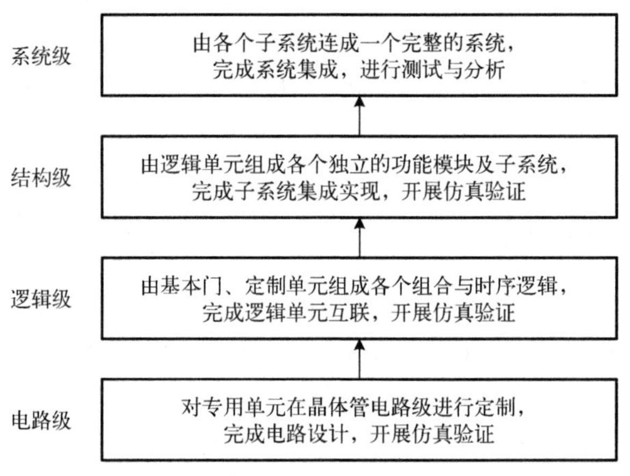

图 2-5　自底向上的实现方法

整个密码芯片与数字集成电路设计实现过程是一个“设计—实现—验证—修改设计—再实现—再验证”的过程，方案设计正确是关键，功能性能描述清楚是核心。

2.1.4　数字系统描述方法

密码芯片设计的过程表现为芯片的不同层次描述间的转化，密码芯片在不同的设计阶段所采用的描述方式也各不相同，因此选用适当的描述方法对于简化和加速密码芯片设计过程是十分重要的。通常采用的描述方法应具有以下特征。

(1)应有一组符号和规则，利用这些符号和规则可描述系统的各种运算或操作，以及进行这些操作的条件和顺序，可用于描述组成系统的部件(如逻辑功能块)以及它们之间的连接关系；

(2)本层次的描述应为转化成下一层次的描述提供足够的信息；

(3)描述方法应简明易学，使之成为设计人员之间的通信工具；

(4)描述的结果应能为计算机所接受，以便在设计的各个阶段均能验证设计的正确性。

通过对各种描述方法的使用，能够帮助硬件设计师快速明确密码芯片的性能指标、系统结构和逻辑功能，而密码芯片的逻辑功能一旦确定之后，硬件设计师面临的任务就是考虑如何实现这些功能。

在密码芯片总体设计阶段，最常用的设计描述方式是方框图、时序图和流程图，用于描述密码芯片的总体结构组成、工作流程和工作时序，是密码芯片逻辑设计的基本工具。

1. 方框图

方框图是数字系统、密码芯片的总体设计、结构设计和单元模块设计各个阶段都经常使用的、重要的描述手段。方框图可以用来描述密码芯片的总体构成、内部结构及单元模块组成等。

方框图中一个方框(矩形框)定义一个信息处理、存储或传送的子系统或模块，在方框内用文字、表达式或通用符号图形来表示该子系统或模块的名称或主要功能。方框之间采用带箭头的直线连接表示各子系统或模块之间数据流或控制流的信息通道，箭头指示信息的传输方向。

方框图不涉及过多的技术细节，具有直观易懂、系统结构层次分明和易于达到系统总体优化等优点。方框图需要有一份完整的设计说明书，说明书不仅需要给出表示各子系统或模块的基本功能、输入/输出、工作流程、时序要求等，还要给出每个子系统或模块功能的进一步描述。

方框图的层次化描述，往往从总体框图入手，逐步细化，描述出内部组成结构，包括单元模块组成及连接关系，并以此作为进一步设计的基础，再对各个子系统或单元模块进行深入的描述。

2. 时序图

时序图是指时钟信号驱动下的信号波形图，用来描述数字系统、密码芯片、单元模块、局部电路的输出信号和输入信号在不同时间的取值。密码芯片内部逻辑模块是严格按照时序进行协调和同步的，芯片内部各个子系统或模块的功能正是体现按规定的时序实现输入信号向输出信号的正确转换。时序图用来定时地描述在时钟信号的作用下，密码芯片的各个输出与输入之间的定时关系，各个子系统或单元模块的控制信号、输入数据与输出数据、状态信号之间的定时关系，描述各个子系统或单元模块内部各个单元电路之间输入信号、控制信号与输出数据、输出信号的对应时序关系及取值。

时序图绘制时，其横轴是时间，纵轴是信号取值，信号取值可以是低电平 0、高电平 1、高阻态 Z 或不定态，对于多路数据信号，也可以采用十六进制数据进行表示。时序图绘制时，首先要绘制时钟信号，根据实际需求绘制，一般情况下采用规则的 0、1 矩形波进行描述；然后绘制复位信号和输入信号；最后根据功能要求，绘出输出信号。

时序图的描述是逐步深入细化的过程，从描述芯片总体的输入/输出信号之间关系的时序图开始入手，逐步细化，拆分出各个子系统或单元模块，通过定时流不断地反映新出现的系统输出与输入信号的定时关系，直到对系统内各信号时序关系的完全描述。

在系统进行功能设计阶段，时序图分析主要依赖于手工，在功能测试和时序仿真阶段，可借助 EDA 工具，通过建立系统的仿真波形文件，采用仿真来判定系统中可能存在的问题，进一步完善设计。

3. 流程图

流程图是描述数字系统、密码芯片功能与工作流程的常用工具，流程图可以描述整个密码芯片的密码变换过程以及控制单元所提供的控制步骤。由于密码运算的逻辑功能多种多样，至今尚无从系统功能直接导出算法的通用方法和步骤。设计者需要仔细分析设计功能要求，将系统分解成若干功能模块，把要实现的逻辑功能看作应进行的某种运算操作，用约定的几何图形、指向线(箭头线)和简练的文字说明来描述系统的基本工作过程，即描述系统的算法。用流程图来描述系统时通常具有两大特征：

(1)包含若干子运算或操作，实现数据或信息的存储、传输和处理；

(2)具有相应的控制序列，控制各子运算或操作的执行顺序和方向。

在密码芯片的设计过程中，流程图的建立过程特指密码算法的推导过程。它是把密码芯片要实现的复杂密码运算或操作分解为一系列子运算或操作，并且确定执行这些运算或操作的顺序和规律，为后续逻辑设计提供依据。流程图设计也是一个细化的过程，往往首先描述芯片的整体工作过程、执行算法和控制步骤，得到芯片的整体工作流程图，然后针对特定的工作过程、执行算法和控制步骤进行细化，得到算法流程图、算法状态机图等。流程图一般由开始块、工作块、判别块、结束块以及指向线组成。

2.2　密码芯片总体设计

2.2.1　密码模块与密码芯片

密码算法芯片用于实现数据加密、数据解密、摘要值计算、数字签名与验签等密码算法，密码芯片是密码模块中最核心的部件，是一个密码运算加速部件。图 2-6 给出一个典型的密码模块电路结构，包括系统主处理器 CPU、存储器、噪声源、安全防护模块、密码芯片及各种通信接口。

当外部宿主设备通过通信接口，请求密码服务时，CPU 将解析该任务请求，控制密码芯片，将接收的数据报文送入密码芯片，执行相应的密码运算，结果经通信接口送回宿主机。此时，密码芯片是系统总线的一个从设备，受主处理器控制和调用，主处理器负责向密码芯片注入密钥、参数，写入待处理的数据，读出运算结果。

密码芯片除具有时钟输入、复位信号等控制引脚之外，还应具有数据输入、数据输出、控制输入、端口选择、状态输出等信号，如图 2-7 所示。不同算法类型密码芯片、不同应用场景密码芯片，接口信号会有所取舍。

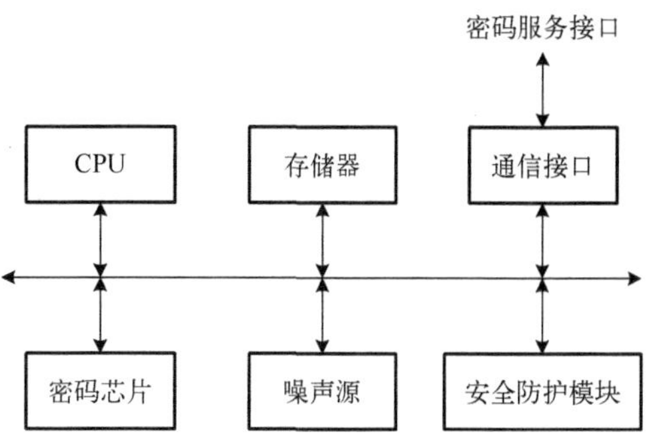

图 2-6　密码芯片在密码模块中的位置

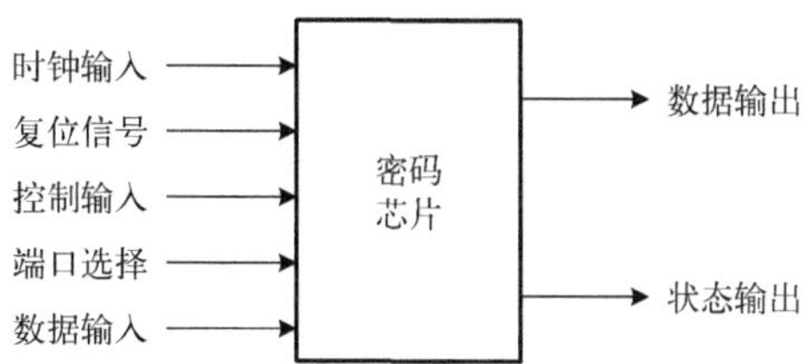

图 2-7　密码芯片外部接口一般表述

密码算法芯片是实现密码算法的集成电路，按照所实现的密码算法进行分类，可以分为分组密码算法芯片、序列密码算法芯片、杂凑算法芯片和 RSA 算法芯片。本节将针对不同类型的密码算法，讲述四类密码芯片的接口设计、工作流程、操作时序，为后续内容的学习奠定基础。

2.2.2　分组密码算法芯片

分组密码(Block Cipher)是最为常用的一类密码算法，常用于对传输信息、存储数据进行加密，采用分组密码进行加密/解密时，首先对需要加密/解密的明文/密文进行分组，每组的长度相同，然后用密钥对每个分组进行加密/解密运算，加密/解密后得到的每组密文/明文长度一样。

如图 2-8 所示，给出典型分组密码算法芯片接口示意图，该设计与具体的密码算法、算法分组长度、密钥长度没有关联性。

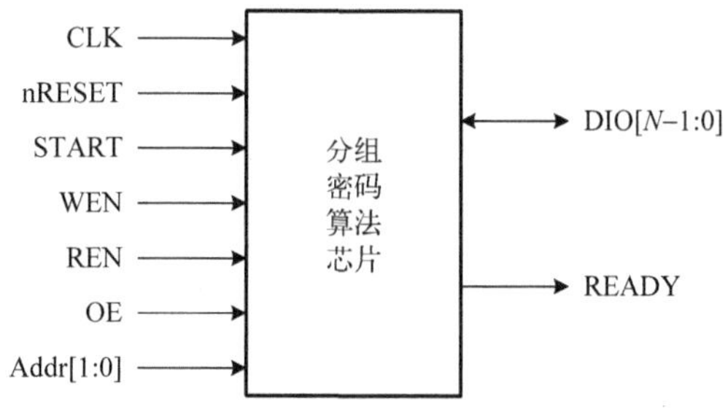

图 2-8　分组密码算法芯片接口示意图

各接口信号定义如下。

CLK：全局时钟信号，上升沿有效。

nRESET：异步复位信号，低电平有效，该信号有效时，内部寄存器恢复初态。

START：启动信号，高电平有效，当该信号有效时，启动芯片执行密码运算。

WEN：写使能信号，高电平有效，当该信号有效时，写入 1 个 32bit 外部输入数据。

REN：读使能信号，高电平有效，当该信号有效时，从片内读出一组 32bit 运算结果。

OE：输出使能信号，高电平有效，当该信号有效时，DIO 为输出，否则 DIO 与内部输出端口断开。

DIO[*N*–1:0]：*N* 比特并行数据输入/输出接口，用于输入数据(包括待处理明文/密文及密钥)、读出待输出的密文/明文。

READY：运算完成标志信号，高电平有效，每一个分组运算完成后，芯片内部置该信号有效，提醒上位机读取数据。

这里，为减少芯片引脚数量、方便用户使用，芯片将数据输入、密钥输入、数据输出三个端口复用，采用一组数据输入/输出接口 DIO 实现；设计端口选择信号 Addr[1:0]，用于确定芯片输入/输出接口 DIO 的功能，Addr[1:0]=00 时，DIO 作为数据输入，Addr[1:0]=01 时，DIO 作为主密钥输入，Addr[1:0]=10 时，DIO 作为控制命令输入，Addr[1:0]=11 时，DIO 作为数据输出，如表 2-1 所示。

表 2-1　芯片数据输入接口功能

Addr[1:0]	DIO 功能
00	数据输入
01	主密钥输入
10	控制命令输入
11	数据输出

若数据总线位宽为 32bit，算法的分组长度、密钥长度为 128bit，则每次输入密钥、输入数据、读出数据均需要 4 个时钟节拍的操作才能完成；写使能 WEN、读使能 REN、输出使能 OE 三个信号高电平有效，与端口选择信号配合，实现数据的输入、输出。如图 2-9 所示，给出待处理明文/密文数据输入芯片时的接口工作时序。

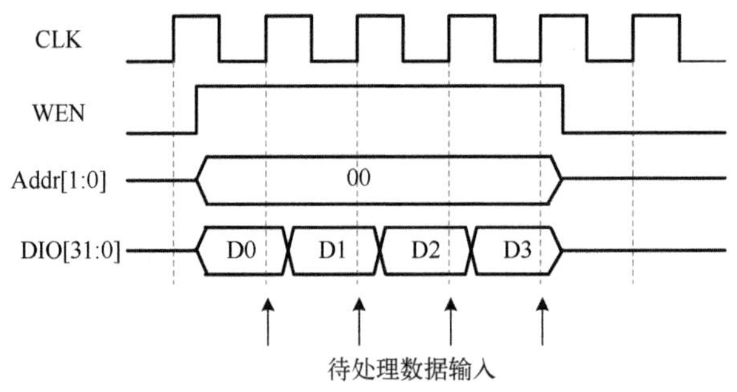

图 2-9　数据输入工作时序

根据应用需求，芯片配置成为 ECB 加密、ECB 解密、CBC 加密、CBC 解密四种工作模式之一。为实现这一目标，设置了专门的命令输入端口，当端口选择信号 Addr[1:0]=10 时，DIO 作为控制命令输入，命令对应的芯片功能如表 2-2 所示。

表 2-2　芯片命令端口功能

Addr[1:0]	命令	芯片功能
10	0x0000,0001H	ECB 加密
10	0x0000,0002H	ECB 解密
10	0x0000,0003H	CBC 加密
10	0x0000,0004H	CBC 解密
10	其他	保留

芯片具有数据加密、数据解密、子密钥生成三种基本运算功能，启动运算由信号 START（高电平有效）控制，其中子密钥生成每次仅发生在密钥更换之后，加解密运算发生在每次数据输入之后。如图 2-10 所示，给出密钥输入及启动子密钥生成模块的工作时序。

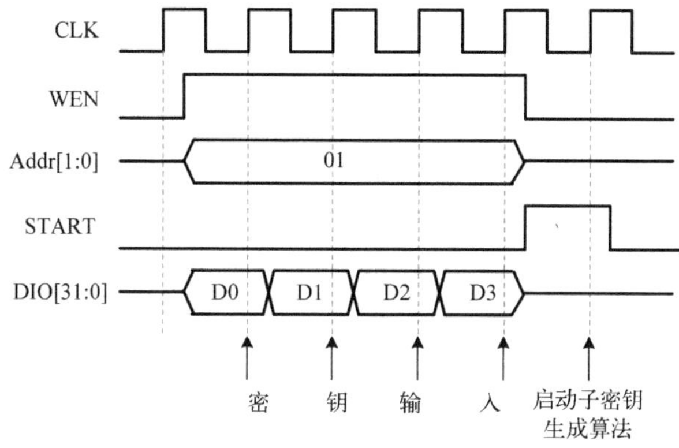

图 2-10　密钥输入及子密钥生成启动工作时序

当芯片加解密运算完成之后，将置运算完成标志信号 READY 为高电平，外部 CPU 一旦检测到该信号，即可发出有效的读操作信号，启动数据输出操作，数据输出时序如图 2-11 所示。

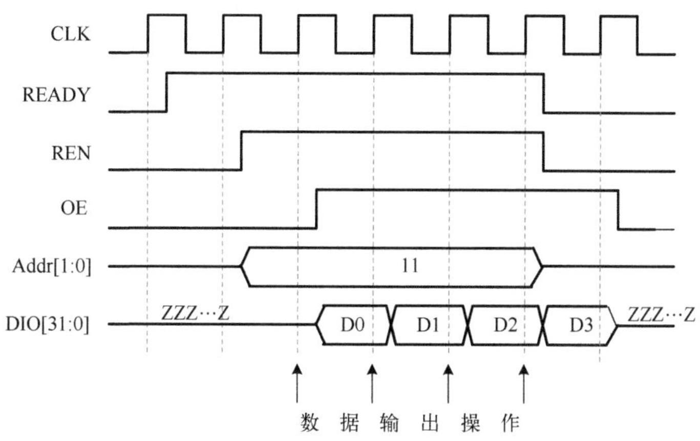

图 2-11　芯片运算完成及数据输出工作时序

芯片上电之后，首先进行复位，对内部寄存器清零；然后选择命令端口，输入相应命令，再输入密钥，启动子密钥生成算法，当子密钥生成完毕后，芯片发出有效的 READY 信号，通知或中断外部 CPU；片外 CPU 检测 READY 信号有效之后，从内部存储器取出数据，向芯片输入一个分组数据，启动加解密运算，并等待芯片发出有效的 READY 信号；当芯片 READY 信号有效之后，片外 CPU 从芯片输出端口读出已处理数据；然后向芯片输入一个分组数据……，当全部分组数据处理完毕后，依据应用需求更换密钥或更换命令，处理下一个数据包或下一任务。工作流程如图 2-12 所示。

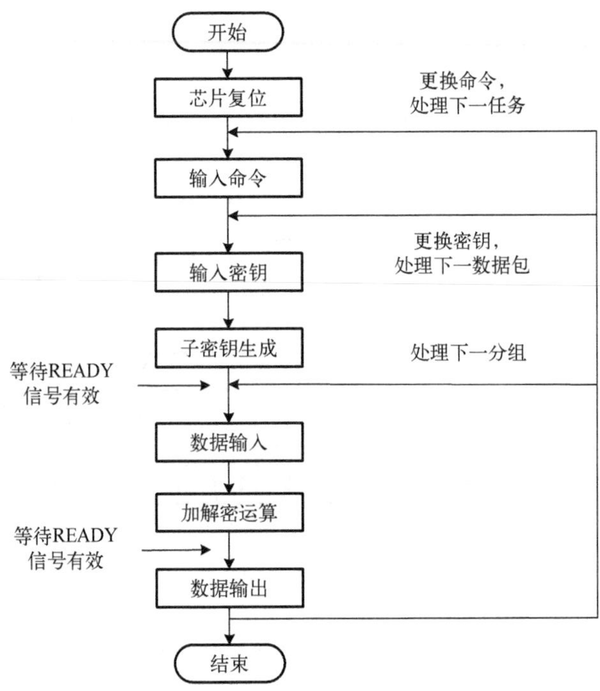

图 2-12　分组密码算法芯片工作流程

2.2.3　序列密码算法芯片

序列密码算法的基本思路是从一个短的密钥产生一个长的随机密钥序列，然后与明文序列逐比特进行加密，加解密一般采用异或运算，结构简单，因此，序列密码算法芯片的最重要功能是乱数生成。图 2-13 给出一种序列密码乱数生成 IP 核接口，该 IP 核接口描述类似于分组密码算法。

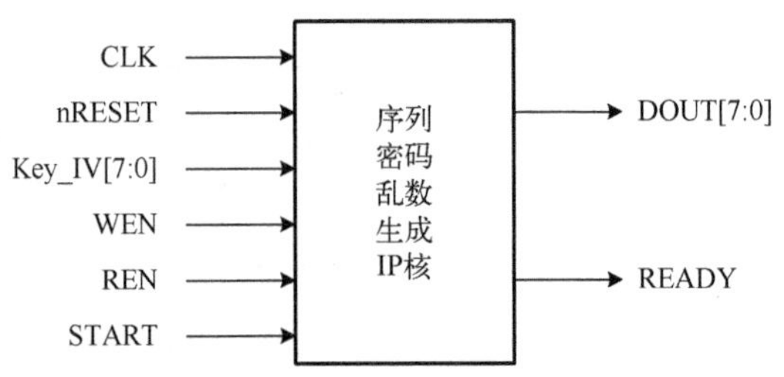

图 2-13　序列密码乱数生成 IP 核接口

该序列密码乱数生成 IP 核工作流程如图 2-14 所示。芯片上电复位，片内寄存器恢复到初始状态，等待启动信号 STRAT 到来。STRAT 到来，标志着芯片将开始一个新的任务，此时等待外部输入。写使能 WEN 有效，将按照一定的格式构造的主密钥、IV 数据包从数据输入端口 KEY_IV[7:0]写入芯片；数据写入完毕之后，芯片自动进入初始化阶段，执行初始化算法，一般持续几十乃至数百个节拍；初始化完成之后，自动进入乱数生成阶段，执行乱数生成算法，并将乱数写入输出缓存；当输出缓存内部数据到达一定长度之后，发出 READY 标志，通知上位机；上位机判断 READY 信号，发出读使能 REN 信号，读出缓存内部存储的乱数。在读取乱数的同时，乱数生成算法继续生成乱数，如此“生成—读出”过程一直执行下去，直至上位机将所有需要读取的乱数全部读出。下一步如果有新的处理任务，则重新发出有效的 START 信号，并更换密钥/IV 等，重复上述步骤。

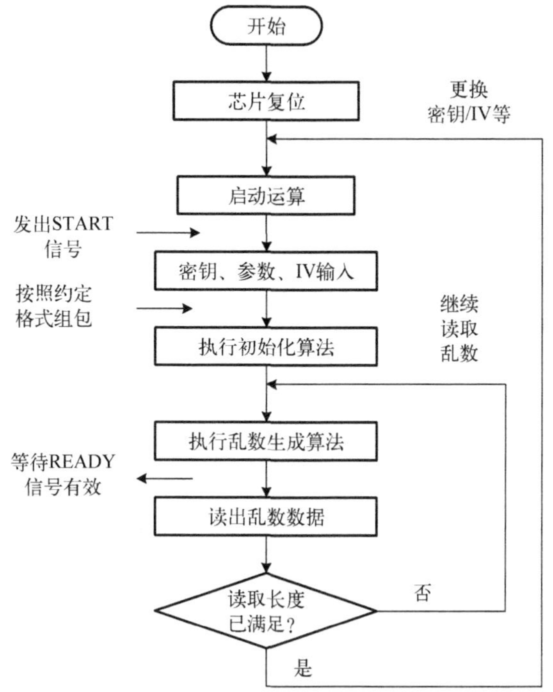

图 2-14　序列密码乱数生成 IP 核工作流程

如图 2-15 所示，给出某序列密码算法(A5、E0 等)芯片。该芯片在上述 IP 核的乱数生成功能基础上，增加了数据加解密运算功能。

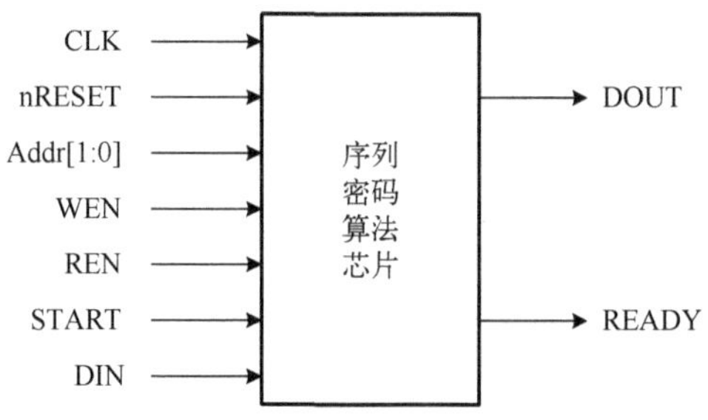

图 2-15　序列密码算法芯片接口

CLK 是全局时钟信号，上升沿有效；nRESET 是异步复位信号，低电平有效；写使能 WEN、读使能 REN、启动信号 START 三个信号高电平有效，与分组密码算法芯片引脚功能定义相同。

芯片将数据输入、密钥输入、IV/参数输入三个端口复用，采用一组数据输入接口 DIN 实现；设计端口选择信号 Addr[1:0]用于选择输入接口 DIN 的功能，Addr[1:0]=00 时，DIN 作为数据输入，Addr[1:0]=01 时，DIN 作为密钥输入，Addr[1:0]=10 时，DIN 作为 IV/参数输入，Addr[1:0]=11 时，DIN 功能保留。序列密码算法芯片功能如表 2-3 所示。

表 2-3　序列密码算法芯片功能表

Addr[1:0]	DIN 功能
00	数据输入
01	密钥输入
10	IV/参数输入
11	保留

READY 信号是运算完成标志，高电平有效。该信号一是用于指示芯片初始化完成，通知上位机可以输入数据，进行加解密操作；二是用于指示芯片加解密运算完成，上位机从芯片可以从输出端口读出已处理数据。

如图 2-16 所示，给出了该芯片的工作流程，工作流程与乱数生成算法芯片类似，但该芯片增加了数据输入与加解密运算两个步骤，由于数据输入并不影响乱数生成算法的执行，因此两步可并行执行。

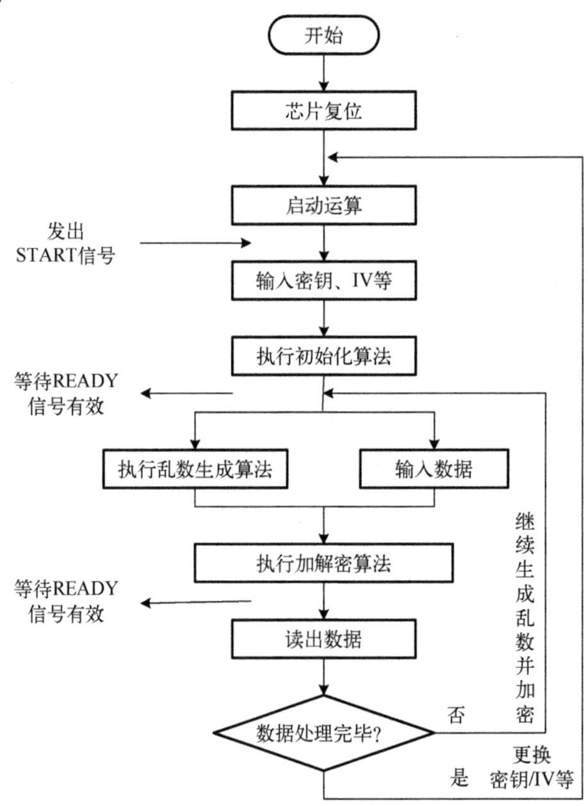

图 2-16　序列密码算法芯片工作流程

2.2.4 杂凑算法芯片

杂凑算法对任意长度的数据进行复杂的运算，结果为固定长度的比特串，称为杂凑值。杂凑算法与分组密码类似，需要对待处理数据进行分组，算法对固定长度分组数据进行计算，计算得到的结果参与下一分组的计算。与分组密码不同的是，杂凑算法针对每一分组计算得到的结果并不输出，只有全部分组数据计算完成后，才能得到最终的杂凑值，结果才输出。

杂凑算法对输入数据填充有明确的要求，数据填充可以在上层调用设备中实现，也可以交由密码芯片实现。当采用密码芯片实现时，必须给出标志信号，明确指示最终数据的具体位置，以便于硬件实现数据填充，也可以将有效数据长度值输入密码芯片，芯片依据此数据长度值进行填充。

图 2-17 给出一个支持硬件填充的 SHA1 杂凑算法芯片，该芯片能够实现 SHA1 算法(分组长度为 512bit、杂凑值长度为 160bit)，支持硬件数据填充，能自动计算待处理数据长度，数据输入、输出相分离，可作为芯片内部 IP 核调用。该 IP 核接口描述类似于分组密码算法、序列密码算法 IP 核，主要不同在于：一是定义一组信号 LOAD、LAST、PST，标示输入数据，二是定义一组信号 READY、VALID 标示杂凑运算是否执行完成。详述如下。

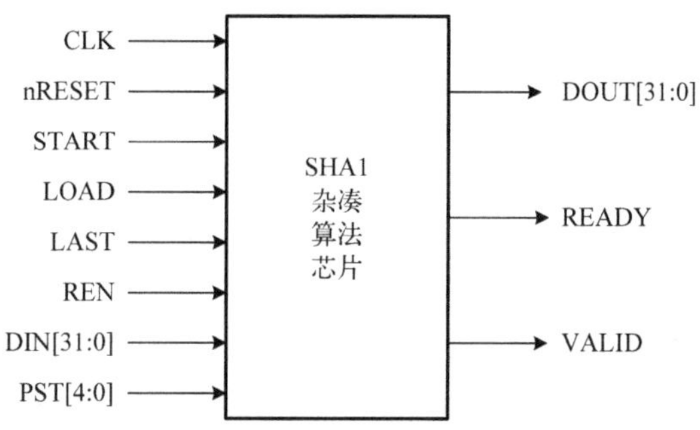

图 2-17　SHA1 杂凑算法芯片接口

LOAD：数据装载信号，高电平有效，当该信号有效时，装载 1 个 32bit 外部输入数据，若要完成一个 512bit 分组数据装载，需要装载 16 次。

LAST：最后一个字标志信号，高电平有效，当该信号有效时，当前外部输入为最后 1 个 32bit 字，与 LOAD、PST 信号配合使用。

PST[4:0]：最后一个字节标志信号，与 LOAD、LAST 信号配合使用，用于指示最后一个 32bit 字中有效的字节数，有效数据自左至右排列。00 表示当前 32bit 字中有 1 字节有效，DIN=[B3,X,X,X]；01 表示有 2 字节有效，DIN=[B3,B2,X,X]；10 表示有 3 字节有效，DIN=[B3,B2,B1,X]；11 表示有 4 字节均有效，DIN=[B3,B2,B1,B0]；X 表示无效数据。

READY：运算完成标志信号，高电平有效，每一个分组运算完成后，芯片内部置该信号有效，可以输入下一分组数据。

VALID：杂凑值输出有效标志信号，高电平有效，所有分组处理完成后，置该信号有效，可以读出计算完成的杂凑值。

芯片工作流程如图 2-18 所示。

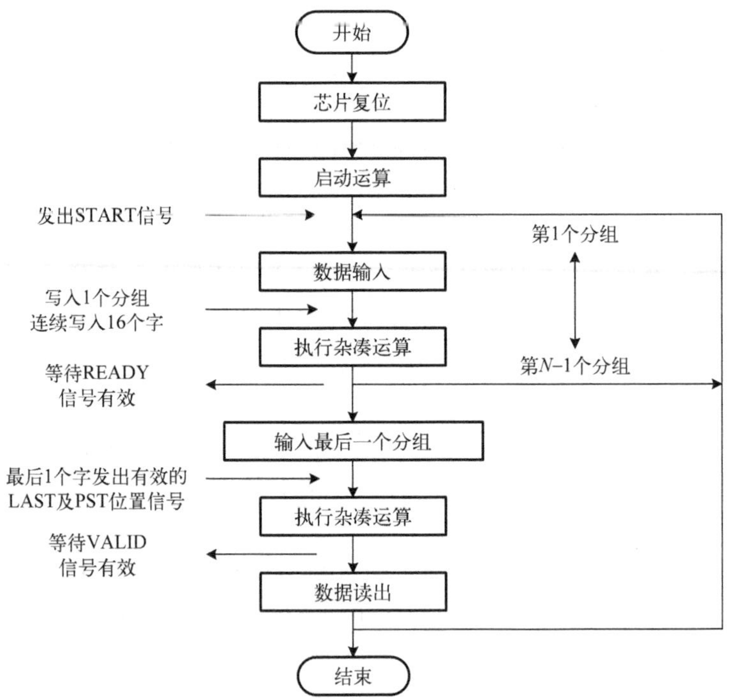

图 2-18　SHA1 杂凑算法芯片工作流程

2.2.5　RSA 算法芯片

RSA 算法是由麻省理工学院的 Rivest、Shamir、Adleman 于 1978 年提出的一种基于因子分解的指数函数作为单向陷门函数的公开密钥密码算法，可用于传输加密、数字签名等系统，是当前商业中使用最广泛的公钥密码算法之一。RSA 算法描述如下。

设明文为 M，密文为 C，私钥为 d，公钥为 e，模数为 N。

则加密运算：计算 $C=M^e \bmod N$；解密运算：计算 $M=C^d \bmod N$ 。

由此可见，RSA 算法的核心是大数模幂运算：$C = M^e \bmod N$ 。

如图 2-19 所示，给出一个 RSA 算法芯片，该芯片能够实现基于 RSA 算法的加密/解密或数字签名/验签。

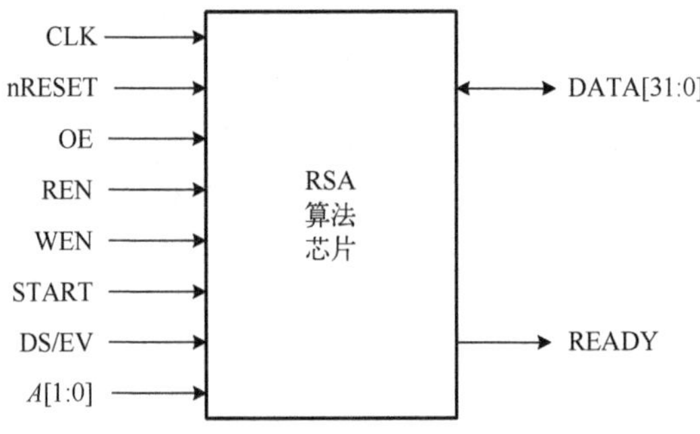

图 2-19　RSA 算法芯片接口

该 IP 核接口描述类似于分组密码算法、序列密码算法 IP 核、杂凑密码算法芯片，特殊信号如下。

A[1:0]：端口选择信号，用于选择确定芯片输入/输出端口 DATA[31:0]的功能，*A*[1:0]=00 时，DATA 作为待处理消息 *M* 输入端口或计算结果 *C* 输出端口，具体输入功能由写使能 WEN、读使能 REN 及输出使能 OE 信号确定；*A*[1:0]=01 时，DATA 作为公钥 *e* 输入端口；*A*[1:0]=10 时，DATA 作为私钥 *d* 输入端口；*A*[1:0]=11 时，DATA 作为模数 *N* 输入端口。芯片数据输入接口功能如表 2-4 所示。

表 2-4　芯片数据输入接口功能

A[1:0]	功能说明
00	消息 *M* 输入端口/结果 *C* 输出端口
01	公钥 *e* 输入端口
10	私钥 *d* 输入端口
11	模数 *N* 输入端口

DS/EV：签名/解密与验签/加密运算标志，当 DS/EV=1 时，使用本人签名密钥、个人通信私钥(统称为 *d*)，执行数字签名运算或信息解密运算；否则使用签名方验签密钥、对方的通信公钥(统称为 *e*)、执行签名验签或信息加密运算。

READY：运算完成标志信号，高电平有效，每一个分组运算完成后，芯片内部置该信号有效，可以输入下一分组数据。

芯片工作流程如图 2-20 所示。

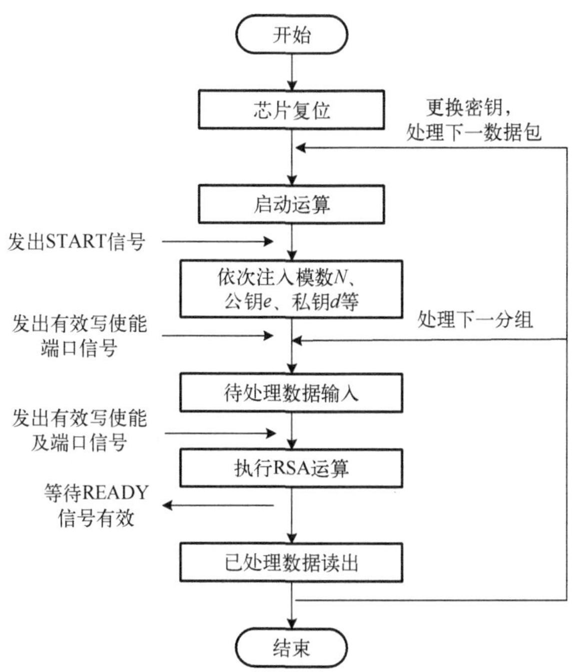

图 2-20　RSA 算法芯片工作流程

2.3　密码芯片结构设计

2.3.1　基本结构

如图 2-21 所示，密码芯片在结构组成上可分为两部分：一部分是用来实现信息传送和密码变换的数据处理单元，即数据路径；另一部分是产生控制信号序列的控制单元，即控制模块。

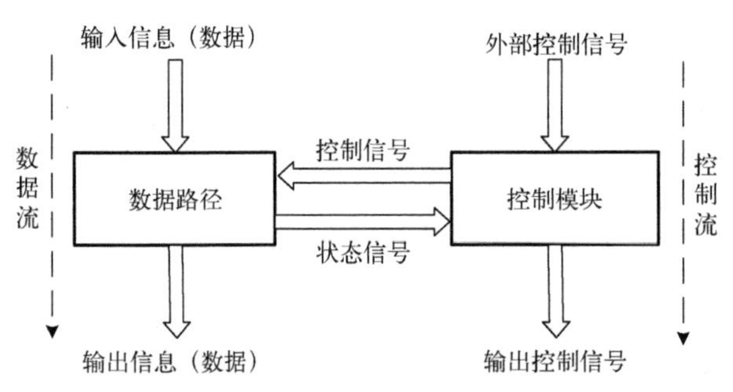

图 2-21　密码芯片的基本结构

数据路径的作用是在控制信号的作用下，按照密码芯片的功能要求，对输入数据进行变换、传输和存储，实现基本的密码变化，产生输出数据，并向控制单元输出状态信号。数据路径是密码芯片的核心单元，其设计的好坏直接影响密码芯片的性能优劣，影响密码芯片的处理速度、安全性能、资源占用、器件成本、系统功耗等指标。控制单元的作用就是按照密码芯片要求的工作时序，依据输入控制信号(如启动信号等)、数据路径反馈的状态信号，生成控制密码芯片中的各个单元所需的控制信号，以及输出信号，使其按照要求进行工作。任何数字集成电路，包括密码芯片，从本质上说，都可以划分为数据路径与控制单元，二者相互配合，实现指定的密码功能。

2.3.2　分组密码算法芯片组成结构

分组密码算法由子密钥生成算法、加密算法和解密算法构成，如图 2-22 所示。因此，分组密码算法的数据路径一般为三条：子密钥生成算法数据路径、加密算法数据路径和解密算法数据路径。

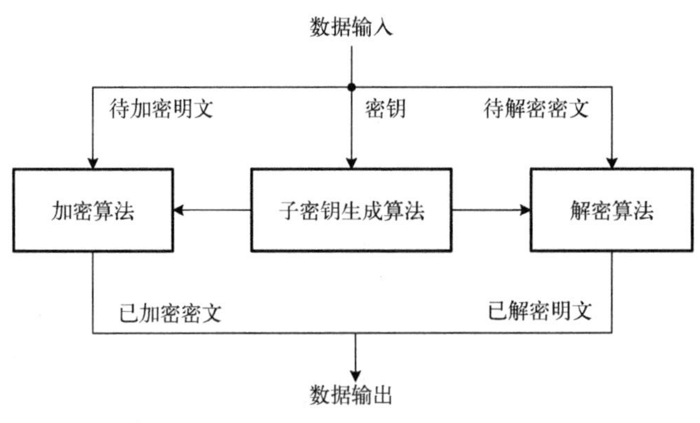

图 2-22　分组密码算法组成

解密算法是加密算法的逆过程，采用完全相同或功能相近的编码环节，数据路径设计时，一般对其统筹考虑，在统一数据处理架构下实现。甚至部分分组密码的解密算法与加密算法完全相同，如 DES 算法、SM4 算法等，此时，解密算法与加密算法的数据路径是完全相同的，只需要设计一条加解密数据路径即可。而子密钥生成算法与加解密算法相差甚远，需要单独设计。

子密钥生成算法、加密算法和解密算法一般都采用循环迭代结构。子密钥生成算法经过一轮迭代运算，首先生成加密算法初始变换或第一轮运算所需的子密钥，并以此为基础生成下一轮运算所需的子密钥，直至生成最后一轮运算或末尾变换所需的子密钥，而解密过程往往是逆序使用所生成的子密钥，图 1-7 已经进行了描述。子密钥数据量最大可到数千比特，如表 2-5 所示，子密钥需要一定存储容量的缓存进行暂存。

表 2-5　部分分组密码算法子密钥存储容量分析

算法	运算步数	子密钥总量/bit
DES	16	16×1×48=768
3DES	48	48×1×48=2304
IDEA	8	8×4×16+8×2×16+1×4×16=832
AES-128	11	11×4×32=1408
AES-192	13	13×4×32=1664
AES-256	15	15×4×32=1920
SM4	32	32×32=1024
Serpent	33	33×4×32=4224
RC6	22	22×2×32=1408
Twofish	16	16×2×32+2×4×32+1×2×32=1344
Mars	16	16×2×32+2×4×32=1280

针对 2.2.2 节给出的分组密码算法芯片，进一步描述出该芯片的内部组成结构，如图 2-23 所示。这里，将数据输入、密钥输入、命令输入、数据输出四个端口复用，采用一组数据输

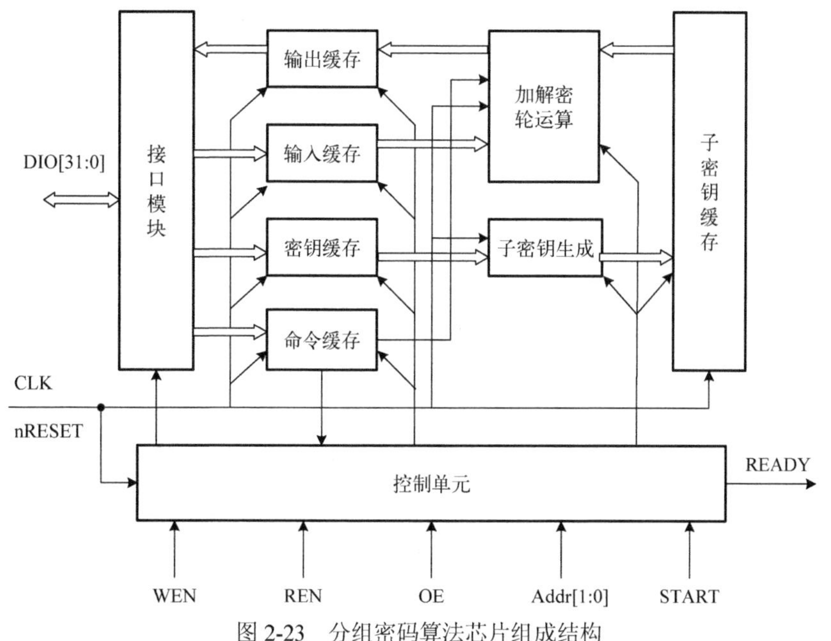

图 2-23　分组密码算法芯片组成结构

入/输出接口实现，此时需要设计专用的输入/输出接口电路及数据输入、密钥输入、命令输入与数据输出缓存，对临时输入/输出数据进行暂存。

芯片在控制单元的统一控制下工作，控制单元依据外部输入的控制信号，生成数据路径各个单元所需的控制信号，包括互联单元的控制信号(如数据选择器选择信号)、存储单元写使能控制信号(如寄存器写使能、移位寄存器移位使能、存储器写入信号)、运算单元工作模式与结构控制信号(如移位单元的移位方向、移位位数等控制信号)，以及输出信号(如运算完成标志信号)，使其按照要求进行工作。外部送入的异步复位 nRESET、系统时钟 CLK 连接芯片内部的各个寄存器、存储器等存储单元，为各个模块提供复位与时钟信号。

2.3.3 序列密码算法芯片组成结构

序列密码算法由初始化算法、乱数生成算法和加解密变换算法组成，如图 2-24 所示。其中，初始化算法用于将密钥与参数有机结合产生乱数生成算法的初态，乱数生成算法用于在时序控制下从算法的初态开始产生信息加密所需的乱数，加(解)密变换用于将明文(密文)与乱数结合产生密文(明文)。

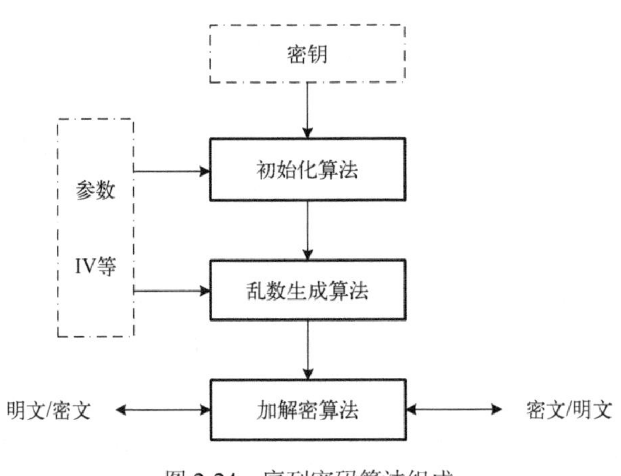

图 2-24　序列密码算法组成

序列密码的加解密运算一般为异或运算，外部输入的明文/密文序列与内部生成的乱数逐比特进行异或运算，生成加密后的密文或解密后的明文序列，因此，为提高运算效率，设计输入接口电路对外部输入串行数据进行串并变换，并按照端口地址写入密钥缓存、IV 及参数缓存、数据输入缓存，加解密运算模块对缓存内部存储的并行数据进行异或运算。

图 2-25 给出序列密码算法芯片的内部组成结构，该电路由数据路径与控制单元两大部分构成。其中，数据路径又包括输入接口模块、各种数据缓存模块、算法模块、输出缓存模块及输出接口模块。

序列密码初始化算法的基本功能是依据外部输入的密钥、IV/参数(如帧号、设备地址、常数等)对移位寄存器等记忆电路进行初始化，初始化算法执行完成后，再执行乱数生成算法。绝大多数序列密码算法的初始化算法与乱数生成算法相同或类似，两种算法的实现电路结构基本一致，可以采用同一套电路实现。

乱数生成算法生成的乱数送入加解密模块，与外部输入的明文/密文序列进行加解密运算，生成加密后的密文或解密后的明文序列，写入输出缓存。输出接口模块对并行数据进行

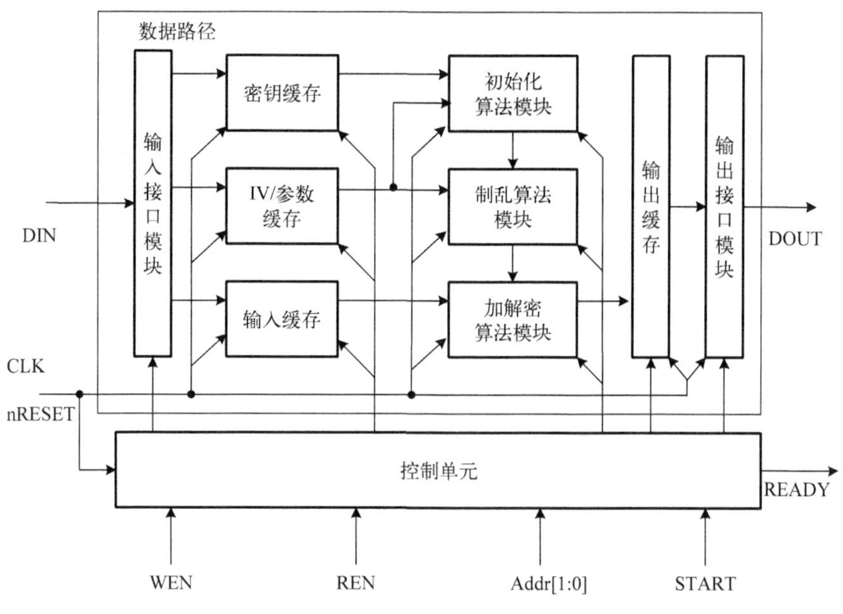

图 2-25　序列密码算法芯片内部组成结构

并/串变换，使运算数据串行输出。当输出缓存内部存储数据达到约定的长度之后，控制单元发出有效 READY 信号，表示片内运算完成，输出数据有效，上位机可以读出数据。

2.3.4　杂凑算法芯片组成结构

如图 2-26 所示，杂凑算法由消息填充算法、消息扩展算法、压缩变换及杂凑值计算四部分构成。其中，消息填充算法将外部输入的待处理数据进行整形，将数据填充至指定长度，一般为分组长度的整数倍；消息扩展算法对填充后的数据进行处理与调度，扩展后消息送入压缩变换模块；压缩变换是杂凑算法的核心运算，与分组密码的分组数据处理非常类似，一般采用循环迭代结构，杂凑初始值类似于待处理明文，填充、扩展之后的消息类似于密钥，每一轮、每一步循环迭代后，形成杂凑中间值，作为下一轮、下一步的输入；经过多轮、多步循环迭代后的结果送入杂凑值计算单元，得到最终杂凑值，杂凑值计算单元类似于分组密码算法的输出变换；最终杂凑值指的是之前所有分组数据的杂凑值最终计算结果，若当前数据是最后一个分组，最终杂凑值即为输出杂凑值，否则作为下一分组处理时的杂凑初始值。

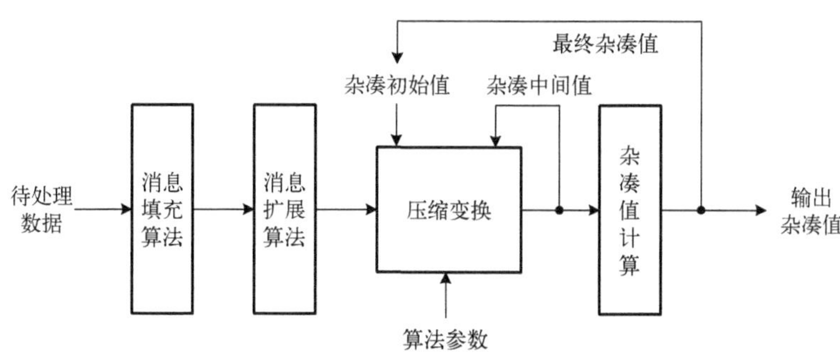

图 2-26　杂凑算法组成

如图 2-27 所示，给出一种杂凑算法 IP 核组成结构，该 IP 核的数据输入、输出分离。消息填充单元接收外部送入待处理信息，并对原始信息进行整形、填充，填充之后的消息送入数据输入缓存，消息扩展单元依据消息扩展算法，对数据输入缓存内部存储的消息进行扩充，生成轮运算每轮运算所需的消息，并将该消息送入压缩变换模块。

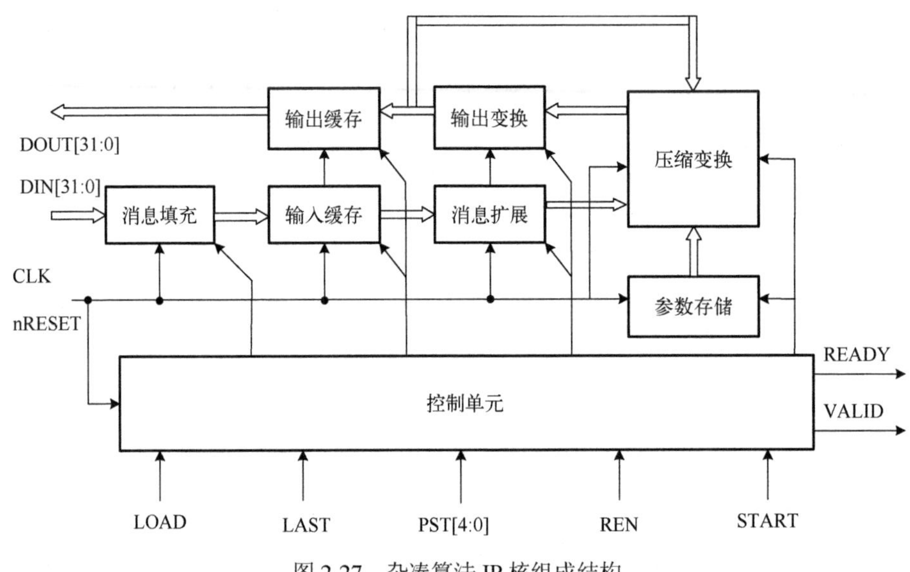

图 2-27　杂凑算法 IP 核组成结构

压缩变换模块是杂凑算法 IP 核的核心运算单元，类似于分组密码算法的轮运算单元，采用循环迭代结构，往往需要数十步迭代运算，每一步迭代结果存储放入内部杂凑中间值寄存器，作为下一步迭代的输入；每一分组的计算完成之后，进行输出变换；若当前数据不是最后一个分组，则反馈送入压缩变换，作为下一分组的初始向量，等待下一分组数据输入；否则，该数据就是最终杂凑运算结果，送入输出缓存，输出最终的杂凑值。

压缩变换执行过程中，往往会使用若干固定的参数，如 MD5 算法中的 T_i、SHA1 算法中的 K_t，这些参数取值与轮数、步数相关，往往需要专门的电路进行存储。

芯片在控制单元的协调下进行工作，控制单元依据外部输入的异步复位、时钟及其他控制信号，生成数据路径各个单元所需的控制信号，每一分组运行完成，生成运算完成标志信号 READY，当全部分组运算完毕后，生成杂凑值有效信号 VALID。

2.3.5　RSA 算法芯片组成结构

RSA 算法的核心算法是大数模幂运算 $C=M^e \bmod N$，该运算可以采用 L-R 算法、R-L 算法、Booth 算法等，将算法拆分为一系列大数模乘算法的迭代。本书通过介绍 L-R 算法，了解算法实现过程。

1. L-R 指数扫描算法

L-R 指数扫描算法，即对采用二进制表示的模幂运算的指数，按照自左至右的方式，逐步扫描指数，具体方法如下。

设模幂运算指数为 e，其二进制表示如下，其中，S 为指数 e 的长度。

$$e=\sum_{i=0}^{S-1}e_i 2^i=-e_{S-1}2^{S-1}+e_{S-2}2^{S-2}+e_{S-3}2^{S-3}+\cdots+e_1 2^1+e_0 2^0$$

$$M^e=M^{(e_{S-1}2^{S-1}+e_{S-2}2^{S-2}+e_{S-3}2^{S-3}+\cdots+e_1 2^1+e_0 2^0)}$$

$$M^e=M^{e_{S-1}2^{S-1}}\cdot M^{e_{S-2}2^{S-2}}\cdot M^{e_{S-3}2^{S-3}}\cdots\cdots M^{e_1 2^1}\cdot M^{e_0}$$

按照自左至右的方法，扫描指数 e，则有

$$M^e=(M^{e_{S-1}2\cdot 2^{S-2}})\cdot M^{e_{S-2}2^{S-2}}\cdot M^{e_{S-3}2^{S-3}}\cdots\cdots M^{e_1 2^1}\cdot M^{e_0}$$

$$M^e=(M^{e_{S-1}2})^{2^{S-2}}\cdot(M^{e_{S-2}})^{2^{S-2}}\cdot M^{e_{S-3}2^{S-3}}\cdots\cdots M^{e_1 2^1}\cdot M^{e_0}$$

$$M^e=((M^{e_{S-1}})^2\cdot M^{e_{S-2}})^{2^{S-2}}\cdot M^{e_{S-3}2^{S-3}}\cdots\cdots M^{e_1 2^1}\cdot M^{e_0}$$

$$M^e=(((M^{e_{S-1}})^2\cdot M^{e_{S-2}})^{2^{S-2}}\cdot M^{e_{S-3}})^{2^{S-3}}\cdot M^{e_{S-4}2^{S-4}}\cdots\cdots M^{e_1 2^1}\cdot M^{e_0}$$

$$\vdots$$

$$M^e=(((((M^{e_{S-1}})^2\cdot M^{e_{S-2}})^2\cdot M^{e_{S-3}})^2\cdots\cdots M^{e_2})^2 M^{e_1})^2\cdot M^{e_0}$$

因此，有

$$\begin{aligned}C&=M^e \bmod N\\&=(((\cdots((((1^2\cdot M^{e_{S-1}})_N)_N^2\cdot M^{e_{S-2}})_N)_N^2\cdots\cdots M^{e_1})_N)_N^2\cdot M^{e_0})_N\end{aligned}$$

该算法可以采用以下伪码语言进行描述：

```
C=1
for i=S–1 to 0
    C=(C × C)mod N
    if   e_i=1 then C=(C × M)mod N
return C
```

图 2-28 给出了 L-R 算法的算法流程图。

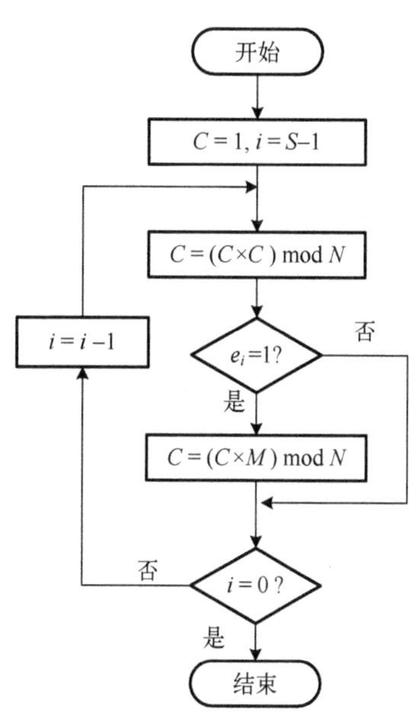

图 2-28　L-R 算法的算法流程图

2. RSA 算法芯片内部组成

根据 L-R 算法分析可以看出，RSA 算法的大数模幂运算最终拆分为一系列大数模乘运算，据此可得 RSA 算法芯片总体结构如图 2-29 所示。

芯片总体上可以划分为接口模块、存储单元、模乘器及模幂控制单元。接口模块在模幂控制单元的作用下，控制存储单元与外部总线的通信；芯片运算的核心是模乘器，通过读取存储单元内待处理数据、指数、模数 N，反复调用模乘器实现大数模幂运算；而大数模乘运算非常复杂，有自身的数据通路和控制单元。

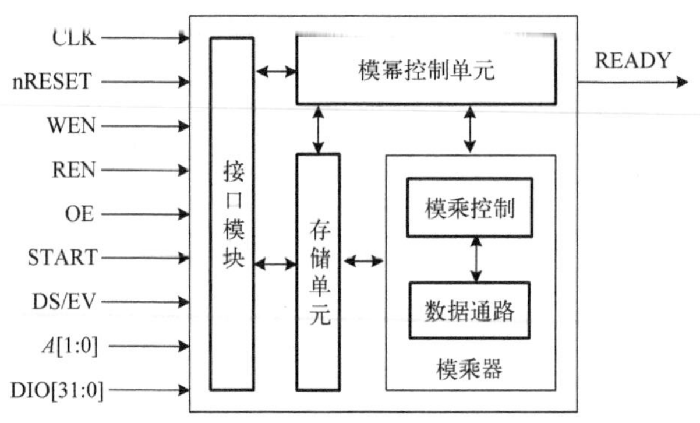

图 2-29　RSA 算法芯片总体结构

2.4　密码芯片的实现方式

密码芯片可以采用专用集成电路(ASIC)设计技术进行研制，也可以在现场可编程门阵列(FPGA)基础上进行二次开发。

2.4.1　专用集成电路

集成电路按照生产目的可以分为通用集成电路与专用集成电路(ASIC)。生产厂家以供应市场为目的且通用性强的集成电路芯片属于通用集成电路，如常见的 74 系列、40 系列标准逻辑器件、计算机微处理器、存储芯片(SRAM、SDRAM、FIFO 等)、计算机外围电路芯片等。而 ASIC 是为某个或某些用户的专门用途而设计和制造的集成电路，如人工智能芯片、语音处理芯片等，与通用集成电路相比，ASIC 针对性强、用量小，分摊的设计制造成本高。密码芯片作为一种实现密码运算功能的专用集成电路，是一种针对性极强的集成电路，因此密码芯片是一种专用集成电路。

ASIC 的概念最早在 20 世纪 60 年代提出，但直到进入 20 世纪 80 年代，随着半导体集成电路的制造工艺技术不断提高，集成电路设计、封装与测试技术高速发展，集成电路的集成度不断提高，这种功能强、可靠性高与保密性好的 ASIC 才逐步走向市场。目前 ASIC 设计制造技术已经非常成熟，ASIC 已经成为市场的主流芯片。与通用集成电路相比，ASIC 在构成数字系统时具有以下几个特点。

(1)降低了产品的综合成本。用 AISC 来设计和改造电子产品可以大幅度地减少印刷电路板的面积、分离元器件和接插件数量，降低装配和调试成本。

(2)提高了产品的可靠性。减少了产品所需的分立式元器件数量，降低了因元器件装配导致的虚焊、接触不良等故障，提高了系统可靠性。

(3)提升了电子产品的性能。ASIC 针对特定功能设计电路，功能专一、无冗余、连线短、寄生电容小，理论上就比分离元器件构建的电路速度更快、功耗更低，同时还可采用专用技术有针对性地提升速度、降低功耗。

(4)提高了产品的保密程度和竞争能力。ASIC 针对特定功能设计电路，封装在管壳之内，无法采用简单的抄板技术复制产品，同时还可以增加保密措施以提升安全防护能力。

(5) 大大减小了电子产品的体积和重量。目前 ASIC 已经可以集成整个产品所有的逻辑功能，极大减少了所用元器件的数量和印刷电路板的面积，减小了产品的体积和重量。

目前，专用集成电路设计主要采用基于标准单元的集成电路设计方法，即将预先设计并经过测试的、预先设定功能的逻辑块作为标准单元存储在数据库中，这些标准单元包括与非门、或非门、数据选择器、加法器、乘法器等，类似于 74 系列、40 系列中小规模集成电路，且比这些中小规模集成电路品种更全、功能更多，设计人员在进行电路设计时，调用标准单元库内的基本单元，通过标准单元连接构造集成电路系统，完成逻辑电路级设计。同时，这些标准单元针对不同制造工艺有对应的物理实现，即版图，在完成逻辑电路级设计之后，可以利用 EDA 工具在版图一级完成与电路一一对应的版图设计，最终完成集成电路的物理实现。

由于标准单元是供大多数用户常规设计使用的，对用户一些特殊的需求并未详加考虑，这些单元模块的实现速度、资源占用、功耗可能就不尽如人意，此时会融入全定制集成电路设计方法。全定制集成电路设计基于晶体管一级进行整个集成电路系统的设计，或者把某些实现性能不达标的模块在晶体管一级进行设计，以期进一步提升集成电路处理速度、降低资源占用和系统功率消耗。全定制集成电路设计过程中，需要仔细考虑每个晶体管的尺寸、位置及晶体管间的互连关系，其目标是高密度、高速度和低功耗，因此设计成本更高、研制周期更长。

2.4.2　现场可编程门阵列

FPGA 是 20 世纪 80 年代中期出现的一类用户可编程器件。自 1985 年由美国 Xilinx 公司首家推出后，其因具有逻辑编程能力和较好的设计灵活性，受到世界范围内电子设计工程师的普遍欢迎，并因此得到迅速发展。近年来，随着集成电路制造工艺的不断提升，FPGA 已在芯片上集成数亿个门，加上 FPGA 具有用户现场可编程、产品上市快的特点，其成为现代数字系统集成化的重要手段，被称为用户可编程 ASIC。

目前，市场上可供选择的 FPGA 产品很多，它们的具体结构不尽相同，性能也各具特色。但不管各类 FPGA 产品的结构怎样千变万化，它们均有一个共同之处，即在广义上具有掩模编程门阵列的通用结构：由逻辑功能块排成阵列组成，并由可编程的互联资源连接这些逻辑功能块来实现不同的设计。典型的 FPGA 的基本结构如图 2-30 所示，通常包含三类可编程资源：可编程逻辑单元、可编程输入/输出和可编程互连。可编程逻辑单元是实现用户功能的基本单元，它们通常规则地排成一个阵列，散布于整个芯片；可编程输入/输出完成芯片上逻辑与外部引脚的接口，常围绕着阵列排列于芯片四周；可编程内部互连包括各种长度的连线线段和一些可编程连接开关，它们将各个可编程逻辑块或输入/输出块连接起来，构成特定功能的电路。

FPGA 按照内部可编程逻辑单元结构分类，可以分为查找表型 FPGA 和多路开关型 FPGA。查找表型 FPGA 的可编程逻辑单元是查找表，由查找表构成函数发生器，通过查找表来实现逻辑函数。查找表的物理结构是静态存储器(SRAM)，M 个输入项的逻辑函数可以由一个 2^M 位容量的 SRAM 实现，函数值存放在 SRAM 中，SRAM 的地址线起输入线的作用，地址即输入变量值，SRAM 的输出为逻辑函数值，由连线开关实现与其他功能块的连接。查找表结构的函数功能非常强。M 个输入的查找表可以实现任意 M 个输入项的组合逻辑函数，采用查找表实现逻辑函数时，把对应函数的真值表预先存放在 SRAM 中，即可实现相应的函数运算。查找表型结构的 FPGA 的代表是 Xilinx 公司和 Intel 公司的 FPGA 系列。在多路开关

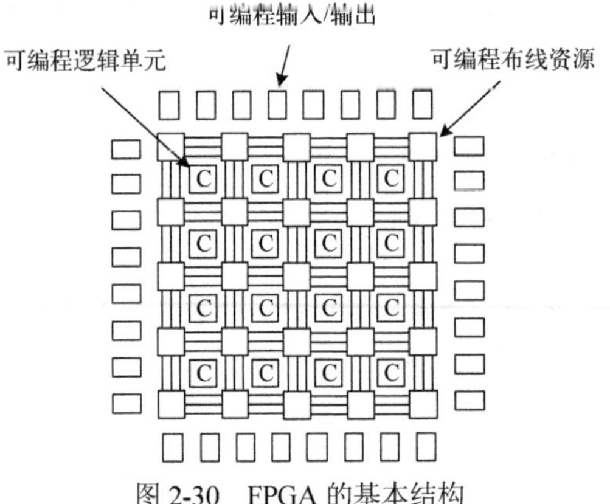

图 2-30　FPGA 的基本结构

型 FPGA 中，可编程逻辑单元是可配置的多路开关。利用多路开关的特性，对多路开关的输入和选择信号进行配置，接到固定电平或输入信号上，实现不同的逻辑功能。多路开关型 FPGA 的代表是 Actel 公司的 ACT 系列 FPGA。

根据采用的开关元件不同，FPGA 可以分为一次编程型 FPGA 和可重复编程型 FPGA。一次编程型 FPGA 采用反熔丝为开关元件。当在反熔丝两端加上编程电压时，反熔丝就会由高阻变为低阻，从而实现两个点间的连接。反熔丝开关占用的芯片面积很小，导通阻抗和分布电容也较其他类可编程开关低。此外，这类器件具有非易失性，编程完毕后，即使撤除工作电压，FPGA 的配置数据仍然保留，因此无须通电重组，是立即可用的，也无须外部重组电路。由于它只能编程一次，比较适合于定型产品及批量应用，在这种情况下能够获得优良的性能价格比。此外，它也常被用于需要高性能及保密性要求高的场合。一次编程型的 FPGA 有 Actel、QuickLogic 等公司的产品。

基于反熔丝结构、FLASH 结构和 SRAM 结构的 FPGA 均可进行密码芯片的设计。反熔丝结构 FPGA 具有保密性能好、外围电路简单、不需要配置芯片等优点，然而反熔丝结构 FPGA 一旦编程完毕，将不能修改设计，设计成本较高；FLASH 结构的 FPGA 可以反复编程，也不需要外部配置芯片，但受工艺限制，片内电路规模与 SRAM 结构的 FPGA 相比还有较大差距，难以满足复杂密码系统对算法实现的要求；SRAM 结构的 FPGA 容量大，可动态配置，是目前开发设计密码芯片的主流器件，但若使该类芯片独立工作，需要外部的专用配置芯片，其内部结构决定了该类器件的保密性能差。

总之，不同结构的 FPGA 设计实现密码运算时各有利弊，选用时需综合考虑具体的应用环境、用户需求。当前，世界上众多的半导体厂家纷纷加入可编程逻辑器件的研究与生产队伍之中，国产 FPGA 产品不断涌现，如深圳国微电子有限公司、复旦微电子集团等公司也推出了很多 FPGA 产品，成为可供用户选择的国产 FPGA 芯片。

2.4.3　密码芯片的器件选型

目前，密码芯片可以选择 ASIC 和 FPGA 进行设计实现，采用 ASIC 与采用 FPGA 设计实现密码芯片各有其特点，用户需要依据产品功能性能要求、安全防护要求、产品销量等因素进行综合考虑。

采用 ASIC 设计专用密码芯片与 FPGA 设计密码芯片相比，具有以下优点。

(1) 安全保密性能高。掩模 ASIC 基于半导体芯片制作、封装，通过在芯片架构设计、模块设计、封装设计上增加安全防护措施，提升芯片的安全性，而 FPGA 内部组成模块、封装结构已经固定，无法增加一些检测、传感模块，仅能增加一些逻辑功能措施，因此采用 ASIC 设计实现密码芯片与 FPGA 实现密码芯片相比具有较高的安全保密性能。

(2) 处理速度高。FPGA 采用查找表实现基本通过内部互连资源连接各个模块，互联资源主要是由各种长度的导线、可编程开关点组成的，布线区的导线纵横交错，分布在不同层面，通过可编程开关连接，而掩模 ASIC 芯片为特定的设计专门设置连接线，内部很短的连线大大缩短了延迟时间，有利于提升芯片的最高工作频率，提高密码处理速度。

(3) 芯片利用率高。无论是查找表型 FPGA，还是多路开关型 FPGA，总是由基本的运算模块(可编程逻辑模块 CLB、逻辑单元 LE 等)构成，基于基本的逻辑运算模块实现逻辑函数将不可避免地造成资源的浪费，而掩模 ASIC 从晶体管、基本门级进行设计，不存在因内部结构特性而造成的冗余浪费，能够充分利用半导体芯片自身资源。

采用 FPGA 设计密码芯片与采用 ASIC 设计专用密码芯片相比，具有以下优点。

(1) 研制周期短。对于用户而言 FPGA，可以按照一定的规格型号像通用器件一样在市场上买到，其功能设计与实现完全独立于集成电路生产厂商，由用户在实验室或办公室就可以完成，因此不必像掩模 ASIC 那样花费样片制作等待时间。借助于先进的 EDA 工具，FPGA 的设计、编程、仿真均十分方便和有效，缩短了密码芯片的研制周期，有利于产品的快速面市。

(2) 研制成本低。制作掩模 ASIC 的前期投资成本较高，掩模 ASIC 必须在用户设计完成后交给集成电路生产厂商制作，一般的单算法密码芯片的制作费用至少几十万元，若不能一次流片成功，修改一次，基本上还要花如此数额的费用。基于 FPGA 结构的密码芯片为降低投资风险提供了合理的选择途径。它几乎不需要制作成本，在批量较小时，平均单片成本远远低于掩模 ASIC，如果要转入大批量生产，由于已用 FPGA 进行了原型验证，也比直接掩模 ASIC 成本低、成功率高。

(3) 设计灵活。FPGA 是一种由用户编程实现专用功能的器件，与由工厂编程的掩模 ASIC 相比，具有更大的设计灵活性。首先，FPGA 在设计完成后可立即编程验证，有利于及早发现设计中的问题，完善设计；其次，大多数 FPGA 可以进行反复编程，且具有动态重构特性，为密码芯片的修改和升级带来了方便，通过向 FPGA 中输入不同的配置数据即可实现不同的硬件功能，在系统设计中引入了“软硬件”的全新概念，使得密码装备具有更好的灵活性和自适应性。

尽管采用 ASIC 设计实现密码芯片具有安全性高、处理速度高、功耗低等优点，但是由于研制周期、研制成本等因素的制约，目前仍有很多密码模块采用 FPGA 设计实现密码芯片。

习　题　二

2-1　简述数字系统层次化设计过程。

2-2　密码芯片与一般数字系统设计有什么相同点和不同点？

2-3　简述密码芯片的数据路径、控制单元的作用。

2-4　采用掩模 ASIC 设计实现密码芯片与采用 FPGA 设计实现密码芯片相比，有什么优点？

2-5　采用反熔丝结构、FLASH 结构和 SRAM 结构 FPGA 进行密码芯片设计时，各有什么特点？

2-6　设计一个 DES 算法芯片，能够实现 ECB、CBC 模式的加密、脱密，要求：

(1) 完成总体设计，描述芯片各个接口信号；

(2) 描述芯片内部组成结构，并对各个模块功能进行说明；

(3) 给出一个数据包执行 ECB 加密的工作流程，至少应包括子密钥生成、加解密运算、数据/密钥输入等步骤。

2-7　设计一个 AES 算法密码芯片，芯片连接处理器总线之上，数据总线位宽 32bit，要求：

(1) 开展芯片总体设计，描述接口信号、工作流程；

(2) 完成芯片内部基本结构设计，简要说明每一部分的功能。

2-8　设计一个 A5 算法乱数生成密码芯片，芯片时钟信号 CLK，上升沿有效；异步复位 nRESET，低电平有效；启动信号 START，高电平有效，在每次装载密钥、参数之前发出有效信号；运算完成标志 READY，高电平有效，该信号有效时，芯片已经完成 228bit 乱数生成；串行输入 DIN，用于装载密钥、参数；串行输出 DOUT，用于输出乱数；芯片写使能 WEN，高电平有效，该信号有效时，每个时钟周期写入 1bit 密钥/参数，共需写入 86bit；读使能 REN，高电平有效，当 READY 信号有效时，每个 REN 信号可读出 1bit 乱数，全部 228bit 乱数读出，则需 228 个时钟周期，芯片工作过程如下：

(1) 置 START 信号有效，启动芯片工作；

(2) 置 WEN 信号有效，将 64bit 密钥、22bit 参数顺序写入芯片，之后芯片置 READY 为 0，自动进入工作阶段；

(3) 芯片工作 428 个时钟周期，生成 228bit 乱数，并置 READY 为 1；

(4) 上位机发出 REN 信号，从芯片内部将生成的乱数读出，每次读出 1bit，需要 228 个时钟周期；

(5) 上位机根据需求，继续等待下一组 228bit 乱数生成，或者发出启动信号更换密钥、参数。

根据以上描述，要求：

(1) 绘出芯片接口示意图；

(2) 给出芯片工作流程图；

(3) 设计装载密钥、参数过程的工作时序；

(4) 设计乱数读出过程的工作时序。

2-9　设计一个 1024bit 乘法运算芯片，该芯片能够实现两个 1024bit 二进制无符号数据的乘法运算。芯片连接在 8bit 总线上，有一个 8bit 数据输入/输出端口，一个时钟周期能写入 1 个 8bit 数据或读出 1 个 8bit 运算结果。要求：

(1) 设计芯片端口控制信号，包括读、写控制与端口选择，能区分不同的输入、输出，实现将两组 1024bit 数据写入芯片内部，将 1 组 2048bit 运算结果读出；

(2) 设计芯片运算控制信号，能够启动芯片执行运算，能够标示芯片工作状态；

(3) 绘出芯片接口示意图、工作流程图。

第 3 章　密码运算单元设计

3.1　密码算法基本运算单元

密码算法包含一系列编码环节，密码编码环节是密码算法的基本组成部件，密码运算单元作为密码编码环节的硬件电路实现，是密码芯片数据路径的最基本单元，直接影响密码芯片的资源占用、工作频率、密码处理速度和功耗。

通过对 DES、IDEA、AES 候选算法等近百种公开的分组密码算法加解密结构进行分析研究，可以得出，分组密码算法由 9 类基本的操作完成，分别是：

(1) 基本逻辑运算；

(2) 模加/减运算；

(3) 固定移位操作；

(4) 变量移位操作；

(5) S 盒替代操作；

(6) 置换操作；

(7) 模乘运算；

(8) 模乘逆运算；

(9) 有限域 GF (2^n) 上乘法运算。

其中，分组密码中的模乘逆运算大都转换为 S 盒查表操作的形式，变量移位与固定移位具有相似的电路架构，因此分组密码运算单元主要包括基本逻辑运算、模加/减运算、模乘运算、移位操作、置换操作、S 盒替代操作七种基本运算单元。

杂凑算法所使用的编码在环节上与分组密码算法差别不大，主要包括移位、模加、多输入逻辑函数等，只是模加运算使用的频次较高，逻辑运算涉及三输入逻辑操作。

序列密码算法种类繁多、差异性较大，主要可以分为基于分组密码原理的序列密码算法、基于字级移位寄存器的序列密码算法、基于单表替代原理的序列密码算法和基于线性/非线性反馈移位寄存器的序列密码算法等。前三类序列密码算法往往与分组密码算法采用相同或相似的基本编码环节，基于线性/非线性反馈移位寄存器的序列密码算法增加了线性反馈移位寄存器操作、非线性反馈移位寄存器操作以及比特串布尔函数操作。

非对称密码算法的核心是大位宽的乘法、加法和求逆运算，主要包括素数域上大数乘法、加法、乘累加运算，二元域上乘法、加法等运算。由于素数域、二元域上的乘法及相关运算涉及的操作数位宽比较大，单个时钟周期完成需要占用极大的硬件资源，甚至几乎不可能实现，因此往往转换为小位宽操作或简单的加法运算，采用多个时钟周期完成，需要相关的算法支持，本章将不涉及该部分内容。

3.2 逻辑运算单元

逻辑运算是密码算法常用的编码环节，如分组密码中的异或操作、杂凑算法中的多输入逻辑函数等，这类逻辑函数一般有 2～3 个输入变量，每个变量为 8～256 位不等，采取按位对齐进行相同的逻辑操作。

3.2.1 分组密码中的多位异或操作

异或运算是现代分组密码算法最常用的逻辑运算，几乎所有的分组算法都使用了异或运算。在分组密码算法中，通常使用的是多位数据的按位异或操作，当参与运算的一个分量为轮运算子密钥时，称为密钥加，表 3-1 给出常用分组密码算法中的按位异或运算。

表 3-1 常用分组密码算法中的按位异或运算

算法种类	数据位宽/bit
DES	32、48
AES	128
SM4	32
IDEA	16
Crypton	128
Serpent	128

如图 3-1 所示，给出 DES 算法加解密运算的轮运算工作流程，主要编码环节包括 32-48 扩展置换、48bit 异或操作、6-4 *S* 盒替代操作、32-32 置换操作和 32bit 异或操作。

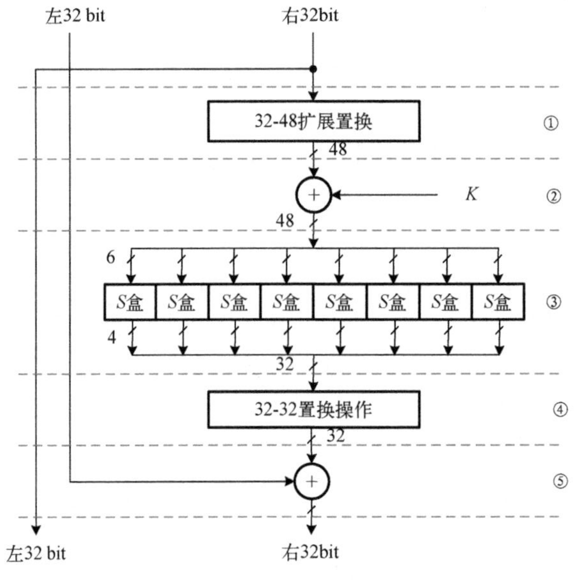

图 3-1 DES 算法轮运算处理流程

其中，48bit 异或操作将扩展置换盒扩展后输出 48 位数据 EPout(1:48) 与密钥生成模块输出的子密钥数据 SubKey(1:48) 按位异或，实现混乱；32bit 异或操作将 *P* 盒置换后输出 32 位数据 Pout(1:32) 与当前轮左侧输入数据 *L*(1:32) 按位异或，结果更新右侧数据 *R*(1:32)，作为下一轮输入。

3.2.2　杂凑算法中的多变量逻辑函数

大多数杂凑算法压缩函数都包括一个或多个多变量逻辑函数，操作位宽集中在32bit、64bit，主要包括按位异或、按位与、按位或、按位取反和移位运算五种基本逻辑运算，一般为三输入、一输出逻辑函数，同一杂凑算法往往使用多个不同的逻辑函数，所使用的逻辑函数取决于运算轮数。常用杂凑算法的逻辑函数的操作位宽及逻辑表达式如表 3-2 所示。

表 3-2　杂凑算法中多变量逻辑函数

<table>
<tr><th>算法</th><th>操作位宽</th><th>逻辑函数</th></tr>
<tr><td>MD5</td><td>32</td><td>$F(X,Y,Z)=X\cdot Y+\overline{X}\cdot Z$
$G(X,Y,Z)=X\cdot Z+Y\cdot\overline{Z}$
$H(X,Y,Z)=X\oplus Y\oplus Z$
$I(X,Y,Z)=Y\oplus(X+\overline{Z})$</td></tr>
<tr><td>SHA1</td><td>32</td><td>$F_1(X,Y,Z)=X\cdot Y+\overline{X}\cdot Z$
$F_2(X,Y,Z)=X\oplus Y\oplus Z$
$F_3(X,Y,Z)=X\cdot Y+X\cdot Z+Y\cdot Z$
$F_4(X,Y,Z)=X\oplus Y\oplus Z$</td></tr>
<tr><td>SHA256</td><td>32</td><td rowspan="3">$\mathrm{Ch}(X,Y,Z)=X\cdot Y\oplus\overline{X}\cdot Z$
$\mathrm{Maj}(X,Y,Z)=X\cdot Y\oplus X\cdot Z\oplus Y\cdot Z$
$P(X,u,v,w)=L^u(x)\oplus L^v(x)\oplus L^w(x)$</td></tr>
<tr><td>SHA384</td><td>64</td></tr>
<tr><td>SHA512</td><td>64</td></tr>
<tr><td>SM3</td><td>32</td><td>$\mathrm{FF}_j(X,Y,Z)=\begin{cases}X\oplus Y\oplus Z\\X\cdot Y+X\cdot Z+Y\cdot Z\end{cases}$
$\mathrm{GG}_j(X,Y,Z)=\begin{cases}X\oplus Y\oplus Z\\X\cdot Y+\overline{X}\cdot Z\end{cases}$</td></tr>
</table>

就 SHA1 算法而言，杂凑运算需要经过四轮操作，每一轮 20 步，每一轮操作分别使用不同的逻辑函数，分别为

$F_1(X,Y,Z)=X\cdot Y+\overline{X}\cdot Z$　　第 1 轮，第 0～19 步

$F_2(X,Y,Z)=X\oplus Y\oplus Z$　　第 2 轮，第 20～39 步

$F_3(X,Y,Z)=X\cdot Y+X\cdot Z+Y\cdot Z$　　第 3 轮，第 40～59 步

$F_4(X,Y,Z)=X\oplus Y\oplus Z$　　第 4 轮，第 60～79 步

其电路实现架构如图 3-2 所示。

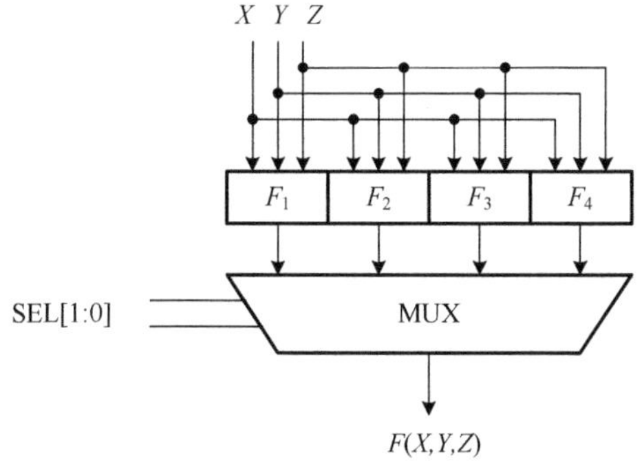

图 3-2　SHA1 算法的逻辑函数实现

3.3　反馈移位寄存器单元

3.3.1　反馈移位寄存器及相关操作

由于反馈移位寄存器(Feedback Shift Register, FSR)结构易于硬件实现，可以产生周期很长的伪随机序列且具有良好的统计特性，同时可以采用代数方法进行理论分析，因而受到密码学家的青睐，常用作序列密码算法的乱源，成为序列密码算法的重要组成部分。

按照数据存储位宽，反馈移位寄存器可以分为基于位的反馈移位寄存器和基于字的反馈移位寄存器。基于字的反馈移位寄存器每一级存储数据位宽大于 1bit，常见的有 8bit、16bit、32bit 等。一般情况下，每个时钟节拍可生成与移存器每级存储位宽相等的乱数，乱数生成速度快，可用于高速通信。5G 候选算法中的 SNOW2.0、国家商用密码标准算法 ZUC 都采用了基于 32bit 字的反馈移位寄存器。基于字的反馈移位寄存器往往涉及 $GF(2^n)$、$GF((2^n)^m)$ 域上复杂的乘法、求逆运算，素数域上模乘运算、模加运算与 S 盒查表运算，此时反馈移位寄存器需要多种不同的编码环节协同实现，本节就不单独讲述。

基于位的反馈移位寄存器每一级存储 1bit 数据，一个时钟节拍输出 1bit 乱数，也可能多个时钟节拍生成 1bit 乱数，占用资源非常少，但乱数生成速率不高，常用于低速通信，如 GSM 移动通信、蓝牙近距离无线通信等。

按照反馈函数表达式类型，反馈移位寄存器可以分为线性反馈移位寄存器(Linear Feedback Shift Register，LFSR)和非线性反馈移位寄存器(Non-Linear Feedback Shift Register, NFSR)。LFSR 的反馈函数是一个线性函数(输入变量之间只采用异或运算)，而 NFSR 的反馈函数是一个非线性函数，输出表达式表示为输入变量的与、异或形式。

一种基于位的反馈移位寄存器的序列密码算法典型结构是前馈模型，如图 3-3 所示。这种模型从结构上将算法划分为两级：第一级乱源，采用一个或多个反馈移位寄存器及相关电路构造；第二级乱数生成，由一组非线性布尔函数构造，非线性布尔函数的输入来源于乱源的某些状态比特。

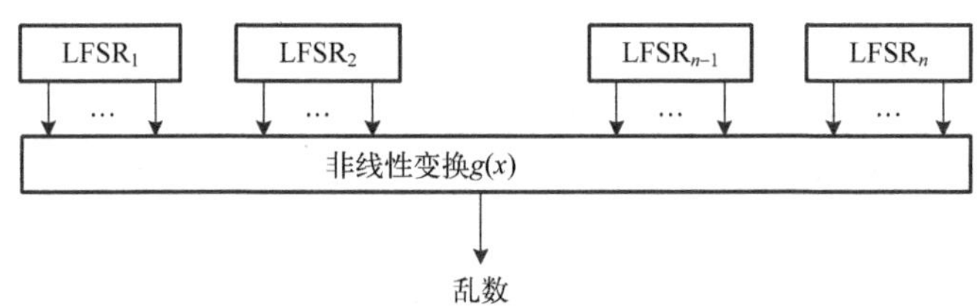

图 3-3　序列密码算法的前馈模型

基于位的反馈移位寄存器一般伴随着布尔函数操作，主要出现在以下操作环节：一是 FSR 的反馈函数，从 FSR 状态序列中抽取若干位，经过一个线性或非线性布尔函数(反馈函数)操作，结果反馈送入 FSR 进行更新；二是 FSR 的控制逻辑，从一个或多个 FSR 状态序列中抽取若干位，经过一个布尔函数(反馈函数)操作，结果用于控制 FSR 动作；三是前馈函数或非线性滤波函数，从一个或多个 FSR 状态序列中抽取若干位，经过一个布尔函数(前馈函数、非线性滤波函数)操作，结果作为乱数直接输出。

序列密码中布尔函数与分组密码、杂凑算法中逻辑函数操作有较大差别：一是序列密码布尔函数表达式较为复杂，往往涉及高次与项，如 Grain-80 算法的布尔函数使用了 6 次与项，而 TOYOCRYPT_HS1 算法使用了 67 个与项，其中最高与项为 63 次；二是序列密码布尔函数的输入变量较多，但每一个变量都是单比特，往往来源于一个或多个移位寄存器状态序列，如 DECIM 算法前馈函数使用了 14 个输入，Achterbahn-128 算法的 A12 非线性反馈移位寄存器共 33 级，其反馈函数使用了其中 18 个状态序列作为输入。本节将伴随着反馈移位寄存器设计讲述序列密码中布尔函数设计实现，不单独赘述。

3.3.2　线性反馈移位寄存器操作单元

线性反馈移位寄存器常作为序列密码算法的初始乱源，如图 3-4 所示，给出 GF(2) 域上的 n 级线性反馈移位寄存器，该移位寄存器由 n 个 1bit 寄存器与线性反馈函数 f 组成。图 3-4 中，$x_0, x_1, \cdots, x_{n-1}$ 为 LFSR 中 n 个寄存器的当前状态，线性反馈函数 f 的表达式为

$$f(x_0, x_1, \cdots, x_{n-1}) = c_{n-1}x_{n-1} + c_{n-2}x_{n-2} + \cdots + c_1x_1 + c_0x_0$$

其中，c_i、$x_i \in \mathrm{GF}(2)$；“+”表示异或运算。

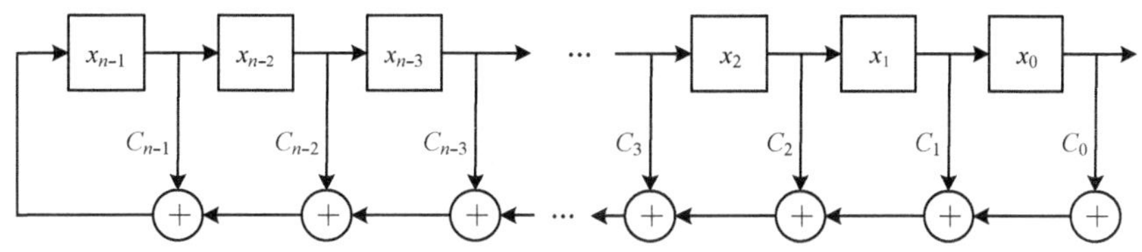

图 3-4　线性反馈移位寄存器操作

表 3-3 给出了常见序列密码算法中 LFSR 的使用情况及相关特征。在这 9 种序列密码算法中，算法包含 LFSR 的数量各不相同，各个 LFSR 的级数、反馈函数抽头个数及位置也不相同。

表 3-3　常见算法中 LFSR 及其特征

算法	LFSR 数量	LFSR 级数
A5-1	3	19、22、23
A5-2	4	19、17、22、23
CCDM	5	61、127、107、89、31
DECIM	1	192
E0	4	25、31、33、39
Grain-80	1	80
Grain-128	1	128
LILI-Ⅱ	2	127、128
W7	3	47、43、38

A5-1 算法是一种典型的基于线性反馈移位寄存器的序列密码算法，算法由 3 个 LFSR、钟控逻辑单元和求和生成器组成，算法结构如图 3-5 所示。

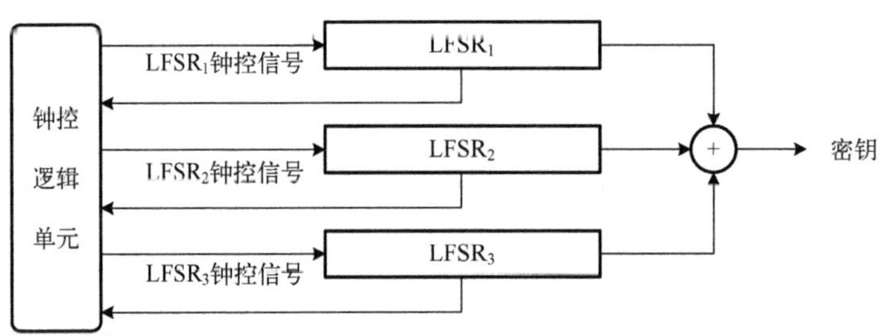

图 3-5　A5-1 算法结构框图

其中，3 个 LFSR 的级数和连接多项式分别为

$$\text{LFSR}_1\text{：19 级，} g_1(x)=x^{19}\oplus x^{18}\oplus x^{17}\oplus x^{14}\oplus 1$$

$$\text{LFSR}_2\text{：22 级，} g_2(x)=x^{22}\oplus x^{21}\oplus x^{17}\oplus x^{13}\oplus 1$$

$$\text{LFSR}_3\text{：23 级，} g_3(x)=x^{23}\oplus x^{22}\oplus x^{19}\oplus x^{18}\oplus 1$$

图 3-6 给出三个移位寄存器的组成结构，三个 LFSR 分别为 19 级、22 级、23 级，三个 LFSR 的反馈更新函数采用异或电路。其中，LFSR_1 从 19 级移存器的 18、17、16、13 位置抽取数据，进行逐比特异或，形成反馈数据进行更新；LFSR_2 从 22 级移存器的 21、20、16、12 位置抽取数据，进行逐比特异或，形成反馈数据进行更新；LFSR_3 从 23 级移存器的 22、21，18、17 位置抽取数据，进行逐比特异或，形成反馈数据进行更新。

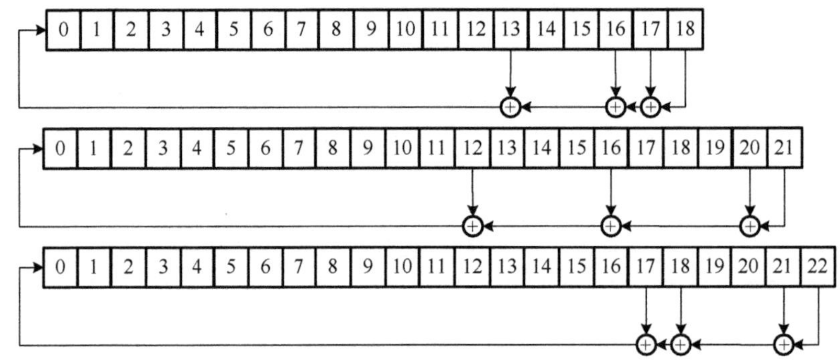

图 3-6　A5-1 算法线性反馈移位寄存器结构

对于任意 n 级 LFSR，其线性反馈函数 f 的表达式为

$$f(x_0,x_1,\cdots,x_{n-1})=c_{n-1}x_{n-1}+c_{n-2}x_{n-2}+\cdots+c_1x_1+c_0x_0$$

该反馈函数可以采用如图 3-7 所示的基于与门、异或门构建的树形压缩网络实现。

此时，第一级使用两输入异或门的个数为 $n/2$，第二级使用两输入异或门的个数为 $n/4$，……，最后一级使用两输入异或门的个数为 1，设树形结构使用两输入异或门的总个数为 S_n，当 $n=2^k$ 时，有

$$S_n=1+2+\cdots+\frac{n}{8}+\frac{n}{4}+\frac{n}{2}=n-1$$

若与门延迟为 $\varDelta_1$，异或门延迟为 $\varDelta_2$，则整体延迟 $D_n=\varDelta_1+\varDelta_2\cdot\log_2 n$ 。

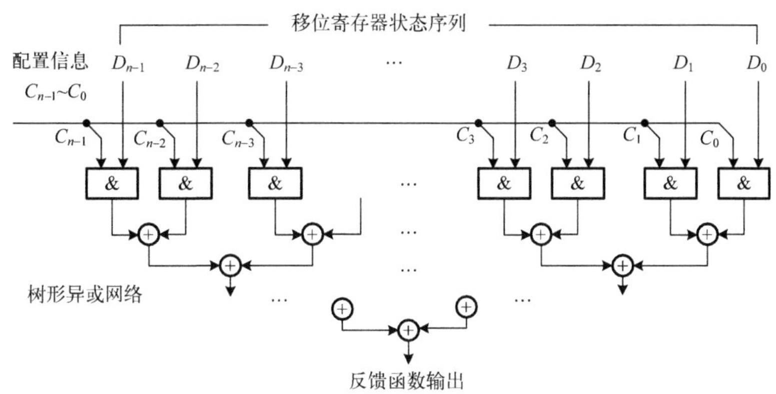

图 3-7 采用树形压缩网络计算反馈函数

3.3.3 非线性反馈移位寄存器操作单元

序列密码算法中的非线性反馈移位寄存器与线性反馈移位寄存器功能类似，往往作为序列密码算法的初始乱源，但 NFSR 中的反馈函数结构更加复杂，采用代数理论分析更为困难。

如图 3-8 所示，一个 GF(2)上的 n 级 NFSR 主要由移位寄存器与非线性反馈函数两个部分构成。

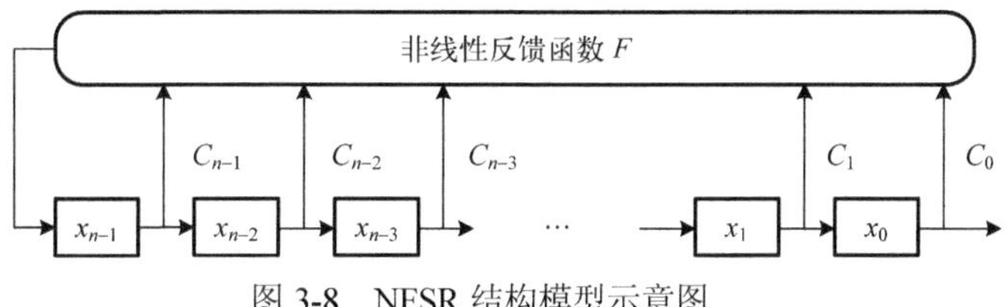

图 3-8 NFSR 结构模型示意图

NFSR 由 n 个串联的寄存器组成。每个寄存器称为非线性反馈移位寄存器的一级，寄存器的个数称为 NFSR 的级数。非线性反馈函数是抽头间的非线性布尔函数，可以是任意的表现形式。第 i 级寄存器 x_i 的状态值由控制开关 C_i 决定其是否参与非线性反馈函数的计算，若参与，则称其为反馈抽头。NFSR 在工作时，控制信息控制参与运算的抽头将数据送入非线性反馈函数，计算反馈函数值，并将该值插入移位寄存器的最后一位，其他位整体移位。

从电路实现的角度来看，NFSR 具有更复杂的结构，反馈移位寄存器的级数、个数具有很强的不规则性，与 LFSR 相比，NFSR 反馈多项式各项之间也不再是抽头数据之间简单的异或运算，而是加入了反馈抽头之间的与运算。表 3-4 给出了部分序列密码中用到的 NFSR 个数、每个移位寄存器的级数及反馈函数最高次数三方面的统计信息。

表 3-4 NFSR 操作特征统计分析表

序列密码算法	NFSR 个数	移位寄存器级数	反馈函数最高次数
Trivium	3	93、84、111	2
Grain-80	1	80	6
Grain-128	1	128	3
Achterbahn-80	11	22～32	5
Achterbahn-128	13	21～33	5

以 Grain-80 算法为例，该算法主要由一个 LFSR、一个 NFSR 和一个非线性布尔函数组成，其中，LFSR 和 NFSR 的级数均为 80，算法结构如图 3-9 所示。

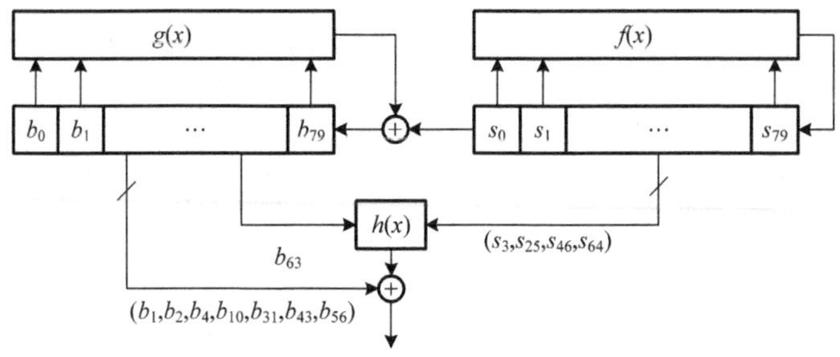

图 3-9　Grain-80 算法结构图

80 级的非线性反馈移位寄存器反馈函数 $g(x)$ 是一个多输入的非线性布尔函数，其小项表达式为

$$\begin{aligned}g(x) = 1 &+ x^{18} + x^{20} + x^{28} + x^{35} + x^{43} + x^{47} + x^{52} + x^{59} + x^{66} + x^{71} + x^{80} \\ &+ x^{17}x^{20} + x^{43}x^{47} + x^{65}x^{71} + x^{20}x^{28}x^{35} + x^{47}x^{52}x^{59} + x^{17}x^{35}x^{52}x^{71} \\ &+ x^{20}x^{28}x^{43}x^{47} + x^{17}x^{20}x^{59}x^{65} + x^{17}x^{20}x^{28}x^{35}x^{43} + x^{47}x^{52}x^{59}x^{65}x^{71} \\ &+ x^{28}x^{35}x^{43}x^{47}x^{52}x^{59}\end{aligned}$$

非线性反馈移位寄存器的抽头位置自低至高为{0,9,14,15,21,28,33,37, 45,52,60,62,63}，最高与项为 6 次与项，移位寄存器电路如图 3-10 所示。

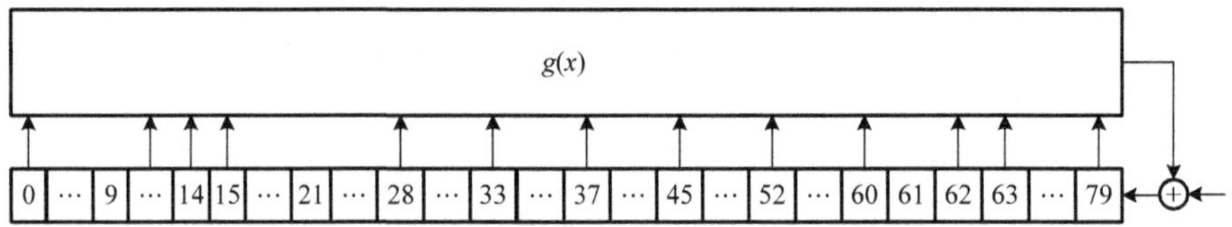

图 3-10　Grain-80 算法中 NFSR 结构示意图

设时刻 t 的非线性反馈移位寄存器状态为 $(b_t, b_{t+1}, \cdots, b_{t+79})$，依据 Grain-80 算法非线性反馈函数的多项式，可得 NFSR 的更新函数表达式为

$$\begin{aligned}b_{t+80} = &\, b_{t+62} \oplus b_{t+60} \oplus b_{t+52} \oplus b_{t+45} \oplus b_{t+37} \oplus b_{t+33} \oplus b_{t+28} \oplus b_{t+21} \oplus b_{t+14} \\ &\oplus b_{t+9} \oplus b_t \oplus b_{t+63}b_{t+60} \oplus b_{t+37}b_{t+33} \oplus b_{t+15}b_{t+9} \oplus b_{t+60}b_{t+52}b_{t+45} \\ &\oplus b_{t+33}b_{t+28}b_{t+21} \oplus b_{t+63}b_{t+45}b_{t+28}b_{t+9} \oplus b_{t+60}b_{t+52}b_{t+37}b_{t+33} \\ &\oplus b_{t+63}b_{t+60}b_{t+21}b_{t+15} \oplus b_{t+63}b_{t+60}b_{t+52}b_{t+45}b_{t+37} \\ &\oplus b_{t+33}b_{t+28}b_{t+21}b_{t+15}b_{t+9} \oplus b_{t+52}b_{t+45}b_{t+37}b_{t+33}b_{t+28}b_{t+21}\end{aligned}$$

据此，可以得到反馈函数电路架构，不再赘述。

3.3.4　钟控反馈移位寄存器操作单元

为提高序列密码算法的安全性，很多序列密码算法的线性反馈移位寄存器工作于钟控移位方式。此时，反馈移位寄存器不再按一拍一动的方式做移位操作，其移动受外部信号控制，这些控制信号称为钟控信号，生成电路称为钟控逻辑，钟控逻辑一般为一组非线性布尔函数。

钟控逻辑的输入来源于某一个或多个反馈移位寄存器状态序列，每个 FSR 抽取 1～2bit，钟控逻辑的输出用于控制某一个或多个反馈移位寄存器动作，如图 3-11 所示。

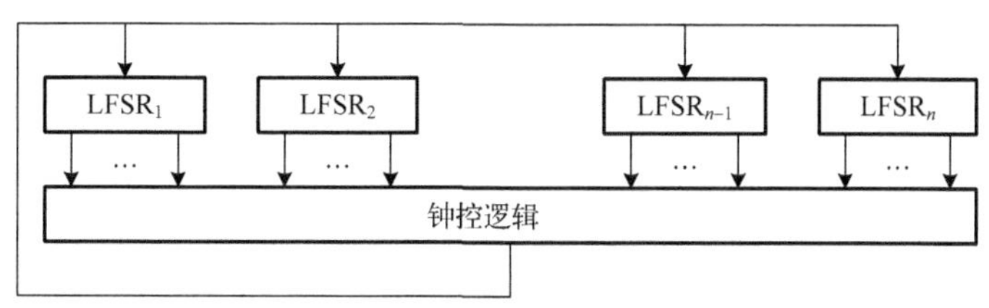

图 3-11　钟控逻辑模型示意图

当钟控逻辑的输入序列来源与钟控信号控制的目的反馈寄存器为同一个 LFSR 时，称为自控模式；当钟控逻辑的输入序列来源与钟控信号控制的目的 LFSR 不同时，称为他控模式；当钟控逻辑的输入序列来源与钟控信号控制的目的反馈寄存器为多个 LFSR 时，称为互控模式。

按照移位寄存器移动方式，钟控移位寄存器可以分为停走、步控、选控三种工作方式。停走方式下，反馈移位寄存器可以正常步进或停止不动；步控方式下，由钟控逻辑生成反馈移位寄存器移位步数值，反馈移位寄存器依据该值进行移位操作；选控方式下，由钟控逻辑生成反馈移位寄存器控制信号，反馈移位寄存器依据该信号决定移位步数。表 3-5 给出了序列密码算法中钟控移位寄存器操作特征，包括钟控方式、移位寄存器的动作方式及动作步数、受控移位寄存器数量、钟控逻辑的控制变量数量及钟控逻辑的布尔函数最高次数。

表 3-5　序列密码算法中钟控移位寄存器操作特征

算法	控制方式	动作方式及动作步数	受控 LFSR 数量	控制变量数量	最高次数
A5-1	互控	停走{0,1}	3	3	2
A5-2	他控	停走{0,1}	3	3	2
LILI-128	他控	步控{1,2,3,4}	1	2	2
LILI-Ⅱ	他控	步控{1,2,3,4}	1	2	2
W7	互控	停走{0,1}	3	3	2
ORYX	他控	停走{0,1}+选控{1,2}	2	2	1

A5-1 算法中三个 LFSR 工作于钟控模式，其控制方式如下：抽取当前时刻 $LFSR_1$ 第 9 级寄存器的数据作为 X_1、$LFSR_2$ 第 11 级寄存器的数据作为 X_2、$LFSR_3$ 第 11 级寄存器的数据作为 X_3，计算择多函数：

$$g(X)=X_1X_2+X_2X_3+X_3X_1$$

若 X_1 与 $g(X)$ 相同，则 $LFSR_1$ 动一拍，否则不动；若 X_2 与 $g(X)$ 相同，则 $LFSR_2$ 动一拍，否则不动；若 X_3 与 $g(X)$ 相同，则 $LFSR_3$ 动一拍，否则不动。表 3-6 给出其功能表。

表 3-6　A5-1 算法 LFSR 动作方式

$X_1X_2X_3$	000	001	010	011	100	101	110	111
$LFSR_1$	动	动	动	不动	不动	动	动	动

续表

$X_1X_2X_3$	000	001	010	011	100	101	110	111
$LFSR_2$	动	动	不动	动	动	不动	动	动
$LFSR_3$	动	不动	动	动	动	动	不动	动
$g(X)$	0	0	0	1	0	1	1	1
LFSR_EN1	1	1	1	0	0	1	1	1
LFSR_EN2	1	1	0	1	1	0	1	1
LFSR_EN3	1	0	1	1	1	1	0	1

据此，可得三个 LFSR 的移位使能：

$$\text{LFSR\_EN1} = \overline{X_1 X_2} + X_2 \overline{X_3} + X_1 X_3$$

$$\text{LFSR\_EN2} = \overline{X_2 X_3} + \overline{X_1} X_3 + X_1 X_2$$

$$\text{LFSR\_EN1} = \overline{X_1 X_3} + X_1 \overline{X_2} + X_2 X_3$$

LILI-128 算法是一种基于钟控反馈移位寄存器的序列密码算法，算法中使用了两个 LFSR，算法结构如图 3-12 所示。

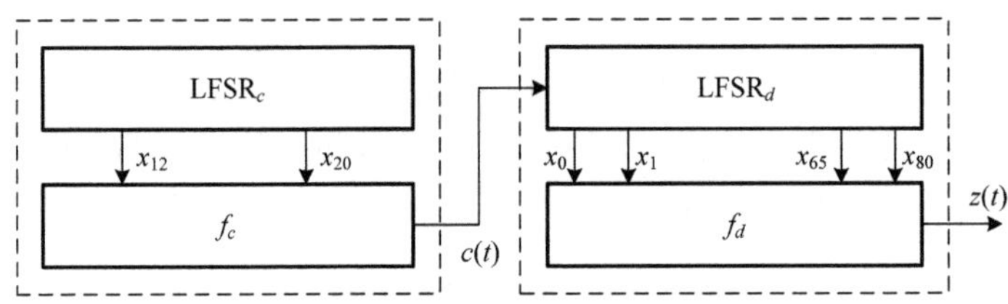

图 3-12　LILI-128 算法

其中，$LFSR_c$ 的反馈多项式是一个 39 级的本原多项式：

$$f(x) = x^{39} + x^{35} + x^{33} + x^{31} + x^{17} + x^{15} + x^{14} + x^2 + 1$$

在 t 时刻，$LFSR_c$ 的第 12 级和第 20 级的内容输入函数 f_c 中，输出整数 $c(t)$，$c(t)$ 取值是 $\{1,2,3,4\}$ 中之一，函数 f_c 由下式给出：

$$f_c(x_{12}, x_{20}) = 2x_{12} + x_{20} + 1$$

$c(t)$ 控制 $LFSR_d$ 的走动步数，即 t 时刻 $LFSR_d$ 走动 $c(t)$ 步。$LFSR_d$ 的反馈多项式是一个 89 级的本原多项式：

$$g(x) = x^{89} + x^{83} + x^{80} + x^{55} + x^{53} + x^{42} + x^{39} + x + 1$$

抽取 $LFSR_d$ 状态序列的第 $\{0,1,3,7,12,20,30,44,65,80\}$ 级的内容作为非线性布尔函数 f_d 的输入，函数 f_d 的输出即为乱数。

依据钟控函数 f_c 的表达式，可以得到真值表，如表 3-7 所示。

表 3-7　钟控函数 f_c 真值表

x_{12}	x_{20}	$c(t)$	c_2	c_1	c_0
0	0	1	0	0	1

续表

x_{12}	x_{20}	$c(t)$	c_2	c_1	c_0
0	1	2	0	1	0
1	0	3	0	1	1
1	1	4	1	0	0

因此，有

$$c_2 = x_{12} \cdot x_{20}$$

$$c_1 = x_{12} \oplus x_{20}$$

$$c_0 = 1 \oplus x_{20}$$

3.4　加法运算单元

3.4.1　密码算法中的加法运算

分组算法、杂凑算法中使用的算术加减运算一般都附加取模操作，模加/模减运算通常可表示为 $C=(A+B) \bmod N$，模数一般为 2^n，n 为数据位宽，数据位宽分为 8bit、16bit、32bit 和 64bit，模数分别为 2^8、2^{16}、2^{32} 和 2^{64}。例如，FEAL、SAFER+算法中使用了模 2^8 加法，IDEA 使用了模 2^{16} 加法，Twofish 、Mars、RC6、CAST 等算法使用了模 2^{32} 加法，如表 3-8 所示。

表 3-8　分组算法、杂凑算法中加法运算

算法	操作位宽	说明
FEAL	8	模数为 2^8
SAFER+	8	模数为 2^8
IDEA	16	模数为 2^{16}
Twofish	32	模数为 2^{32}
Mars	32	模数为 2^{32}
CAST	32	模数为 2^{32}
RC6	n=32,64,…	模数为 2^{32},2^{64},…
MD5	32	模数为 2^{32}
SHA1	32	模数为 2^{32}
SHA256	32	模数为 2^{32}
SHA384	64	模数为 2^{64}
SHA512	64	模数为 2^{64}
SM3	32	模数为 2^{32}

伪随机哈达曼变换(PHT 运算)扩散效果较好，在分组密码算法中应用较为广泛，例如，Twofish 算法中使用了 32 位的伪哈达曼变换，该操作执行 $A+2B$ 运算，可看作模加/减功能的一种变形。

非对称密码运算中采用了大位宽的模加运算，可以依据相关实现算法将其拆分为小位宽加法操作。

3.4.2　加减法运算基本电路架构

1. 一位加法/减法电路

1）全加器

全加器（1bit 加法器）是加减法的最基本运算单元，全加器中有两个数据输入端 A 和 B，一个进位输入端 C_i，一个和数输出端 S 和一个进位输出端 C_o。全加器的真值表如表 3-9 所示。

表 3-9　全加器真值表

A	B	C_i	C_o	S
0	0	0	0	0
0	0	1	0	1
0	1	0	0	1
0	1	1	1	0
1	0	0	0	1
1	0	1	1	0
1	1	0	1	0
1	1	1	1	1

$$C_o = AB + AC_i + BC_i$$

$$S = A \oplus B \oplus C_i$$

全加器电路结构如图 3-13 所示。

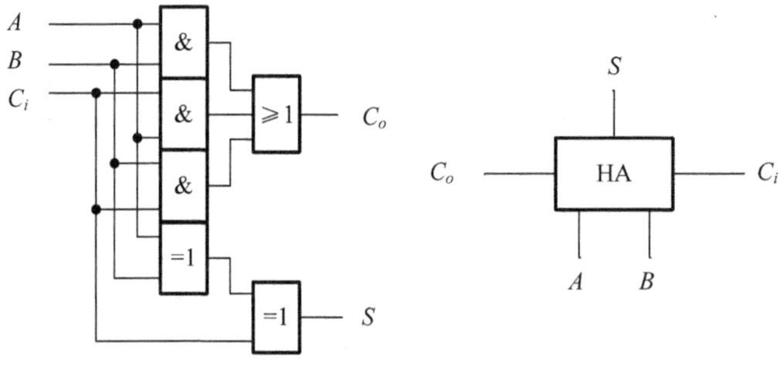

图 3-13　全加器电路结构

2）全减器

全减器也是加减法的基本运算单元，设全减器中两个数据输入端为 A 和 B，借位输入端为 B_i，电路实现 $A-B-B_i$ 功能，得到的差数输出为 D、借位输出为 B_o。全减器的真值表如表 3-10 所示。

表 3-10　全减器真值表

A	B	B_i	B_o	D
0	0	0	0	0
0	0	1	1	1
0	1	0	1	1
0	1	1	1	0
1	0	0	0	1
1	0	1	0	0
1	1	0	0	0
1	1	1	1	1

化简逻辑函数得到

$$B_o = \overline{A}B + \overline{A}B_i + BB_i$$

$$D_i = A \oplus B \oplus B_i$$

2. 多位加法电路

1) 串行进位加法器

串行进位加法器(Carry Propagate Adder，CPA)是采用 n 个一位全加器线性级联形成 n 位加法器，如图 3-14 所示。

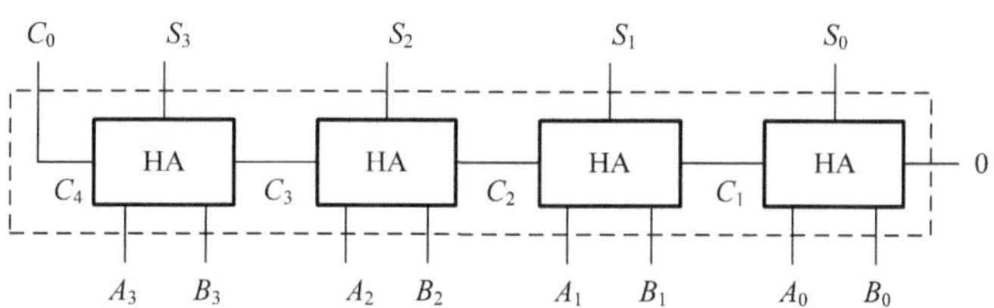

图 3-14　4bit 串行进位加法器

这种加法器的优势在于每个位加法单元的结构相同，缺点在于当操作数字较长时，由于进位要经过多次传递，高位运算必须等待低位进位来到后才能进行，电路运算速度低。对于 n 级的 CPA 加法器来说，它的延迟时间是一位全加器的 n 倍，因此不适合 ASIC 实现。

2) 超前进位加法器

为提高基本加法电路的处理速度，可以采用多种方法，其中超前进位(Carry Look-ahead)方法是一种流行的方法。这种加法电路在作加法运算时，通过设计快速进位电路，直接由输入相加的二进制数和低位送入的进位把进位数求出来，打破了进位信号逐级传递的关系，加快了运算速度。因此，也将具有这种功能的加法电路称为快速进位加法器。

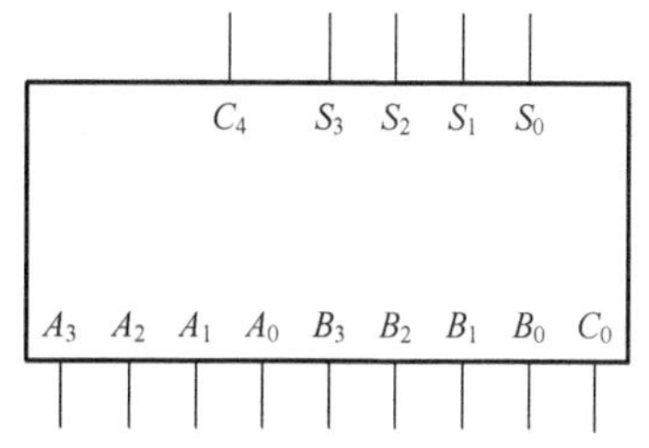

图 3-15　4 位二进制加法器逻辑符号

图 3-15 给出 4 位二进制加法器逻辑符号，这里，两个四位二进制数分别为 $A_3A_2A_1A_0$、$B_3B_2B_1B_0$，送入的低位传递进位为 C_0，要求计算 $C_4S_3S_2S_1S_0$，其中，C_4 为进位，

$S_3S_2S_1S_0$ 为和。

令第 0 位向第 1 位进位为 C_1，第 1 位向第 2 位进位为 C_2，第 2 位向第 3 位进位为 C_3，第 3 位向第 4 位进位为 C_4(4 位加法器进位级联输出)，有

$$C_1 = A_0B_0 + A_0C_0 + B_0C_0 = A_0B_0 + (A_0 + B_0)C_0 = A_0B_0 + (A_0 \oplus B_0)C_0$$
$$C_2 = A_1B_1 + A_1C_1 + B_1C_1 = A_1B_1 + (A_1 \oplus B_1)C_1$$
$$C_3 = A_2B_2 + A_2C_2 + B_2C_2 = A_2B_2 + (A_2 \oplus B_2)C_2$$
$$C_4 = A_3B_3 + A_3C_3 + B_3C_3 = A_3B_3 + (A_3 \oplus B_3)C_3$$

定义进位生成函数 $g_i = A_i \cdot B_i$，进位传递函数 $p_i = A_i \oplus B_i$，则有

$$C_1 = g_0 + p_0C_0$$
$$C_2 = g_1 + p_1C_1 = g_1 + p_1(g_0 + p_0C_0)$$
$$C_3 = g_2 + p_2C_2 = g_2 + p_2(g_1 + p_1(g_0 + p_0C_0))$$
$$C_4 = g_3 + p_3C_3 = g_3 + p_3(g_2 + p_2(g_1 + p_1(g_0 + p_0C_0)))$$
$$= g_3 + p_3g_2 + p_3p_2g_1 + p_3p_2p_1g_0 + p_3p_2p_1p_0C_0$$

本位向高位的进位 C_{i+1} 的通用表达式为

$$C_{i+1} = g_i + p_iC_i = g_i + p_ig_{i-1} + p_ip_{i-1}g_{i-2} + \cdots + p_i \cdots p_1g_0 + p_{i-1} \cdots p_1p_0C_0$$

显然，可采用电路设计实现上述逻辑关系，预先完成进位信号生成，提升加法器运算速度。由于进位信号是提前计算得到的，因此称为先行进位加法器(Carry Look-ahead Adder，CLA)。

依据式 $S_i = A_i \oplus B_i \oplus C_i$，可得

$$S_0 = A_0 \oplus B_0 \oplus C_0 = p_0 \oplus C_0$$
$$S_1 = A_1 \oplus B_1 \oplus C_1 = p_1 \oplus C_1$$
$$S_2 = A_2 \oplus B_2 \oplus C_2 = p_2 \oplus C_2$$
$$S_3 = A_3 \oplus B_3 \oplus C_3 = p_3 \oplus C_3$$

如图 3-16 所示，给出了一个四位二进制超前进位加法器。

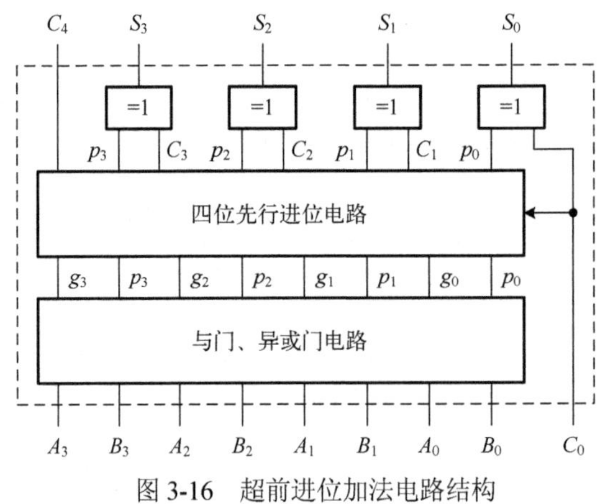

图 3-16　超前进位加法电路结构

该电路由三级电路构成，第一级：与门、异或门电路，用于生成进位生成信息 g_3、g_2、g_1、g_0 以及进位传递信息 p_3、p_2、p_1、p_0，一级门电路延迟；第二级：先行进位生成电路，用

于生成先行进位信息 C_4、C_3、C_2、C_1，两级门电路延迟；第三级：异或门电路，用于计算最终的结果 S_3、S_2、S_1、S_0，一级门电路延迟。与串行进位加法器相比，该电路结构复杂，但仅有四级门电路延迟，因而速度更快。

超前进位加法器是一种利用超前进位链能有效减少进位延迟的特性，将进位由进位逻辑电路产生，各进位彼此独立，不依赖于进位传播的加法器。因此，具有延迟小、速度高的特点，适合在 ASIC 内实现。

超前进位加法器最大的缺点是其扩充比较困难，因为不同级数上的进位逻辑不同，级数越高则所需的逻辑越复杂。对于位数比较长的情况，可以采用分块的方案，即先建立比较小的 CLA 基本块，再以它为基本块建立更大的 CLA，如图 3-17 所示，给出一个采用 4 位 CLA 实现 8 位加法的电路组成架构。

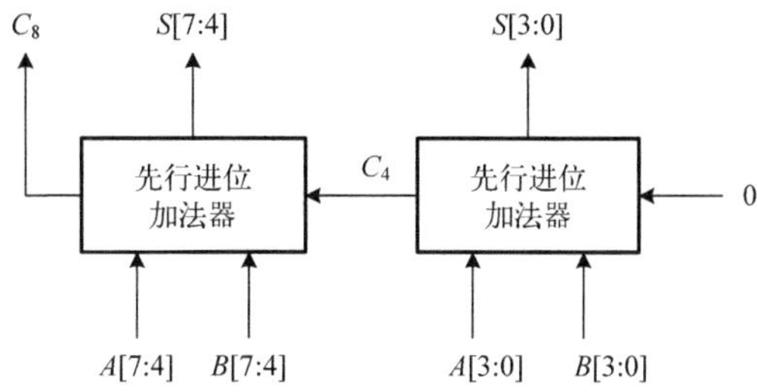

图 3-17　带有部分超前进位的 8 位加法器

对于位数更多的加法电路，如 16 位、32 位，可以在 4 位进位信号的基础上，再一次产生进位信号，并依据前述公式，采用类似的方法，计算得到。如前所述，可知：

$$\begin{aligned}C_4 &= g_3 + p_3C_3 = g_3 + p_3(g_2 + p_2(g_1 + p_1(g_0 + p_0C_0)))\\ &= g_3 + p_3g_2 + p_3p_2g_1 + p_3p_2p_1g_0 + p_3p_2p_1p_0C_0\end{aligned}$$

定义 4 位超前进位加法器自身的先行进位产生信号与进位传递信号：

$G_0 = g_3 + p_3g_2 + p_3p_2g_1 + p_3p_2p_1g_0$　　——产生部分

$P_0 = p_3p_2p_1p_0$　　——传递部分

则有

$$C_4 = G_0 + P_0C_0$$

$$C_8 = G_1 + P_1G_0 + P_1P_0C_0$$

$$C_{12} = G_2 + P_2G_1 + P_2P_1G_0 + P_2P_1P_0C_0$$

$$C_{16} = G_3 + P_3G_2 + P_3P_2P_1G_0 + P_3P_2P_1P_0C_0$$

依据该公式，得到一个采用组位 CLA 级联实现的 16 位超前进位加法电路架构，如图 3-18 所示。

3) 多位加法/减法电路

在密码芯片的数据路径设计中，一般不设计实现专用的减法电路，通常通过对加法器的复用得以实现。由于减法运算可以转化成其对应的二进制补码的加法运算来实现，即 $A-B=A+\overline{B}+1$，通过将 B 逐位取反之后+1 得到减法结果。图 3-19 给出一个 8 位二进制数加法/减法电路，电路的控制信号为 A/D，当 A/D=0 时，执行加法运算，此时：$[CO,Y]=A+B+CI$；当 A/D=1 时，执行减法运算，$[BO,Y]=A-B-BI$。

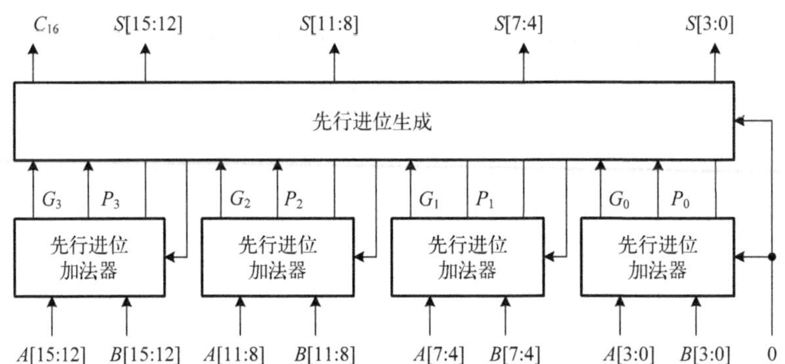

图 3-18　级联的 16 位超前进位加法器

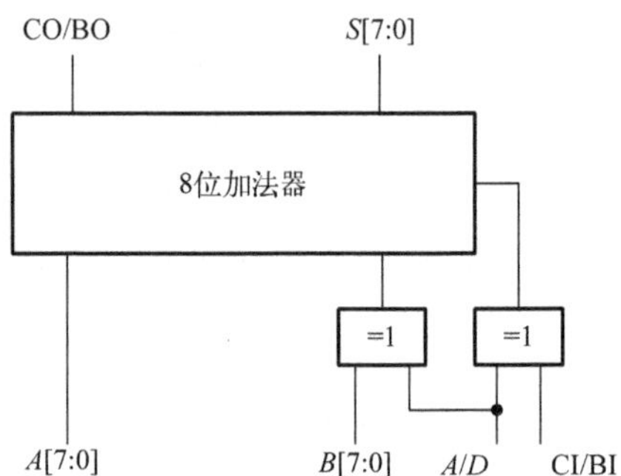

图 3-19　8 位二进制加法/减法电路图

3.4.3　连加运算

1. 密码算法中的连加运算

大多数杂凑算法中都采用了加法运算，如 SHA1、SHA256、SHA384、SHA512、SM3，加法运算一般都附加取模操作，模数一般为 2^{32} 和 2^{64}，且多个模加运算连续执行。

如图 3-20 所示，给出了 MD5、SHA1 两种杂凑算法的轮运算，可以看出，MD5 算法使用了三个连续的模 2^{32} 的加法器，对 A、$X[k]$、$T[i]$及 $F/G/H/I$ 函数输出执行模 2^{32} 加法运算，SHA1 算法使用四个连续的模 2^{32} 的加法器，对 A<<<5、W_t、K_t、E 及 F_t 函数输出执行模 2^{32} 加法运算，杂凑算法中这类模加运算一般都连续进行。

对于这类模加运算可以采用 3.4.2 节描述的 CPA 或 CLA 实现，如图 3-21 所示，给出 MD5 算法中连加运算实现电路，该电路采用三个 32bit CPA，分两级级联实现。

若一位全加器的资源占用为 S，延迟为 Δ，在忽略路径延迟的情况下，采用 32bit CPA 实现一级模加运算，其资源占用约为 32S，延迟为 32Δ，以上实现电路的资源占用总计约为 96S，延迟约为 64Δ。

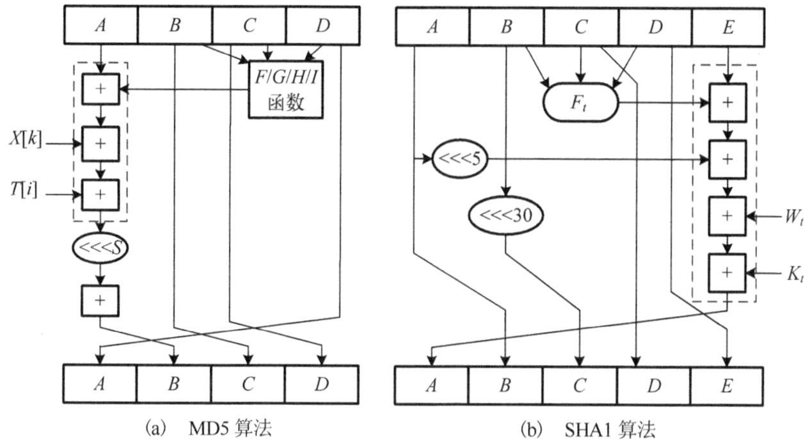

图 3-20　杂凑算法的轮运算

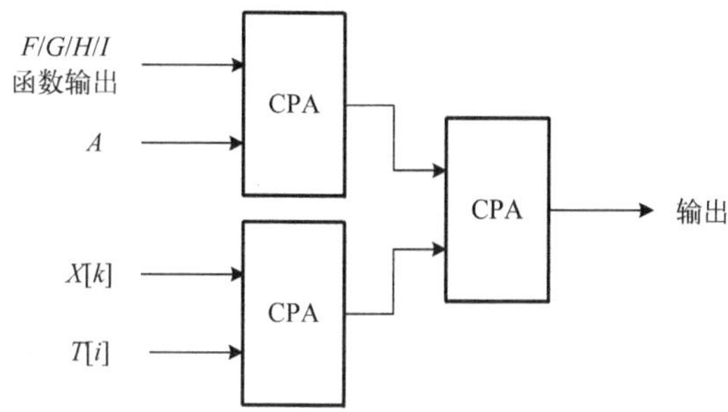

图 3-21　基于 CPA 的 MD5 算法的连加运算实现电路

2. 连加运算快速实现电路

上述电路时间延迟较大，非常不利于连加运算，可以采用进位保存加法器(Carry Save Adder，CSA)进行优化。

CSA 即 1bit 加法电路，即一位全加器电路，如图 3-22 所示。一位 CSA 输入有 1bit 加数 A、1bit 被加数 B、1bit 低位进位 C_i，输出有 1bit 和 S、1bit 进位输出 C_o，$(C_o,S)=A+B+C_i$。

n 位 CSA 是由 n 个独立(非串行连接)的一位全加器并行组成的，它的功能是将三组 $n$bit 整数 A、B、C_i 相加，产生两个整数结果 C_o 和 S，如图 3-23 所示。值得注意的是，进位 C_o 相对于和 S 而言，左移了一位。

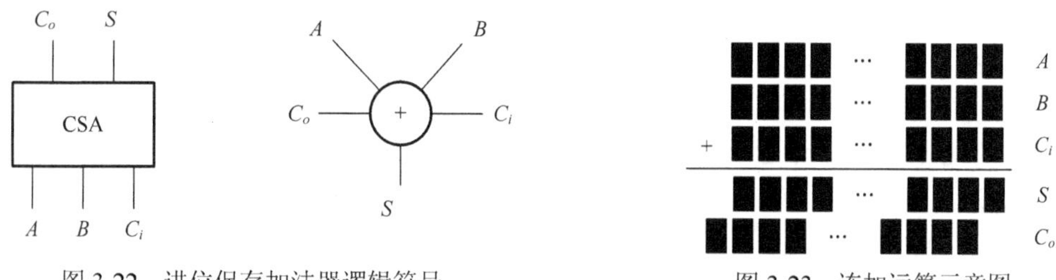

图 3-22　进位保存加法器逻辑符号　　图 3-23　连加运算示意图

由于输入的操作数 A、B 和 C 同时送 s 入加法器，因此整个加法器的延迟时间只有一位全加器的延迟时间，CSA 的延迟时间与操作数长度无关，不会随着操作数的长度增加而增加，同时 n bit 的 CSA 的面积便是 n 倍的一位全加器的面积，同时它也很容易扩展。

通过图 3-23 可以看出，CSA 将三个操作数相加，产生两个结果，一个是和 S，与本位 A、B 处于等同位，另一个是进位输出 C_o，比本位 A、B 高 1 位，整个 CSA 加法运算可看作一个 3-2 压缩过程。

但是 CSA 加法运算是一个不完整的加法，要计算得到最终结果，CSA 最终得到的两组数据 C、S 还必须依赖于 CPA 或者 CLA 实现，即连加运算的最后一级仍为 CPA 或者 CLA。如图 3-24 给出 MD5 算法连加电路实现方案。

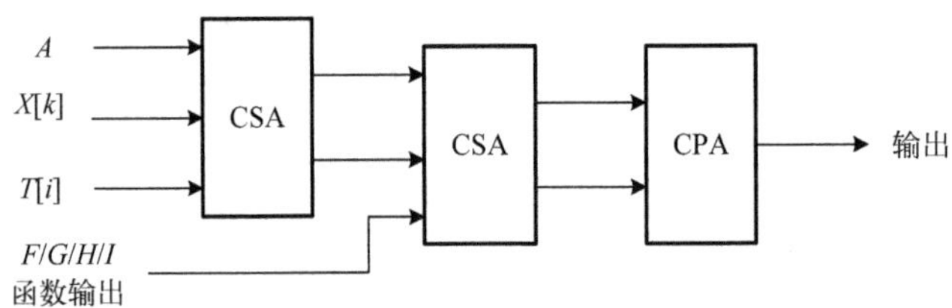

图 3-24　基于 CSA 的 MD5 算法连加运算实现电路

此时，在忽略路径延迟的情况下，以上实现电路的资源占用总计约为 96S，延迟约为 $\varDelta+\varDelta+32\varDelta=34\varDelta$，在面积保持不变的前提下，缩短了电路延迟，提升了工作速度。图 3-25 给出 SHA1 算法连加电路实现方案，在面积保持不变的前提下，电路延迟缩短至 $\varDelta+\varDelta+\varDelta+32\varDelta=35\varDelta$。

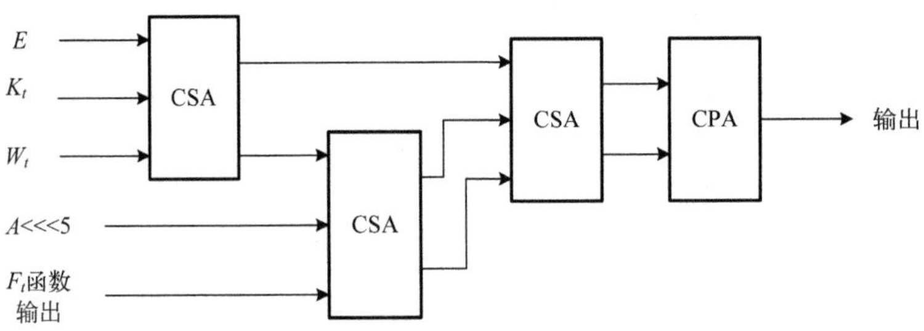

图 3-25　基于 CSA 的 SHA1 算法的连加运算实现电路

3.5　乘法运算单元

3.5.1　密码算法中的乘法运算

分组密码中使用的算术乘法运算一般都附加取模操作，模乘运算通常可表示为 $C=AB \bmod N$，模数一般为 2^n、2^n+1、2^n-1，n 为数据位宽，数据位宽分为 8bit、16bit、32bit 和 64bit，模数分别为 2^8、2^{16}、2^{32}、2^{64} 和 2^8+1、$2^{16}+1$、$2^{31}-1$。例如，RC5、RC6、Mars、Twofish、E2 几种算法使用了模 2^{32} 乘法运算，DFC 算法中使用了模 2^{64} 乘法运算，IDEA 算法使用的模数为 $2^{16}+1$，如表 3-11 所示。

非对称密码运算中采用了大位宽的模乘运算，可以依据相关实现算法，将其拆分为小位宽乘法、加法操作。由此可见，小位宽乘法运算高效实现非常重要。

表 3-11　分组算法中乘法运算

算法	操作位宽	说明
RC5	32	模 2^{32} 乘法运算
RC6	32	模 2^{32} 乘法运算
Mars	32	模 2^{32} 乘法运算
Twofish	32	模 2^{32} 乘法运算
E2	32	模 2^{32} 乘法运算
DFC	64	模 2^{64} 乘法运算
IDEA	16	模 $2^{16}+1$ 乘法运算
ZUC	32	模 $2^{31}-1$ 乘法运算

3.5.2　阵列乘法单元

假设两个 n bit 的二进制数 A、B，其二进制表示为

$$A = A_{n-1}2^{n-1} + A_{n-2}2^{n-2} + \cdots + A_i 2^i + \cdots + A_1 2^1 + A_0 2^0$$

$$B = B_{n-1}2^{n-1} + B_{n-2}2^{n-2} + \cdots + B_i 2^i + \cdots + B_1 2^1 + B_0 2^0$$

乘积 $P = AB$ 可以表述为

$$P = Ab_{n-1}2^{n-1} + Ab_{n-2}2^{n-2} + \cdots + Ab_1 2 + Ab_0$$

如图 3-26 所示，给出一个采用竖式乘法方式表示的 4×4 乘法运算过程，图中乘数 A、被乘数 B、部分积第一行为 AB_0、部分积第二行为 AB_1、部分积第三行为 AB_2、部分积第四行为 AB_3，四行部分积累加得到最终的乘积 P。

				A_3	A_2	A_1	A_0	←	A
			×	B_3	B_2	B_1	B_0	←	B
				A_3B_0	A_2B_0	A_1B_0	A_0B_0	←	AB_0
			A_3B_1	A_2B_1	A_1B_1	A_0B_1		←	AB_1
		A_3B_2	A_2B_2	A_1B_2	A_0B_2			←	AB_2
+	A_3B_3	A_2B_3	A_1B_3	A_0B_3				←	AB_3
P_7	P_6	P_5	P_4	P_3	P_2	P_1	P_0	←	P

图 3-26　乘法运算示意图

部分积 AB_0、AB_1、AB_2、AB_3 可以采用与门实现，每产生一行部分积需要 4 个二输入与门，共需 4×4 个与门；部分积求和可以采用两级 4 位 CSA 进行 3-2 变换，最后通过一个 4 位 CPA 或者 CLA 实现。

图 3-27 给出了采用这种方法实现的 8×8 乘法器，该乘法器由 1 级与门、6 级 CSA 和 1 级 8bit CLA 构成。

图 3-28 给出了电路逻辑结构，共计使用 8×8=64 个与门、6×8=48 个 CSA、一个 8 位 CPA 或 CLA。

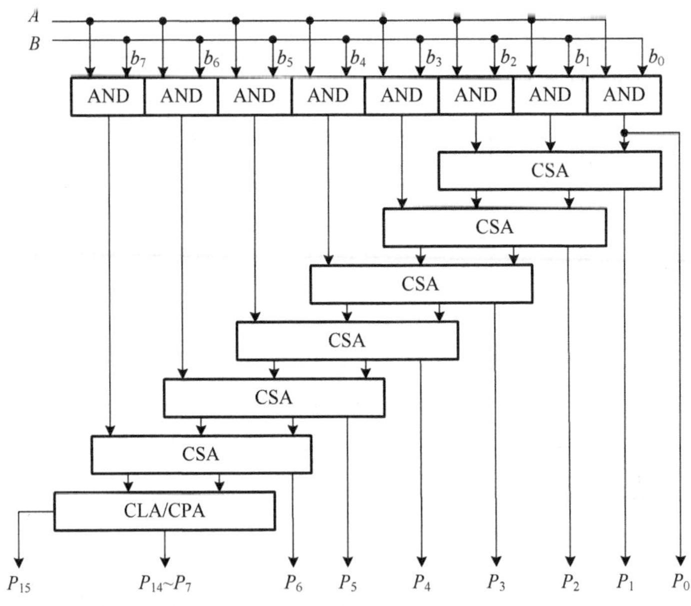

图 3-27　8bit 乘法运算电路结构

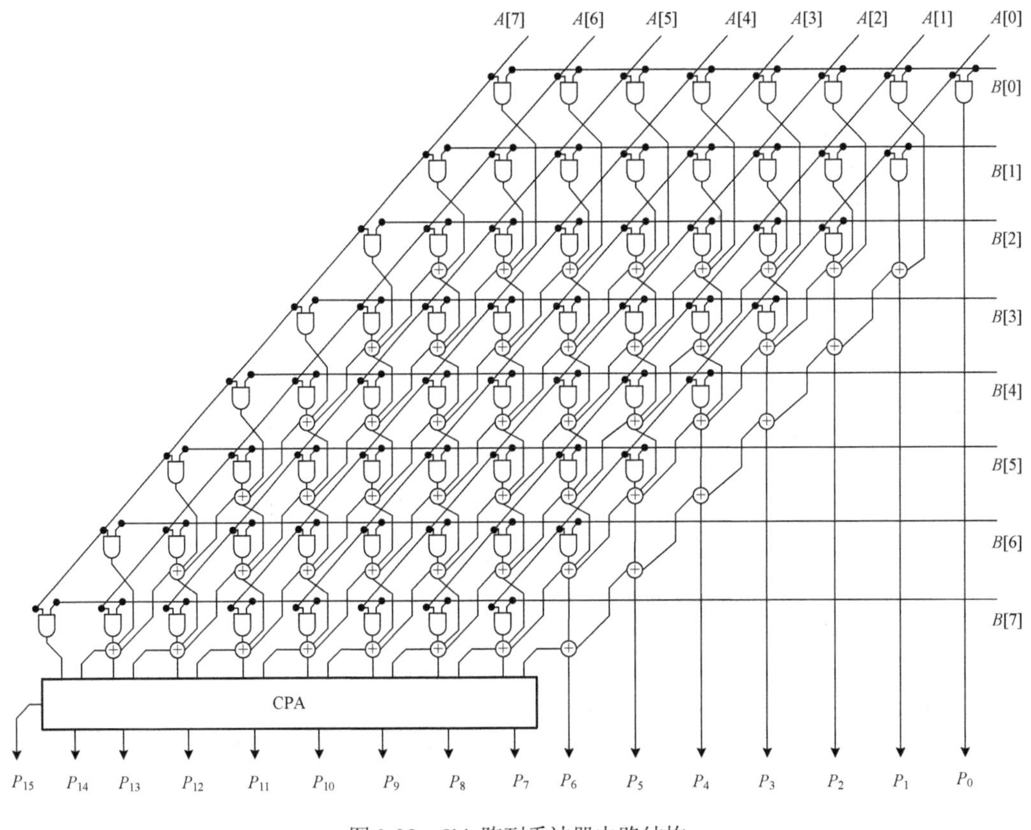

图 3-28　8bit 阵列乘法器电路结构

当乘法器位数递增时，电路资源消耗以指数方式递增。对于 $n \times n$ 乘法电路而言，产生部

分积共需 $n \times n = n^2$ 个二输入与门，部分积求和 3-2 变换共需 $n(n-2)$ 个 CSA，最终求和需要一级 n bit CPA 或 CLA。此时，乘法器的总延迟为一级与门延迟加 $n-2$ 级 CSA 延迟，再加 CPA/CLA 的延迟，若最后一级求和电路采用 CPA，其延迟约为 CSA 的 n 倍，此时，乘法器延迟约为一级与门延迟加 $2n-2$ 级 CSA 延迟。

3.5.3　移位乘法电路

如前所述，设两个 n bit 的二进制数 A、B，其二进制表示为

$$A = A_{n-1}2^{n-1} + A_{n-2}2^{n-2} + \cdots + A_i 2^i + \cdots + A_1 2^1 + A_0 2^0$$

$$B = B_{n-1}2^{n-1} + B_{n-2}2^{n-2} + \cdots + B_i 2^i + \cdots + B_1 2^1 + B_0 2^0$$

乘积 $P = AB$ 可以表述为

$$P = Ab_{n-1}2^{n-1} + Ab_{n-2}2^{n-2} + \cdots + Ab_1 2 + Ab_0$$

$$= Ab_0 + Ab_1 2 + \cdots + Ab_{n-2}2^{n-2} + Ab_{n-1}2^{n-1}$$

$$= ((((0 + Ab_0) + Ab_1 2) + Ab_2 2^2) + \cdots + Ab_{n-2}2^{n-2}) + Ab_{n-1}2^{n-1}$$

考虑到 $(0 + Ab_0) + Ab_1 2$ 等效于 $((0 + Ab_0) >>> 1) + Ab_1$，可得

$$P = ((((((0 + Ab_0) >>> 1) + Ab_1) >>> 1) + \cdots + Ab_{n-2}) >>> 1 + Ab_{n-1}) >>> 1$$

此时，以上公式可以采用以下语言进行描述。

```
C=0
P=0
for i=0  to  s-1
    C,P=P+Ab(i)
    C,P,B>>1
return P,B
```

依据上述描述，绘出了算法工作流程图，如图 3-29 所示。

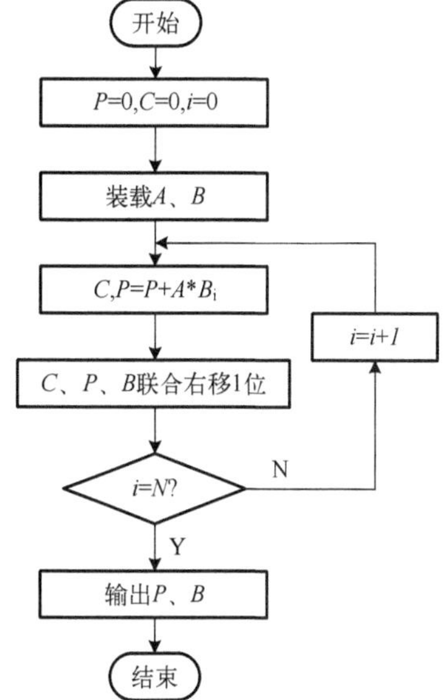

图 3-29　移位乘法算法流程图

这里，两个 n bit 的二进制数分别存储于两个 n bit 寄存器 A、B 之中；C 为 1bit 寄存器，用于存储每一次加法的进位；P 为 n bit 寄存器，用于存储部分积。运算电路由一个 n bit 加法器、n 个两输入与门组成，电路架构如图 3-30 所示。乘数 A 暂存于 n bit 寄存器(右侧为最低位)中，被乘数 B 放在寄存器(右侧为最低位)中，n 位加法器进位暂存于寄存器 C 之中，$2n$ 位运算结果保存在寄存器 P(高 n 位)和寄存器 B(低 n 位)中。

电路动作在同一时钟控制下进行，复位之后，各寄存器清零，每次计算乘积之前装载 A、B 数据。设该电路为一个 4bit 乘法器，装载数据 A=1011，B=1101，则乘法器运算步骤及 C、P、B 的值如下。

STEP0：复位。电路初始化，C=0，P=0000。

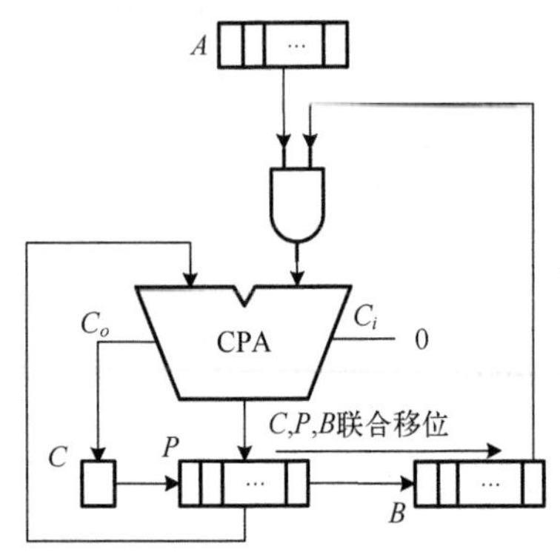

图 3-30　移位乘法电路

STEP1：装载数据。A=1011，B=1101。

STEP2：求部分积。$P=P+A$=0000+1011=1011，C=0，B=1101。

STEP3：C、P、B 联合右移 1 位。P=0101，B=1110。

STEP4：求部分积。$P=P+0$=0101+0000=0101，C=0，B=1110。

STEP5：C、P、B 联合右移 1 位。P=0010，B=1111。

STEP6：求部分积。$P=P+A$=0010+1011=1101，C=0，B=1111。

STEP7：C、P、B 联合右移 1 位。P=0110，B=1111。

STEP8：求部分积。$P=P+A$=0110+1011=0001，C=1，B=1111。

STEP9：C、P、B 联合右移 1 位。P=1000，B=1111。

STEP10：输出乘积值 M=10001111。

电路工作时序如图 3-31 所示。

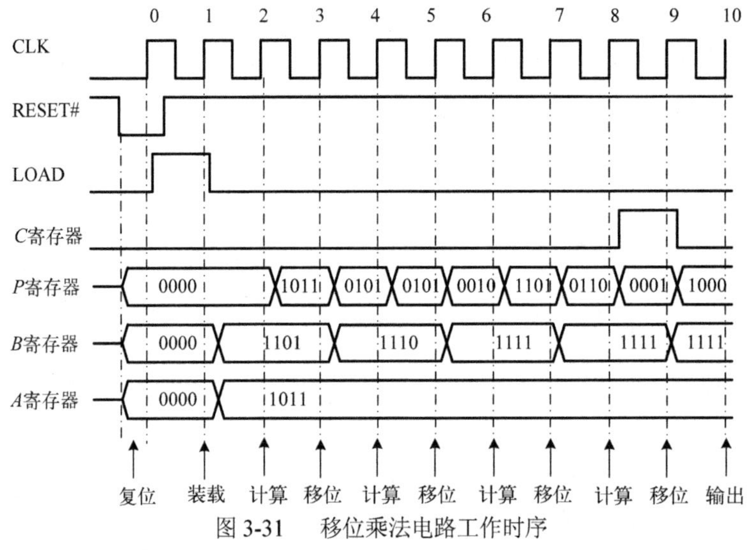

图 3-31　移位乘法电路工作时序

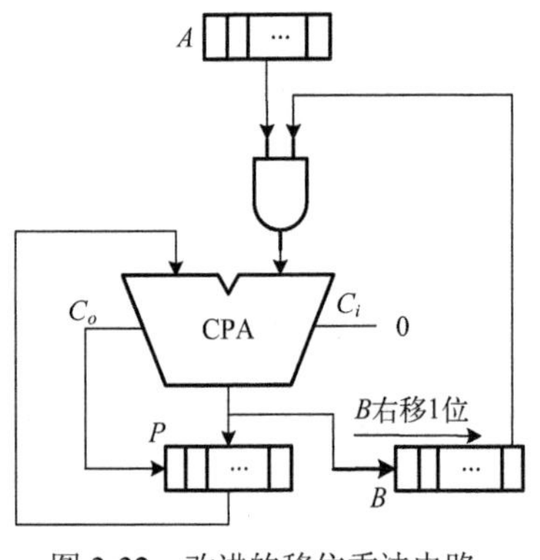

图 3-32　改进的移位乘法电路

以上电路结构可以进一步改进，省去 C 寄存器，将加法运算的进位与和的高三位写入 P 寄存器，将 P 寄存器的最低位和 B 寄存器内容顺序右移。改进后的电路框图如图 3-32 所示。

此时，将上述运算步骤中的 STEP2 与 STEP3、STEP4 与 STEP5、STEP6 与 STEP7、STEP8 与 STEP9 分别进行合并，合并后的运算过程如下：

STEP0：复位。电路初始化，C=0，P=0000。

STEP1：装载数据。A=1011，B=1101。

STEP2：求部分积。加法器运算结果为 $P+A$=0000+1011=1011，故 P=0101，B=1110。

STEP3：求部分积。加法器运算结果为 P+0=0101+0000=0101，故 P=0010，B=1111。

STEP4：求部分积。加法器运算结果为 $P+A$=0010+1011=1101，故 P=0110，B=1111。

STEP5：求部分积。加法器运算结果为 $P+A$=0110+1011=10001，故 P=1000，B=1111。

STEP6：输出乘积值 M=10001111。

信号时序如图 3-33 所示。

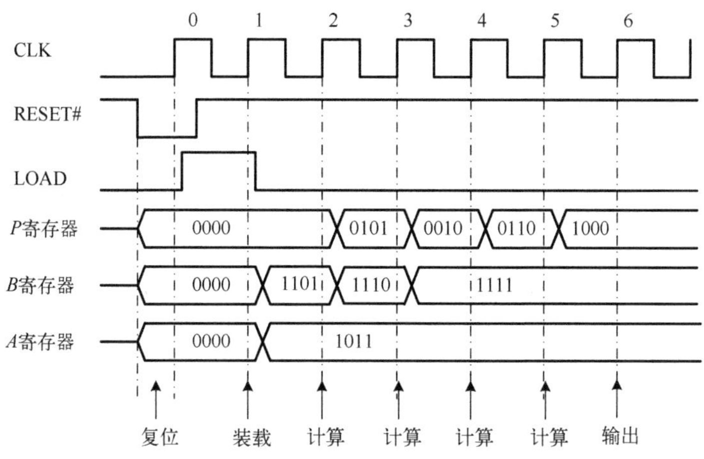

图 3-33　改进的移位乘法电路工作时序

3.5.4　模乘运算电路

1. 模 2^n 乘法运算电路

模 2^n 乘法运算本质上是两个数相乘，舍去高位的乘法运算，即

$$C = AB \bmod 2^n = (C_H 2^n + C_L) \bmod 2^n = C_L$$

此时，高位计算电路可以省略不用，最后一个 CPA 可以用 CSA 替代，以此可大幅度优化电路，改进后的 8 位阵列结构模乘(模 2^8) 电路如图 3-34 所示。

对于 n 位模乘器而言，电路资源消耗与电路延迟如下。

与门数量：$1+2+3+\cdots n = n(n+1)/2$。

CSA 数量：$1+2+3+\cdots n-1 = n(n-1)/2$。

电路延迟：1 级与门延迟+$(n-1)$级 CSA 延迟。

与直接采用乘法器舍去高位的方法相比，有较大改善，如表 3-12 所示。

2. 模 2^n+1 乘法运算电路

IDEA 算法是一种国际上流行的分组密码算法，其基本设计原则是一种“来自不同代数群的混合运算”，三个代数群进行混合运算，达到信息加密的目的。三类基本运算为 16bit 异或、模 2^{16} 加法运算、模 2^{16}+1 乘法运算。

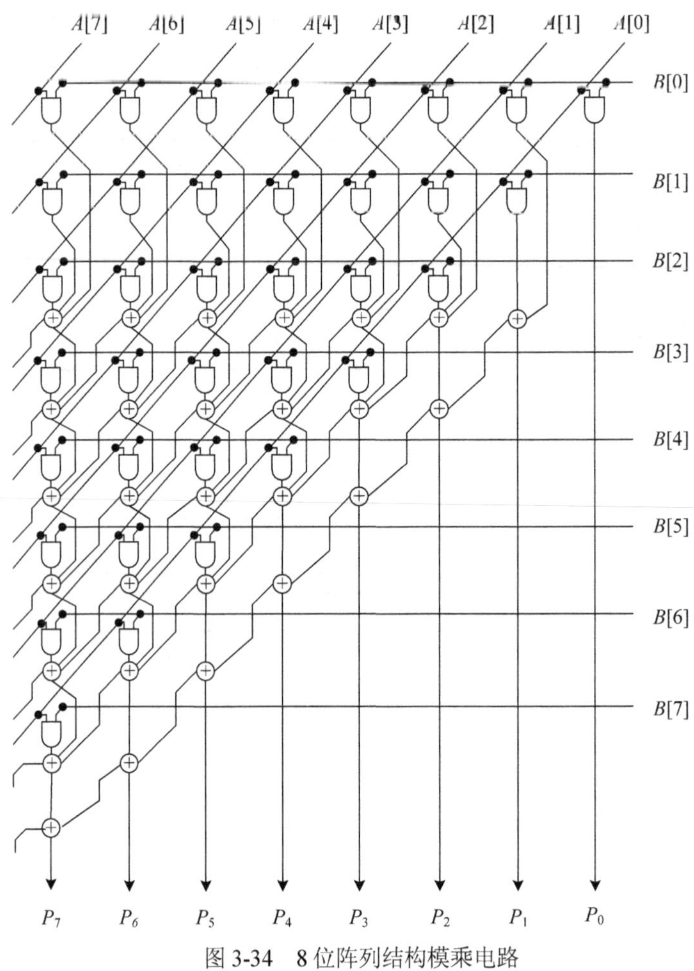

图 3-34　8 位阵列结构模乘电路

表 3-12　乘法器与模乘器性能对比

算法	阵列结构 n 位乘法器	阵列结构 n 位模乘器
与门数量	n^2	$n(n+1)/2$
CSA 数量	$n(n-2)$	$n(n-1)/2$
CPA 数量	$1\times n$	0
电路延迟	1 级与门延迟+(2n–2) 级 CSA 延迟	1 级与门延迟+(n–1) 级 CSA 延迟

其中，16bit 整数 mod $(2^{16}+1)$ (=65537) 乘法运算记为⊙，其输入、输出全部为 16bit 整数，由于该乘法群不包含元素 0，因此，当输入出现 0 时，必须当作 2^{16} 处理，其他输入情况下保持不变。而即使结果为 2^{16}，必须当作 0 输出，其他结果正常输出。除 IDEA 算法之外，还有部分算法采用类似的模乘运算，n 的取值一般为 8、16、32，下面分析一下模 2^n+1 乘法实现方案。

设 A、B 为两个 n bit 数，试计算 $AB \bmod (2^n+1)$。

情况 1：A=0、B=0

$$
\begin{aligned}
Z &= AB \bmod (2^n+1) = 2^n \cdot 2^n \bmod (2^n+1) \\
&= [(2^n+1)-1] \cdot [(2^n+1)-1] \bmod (2^n+1) \\
&= 1
\end{aligned}
$$

情况 2：A=0、B=1

$$
\begin{aligned}
Z &= AB \bmod (2^n+1) = 2^n \cdot 1 \bmod (2^n+1) \\
&= 2^n = 0
\end{aligned}
$$

情况 3：A=0、$2 \leqslant B \leqslant 2^n-1$

$$
\begin{aligned}
Z &= AB \bmod (2^n+1) = 2^n \cdot B \bmod (2^n+1) \\
&= (2^n+1-1) \cdot B \bmod (2^n+1) \\
&= (-B) \bmod (2^n+1) \\
&= 2^n+1-B
\end{aligned}
$$

情况 4：A=1、B=0

$$
\begin{aligned}
Z &= AB \bmod (2^n+1) = 1 \cdot 2^n \bmod (2^n+1) \\
&= 2^n = 0
\end{aligned}
$$

情况 5：$2 \leqslant A \leqslant 2^n-1$、$B$=0

$$
\begin{aligned}
Z &= AB \bmod (2^n+1) = 2^n \cdot A \bmod (2^n+1) \\
&= (2^n+1-1) \cdot A \bmod (2^n+1) \\
&= (-A) \bmod (2^n+1) \\
&= 2^n+1-A
\end{aligned}
$$

情况 6：若 A、B 为两个非零整数，则

$$Z = AB \bmod (2^n+1) = (C_H 2^n + C_L) \bmod (2^n+1)$$

其中，$0 \leqslant C_H \leqslant 2^n-1$，为高 n 位数；$0 \leqslant C_L \leqslant 2^n-1$，为低 n 位数。

$$Z = (C_H 2^n + C_H - C_H + C_L) \bmod (2^n+1)$$

$$
\begin{aligned}
Z &= (C_H 2^n + C_H - C_H + C_L) \bmod (2^n+1) \\
&= (C_L - C_H) \bmod (2^n+1)
\end{aligned}
$$

当 $C_L \geqslant C_H$ 时，$Z = C_L - C_H$；当 $C_L < C_H$ 时，$Z = 2^n + C_L - C_H + 1$；特别地，当 $C_L = C_H - 1$ 时，$Z = 2^n = 0$。

对于情况 1～情况 5，即 A、B 之中有一个为 0 时，模乘结果可以统一为

$$Z = (2^n + 1 - A - B) \bmod 2^n$$

当 A、B 之中有一个为 0 时，A 加 B 与 A 或 B 等同，$2^{16}+1-A-B$ 之后等价于 $A+B$ 取反加 1 再加 1。模 $2^{16}+1$ 乘法电路实现方案如图 3-35 所示。

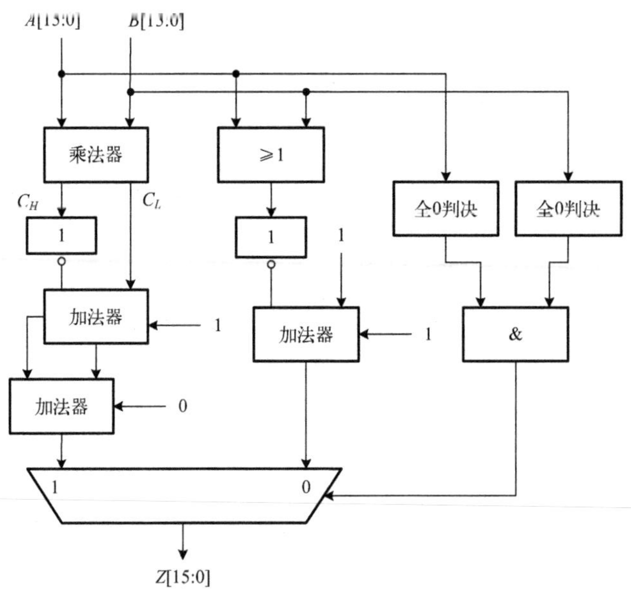

图 3-35　模 $2^{16}+1$ 乘法电路实现方案

3.6　有限域乘法运算单元

3.6.1　密码算法中的有限域运算

对称密码算法中的有限域运算按照操作类型划分，主要包括有限域乘法运算和有限域求逆运算，主要应用于矩阵乘法运算环节、σ-LFSR 反馈函数运算环节、基于有限域求逆运算构建的 S 盒查表环节。

1. 分组密码中的矩阵乘法运算环节

在分组密码算法设计中，常利用矩阵乘法运算实现“扩散”，其中最典型的应用是 AES 算法的列混合变换。

AES 算法将明文、密文变换的中间结果称为中间状态，算法中的各种变换均在状态上进行，而各种运算又是以字节为单元进行处理的，因此需要将状态转化为以字节为单位的数据块，状态总长度均等于分组长度，即 128bit 共 16 字节，则状态可用 1 个 4×4 的矩阵表示，称为状态矩阵，矩阵元素位宽为 1 字节。

列混合变换对算法的状态矩阵逐列进行运算，得到新的状态矩阵，并行更新状态矩阵时列混合变换可以看作两个矩阵的乘法操作，如下式所示：

$$\underset{\text{状态矩阵}S'}{\begin{bmatrix} S'_{00} & S'_{01} & S'_{02} & S'_{03} \\ S'_{10} & S'_{11} & S'_{12} & S'_{13} \\ S'_{20} & S'_{21} & S'_{22} & S'_{23} \\ S'_{30} & S'_{31} & S'_{32} & S'_{33} \end{bmatrix}} \xleftarrow[\text{乘法}]{\text{矩阵}} \underset{\text{乘数矩阵}C}{\begin{bmatrix} C_{00} & C_{01} & C_{02} & C_{03} \\ C_{10} & C_{11} & C_{12} & C_{13} \\ C_{20} & C_{21} & C_{22} & C_{23} \\ C_{30} & C_{31} & C_{32} & C_{33} \end{bmatrix}} \times \underset{\text{状态矩阵}S}{\begin{bmatrix} S_{00} & S_{01} & S_{02} & S_{03} \\ S_{10} & S_{11} & S_{12} & S_{13} \\ S_{20} & S_{21} & S_{22} & S_{23} \\ S_{30} & S_{31} & S_{32} & S_{33} \end{bmatrix}}$$

其中，乘数矩阵$C=\begin{bmatrix}02 & 03 & 01 & 01\\01 & 02 & 03 & 01\\01 & 01 & 02 & 03\\03 & 01 & 01 & 02\end{bmatrix}$，矩阵中的元素以十六进制表示；乘积矩阵元素计算式为

$$\begin{cases}S'_{00}=C_{00}\otimes S_{00}+C_{01}\otimes S_{10}+C_{02}\otimes S_{20}+C_{03}\otimes S_{30}\\ \vdots\\ S'_{33}=C_{30}\otimes S_{03}+C_{31}\otimes S_{13}+C_{32}\otimes S_{23}+C_{33}\otimes S_{33}\end{cases}$$

其中，$\times$表示矩阵乘法；$\otimes$表示有限域乘法；$+$表示有限域加法。

$t+1$时刻的状态矩阵S'，由t时刻状态矩阵S与算法给定的乘数矩阵C通过矩阵乘法计算得出。矩阵S、S'、C中的元素定义在二元扩域$GF(2^8)$上，乘积矩阵元素运算表达式中的乘法、加法运算也在有限域$GF(2^8)$上进行。通过对流行的分组密码算法进行分析，可将密码算法中的矩阵乘法特征总结如表 3-13 所示。

表 3-13　分组密码算法中矩阵乘法特征列表

对称算法	矩阵	常数矩阵	有限域	域多项式
AES	4×4	01,02,03	$GF(2^8)$	$f(x)=x^8+x^4+x^3+x+1$
		0E,0D,09,08		
FOX	4×4	01,02,FD	$GF(2^8)$	$f(x)=x^8+x^7+x^6+x^5+x^4+x^3+1$
	8×8	01,82,FC,⋯		
Square	4×4	01,02,03	$GF(2^8)$	$f(x)=x^8+x^4+x^3+x+1$
		0E,0D,09,08		
Twofish	4×4	01,EF,5B	$GF(2^8)$	$f(x)=x^8+x^6+x^5+x^3+1$
	4×8	01,A4,55,⋯	$GF(2^8)$	$f(x)=x^8+x^6+x^3+x^2+1$

结合上述不同算法中矩阵乘法运算特征的分析，可将分组密码算法中的矩阵乘法运算特征归纳如下：

(1) 矩阵乘法运算中通常有 1 个乘数矩阵；

(2) 矩阵乘法运算大多定义在二元扩域$GF(2^8)$上；

(3) 不同算法中矩阵维数不同，如 AES 算法中是两个矩阵间的乘法运算，其他算法中是常数矩阵与 1 维列向量的乘法运算。

2. 序列密码中 σ-LFSR 反馈函数

基于字的序列密码算法中的 σ-LFSR 是一类新型反馈移位寄存器，以字结构作为基本运算单元，能够充分利用现代处理器提供的操作对移位寄存器进行运算，具有结构简单、实现快速的特点。如图 3-36 所示，给出了 σ-LFSR 的一般模型。

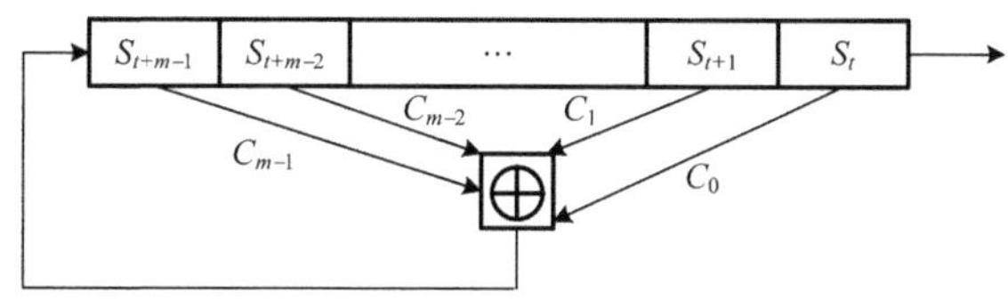

图 3-36　σ-LFSR 的一般模型

σ-LFSR 的反馈多项式 $\pi(x)$ 称为 σ-多项式：

$$\pi(x)=x^m+c_{m-1}x^{m-1}+c_{m-2}x^{m-2}+\cdots+c_1x+c_0$$

移位寄存器第 t 个时刻第 j 个状态位元素 $S_{t+j}, j\in[m-1,0]$ 和反馈抽头系数 $C_j, j\in[m-1,0]$ 均为 n bit 数据块，可将反馈多项式 $\pi(x)$ 看作有限域 $\mathrm{GF}(2^n)$ 运算的集合。Sober、SNOW、Turing 等算法中的 LFSR 都可看成 σ-LFSR 的特例，下面将以基于字的序列密码算法中最为典型的 SNOW2.0 算法为例，对 σ-LFSR 反馈函数 $\pi(x)$ 的操作特点进行分析，如图 3-37 所示。

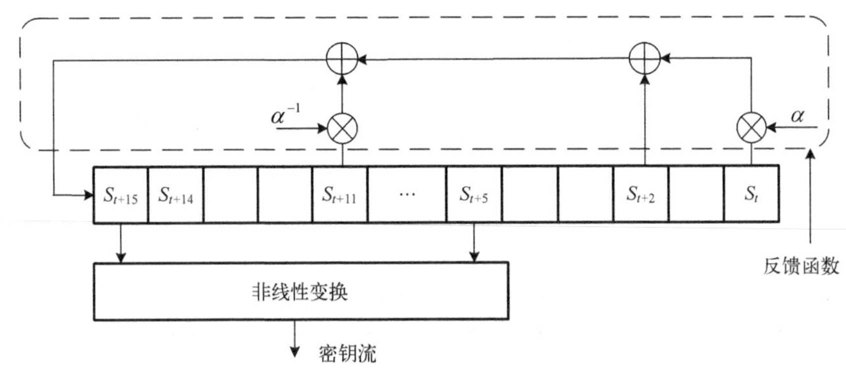

图 3-37　SNOW2.0 算法结构框图

SNOW2.0 算法的 σ-LFSR 的反馈函数为

$$\pi(x)=\alpha\otimes x^{16}+x^{14}+\alpha^{-1}\otimes x^5+1,\quad \alpha,\alpha^{-1}\in\mathrm{GF}((2^8)^4)$$

其中，⊗ 表示有限域乘法运算；+表示有限域加法运算；α、α^{-1} 为固定的常数值。

$\pi(x)$ 中的常数值 α、α^{-1} 以有限域多项式根的形式给出，α 是系数在 $\mathrm{GF}(2^8)$ 上 4 次多项式 $g_\alpha(x)$ 的根，这里：

$$g_\alpha(x)=x^4+\beta^{23}x^3+\beta^{245}x^2+\beta^{48}x+\beta^{239}$$

β 是系数在 GF(2) 上 8 次多项式 $m(x)=x^8+x^7+x^5+x^3+1$ 的根。

σ-LFSR 反馈函数中的 $\alpha\otimes$ 操作等价于由 $g_\alpha(x)$ 定义的复合域 $\mathrm{GF}((2^8)^4)$ 中的乘法操作。上述复合域多项式系数以基域多项式 $m(x)$ 根 β 的幂函数形式给出。由前面的分析可知，有限域 $\mathrm{GF}(2^k)$ 上的任一元素都可用一个次数不高于 k 次的多项式表示，则可将系数转换得到如下复合域 $\mathrm{GF}((2^8)^4)$ 的域多项式：

$$g_\alpha(x)=x^4+E1x^8+9Fx^7+CFx^5+13$$

同理，α^{-1} 是复合域 $\mathrm{GF}((2^8)^4)$ 多项式 $g_{\alpha^{-1}}(x)$ 的根，这里：

$$g_{\alpha^{-1}}(x)=x^4+\beta^{16}x^3+\beta^{39}x^2+\beta^6x+\beta^{64}$$

反馈函数中的 $\alpha^{-1}\otimes$ 操作等价于在由 $g_{\alpha^{-1}}(x)$ 定义的有限域 $\mathrm{GF}((2^8)^4)$ 中的乘法操作，经过转换，可将 $g_{\alpha^{-1}}(x)$ 表述如下：

$$g_{\alpha^{-1}}(x)=x^4+18x^8+0Fx^7+40x^5+CD$$

可见，$\pi(x)$ 以表达式的形式给出 σ-LFSR 反馈函数中有限域乘法操作的个数、反馈系数在有限域中的坐标值等，而某一具体的乘法运算在反馈系数所在有限域中进行。不同对称密

码算法 σ-LFSR 中状态位元素位宽、反馈系数所在有限域各不相同，决定了 σ-LFSR 反馈函数中的有限域运算的特征不同，具体如表 3-14 所示。

表 3-14　σ-LFSR 反馈函数特征列表

序列算法	反馈多项式	反馈系数	有限域	反馈系数所在有限域的域多项式
SNOW1.0	$\pi(x)=x^{16}+x^{13}+x^{7}+\alpha$	α	$\mathrm{GF}(2^{32})$	$f(x)=x^{32}+x^{31}+x^{22}+x^{17}+x^{12}+x^{3}+1$
SNOW2.0	$\pi(x)=\alpha x^{16}+x^{14}+\alpha^{-1}x^{5}+1$	α,α^{-1}	$\mathrm{GF}((2^8)^4)$	$g_{\alpha}(x)=x^4+E1x^3+9Fx^2+CFx+13$ $g_{\alpha^{-1}}(x)=x^4+18x^3+0Fx^2+40x+CD$ $m(x)=x^8+x^7+x^5+x^3+1$
Sober	$\pi(x)=\mathrm{CE}x^{15}+x^4+63$	CE,63	$\mathrm{GF}(2^8)$	$f(x)=x^8+x^6+x^3+x^2+1$
Sober-t16	$\pi(x)=\mathrm{E382}x^{15}+x^4+\mathrm{67C3}$	E382,67C3	$\mathrm{GF}(2^{16})$	$f(x)=x^{16}+x^{14}+x^{12}+x^7+x^6+x^4+x^2+x+1$
Sober-t32	$\pi(x)=x^{15}+x^4+\mathrm{C2DB2AA3}$	C2DB2AA3	$\mathrm{GF}(2^{32})$	$f(x)=x^{32}+(x^{24}+x^{16}+x^8+1)(x^6+x^5+x^2+1)$
Sober-128	$\pi(x)=x^{15}+x^4+\alpha$	α	$\mathrm{GF}((2^8)^4)$	$g(x)=x^4+D0x^3+2Bx^2+43x+67$ $m(x)=x^8+x^6+x^3+x^2+1$
Sosemanuk	$\pi(x)=x^9+\alpha^{-1}x^3+\alpha$	α,α^{-1}	$\mathrm{GF}((2^8)^4)$	$g_{\alpha}(x)=x^4+E1x^3+9Fx^2+CFx+13$ $g_{\alpha^{-1}}(x)=x^4+18x^3+0Fx^2+40x+CD$ $m(x)=x^8+x^7+x^5+x^3+1$
SSS	$\pi(x)=x^{17}+x^{15}+x^4+\alpha$	α	$\mathrm{GF}((2^8)^2)$	$g(x)=x^2+50x+0F$ $m(x)=x^8+x^6+x^3+x^2+1$
Turing	$\pi(x)=x^{17}+x^{15}+x^4+\alpha$	α	$\mathrm{GF}((2^8)^4)$	$g(x)=x^4+D0x^3+2Bx^2+43x+67$ $m(x)=x^8+x^6+x^3+x^2+1$
Yamb	$\pi(x)=y^{15}+y^8+x$	40000000	$\mathrm{GF}(2^{32})$	$f(x)=x^{32}+x^{27}+x^{24}+x^{20}+x^{19}+x^{17}+x^{16}+x^{12}$ $+x^{10}+x^9+x^8+x^7+x^6+x^3+1$

注：数值形式的反馈系数以十六进制表示；变量形式的反馈系数是有限域定义式的根。

通过上述对不同算法 σ-LFSR 反馈函数的分析，可见，不同密码算法中的 σ-LFSR 反馈函数的差异主要体现在以下几个方面：

(1) σ-LFSR 状态位数据位宽不同，主要有 8、16、32 三种数据位宽；

(2) 反馈函数乘法运算所在有限域种类不同，主要有二元扩域和复合域两类；

(3) 反馈系数的具体表现形式不同，主要有域多项式根 α 及固定的常数 C 两种；

(4) 参与反馈函数运算的反馈抽头个数不同，通常为 3 个或 4 个。

3.6.2　有限域乘法运算方法

分析发现，密码算法中的有限域运算主要有两种类型：二元扩域 $\mathrm{GF}(2^k)$ 和复合域 $\mathrm{GF}((2^n)^m)$。本节主要对以上两种类型的有限域运算操作特征进行分析。

1. 二元扩域运算

对于任意正整数 k，都可以把一个素域 $\mathrm{GF}(p)$ 扩展成为一个含有 p^k 个元素的域，称为 $\mathrm{GF}(p)$ 的扩域(Extension Field)，记作 $\mathrm{GF}(p^k)$。

$\mathrm{GF}(p)$ 称为基域或子域；k 称为扩张次数；p 称为域的特征值；域中元素的个数 p^k 称为有限域的阶。特别地，当 p=2 时，有限域 $\mathrm{GF}(2^k)$ 称为二元扩域。

k 次不可约多项式 $f(x)$ 的商环构成域，即任意有限域 $\mathrm{GF}(p^k)$ 都可以用系数在 $\mathrm{GF}(p)$ 上

的 k 次不可约多项式 $f(x)$ 表示，$f(x)$ 称为域多项式，可表示为

$$f(x)=x^k+f_{k-1}x^{k-1}+f_{k-2}x^{k-2}+\cdots+f_1x+f_0$$

其中，$f_i=0,1,\cdots,p-1,\ i\in[k-1,0]$。

设 α 是域多项式 $f(x)$ 的根，集合 $\{\alpha^{k-1},\alpha^{k-2},\cdots,\alpha,1\}$ 称为二元扩域 $\mathrm{GF}(2^k)$ 的多项式基，则 $\mathrm{GF}(2^k)$ 中的所有非零元素都可以用次数低于 k 的 α 的多项式来表示，即利用多项式基表示 $\mathrm{GF}(2^k)$ 中的元素 a 时，如下表达式成立：

$$a=a_{k-1}\alpha^{k-1}+a_{k-2}\alpha^{k-2}+\cdots+a_1\alpha+a_0\ ,\quad a_i=\{0,1\}$$

向量 $(a_{k-1},a_{k-2},\cdots,a_1,a_0)$ 称为有限域元素 a 在多项式基 $(\alpha^{k-1},\alpha^{k-2},\cdots,\alpha,1)$ 下的坐标，如图 3-38 所示。

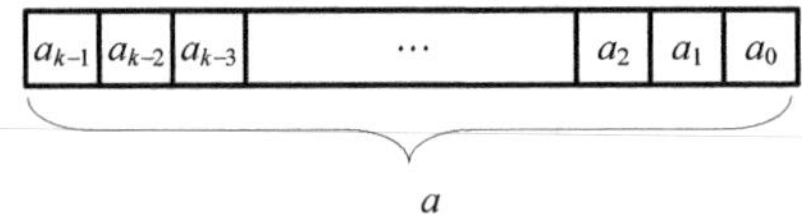

图 3-38　二元扩域 $\mathrm{GF}(2^k)$ 元素坐标

在二元扩域 $\mathrm{GF}(2^k)$ 中，对于元素 $a,b\in\mathrm{GF}(2^k)$：

$$a(\alpha)=a_{k-1}\alpha^{k-1}+a_{k-2}\alpha^{k-2}+\cdots+a_1\alpha+a_0$$
$$b(\alpha)=b_{k-1}\alpha^{k-1}+b_{k-2}\alpha^{k-2}+\cdots+b_1\alpha+b_0$$

有如下运算法则成立。

(1) 加/减法运算：$s(\alpha)=a(\alpha)\pm b(\alpha)=\sum_{i=0}^{k-1}(a_i\oplus b_i)\alpha^i$；

(2) 乘法运算：$c(\alpha)=a(\alpha)\times b(\alpha)=\sum_{i=0}^{k-1}\sum_{j=0}^{k-1}a_i\cdot b_j\alpha^{i+j}\bmod f(\alpha)$；

(3) 求逆运算：如果等式 $a\times b=b\times a=e$，e 为二元扩域 $\mathrm{GF}(2^k)$ 单位元，则称 b 为 a 的逆元，记作 $b=a^{-1}$，同理 $a=b^{-1}$。且对于 $\forall\ a\in\mathrm{GF}(2^k)$，有等式 $a^{2^k-1}\equiv e\ \bmod f(\alpha)$ 成立，即求逆运算等价于对元素求幂。

根据以上运算法则，可将二元扩域 $\mathrm{GF}(2^k)$ 操作特征总结如下：

(1) $a\in\mathrm{GF}(2^k)$ 坐标共 k bit，分别对应多项式基的 k 个变量；

(2) $a,b\in\mathrm{GF}(2^k)$ 加、减运算等价于元素坐标按位异或；

(3) $a,b\in\mathrm{GF}(2^k)$ 乘法运算，乘积多项式 $c(\alpha)$ 对域多项式 $f(\alpha)$ 取模，其中 $a_i\cdot b_j$ 等价于与运算。

2. 复合域运算

设 n 为整数，系数在 $\mathrm{GF}(p^n)$ 上的多项式构成一元多项式环，记为 $F_{p^n}[x]$，$g(x)$ 是 $F_{p^n}[x]$ 中的一个 m 次不可约多项式，商环 $F_{p^n}[x]/(g(x))$ 构成域 $\mathrm{GF}(p^n)$ 上的 m 维扩域，由于 $\mathrm{GF}(p^n)$ 是 $\mathrm{GF}(p)$ 的 n 维扩域，则 $\mathrm{GF}((p^n)^m)$ 称为 $\mathrm{GF}(p)$ 的二次扩域，也称为复合域，$\mathrm{GF}(p^n)$ 称为基域。

复合域多项式：

$$g(x)=x^m+g_{m-1}x^{m-1}+g_{m-2}x^{m-2}+\cdots+g_1x+g_0$$

其中，$g_i \in GF(p^n),\ i \in [m-1,0]$。

基域多项式：

$$m(x) = x^n + m_{n-1}x^{n-1} + m_{n-2}x^{n-2} + \cdots + m_1 x + m_0$$

其中，$m_j \in GF(p),\ j \in [n-1,0]$。

设 α 是复合域多项式 $g(x)$ 的根，γ是基域多项式 $m(x)$ 的根，利用多项式基 $\{\alpha^{m-1},\alpha^{m-2},\cdots,\alpha,1\}$ 和 $\{\gamma^{n-1},\gamma^{n-2},\cdots,\gamma,1\}$ 表示复合域$GF((2^n)^m)$中的元素 A，有如下表达式：

$$A \in GF((2^n)^m),\quad A(\alpha) = \alpha^m + A_{m-1}\alpha^{m-1} + A_{m-2}\alpha^{m-2} + \cdots + A_1\alpha + A_0$$

其中，$A_i \in GF(2^n),\ A_i = a_{in-1}\gamma^{n-1} + a_{in-2}\gamma^{n-2} + \cdots + a_{i1}\gamma + a_{i0}$；$a_{ij} = 0,1,\ i \in [m-1,0], j \in [n-1,0]$。

元素 A、a_{ij} 的表示如图 3-39 所示。

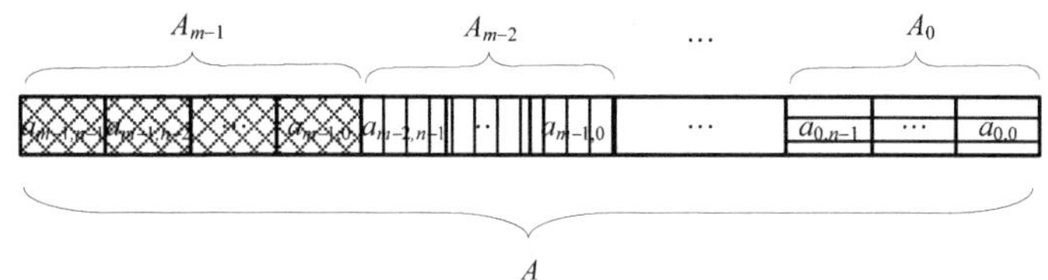

图 3-39　复合域$GF((2^n)^m)$ 中元素坐标

在复合域中，对于元素 $A,B \in GF((2^n)^m)$：

$$A(\alpha) = \alpha^m + A_{m-1}\alpha^{m-1} + A_{m-2}\alpha^{m-2} + \cdots + A_1\alpha + A_0$$

$$B(\alpha) = \alpha^m + B_{m-1}\alpha^{m-1} + B_{m-2}\alpha^{m-2} + \cdots + B_1\alpha + B_0$$

有如下运算法则成立。

(1) 加/减法运算：$S(\alpha) = A(\alpha) \pm B(\alpha) = \sum_{i=0}^{m-1}(A_i \oplus B_i)\alpha^i$；

(2) 乘法运算：$C(\alpha) = A(\alpha) \times B(\alpha) = \sum_{i=0}^{m-1}\sum_{i=0}^{m-1}(A_i \times B_j)\alpha^{i+j} \bmod g(\alpha)$；

(3) 求逆运算：如果等式 $A \times B = A \times B = e$，$e$ 为复合域$GF((2^n)^m)$的单位元，则称 B 为 A 的逆元，记作 $B = A^{-1}$，同理，$A = B^{-1}$。且对于 $\forall\ A \in GF((2^n)^m)$，有等式 $A^{2^r-1} \equiv e \mod g(\alpha)$，$r = (2^{nm}-1)/(2^n-1)$成立，求逆运算等价于复合域元素求幂。

根据以上运算法则，可将复合域$GF((2^n)^m)$操作特征总结如下：

(1) $A \in GF((2^n)^m)$的坐标共 k bit，$k=m\times n$，其中相邻的 n bit 为一组，共 m 组，分别对应于多项式基的 m 个变量；

(2) $A,B \in GF((2^n)^m)$ 加/减运算等价于元素坐标按位异或；

(3) $A,B \in GF((2^n)^m)$ 乘法运算，乘积多项式 $C(\alpha)$ 对域多项式 $g(\alpha)$ 取模，其中，$A_i \times B_j (i,j \in [m-1,0])$ 等价于基域$GF(2^n)$上的乘法运算，按照基域$GF(2^n)$乘法运算法则进行。

通过以上对两种有限域运算特征的分析可见，复合域运算与二元扩域运算的区别在于：二元扩域是由系数在GF(2) 上的 k 次不可约多项式直接生成的，域中元素坐标运算以比特为单位进行操作；复合域是由系数在二元扩域$GF(2^n)$上的 m 次不可约多项式生成的，即复合域是经过二元域的两次扩展得到的，域中元素坐标运算以 n bit 的数据块为单位在基域 GF(2^n)中进行。

3.6.3 有限域乘法运算实现技术

1. 二元扩域乘法运算电路

1) 二元扩域 x 乘法电路

首先分析 GF(2^n)上的乘法运算：在 GF(2^n)上，设 $f(x)$ 是域多项式，GF(2^n)中的两个元素 a、b 可以表示为

$$a(x)=a_{n-1}x^{n-1}+a_{n-2}x^{n-2}+\cdots+a_1x+a_0$$

$$b(x)=b_{n-1}x^{n-1}+b_{n-2}x^{n-2}+\cdots+b_1x+b_0$$

两者的乘积为

$$c(x)=a(x)b(x)\bmod f(x)=c_{n-1}x^{n-1}+c_{n-2}x^{n-2}+\cdots+c_1x+c_0$$

其中，$f(x)=x^n+f_{n-1}x^{n-1}+f_{n-2}x^{n-2}+\cdots+f_1x+f_0$。

由此可得

$$\begin{aligned}c(x)&=a(x)(b_{n-1}x^{n-1}+b_{n-2}x^{n-2}+\cdots+b_1x+b_0)\bmod f(x)\\&=b_{n-1}x^{n-1}a(x)\bmod f(x)+b_{n-2}x^{n-2}a(x)\bmod f(x)+\cdots\\&\quad+b_1xa(x)\bmod f(x)+b_0a(x)\bmod f(x)\\&=b_{n-1}x^{n-1}a(x)\bmod f(x)+b_{n-2}x^{n-2}a(x)\bmod f(x)+\cdots\\&\quad+b_1xa(x)\bmod f(x)+b_0a(x)\bmod f(x)\\&=b_{n-1}x(x(x\cdots(xa(x))))\bmod f(x)+b_{n-2}x(x\cdots(xa(x)))\bmod f(x)+\cdots\\&\quad+b_1xa(x)\bmod f(x)+b_0a(x)\bmod f(x)\\&=(((\cdots((b_{n-1}xa(x))\bmod f(x)+b_{n-2})x\bmod f(x)+b_{n-3})x\bmod f(x)+\cdots\\&\quad+b_1)x\bmod f(x)+b_0\\&=((((b_{n-1}xa(x)+b_{n-2})x+b_{n-3})x\cdots+b_1)x+b_0)\bmod f(x)\end{aligned}$$

显然，GF(2^n)域上的乘法运算可以由一系列 x 乘法迭代实现，可采用下述的 Shift-and-add 算法实现。Shift-and-add 算法描述如下：

Input：二元多项式 $a(x)$、$b(x)$。

Output：$c(x)=a(x)b(x)\bmod f(x)$。

(1) $c\leftarrow 0$

(2) for $i=n-1$ downto 1 do

if $b_i=1$ then $c=c+a$

$c=c\cdot x\bmod f(x)$

(3) if $b_0=1$ then $c=c+a$

return (c)

由此可以看出，GF(2^n)域上的乘法运算可由一系列 x 乘法的迭代形成。x 乘法可以表示为

$$
\begin{aligned}
c(x) &= x \cdot a(x) = x(a_{k-1}x^{k-1} + a_{k-2}x^{k-2} + \cdots + a_1x^1 + a_0) \bmod f(x) \\
&= (a_{k-1}x^k + a_{k-2}x^{k-1} + \cdots + a_1x^2 + a_0x) \bmod f(x) \\
&= a_{k-1}x^k \bmod f(x) + (a_{k-2}x^{k-1} + \cdots + a_1x^2 + a_0x) \bmod f(x)
\end{aligned}
$$

当 $a_{k-1}=0$ 时：

$$
c(x) = a_{k-2}x^{k-1} + \cdots + a_1x^2 + a_0x
$$

当 $a_{k-1}=1$ 时：

$$
\begin{aligned}
c(x) &= a_{k-2}x^{k-1} + a_{k-3}x^{k-2} + \ldots + a_1x^2 + a_0x + f_{k-1}x^{k-1} + f_{k-2}x^{k-2} + \cdots + f_1x + f_0 \\
&= (a_{k-2} + f_{k-1})x^{k-1} + (a_{k-3} + f_{k-2})x^{k-2} + \cdots + (a_1 + f_2)x^2 + (a_0 + f_1)x + f_0
\end{aligned}
$$

由此可以得到

$$
\begin{aligned}
c(x) = {} & (a_{k-1}f_{k-1} + a_{k-2})x^{k-1} + (a_{k-1}f_{k-2} + a_{k-3})x^{k-2} + \cdots \\
& + (a_{k-1}f_2 + a_1)x^2 + (a_{k-1}f_1 + a_0)x + a_{k-1}f_0
\end{aligned}
$$

根据上式可得到任意不可约多项式的 GF(2^n) 域上的 x 乘法电路，电路如图 3-40 所示。

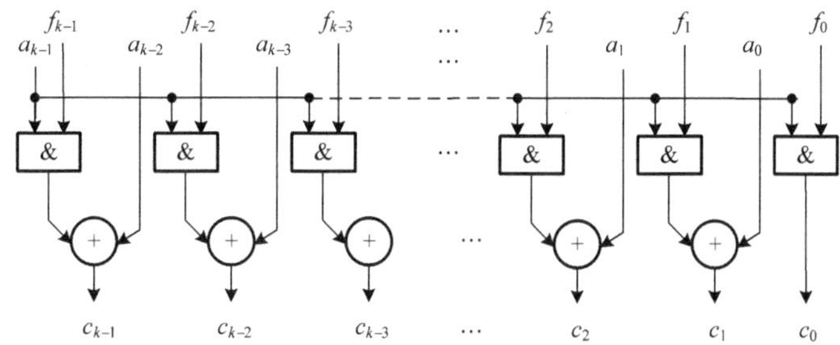

图 3-40　GF(2^n) 域上任意不可约多项式的 x 乘法电路

分组密码算法 AES、FOX、Square、Twofish 均采用了 GF(2^8) 域上矩阵乘法环节，此时，将 n=8 代入，可以得到 GF(2^8) 域上的 x 乘法实现逻辑表达式：

$$
\begin{aligned}
c(x) = {} & (a_7f_7 + a_6)x^7 + (a_7f_6 + a_5)x^6 + (a_7f_5 + a_4)x^5 + (a_7f_4 + a_3)x^4 \\
& + (a_7f_3 + a_3)x^3 + (a_7f_2 + a_1)x^2 + (a_7f_1 + a_0)x + a_7f_0
\end{aligned}
$$

2) AES 算法矩阵乘法电路

对于 AES 算法而言，将 $f(x) = x^8 + x^4 + x^3 + x + 1$ 系数代入得到

$$
c(x) = a_6x^7 + a_5x^6 + a_4x^5 + (a_7 + a_3)x^4 + (a_7 + a_3)x^3 + a_1x^2 + (a_7 + a_0)x + a_7
$$

由此，可以得到 AES 算法 x 乘法电路结构，如图 3-41 所示。

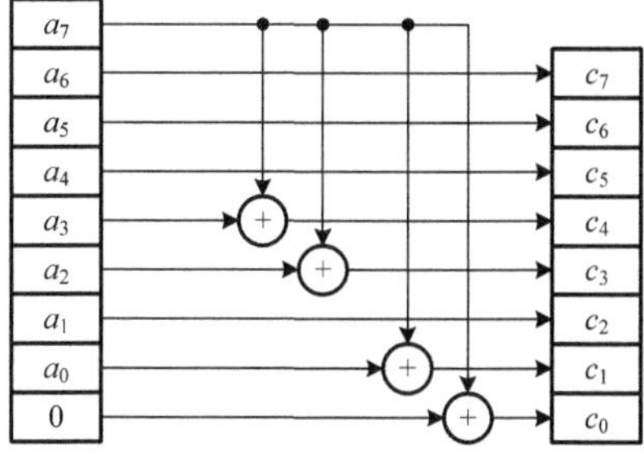

图 3-41　AES 算法 x 乘法电路结构

AES 算法列混合变换对算法的状态矩阵逐列进行运算，得到新的状态矩阵。

$$\begin{bmatrix} S'_{00} & S'_{01} & S'_{02} & S'_{03} \\ S'_{10} & S'_{11} & S'_{12} & S'_{13} \\ S'_{20} & S'_{21} & S'_{22} & S'_{23} \\ S'_{30} & S'_{31} & S'_{32} & S'_{33} \end{bmatrix} = \begin{bmatrix} C_{00} & C_{01} & C_{02} & C_{03} \\ C_{10} & C_{11} & C_{12} & C_{13} \\ C_{20} & C_{21} & C_{22} & C_{23} \\ C_{30} & C_{31} & C_{32} & C_{33} \end{bmatrix} \times \begin{bmatrix} S_{00} & S_{01} & S_{02} & S_{03} \\ S_{10} & S_{11} & S_{12} & S_{13} \\ S_{20} & S_{21} & S_{22} & S_{23} \\ S_{30} & S_{31} & S_{32} & S_{33} \end{bmatrix}$$

其中，乘数矩阵$C = \begin{bmatrix} 02 & 03 & 01 & 01 \\ 01 & 02 & 03 & 01 \\ 01 & 01 & 02 & 03 \\ 03 & 01 & 01 & 02 \end{bmatrix}$，矩阵中的元素以十六进制表示，代入系数矩阵 C 得到

$$\begin{bmatrix} S'_{00} & S'_{01} & S'_{02} & S'_{03} \\ S'_{10} & S'_{11} & S'_{12} & S'_{13} \\ S'_{20} & S'_{21} & S'_{22} & S'_{23} \\ S'_{30} & S'_{31} & S'_{32} & S'_{33} \end{bmatrix} = \begin{bmatrix} 02 & 03 & 01 & 01 \\ 01 & 02 & 03 & 01 \\ 01 & 01 & 02 & 03 \\ 03 & 01 & 01 & 02 \end{bmatrix} \times \begin{bmatrix} S_{00} & S_{01} & S_{02} & S_{03} \\ S_{10} & S_{11} & S_{12} & S_{13} \\ S_{20} & S_{21} & S_{22} & S_{23} \\ S_{30} & S_{31} & S_{32} & S_{33} \end{bmatrix}$$

乘积矩阵元素计算式为

$$\begin{cases} S'_{00} = 02 \otimes S_{00} + 03 \otimes S_{10} + 01 \otimes S_{20} + 01 \otimes S_{30} \\ S'_{01} = 02 \otimes S_{01} + 03 \otimes S_{11} + 01 \otimes S_{21} + 01 \otimes S_{31} \\ \qquad \vdots \\ S'_{33} = 03 \otimes S_{03} + 01 \otimes S_{13} + 01 \otimes S_{23} + 02 \otimes S_{33} \end{cases}$$

$$\begin{cases} S'_{00}(x) = xS_{00}(x) + (x+1)S_{10}(x) + 1 \cdot S_{20}(x) + 1 \cdot S_{30}(x) \\ S'_{01}(x) = xS_{01}(x) + (x+1)S_{11}(x) + 1 \cdot S_{21}(x) + 1 \cdot S_{31}(x) \\ \qquad \vdots \\ S'_{33}(x) = (x+1)S_{03} + 1 \cdot S_{13}(x) + 1 \cdot S_{23}(x) + xS_{33}(x) \end{cases}$$

据此，可以得到 AES 算法列混合电路，逻辑图略去。

3) GF(2^n)域乘法运算电路

对于 GF(2^n)域上任意不可约多项式的乘法运算$c(x) = a(x)b(x) \bmod f(x)$，可以用下式表述：

$$\begin{aligned} c(x) &= a(x)(b_{n-1}x^{n-1} + b_{n-2}x^{n-2} + \cdots + b_1 x + b_0) \bmod f(x) \\ &= b_{n-1}x^{n-1}a(x) \bmod f(x) + b_{n-2}x^{n-2}a(x) \bmod f(x) + \cdots \\ &\quad + b_1 x a(x) \bmod f(x) + b_0 a(x) \bmod f(x) \\ &= b_{n-1}x(x(x \cdots (xa(x)))) \bmod f(x) + b_{n-2}x(x \cdots (xa(x))) \bmod f(x) + \cdots \\ &\quad + b_1 x a(x) \bmod f(x) + b_0 a(x) \bmod f(x) \end{aligned}$$

可见，GF(2^n)域上的乘法运算由一系列 x 乘法及异或电路构成，特别地，对于 GF(2^8)域上任意不可约多项式的乘法运算$c(x) = a(x)b(x) \bmod f(x)$，可以用下式表述：

$$\begin{aligned} c(x) &= b_7 x(x(x \cdots (xa(x)))) \bmod f(x) + b_6 x(x \cdots (xa(x))) \bmod f(x) + \cdots \\ &\quad + b_1 x a(x) \bmod f(x) + b_0 a(x) \bmod f(x) \end{aligned}$$

其实现架构如图 3-42 所示，图中 xt 为 x 乘法电路。

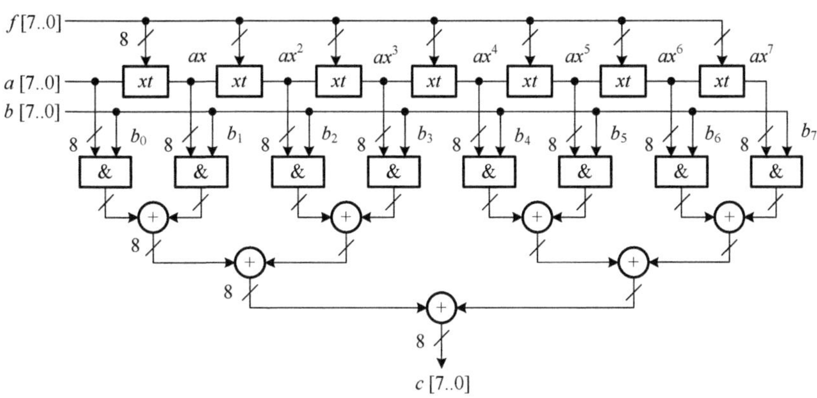

图 3-42　GF(2^8) 域上乘法运算电路

2. 复合域乘法运算电路

1) 复合域多项式根 α 乘法运算电路

GF$((2^n)^m)$ 中域多项式根 α 乘法运算，可通过复合域中的 x 乘法运算实现，下面以 SNOW2.0 算法中的 α 乘法运算为例进行介绍。

设 $A \in \mathrm{GF}((2^8)^4)$，　$A = A_3\alpha^3 + A_2\alpha^2 + A_1\alpha + A_0$。

由于 α 是系数在 GF(2^8) 上的 4 次多项式 $g_\alpha(x)$ 的根，这里：

$$g_\alpha(x) = x^4 + g_3x^3 + g_2x^2 + g_1x + g_0$$

因此

$$\begin{aligned} A\alpha &= (A_3\alpha^3 + A_2\alpha^2 + A_1\alpha + A_0)\,\alpha \\ &= \begin{cases} A_2\alpha^3 + A_1\alpha^2 + A_0\alpha, & A_3=0 \\ A_2\alpha^3 + A_1\alpha^2 + A_0\alpha + g_3\alpha^3 + g_2\alpha^2 + g_1\alpha + g_0, & A_3=1 \end{cases} \end{aligned}$$

即

$$A\alpha = (A_3g_3 + A_2)\alpha^3 + (A_3g_2 + A_1)\alpha^2 + (A_3g_1 + A_0)\alpha + A_3g_0$$

该乘法电路如图 3-43 所示，这里，⊗ 指的是 GF(2^8) 域上的乘法运算，$A_i = (A_{m-1} \cdot g_{m-1}) \bmod m(x)$，其中，$m(x) = x^8 + x^7 + x^5 + x^3 + 1$，可以用图 3-42 实现。

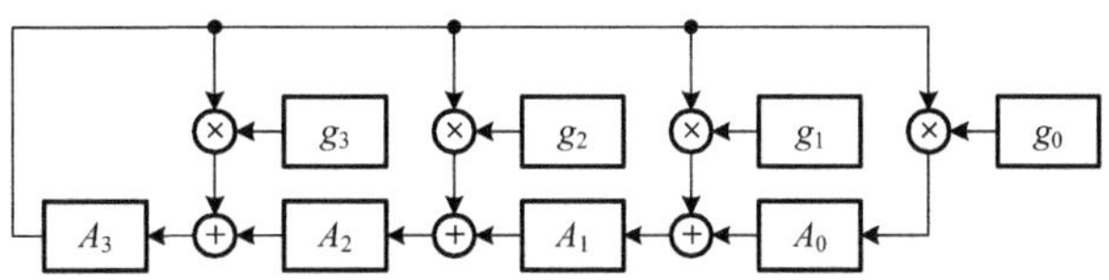

图 3-43　SNOW2.0 算法中的乘法电路

2) 复合域任意两个元素乘法运算电路

当乘数 B 不是 $g(x)$ 的本原根时，乘积 Z 可以表示为

$$\begin{aligned} A \cdot B &= A(B_3\alpha^3 + B_2\alpha^2 + B_1\alpha + B_0) \\ &= B_0 A + B_1(A\alpha) + B_2((A\alpha)\alpha) + B_3(((A\alpha)\alpha)\alpha) \end{aligned}$$

其实现电路如图 3-44 所示，该电路上半部分为一个 α 乘法电路，下半部分为一个乘累加电路，该电路：

第一个时钟周期完成 B_0A 的计算；

第二个时钟周期完成 $B_0A + B_1(A\alpha)$ 计算；

第三个时钟周期完成 $B_0A + B_1A\alpha + B_2A\alpha^2$ 计算；

第四个时钟周期完成 $B_0A + B_1A\alpha + B_2A\alpha^2 + B_3A\alpha^3$ 计算。

即可在 m（这里为 4）个时钟周期内完成复合域 $GF((2^n)^m)$ 中任意两个数的乘法操作。

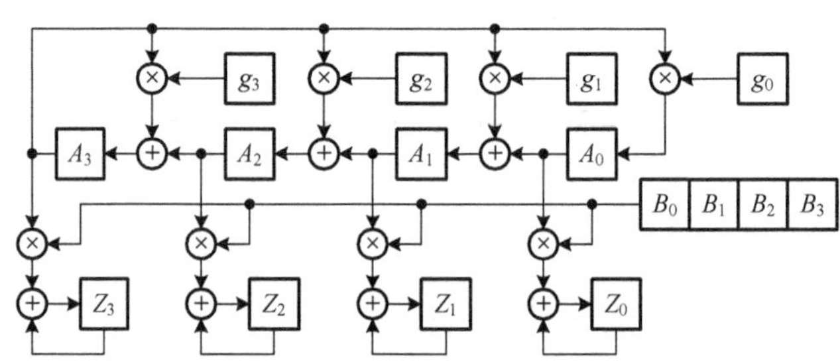

图 3-44　复合域 $GF((2^n)^m)$ 中任意两个数的乘法电路

3.7　移位操作单元

3.7.1　密码算法中的移位操作

移位操作是密码算法中常用的运算。分组密码算法无论是在轮运算还是在子密钥的生成运算过程中，都使用了移位操作，分组密码中移位操作的位数一般为 1～32 位不等，移位数据的宽度大多为 8、28、32、64、128，除 DES 子密钥生成算法中移位操作的源操作数位宽为 28bit 外，其他算法的数据位宽均为 2^n。杂凑算法中的移位操作一般为固定位宽、固定移位位数的移位操作，移位数据的位宽一般为 32bit、64bit。序列密码中的线性反馈移位寄存器、非线性反馈移位寄存器中都涉及移位操作，移位数据的位宽从几比特到千余比特不等，移位的位数一般为 1，对于钟控移位寄存器而言，移位位数可能为 1～8bit 不等。非对称密码算法在实现算法中往往需要扫描指数，也涉及固定位数的移位操作，操作对象往往是密钥，移位位数一般为 1bit。

总体来看，密码运算中的移位操作大体分为两大类：一类是指移位操作是密码算法中一个相对独立的编码环节，如分组密码、杂凑算法中的移位操作；另一类往往涉及是其他复杂操作的一个步骤，如序列密码中的线性反馈移位寄存器、非线性反馈移位寄存器及非对称密码算法中的移位操作。本节重点研究第一类独立编码环节的移位操作实现技术。

按照移位位数是否为固定不变的常量，移位操作可以分为常量移位与变量移位，常量移位指移位位数是一个固定常数，由算法直接给出，且每一轮运算移位位数保持不变，如 SM4、

Twofish、SHA1 等算法轮运算中的移位操作；变量移位指移位位数随机可变，移位位数可能来源于上一步的计算结果，如 RC6、RC5 算法中变量移位操作，也可能是几个数值中的一个，如 DES 算法中的子密钥生成算法中的移位操作。流行的分组密码算法、杂凑算法中大量使用了固定的常数移位运算。依赖于数据或子密钥的移位可以达到较好的混乱与扩散效果，目前已经得到了广泛应用，如图 3-45 所示，RC6 算法使用了依赖于某个中间数据的移位运算。

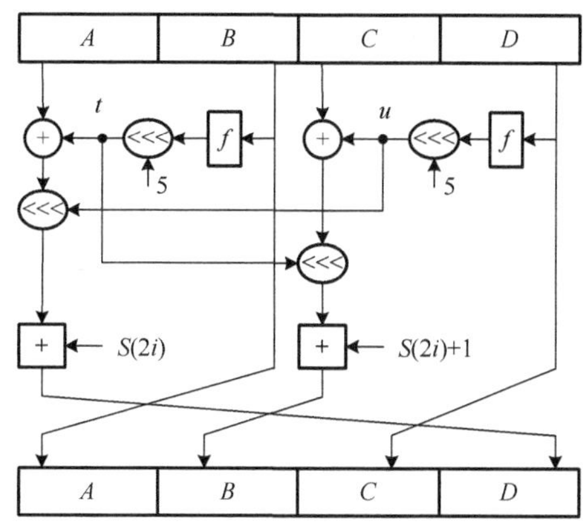

图 3-45　RC6 轮运算

移位操作按照工作方式进行分类，可分为循环左移、循环右移、逻辑左移、逻辑右移四种主要的工作方式，如图 3-46 所示。

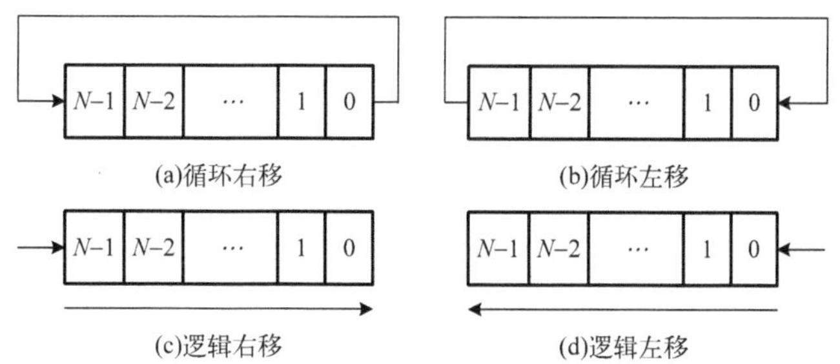

图 3-46　移位操作工作方式

表 3-15 列出了主要的一些分组密码、杂凑算法中的移位操作。

表 3-15　典型分组密码、杂凑算法中的移位操作

算法	主要移位运算
IDEA	128bit 宽度，固定循环移位
DES	28bit 宽度，位数 1～2，循环左/右移位
RC5	Wbit 宽度（W=32，64），位数随机，循环左/右移位
RC6	32bit 宽度，位数随机，循环左/右移位
Mars	32bit 宽度，位数随机，循环左/右移位
AES	以 8bit 为单位，进行 128bit 宽度的字节移位
CAST-256	32bit 宽度，位数随机，循环左/右移位

续表

算法	主要移位运算
Crypton	32bit 宽度，位数随机，循环左/右移位
Serpent	32bit 宽度，固定循环及逻辑移位
SAFER+	8bit 宽度，固定循环移位
Twofish	32bit 宽度，固定循环移位
SM4	32bit 宽度，固定循环移位
MD5	32bit 宽度，固定循环移位
SHA1	32bit 宽度，固定循环移位
SHA256	32bit 宽度，固定循环移位
SHA384	64bit 宽度，固定循环移位
SHA512	64bit 宽度，固定循环移位
SM3	32bit 宽度，固定循环移位

3.7.2 移位操作单元

1. 硬连线实现方式

对于固定位数的移位操作而言，可以采用直接连线实现方式，例如，*A*[31:0]<<<5，可以采用以下电路实现，显然，该模块只占用布线资源，不占用电路资源，如图 3-47 所示。

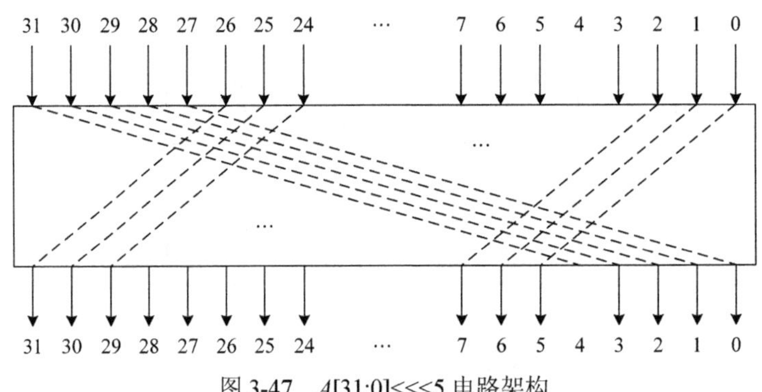

图 3-47　*A*[31:0]<<<5 电路架构

SM4 算法中的线性变换环节，采用了四个固定的移位操作和一组异或运算，如图 3-48 所示。

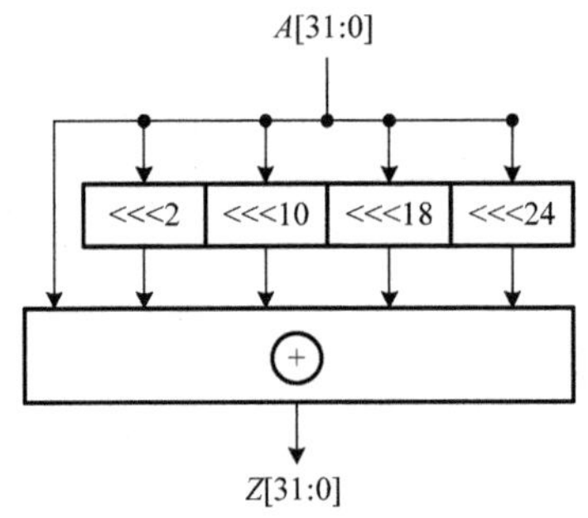

图 3-48　SM4 算法中的线性变换环节

该电路的输入为 $A[31:0]$，输出为 $Z[31:0]$，其实现电路的逻辑表达式如下，其中移位操作的电路延迟完全可以忽略不计。

$$\begin{aligned} Z = &A[31:0] \oplus (A[29:0] \| A[31:30]) \oplus (A[21:0] \| A[31:22]) \\ &\oplus (A[13:0] \| A[31:14]) \oplus (A[7:0] \| A[31:8]) \end{aligned}$$

2. 移位寄存器实现方式

采用 N 个 D 触发器首尾相连，构建移位寄存器，可以实现移位操作，如图 3-49 所示，该电路可以实现循环右移和逻辑右移操作。但是移位寄存器每个时钟周期只能移位 1bit，当移位 k bit 时，需要反复执行 k 次，占用 k 个时钟周期，移位速度受移位位数的影响，很难满足高速数据处理的需求，分组密码和杂凑算法中一般不采用。

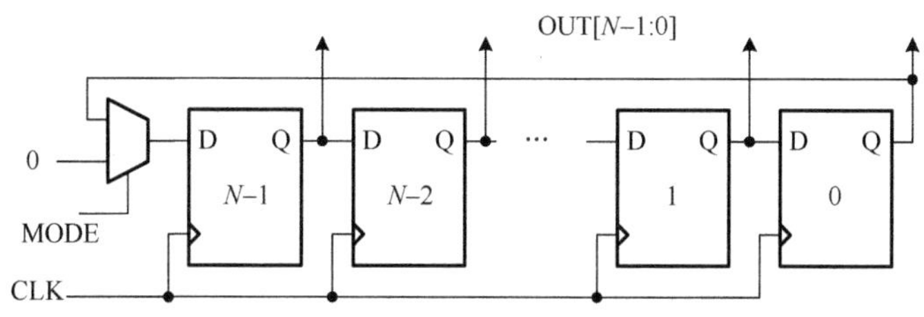

图 3-49　基于移位寄存器的实现电路

3. 桶形移位寄存器实现方式

数据选择器的基本功能是从多个输入数据中选择其中之一输出。如图 3-50 所示，给出一个四选一数据选择器，其功能表如表 3-16 所示。

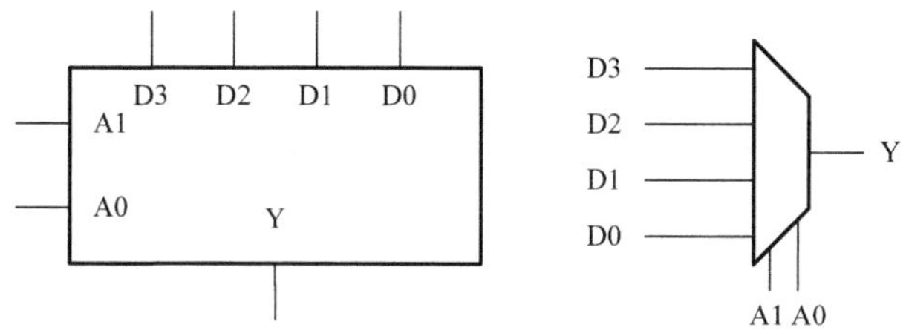

图 3-50　四选一数据选择器逻辑符号

表 3-16　四选一数据选择器功能表

A1　A0	Y
0　0	D0
0　1	D1
1　0	D2
1　1	D3

将数据选择器各个输入端按照图 3-51 的连接方式，连接输入数据序列的第 i 位 $D(i)$，第 $i-p$ 位 $D(i-p)$，第 $i+p$ 位 $D(i+p)$。显然，当控制信号 Sd=00 或 01 时，选择输入 $D(i)$ 作为输

出，输出 $Y=D(i)$，保持不变；当 Sd=10 时，输出 $Y=D(i-p)$，输入序列左移 p 位输出；当 Sd=11 时，$Y=D(i+p)$，输入序列右移 p 位输出。S 相当于移位使能控制端，S=1 移位，S=0 不移位；d 相当于移位方向控制信号，d=0 左移，d=1 右移，功能表如表 3-17 所示。

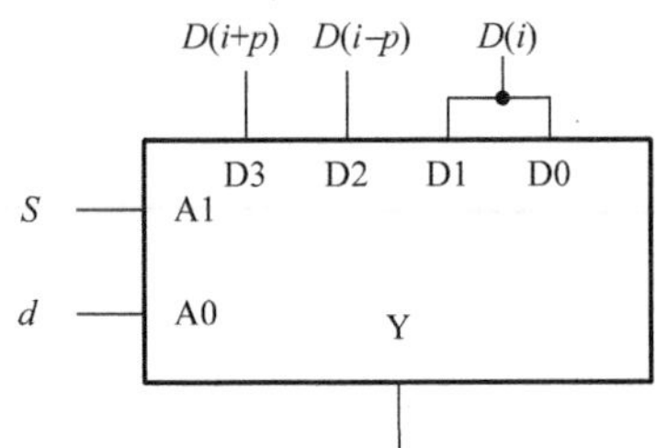

图 3-51　$p$bit 移位单元

表 3-17　$p$bit 移位单元功能表

S d	Y	功能
0　0	$D(i)$	不移位
0　1	$D(i)$	不移位
1　0	$D(i-p)$	左移 p 位
1　1	$D(i+p)$	右移 p 位

S
0—— 不移位
1—— 移位

d
0—— 左移
1—— 右移

特别地，当 $p=2^k$ (k=0,1,2,3,…)时，为移位 2^kbit 位(1,2,4,8,…)，若要实现 Nbit 数据的循环移位，需要 N 个移位单元，图 3-52 给出一级 32bit 桶形移位电路的基本构成。

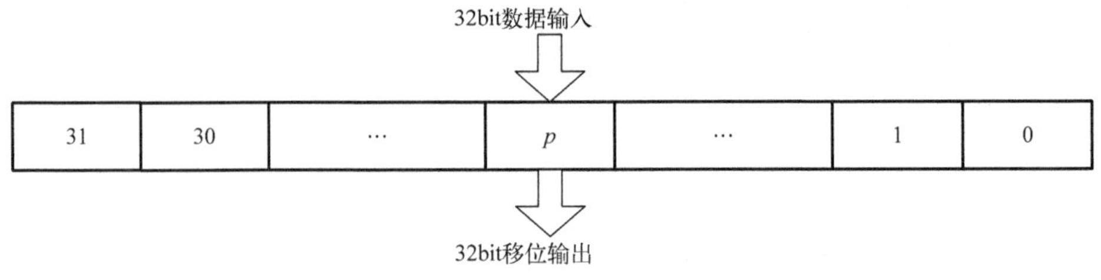

图 3-52　一级 32bit 桶形移位电路

若该电路具有 32bit 数据循环左移 2^k 位、循环右移 2^k 位和不移位三种功能，则在不同 k 值情况下，32 个移位单元(32 个四选一数据选择器)的输入如表 3-18 所示。

表 3-18　移位寄存器在不同移位位数情况下各输入端数据

k	输入端口	数据值
0	源数据(D0、D1 端)	$D_{31}D_{30}D_{29}D_{28}D_{27}D_{26}D_{25}D_{24}\cdots D_7D_6D_5D_4D_3D_2D_1D_0$
	左移输入(D2 端)	$D_{30}D_{29}D_{28}D_{27}D_{26}D_{25}D_{24}D_{23}\cdots D_6D_5D_4D_3D_2D_1D_0D_{31}$
	右移输入(D3 端)	$D_0D_{31}D_{30}D_{29}D_{28}D_{27}D_{26}D_{25}\cdots D_8D_7D_6D_5D_4D_3D_2D_1$
1	源数据(D0、D1 端)	$D_{31}D_{30}D_{29}D_{28}D_{27}D_{26}D_{25}D_{24}\cdots D_7D_6D_5D_4D_3D_2D_1D_0$
	左移输入(D2 端)	$D_{29}D_{28}D_{27}D_{26}D_{25}D_{24}D_{23}D_{22}\cdots D_5D_4D_3D_2D_1D_0D_{31}D_{30}$
	右移输入(D3 端)	$D_1D_0D_{31}D_{30}D_{29}D_{28}D_{27}D_{26}\cdots D_9D_8D_7D_6D_5D_4D_3D_2$

续表

k	输入端口	数据值
2	源数据(D0、D1 端)	$D_{31}D_{30}D_{29}D_{28}D_{27}D_{26}D_{25}D_{24}\cdots D_7D_6D_5D_4D_3D_2D_1D_0$
	左移输入(D2 端)	$D_{27}D_{26}D_{25}D_{24}D_{23}D_{22}D_{21}D_{20}\cdots D_3D_2D_1D_0D_{31}D_{30}D_{29}D_{28}$
	右移输入(D3 端)	$D_3D_2D_1D_0D_{31}D_{30}D_{29}D_{28}\cdots D_{11}D_{10}D_9D_8D_7D_6D_5D_4$
3	源数据(D0、D1 端)	$D_{31}D_{30}D_{29}D_{28}D_{27}D_{26}D_{25}D_{24}\cdots D_7D_6D_5D_4D_3D_2D_1D_0$
	左移输入(D2 端)	$D_{23}D_{22}D_{21}D_{20}D_{19}D_{18}D_{17}D_{16}\cdots D_{31}D_{30}D_{29}D_{28}D_{27}D_{26}D_{25}D_{24}$
	右移输入(D3 端)	$D_7D_6D_5D_4D_3D_2D_1D_0\cdots D_{15}D_{14}D_{13}D_{12}D_{11}D_{10}D_9D_8$
4	源数据(D0、D1 端)	$D_{31}D_{30}D_{29}D_{28}D_{27}D_{26}D_{25}D_{24}\cdots D_7D_6D_5D_4D_3D_2D_1D_0$
	左移输入(D2 端)	$D_{15}D_{14}D_{13}D_{12}D_{11}D_{10}D_9D_8\cdots D_{23}D_{22}D_{21}D_{20}D_{19}D_{18}D_{17}D_{16}$
	右移输入(D3 端)	$D_{15}D_{14}D_{13}D_{12}D_{11}D_{10}D_9D_8\cdots D_{23}D_{22}D_{21}D_{20}D_{19}D_{18}D_{17}D_{16}$

32bit 桶形移位单元电路结构如图 3-53 所示。该电路共由上述五级基本移位电路级联构成，第一级具有循环左移 16 位、循环右移 16 位、不移位三种功能，第二级具有循环左移 8 位、循环右移 8 位、不移位三种功能，第三级具有循环左移 4 位、循环右移 4 位、不移位三种功能，第四级具有循环左移 2 位、循环右移 2 位、不移位三种功能，第五级具有循环左移 1 位、循环右移 1 位、不移位三种功能。

电路的控制输入为 d、k，d 用于指示移位方向，$d=0$，执行循环左移，$d=1$，执行循环右移；k 用于指示移位的位数，其二进制表示形式为 $k=k_4 2^4+k_3 2^3+k_2 2^2+k_1 2^1+k_0 2^0$，若要实现循环右移 21 位，需要给定输入 $d=1$，$k=21=1\times 2^4+0\times 2^3+1\times 2^2+0\times 2+1=(10101)_2$。

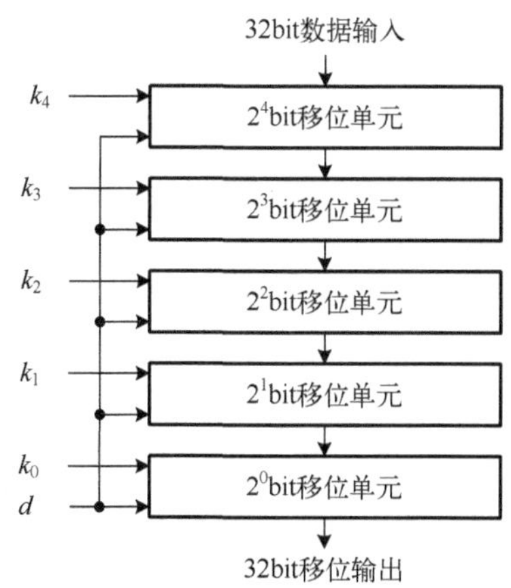

图 3-53　32bit 桶形移位单元电路结构

3.8　比特置换单元

3.8.1　密码算法中的比特置换操作

比特置换是密码算法中常用的运算，主要出现在分组密码和序列密码之中。置换操作作为分组密码中最常用的基本操作之一，可以加速数据的扩散，表 3-19 给出了几种流行的分组密码算法中的比特置换操作。

表 3-19　分组密码中的置换操作

置换种类	输入位宽	输出位宽
DES：P 置换	32	32
DES：E 置换	32	48
DES：初始置换 IP	64	64
DES：末尾置换 IP^{-1}	64	64
DES：子密钥扩展置换 PC1	64	56
DES：子密钥扩展置换 PC2	56	48
LOKI91：E 置换	32	48
LOKI91：P 置换	32	32
LOKI97：P 置换	64	64
Serpent：初始置换 IP	128	128
Serpent：末尾置换 FP	128	128
E2：IT 置换	64	64
E2：FT 置换	64	64
PICCOLO：轮置换 RP	64	64
TWINE：π	64	64
TWINE：π^{-1}	64	64
PRESENT：P 盒	64	64
Puffin：P64 置换	64	64

分组密码算法中置换操作具有如下特点：一是置换操作位宽都比较大，大数据位宽才能有效扩展输出对输入的依赖性，因此 128bit 的置换在分组密码设计中也较为常见，例如，Serpent 算法中 IP 置换和 FP 置换都是 128bit 置换；二是同一分组密码算法使用了较多的置换操作，例如，DES 算法中使用了 6 个置换，包括 IP 置换、IP^{-1} 置换、P 置换、E 置换、PC1 置换、PC2 置换，LOKI97 算法、TWINE、Serpent 算法均使用了 2 个置换；三是分组密码处理中的置换以实现输入与输出间一一映射关系的直接置换为主，但同时存在扩展置换和压缩置换，扩展置换指输入与输出间为一对多的映射关系，压缩置换指输入与输出间是一一映射关系，但并不是输入的每一位都有到输出的映射。从本质上说，循环移位操作也属于比特置换操作，只是其置换顺序比较有规律，是一类特殊的比特置换。

在序列密码算法中，线性/非线性反馈移位寄存器、密钥流生成函数(前馈函数、非线性组合函数、非线性滤波函数)、移位寄存器钟控函数及移位寄存器之间的级联进位数据生成函数是其重要组成部分，如图 3-54 所示。这类函数都需要从移位寄存器数据序列中抽取若干比特数据，经布尔函数计算生成 1bit 或多比特数据，送入移位寄存器进行更新、生成密钥流数据、生成钟控信号或移位寄存器进位信号。

这类函数的输入数据往往来源于一个或多个反馈移位寄存器中的状态序列，一般需要通过反馈抽头将反馈移位寄存器的内部状态位提取出来参与布尔函数的运算，这种将参与运算的一个或几个寄存器的若干状态提取出来的操作为数据抽取操作，也可以看作一种置换操作。

如图 3-55 所示，数据抽取操作是将抽取位置标识寄存器中为“1”的控制位对应在输入序列寄存器中数据并行地提取出来，在不改变原相对位置顺序的前提下，依次排在输出数据

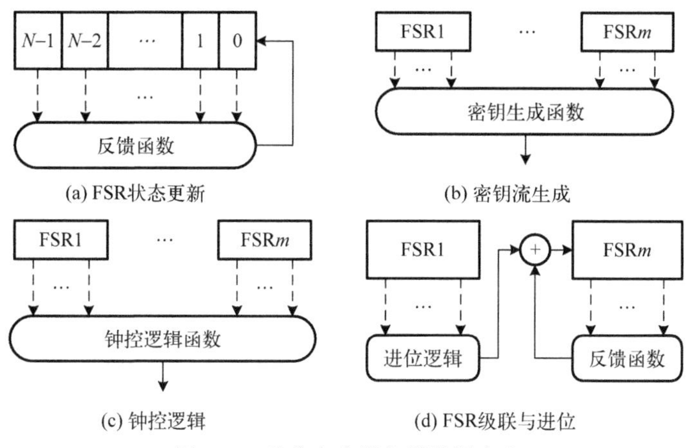

(a) FSR状态更新　(b) 密钥流生成　(c) 钟控逻辑　(d) FSR级联与进位

图 3-54　移位寄存器各类数据生成

序列寄存器中的最右侧(也可以是最左侧)，其他无效的数据排列在左边，这样就能够将反馈移位寄存器中与抽头位置对应的有效数据并行地抽取出来，参与后续的反馈函数、密钥流生成、钟控逻辑的计算。

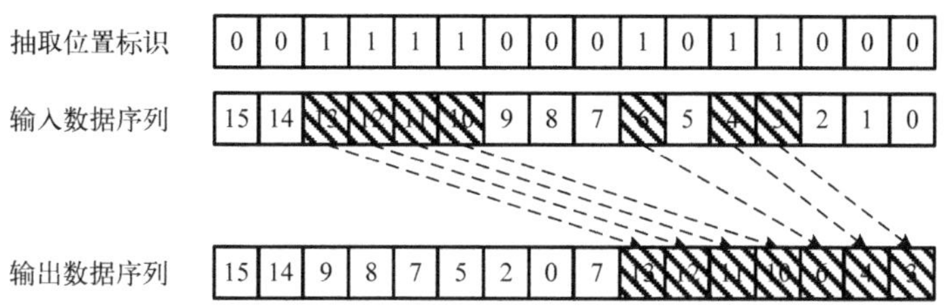

图 3-55　并行抽取操作

表 3-20 给出常见序列密码算法中涉及的数据抽取操作。

表 3-20　常见序列密码算法中的抽取操作

序列密码算法	移位寄存器更新		密钥流生成		钟控逻辑	
	反馈函数	抽取操作	个数	抽取操作	个数	抽取操作
A5-1	3	19-4 22-4 23-4	1	19-1 22-1 23-1	1	19-1 22-1 23-1
A5-2	4	19-4 22-2 23-4 17-2	1	19-4 22-4 23-4	1	17-3
E0	4	25-4 31-4 33-4 39-4	1	25-1 31-1 33-1 39-1	4	25-1 31-1 33-1 39-1
LILI-Ⅱ	2	127-66 128-61	1	127-12	1	128-2
Grain-80	1	80-6 80-11	1	80-4 80-8	1	80-1

续表

序列密码算法	移位寄存器更新		密钥流生成		钟控逻辑	
	反馈函数	抽取操作	个数	抽取操作	个数	抽取操作
Grain-128	1	128-19 128-6	1	128-9 128-8	1	128-1
Decim	1	192-14	1	192-14	—	—
SFINKS	1	256-17	1	256-17		
Achterbahn-80	11	22-15 23-16 24-17 25-17 26-17 27-18 28-18 29-18 30-17 31-17 32-17	11	22-1 23-1 24-1 25-1 26-1 27-1 28-1 29-1 30-1 31-1 32-1	—	—
Achterbahn-128	13	21-15 33-18	13	21-1 33-1	—	—

3.8.2　比特置换实现技术

置换操作是位级操作，需要细粒度硬件支持。通用微处理器在实现置换操作时，首先将置换信息按字节存储，通过循环程序对输入数据进行逐比特处理，所执行的操作包括提取相应比特值(AND 指令)、将该比特移至相应位置(SHIFT 指令)或存储到相应寄存器中(OR 指令)，一个 32 位数据的比特置换操作需上百条指令，往往成为分组密码算法软件实现的主要瓶颈。

绝大多数密码算法的比特置换操作、位置变换关系是固定不变的，此时可采用直接连线的方式实现，直接连线方式实现置换操作时只占用布线资源，不占用任何逻辑资源，具有延迟小、执行速度快的优点，是定制算法密码芯片的首选实现方案。图 3-56 给出了采用直连线方式实现的 4-4 比特置换操作，该单元将{1,2,3,4}置换为{2,3,1,4}。

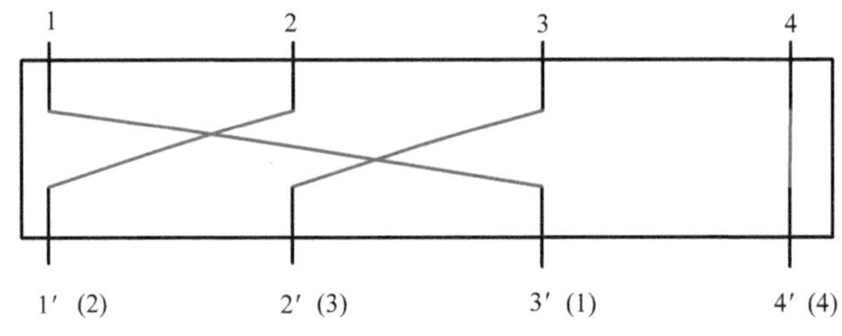

图 3-56　基于硬连线的 4-4 比特置换实现方案

固定算法硬件有针对性地实现密码算法，但是置换网络一旦设计完成，就不具备可编程能力，缺乏广谱适应性。在众多的密码算法中，仍有个别比特置换其置换表是动态可变的，同时，在密码算法可编程/可重构实现时，我们往往希望设计一个置换单元电路，能够支持所有的比特置换操作，此时，硬连线方案无法完成，必须借助于互联网络理论研究实现。

比特置换本质是一个数据排列问题，即 N-M 比特置换($M \leqslant N$)就是从 N 个元素中取出 M

个元素，进行排序，可以记作 A_N^M 。显然，有

$$A_N^M = N(N-1)(N-2)\cdots(N-M+1) = \frac{N!}{(N-M)!}$$

当 $N=M$ 时，为对等置换，此时置换的总数为 $A_N^M = N!$。

定理 3-1　对于 N-N 比特置换，需要从 $N!$ 个结果中挑选出一个作为结果，因此至少需要 $\log_2 N!$bit 作为置换信息指定。

例如，4-4 比特置换，可能的结果共 4！=24 种，若要表示这 24 种置换，至少需要 $\log_2 4!=4.59$bit 信息表示，即 5bit 配置信息。

定理 3-1 只是给出了最小配置信息的下界，并没有给出与这种配置信息相配合的比特置换实现电路。

定理 3-2　设一个 N-N 比特置换单元能够实现其输入到输出的所有可能的变换，即其 N 个输出中的任何一个能够选择 N 个输入中的任何一个，则该置换单元需要 $M\log_2 N$ 位编码信息。

定理 3-2 明确了一种可实现任意置换的电路模型，即数据选择器架构，例如，对于任意的 4-4 比特置换，可以采用 4 个 4 选 1 数据选择器实现，如图 3-57 所示。此时每一个数据选择器需要 2bit 控制信息，整个置换单元(4 个 4 选 1 数据选择器)需要 $4\log_2 4=8$ 位控制信息。

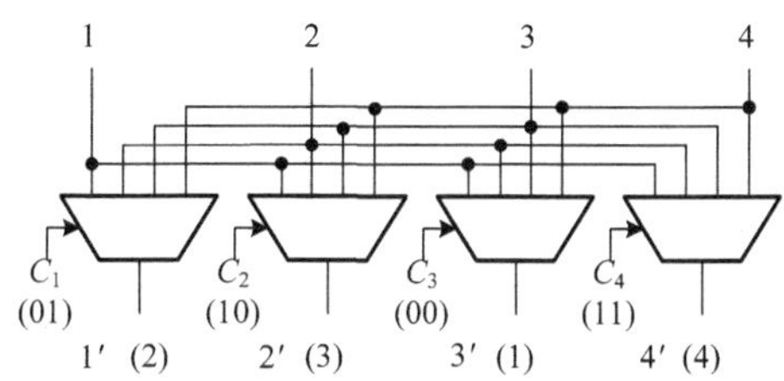

图 3-57　基于数据选择器的比特置换实现方案

定理 3-1 只是给出了最小配置信息的下界，定理 3-2 明确了一种可实现方案的配置信息数量，可以理解为上界。针对 32-32、64-64、128-128 比特置换，表 3-21 给出了配置信息的上下界范围。

表 3-21　常用比特置换配置信息上下界

置换类型	配置信息/bit	
	MIN	MAX
32-32	118	160
64-64	296	384
128-128	717	896

数据选择器的比特置换实现方案可实现任意置换，电路结构简单易懂，但是资源占用较多。如图 3-58 所示，给出一种 8-8 的 BENES 网络架构，该网络共有 5 级，每级 4 个开关，每个开关具有“交叉”“直通”两种工作状态，依赖于控制信息，当控制信息为 0 时，开关“直通”，当控制信息为 1 时，开关“交叉”，需要 5×4=20bit 配置信息，该网络可实现任意的 8-8 比特置换。

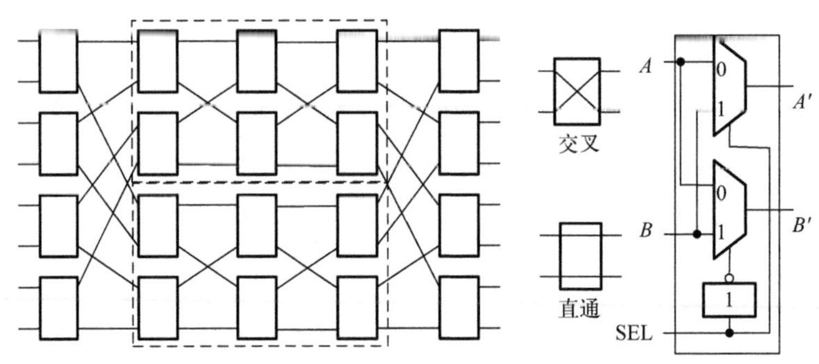

图 3-58　8-8 的 BENES 网络

8-8 的 BENES 网络是由两个 4-4 的 BENES 网络(如图 3-58 中虚框网络)基础上，前后各扩展一级构成的，依照此方法，可以构造 16-16、32-32、……的 BENES 网络。

一般而言，*N*-*N* 的 BENES 网络共有 $2\log_2 N-1$ 级，每级 *N*/2 个交叉互联开关，配置信息为 $N\log_2 N-N/2$ 位，可实现输入端到输出端的所有置换。

图 3-59 给出采用 BENES 网络实现 16-16 比特置换的电路架构，置换关系如下：

{1,2,3,4,5,6,7,8,9,10,11,12,13,14,15,16}=> {16,1, 2,3,4,5,6,7,8,9,10,11,12,13,14,15}

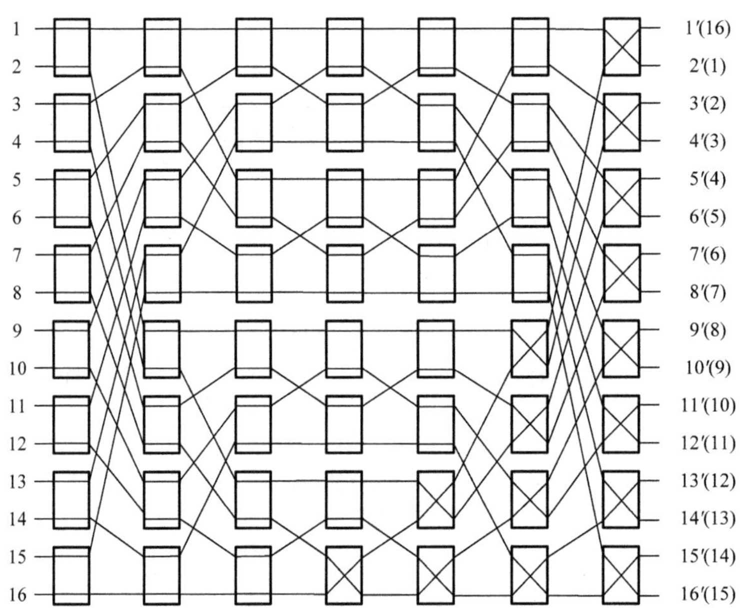

图 3-59　基于 BENES 网络的 16-16 比特置换电路

此时各级交叉互联开关的配置信息如表 3-22 所示。

表 3-22　16-16 比特置换配置信息

开关编号	第 1 级	第 2 级	第 3 级	第 4 级	第 5 级	第 6 级	第 7 级
1	0	0	0	0	0	0	1
2	0	0	0	0	0	0	1
3	0	0	0	0	0	0	1

续表

开关编号	第1级	第2级	第3级	第4级	第5级	第6级	第7级
4	0	0	0	0	0	0	1
5	0	0	0	0	0	1	1
6	0	0	0	0	0	1	1
7	0	0	0	0	1	1	1
8	0	0	0	1	1	1	1

3.9 查表操作单元

3.9.1 密码算法中的查表操作

查表操作 *S* 盒首次出现在 Lucifer 算法中，随后因 DES 的使用而广为流行，成为许多分组密码算法中重要的非线性部件，提供了密码算法所需要的混乱作用，近年来随着基于字的序列密码算法和基于分组密码的序列密码算法的广泛应用，*S* 盒已经成为对称密码算法的重要部件。

S 盒本质上均可看作从二元域 F_2 上的 n 维向量空间 F_2^n 到 F_2 上的 m 维向量空间 F_2^m 的映射 $S(x)=(f_1(x),\cdots,f_m(x))$： $F_2^n \to F_2^m$，通常简称 *S* 是一个 $n\times m$ 的 *S* 盒。几乎所有的 *S* 盒都是非线性的，参数 m 和 n 越大，算法的抗攻击性越强。但反过来，m 和 n 过大将使 *S* 盒的规模扩大，给设计带来困难，而且增加硬件电路的存储资源。为此，很多算法将大位宽数据(如 128bit、64bit、32bit 等)拆分为若干小位宽的数据(8bit、6bit、4bit 等)，分别进行查表操作，再组合成一个大位宽数据，如图 3-60 所示。

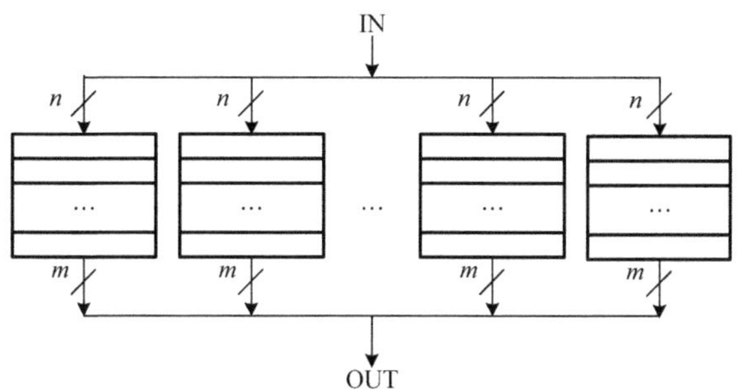

图 3-60 对称密码算法中的 *S* 盒查找表操作

密码算法中的每个 *S* 盒查找表的输入粒度差别较大(4～13 位)，以不大于 8 位者居多，输出位宽 2～64 位；*S* 盒查找表的存储容量也很不相同，从 512b～80kb。目前密码算法中用到的查找表结构有 8×8、8×4、8×32、4×4、6×4、13×8、12×8、10×8、8×64、3×64、6×2 共计十余种不同类型，其中最为常用的有 4×4、6×4、8×8、8×32 四种类型的 *S* 盒，如表 3-23 所示。

大部分分组密码每一轮操作所使用的 *S* 盒相同，如 DES、AES、SM4、SAFER+等；少数分组密码算法每轮操作使用不同的 *S* 盒，如 Serpent 算法，该算法的 32 轮操作采用了 8 种不同的 *S* 盒，第 0/8/16/24 轮的 *S* 盒相同，第 1/9/17/25 轮的 *S* 盒相同，第 2/10/18/26 轮的 *S*

盒相同，第 3/11/19/27 轮的 S 盒相同，第 4/12/20/28 轮的 S 盒相同，第 5/13/21/29 轮的 S 盒相同，第 6/14/22/30 轮的 S 盒相同，第 7/15/23/31 轮的 S 盒相同。

根据加解密处理所使用的 S 盒是否相同，分组密码使用的 S 盒可分为两种：一种是加解密处理使用的 S 盒相同，如 DES 算法等；另一种是解密处理使用的 S 盒与加密过程不同，如 AES 算法等。

根据并行输入数据各个子分组所使用的 S 盒是否相同，分组密码使用的 S 盒可分为两种：一种是并行输入数据每一子分组使用的 S 盒都相同，如 AES 等；另一种是并行输入数据各子分组使用不同的 S 盒，如 DES 算法。

表 3-23　密码算法中的 S 盒查表操作

密码算法	查找表类型	S 盒种类	S 盒数据存储容量/bit
DES	6-4	8	2048
AES	8-8	1	4096
SM4	8-8	1	2048
Twofish	8-8	4	8192
Crypton	8-8	2	4096
SAFER+	8-8	2	4096
E2	8-8	1	2048
Serpent	4-4	8	512
GOST	4-4	8	512
Mars	8-32	2	16K
Blowfish	8-32	4	32K
CAST-256	8-32	4	32K

3.9.2　查表操作实现方式

目前 S 盒替代电路硬件实现主要有两种方式：采用布尔函数直接实现方式和采用存储器实现方式。下面将分别对这两种实现方式进行讨论。

1. 采用布尔函数直接实现 S 盒查表

基于布尔函数实现就是把 S 盒替代变换等价为一组布尔逻辑函数，S 盒的输入就是布尔函数的自变量，S 盒的输出就是函数值。

设查找表的输入为 $x=(x_{n-1},x_{n-2},\cdots,x_1,x_0)$，查找表的输出为 $z=(z_{n-1},z_{n-2},\cdots,z_1,z_0)$，可以依据查找表构造布尔函数，得到

$$z_1=f_1(x_1,x_2,\cdots,x_n)$$

$$z_2=f_2(x_1,x_2,\cdots,x_n)$$

$$\vdots$$

$$z_n=f_n(x_1,x_2,\cdots,x_n)$$

对于 n 个变量的布尔函数，可以唯一地由 GF(2) 上 n 个变量的多项式表示，即 n 个变量

的布尔函数 $f(x_1,x_2,\cdots,x_n)$ 可以唯一地由GF(2)上 n 个变量 $x_1,x_2,\cdots,x_n$ 的多项式表示：

$$f(x_1,x_2,\cdots,x_n)=a_0\oplus a_1x_1\oplus a_2x_2\oplus\cdots\oplus a_{12}x_1x_2\oplus\cdots\oplus a_{1\cdots n}x_1\cdots x_n$$

其中，系数 $a_0,a_1,\cdots,a_{1\cdots n}$ 可以由查找表构造数据得出，也就是说，一旦查找表数据确定，系数 $a_0,a_1,\cdots,a_{1\cdots n}$ 也就随之确定下来。此时，可以采用硬件描述语言直接对布尔函数进行描述，由EDA 工具对其进行综合即可。基于布尔函数直接实现方式简单、易懂，缺点是一旦实现，S 盒查找表将不可更改。

2. 采用存储器实现 S 盒查找表

采用 RAM、ROM 等存储器，可以实现 S 盒查表操作，是实现查找表操作的一种常见形式。图 3-61 给出一种数据存储器 RAM 的基本逻辑符号。图中，CLK 为时钟输入，ADD[n–1…0] 为存储器地址线，DIN [m–1…0]为写数据输入端，WEN 为写使能，REN 为读使能，DOUT[m–1…0] 为存储器读出数据输出端。

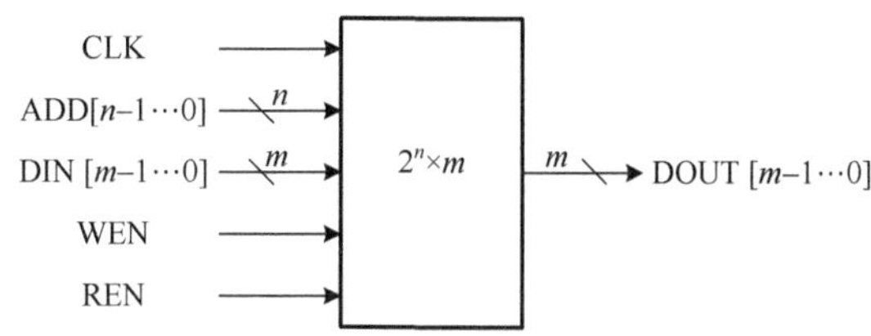

图 3-61　存储容量 $2^n\times m$ 的 RAM 存储器

当采用存储器实现 S 盒查表操作时，只需要将查找表输入连接存储器 n bit 地址线ADD[n–1…0]，查找表输出连接存储器 m bit 读出数据输出 DOUT[m–1…0]，并配以相应的操作时钟 CLK、写使能 WEN、读使能 REN 等信号。下面以 DES 算法的第一个 S 盒查表实现为例，阐述查找表电路结构及实现过程。

芯片上电初始化时，查找表数据需要在 WEN 控制下依次提前将查找表 S_1 的数据写入 2^6=64 个存储单元，此时置 WEN=1(有效)、REN=0(无效)，写入的数据如表 3-24 所示；一旦初始化完成，将置 WEN=0，使之处于无效状态。

表 3-24　DES 算法中的第一个 *S* 盒

ADD	0	1	2	3	4	5	6	7	8	9	10	11	12	13	14	15
0	14	04	13	01	02	15	11	08	03	10	06	12	05	09	00	07
1	00	15	07	04	14	02	13	01	10	06	12	11	09	05	03	08
2	04	01	14	08	13	06	02	11	15	12	09	07	03	10	05	00
3	15	12	08	02	04	09	01	07	05	11	03	14	10	00	06	13

执行加解密运算时，置 REN=1(有效)，WEN=0(无效)；在 REN 控制下，上一级的输出连接 RAM 的地址线，RAM 依据输入的 ADD[n–1…0]，查表读出结果，从数据端口DOUT[m–1…0]输出。DES 算法的第一个 S 盒查表实现方案如图 3-62 所示。

使用 RAM 存储器实现查找表操作具有结构简单、容易实现、处理速度快、易于配置等优点，目前该类型查找表得到广泛的应用。采用 ROM 也可以达到类似的效果，但是 ROM

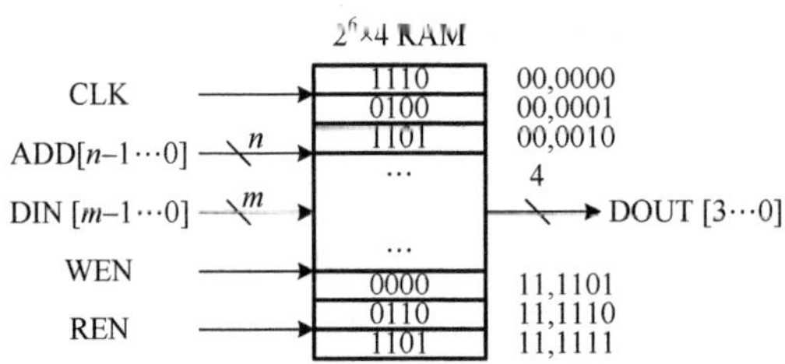

图 3-62　采用 RAM 实现 S 盒查表操作

存储的数据必须提前预先配置，且配置完成后，无法更改，因此在基于 ASIC 的密码芯片设计中并未得到广泛应用，主要应用于基于 FPGA 的密码芯片设计之中。

目前集成电路标准单元库中的 RAM 模型，一般都是同步操作电路，与操作时钟节拍相匹配，即在时钟上升沿锁存地址输入(上一级编码环节数据输出)，轮运算内插入时序电路将导致整个数据路径时序设计及控制器设计较为烦琐，此时，可采用数据选择器构造查找表，实现查找表操作。图 3-63 给出一种 6 入、1 出查找表电路结构。

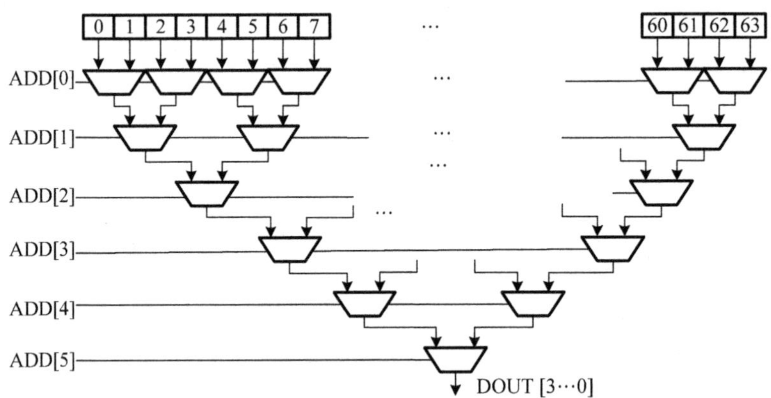

图 3-63　基于数据选择器构造的 6×1 的查找表

该电路使用了 64 个寄存器，63 个二选一数据选择器，资源消耗较大，若实现 DES 算法中 1 个 S 盒查表操作，则需 64×4=256bit 的寄存器、63×4=252 个二选一数据选择器；若实现 DES 算法全部 8 个 S 盒查表操作，则需 64×4×8=2048bit 寄存器、63×4×8=2016 个二选一数据选择器。

3. 顺序查表与多路并行查表

如前所述，S 盒本质上均可看作从二元域 F_2 上的 n 维向量空间 F_2^n 到 F_2 上的 m 维向量空间 F_2^m 的映射，参数 m 和 n 越大，算法的抗攻击性越强。但反过来，m 和 n 过大将使 S 盒的规模扩大，给设计带来困难，而且增加硬件电路的存储资源，因此往往将一个大位宽的查表操作拆分为若干个小位宽查表并行处理，如 AES 中字节代替环节就是将一个 128bit 数据拆分为 16 字节，每字节分别执行 8×8 查表操作，而 Serpent 算法则是将并行输入的 128bit 数据分为 32 组，每组执行 4×4 的 S 盒查表操作。如图 3-64 所示，给出 Serpent 加密算法，下面分别研究分析顺序执行与并行查表实现方式及所需的 S 盒存储器的存储容量。

Serpent 算法将并行输入的 128bit 数据分为 32 组，每组执行 4bit 的 S 盒查表操作，每轮内部所使用的 32 个 S 盒都一样，32 轮操作采用了 8 种不同的 S 盒，即第 0、8、16、24 轮的

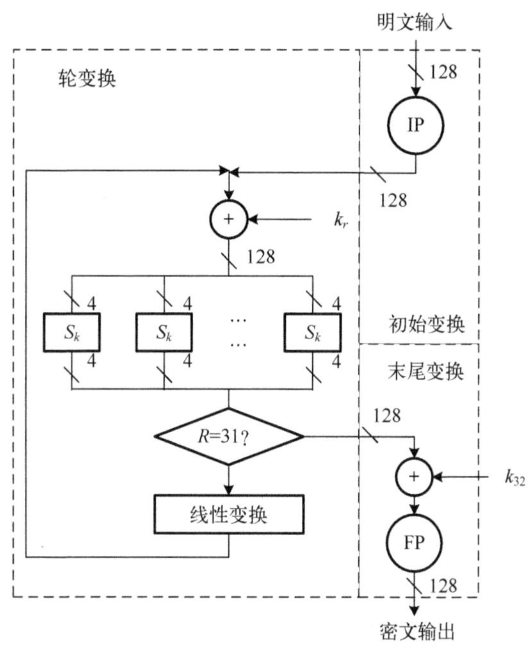

图 3-64　Serpent 加密算法

S 盒相同，第 1、9、17、25 轮的 S 盒相同，第 2、10、18、26 轮的 S 盒相同，第 3、11、19、27 轮的 S 盒相同，第 4、12、20、28 轮的 S 盒相同，第 5、13、21、29 轮的 S 盒相同，第 6、14、22、30 轮的 S 盒相同，第 7、15、23、31 轮的 S 盒相同。

顺序操作模式的功能示意图如 3-65 所示，图中，$X_0,X_1,\cdots,X_{31}$ 为查表输入的 32 个 4bit 数据，共 128bit，$Z_0,Z_1,\cdots,Z_{31}$ 为查表得到的 32 个 4bit 数据，共 128bit。电路设计了 8 个不同的 S 盒，每种 S 盒存储容量均为 $2^4\times4$，定义如下。

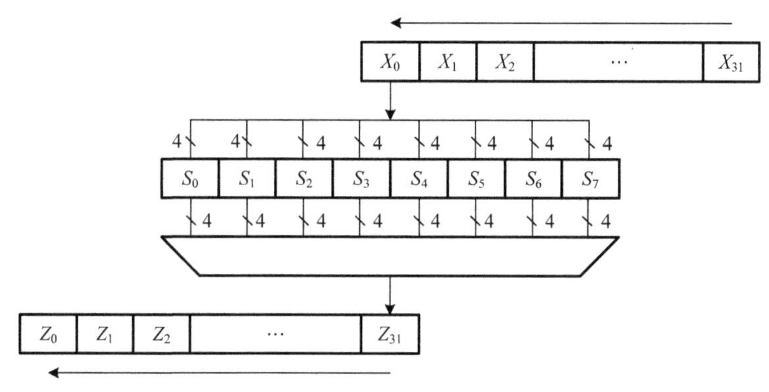

图 3-65　S 盒查表顺序操作

S_0：第 0、8、16、24 轮查表使用；

S_1：第 1、9、17、25 轮查表使用；

S_2：第 2、10、18、26 轮查表使用；

S_3：第 3、11、19、27 轮查表使用；

S_4：第 4、12、20、28 轮查表使用；

S_5：第 5、13、21、29 轮查表使用；

S_6：第 6、14、22、30 轮查表使用；

S_7：第 7、15、23、31 轮查表使用。

当采用顺序执行时，每个时钟节拍执行一次 4bit 查表操作，每轮需要执行 32 次查表动作，完成一次加密运算需要 32(轮)×32(次/轮)=1024 次查表操作。此时仅需要 8 个 $2^4×4$ 位存储器，存储 8 个不同的 S 盒，则存储总容量为 $2^4×4×8$=512bit。

为提高密码处理性能，往往采用多路并行执行查表操作，此时需要将 32 个 $2^4×4$ 位存储器并置，以便于每一轮的 128bit 数据并行查表，如图 3-66 所示。由于 Serpent 算法有 8 个不同的 S 盒，因此，在这种操作模式，共需安排 8 个页面，共 32×8=256 个 $2^4×4$ 查找表，存储总容量需要 $2^4×4×32×8$=16kbit，相应地，每轮仅需一次查表动作，完成 32 个 $2^4×4$ 查找表查找，一次加密运算总的查表动作减少到 32 次。

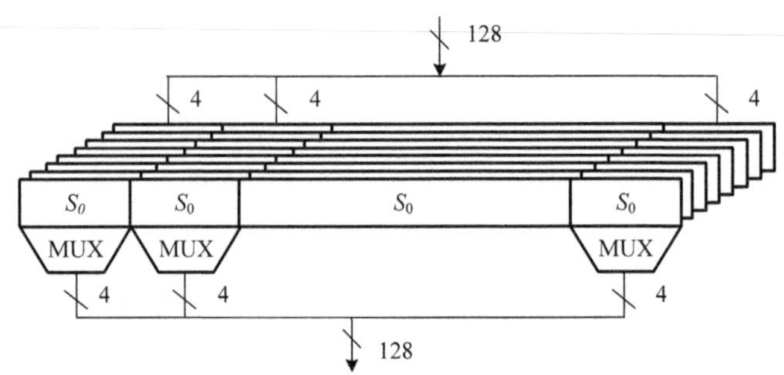

图 3-66　多页面多路并行 S 盒查表操作

习　题　三

3-1　设计一个逻辑电路，能够实现 SM3 算法中的逻辑函数，逻辑函数表达式见 3.2 节的描述。

3-2　DECIM 算法使用了一个 192 级线性反馈移位寄存器作为乱源，其联接多项式为

$$g(x)=x^{192}\oplus x^{189}\oplus x^{188}\oplus x^{169}\oplus x^{156}\oplus x^{155}\oplus x^{132}\oplus x^{131}\oplus x^{94}\oplus x^{77}\oplus x^{46}\oplus x^{17}\oplus x^{16}\oplus x^{5}\oplus 1$$

试设计该移位寄存器，画出逻辑图。

3-3　LILI-Ⅱ算法使用了一个 127 级钟控线性反馈移位寄存器 LFSR_D，其联接多项式为

$$g(x)=x^{127}\oplus x^{121}\oplus x^{120}\oplus x^{114}\oplus x^{107}\oplus x^{106}\oplus x^{101}\oplus x^{97}\oplus x^{96}\oplus x^{94}\oplus x^{92}\oplus x^{89}\oplus x^{87}\oplus x^{84}\oplus x^{83}\oplus x^{81}\oplus x^{76}\oplus x^{75}\oplus x^{74}\oplus x^{72}\oplus x^{69}\oplus x^{68}\oplus x^{65}\oplus x^{64}\oplus x^{62}\oplus x^{59}\oplus x^{57}\oplus x^{56}\oplus x^{54}\oplus x^{52}\oplus x^{50}\oplus x^{48}\oplus x^{46}\oplus x^{45}\oplus x^{43}\oplus x^{40}\oplus x^{39}\oplus x^{37}\oplus x^{36}\oplus x^{35}\oplus x^{30}\oplus x^{29}\oplus x^{28}\oplus x^{27}\oplus x^{25}\oplus x^{23}\oplus x^{22}\oplus x^{21}\oplus x^{20}\oplus x^{19}\oplus x^{18}\oplus x^{14}\oplus x^{10}\oplus x^{8}\oplus x^{7}\oplus x^{6}\oplus x^{4}\oplus x^{3}\oplus x^{2}\oplus x\oplus 1$$

该移位寄存器采用钟控模式进行移位，移位控制信号来源于前级线性反馈移位寄存器 $LFSR_C$，从 $LFSR_C$ 中抽取 2bit 数据 (x_0,x_{126})，定义：

$$f_C(x_0,x_{126})=2x_0+x_{126}+1 \quad \in\{1,2,3,4\}$$

线性反馈移位寄存器 $LFSR_D$ 依据 $f_C(x_0,x_{126})$ 的计算结果，执行移 1 位、移 2 位、移 3 位、移 4 位四种不同操作，试设计该钟控移位寄存器 $LFSR_D$。

3-4　SM4 分组密码算法使用的某线性变换函数描述如下：

$$Z=B\oplus B(<<<2)\oplus B(<<<10)\oplus B(<<<18)\oplus B(<<<24)$$

其中，<<<表示循环左移操作，试采用合适的逻辑电路实现该变换。

3-5　已知电路数据输入 $A[15:0]$、$B[15:0]$，输出 $Y[15:0]=(A[15:0]+B[15:0])\bmod 2^{16}$，试采用 8bit 加法器，设计实现该电路，要求不计资源消耗，尽可能减少电路关键路径延迟。

3-6　基于快速进位加法器设计原理，设计一个 4bit 操作数加 1 电路。

3-7　采用快速进位加法器级联方法与上述加 1 电路原理，设计一个 16bit 数据与 8bit 数据加法电路。

3-8　某电路数据输入 $A[7:0]$、$B[7:0]$、$C[7:0]$、$D[7:0]$，运算结果输出 $W[7:0]$、$X[7:0]$、$Y[7:0]$、$Z[7:0]$，控制信号 K，已知：

当 K=1 时，有

$$W[7:0]=(2\times A[7:0]+B[7:0]+C[7:0]+D[7:0])\text{mod}2^8$$
$$X[7:0]=(A[7:0]+2\times B[7:0]+C[7:0]+D[7:0])\text{mod}2^8$$
$$Y[7:0]=(A[7:0]+B[7:0]+2\times C[7:0]+D[7:0])\text{mod}2^8$$
$$Z[7:0]=(A[7:0]+B[7:0]+C[7:0]+D[7:0])\text{mod}2^8$$

当 K=0 时，有

$$W[7:0]=(A[7:0]-D[7:0])\text{mod}2^8$$
$$X[7:0]=(B[7:0]-D[7:0])\text{mod}2^8$$
$$Y[7:0]=(C[7:0]-D[7:0])\text{mod}2^8$$
$$Z[7:0]=(4\times D[7:0]-A[7:0]-B[7:0]-C[7:0])\text{mod}2^8$$

试设计该电路，画出电路逻辑图。

3-9　如题图 3-1 所示，采用纯组合逻辑设计该电路，统计 8 位并行输入数据中高电平的个数。

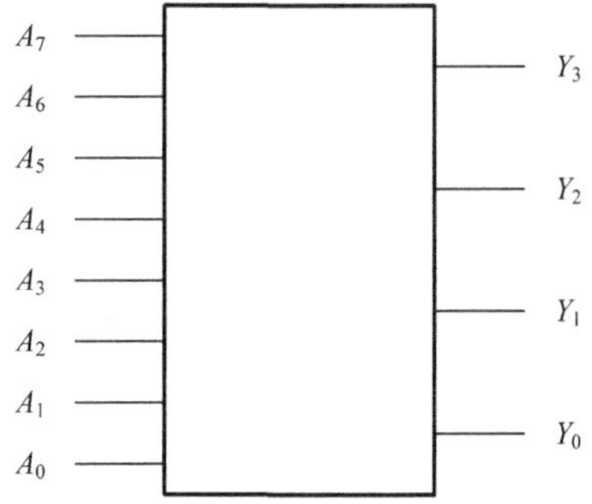

题图 3-1　统计输入数据高电平的个数电路

3-10　以阵列乘法电路为基本架构，设计一个模乘运算电路，该电路能够实现以下 8bit 模乘运算。

3-11　如题图 3-2 所示，设计一个电路，实现加法功能，电路的输入 A、B 是两个两位十进制数，$0 \leqslant A \leqslant 99$，$0 \leqslant B \leqslant 99$，采用 8421BCD 码表示，输出 Y 也采用 8421BCD 码表示。

题图 3-2　8421BCD 加法电路

3-12　要求设计一个 GF(2^8)域上的乘法运算电路，有限域所使用的不可约多项式为 $f(x)=x^8+x^6+x^5+x^3+1$，要求：

(1) 设计 x 乘法电路；

(2) 在 x 乘法运算电路基础上，实现 x^2 乘法运算。

3-13　要求设计一个 GF(2^8)域上的乘法运算电路，有限域所使用的不可约多项式为 $f(x)=x^8+x^4+x^3+x+1$，要求：

(1) 设计 x 乘法电路；

(2) 在 x 乘法运算电路基础上，实现 x^2 乘法运算。

3-14　某移位电路，电路输入 A[31:0]、输出 Y[31:0]，移位方向控制信号为 D，要求：当 D=0 时，将循环左移 1 字节的数据输出；当 D=1 时，将循环右移 1 字节的数据输出，试设计该电路。

3-15　AES 解密算法中使用的逆列混合运算是列混合变换的逆变换，逆列混合变换对一种状态逐列进行变换，它将一种状态的每一列视为有限域 GF(2^8)上的一个多项式且与一个固定多项式 $a^{-1}(x)$={0b} x^3+{0d} x^2+{09} x+{0e}模 x^4+1 相乘。设$(b_0,b_1,b_2,b_3)^{\mathrm{T}}$为状态的一列，逆列混合变换后的结果为$(d_0,d_1,d_2,d_3)^{\mathrm{T}}$，其中

$$d_3=\begin{bmatrix}0b & 0d & 09 & 0e\end{bmatrix}\cdot\begin{bmatrix}b_0\\b_1\\b_2\\b_3\end{bmatrix}$$

已知不可约多项式 $f(x)=x^8+x^4+x^3+x+1$，试设计该电路。

3-16　DES 算法子密钥生成采用了移位操作，功能如题表 3-1 所示，试采用组合逻辑，实现该操作。如题图 3-3 所示，假定电路的输入为 DIN[1:28]，输出为 DOUT[1:28]，运算模式为 MODE，MODE=0 表示加密操作，MODE=1 表示解密操作，信号 DES_RND[3:0]表示运算轮数，0000 表示第 1 轮、0001 表示第 2 轮、……、1111 表示第 16 轮。

题表 3-1　DES 子密钥生成算法中的移位操作

轮数		1	2	3	4	5	6	7	8	9	10	11	12	13	14	15	16
加密	循环左移位数	1	1	2	2	2	2	2	2	1	2	2	2	2	2	2	1
解密	循环右移位数	0	1	2	2	2	2	2	2	1	2	2	2	2	2	2	1

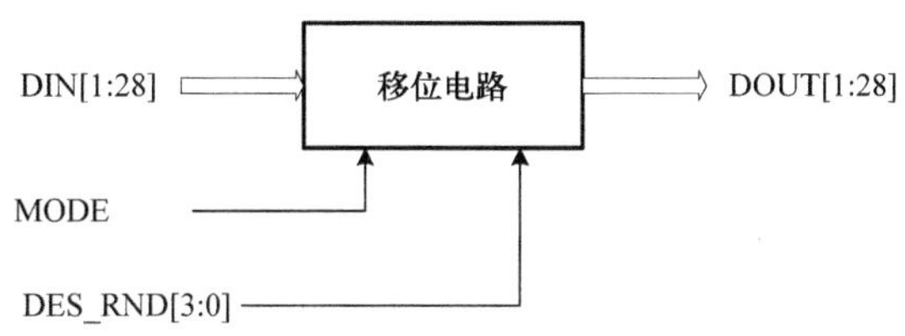

题图 3-3　DES 子密钥生成算法移位电路

3-17　设计一个电路，能够实现 DES 算法中初始置换 IP 和末尾置换 IP^{-1}。要求：当工作方式控制信号 MODE=0，执行初始置换 IP；当 MODE=1 时，执行初始置换 IP^{-1} 操作。

3-18　采用 SRAM，设计实现 AES 算法的字节代替。

3-19　采用数据选择器、寄存器等逻辑电路，构造 4 输入、4 输出查找表，支持任意的 4-4 查表操作。要求具有以下功能：

(1) 查找表写入/更新功能，查找表存储于寄存器之中，可以由外部写入、更新；

(2) 查表操作功能，给定 4bit 输入，查表得到输出结果。

第 4 章　存储单元与互联单元

4.1　存储单元

存储单元是密码芯片中的基本单元，它用于存储待处理数据、主密钥、轮运算子密钥、中间临时数据、已处理数据、参数向量等。常用的存储单元有寄存器、移位寄存器、RAM、ROM、FIFO 等。

4.1.1　基本寄存器的描述与实现

寄存器是最基本的存储单元，除用于存储上述密码变换过程中产生的各类数据之外，还可以通过插入寄存器，在数据路径的各级运算间形成流水操作，使得数据路径能够并行执行取数、运算、存数等操作，达到缩短数据路径的关键路径长度、提高密码芯片工作频率和性能的目的。

在密码芯片设计中，寄存器写入一般都需要使能信号控制，寄存器只能在特定的时刻才运行写入，实现数据存储的可控。带有控制使能的寄存器电路可由图 4-1 的电路实现。

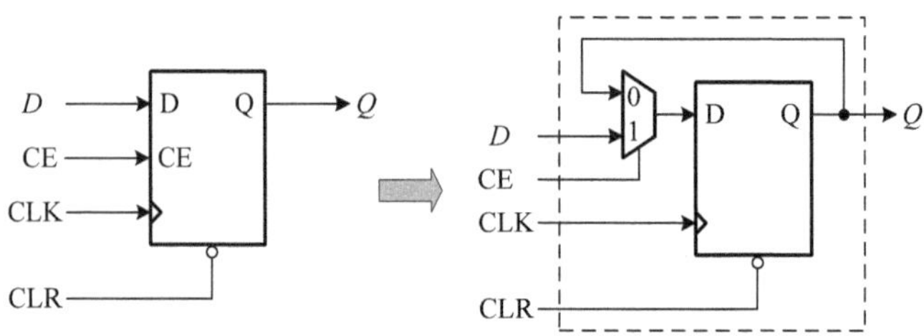

图 4-1　带有控制使能的寄存器的内部构造

图 4-1 中除了有一个普通的寄存器，还有一个二选一数据选择器，CE 接到多路器的选择控制端。在时钟上升沿到来时，若 CE 为 1，选中外部输入 D，把 D 写入寄存器；当 CE 为 0 时，选中寄存器原来的内容 Q，将其又一次写入寄存器中，保持寄存器的内容不变。由于时钟信号直接接到寄存器的时钟输入端，寄存器时钟信号比较干净。

另一种方法是用一个与门控制寄存器输入时钟信号，如图 4-2 所示。与门两个输入分别接 CE 和外部时钟，与门输出接到寄存器的时钟输入端。如果 CE 为 0，则时钟不能通过与门，外部时钟信号不能到达寄存器，只有在 CE 为 1 时才能通过，这种电路虽然简单，但由于 CE 由组合电路产生，组合电路的门延迟可能会产生毛刺，会导致寄存器误动作，必须确保 CE 信号无毛刺。同时，这种电路可以看作门控时钟，可用于降低电路功耗，因此得到很广泛的应用。

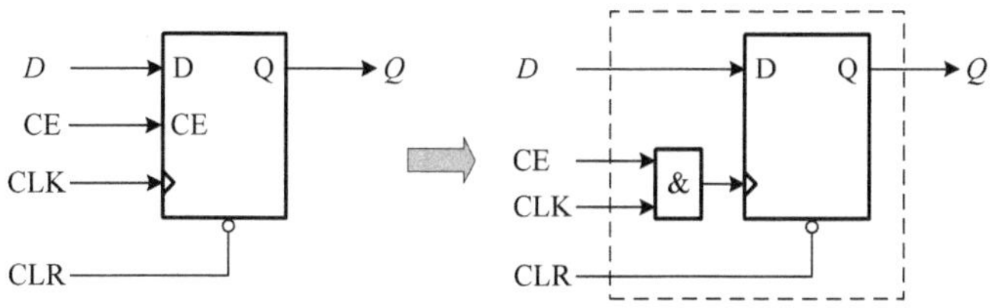

图 4-2　门控时钟方式实现带有控制使能的寄存器

4.1.2　寄存器堆电路

在密码芯片设计中，通常在密码芯片内部集成较多数量的寄存器，并对寄存器进行统一编址，以便于访问，这类结构一致、统一编址的寄存器通常称为寄存器堆或寄存器文件(Register File)，常用于存储杂凑算法中的常数、分组密码运算过程生成的子密钥等。

寄存器文件可以有多个读端口和多个写端口，称其为多端口寄存器堆或寄存器文件。这里给出一种两个读端口、一个写端口、寄存器位宽 32bit 的寄存器文件的设计方案。这种寄存器文件常常用于通用微处理器之中，也可应用于密码芯片设计之中。微处理器取指模块通过两个读端口，读出任意两个寄存器的内容，并将计算结果写入指定(写)端口的寄存器之中，例如，执行指令 ADD R1,R2,R3，需要读出 R2 和 R3 的内容，并将 R2+R3 的结果写入 R1 之中。

图 4-3 给出了一个寄存器文件的接口描述。这里假设寄存器文件内部有 32 个寄存器，编号为 R0,R1,···,R31，为了能够指定 32 个寄存器中的任何一个，需要 5 位地址来指定一个寄存器，两个读端口需要配备两套 5 位地址，分别命名为 RA_A[4:0]、RA_B[4:0]，一个写端口也要有一套 5 位地址，命名为 WA[4:0]。当写使能 WEN 为高时，在 CLK 时钟上升沿处，输入数据线 DI[31:0]的 32 位数据将被写入由写端口地址 WA[4:0]所指定的寄存器中；任意时刻，可通过给定读端口地址 RA_A[4:0]、RA_B[4:0]读出指定寄存器的内容。

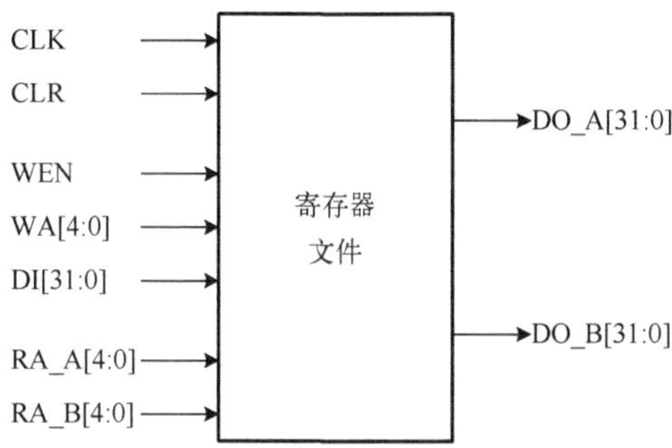

图 4-3　双向开关两个读端口一个写端口的寄存器文件

图 4-4 给出该寄存器堆的内部构成。寄存器文件由 32 组 D 触发器、两个 32 路选择器、一个 5-32 线译码电路组成，这里每组 D 触发器、每路数据选择器均为 32bit 位宽。

当执行读操作时，通过两个多路选择器选择控制端输入的读端口地址，分别从 32 组 D 触发器的输出之中，选择指定的两组 32bit 数据送至输出端，这样，用两个地址 RA_A[4:0] 和 RA_B[4:0]，可以把任意两组寄存器的内容从两个端口同时读出。当执行写操作时，写使能 WEN 信号有效，5-32 线译码器正常工作，对当前写地址进行译码，置相应的一组 D 触发

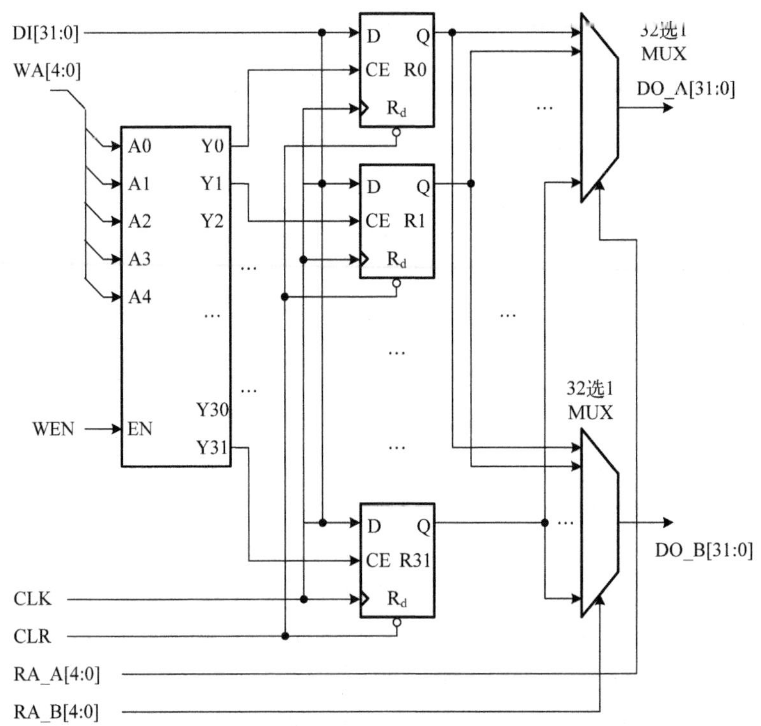

图 4-4　寄存器堆的内部构成

器片选信号 CE=1，其余为 0，在 CLK 上升沿，将外部数据线送入的 DI[31:0]写入由地址 WA[4:0]指定的目标寄存器之中。该电路可以支持同时进行读、写操作，若读、写操作地址相同，读出数据仍为覆盖之前的存储内容。

4.1.3　移位存储电路

移位存储电路也是密码芯片中经常用到的一种存储电路，一是置于密码芯片的接口，用于串/并转换，使片外总线与片内数据路径相匹配；二是作为一种基本的变换单元，对输入数据、中间数据、运算结果进行存储与调整，满足密码处理需求。

1. 接口串/并转换

目前，密码芯片内部数据路径总线宽度为 128/192/256bit，而外部数据线宽度通常为 32bit、16bit、8bit、1bit，因此需要专门设计密码芯片与外部数据总线匹配的接口电路。图 4-5 给出了一种采用移位存储电路实现 DES 算法核心处理模块与外部 32bit 同步数据总线的接口设计方案。

图 4-5 中，控制器依据外部输入的启动信号、读/写使能信号、地址信号，产生 CS1、CS2、CS3 三个片选信号，分别用于控制数据输入缓存、主密钥缓存和数据输出缓存。根据 2.2.2 节所述，当外部地址端口为 00 时，CS1=1、CS2=0、CS3=0，待处理明文/密文分组数据写入数据输入缓存；当外部地址端口为 01 时，CS1=0、CS2=1、CS3=0，主密钥分组数据写入主密钥缓存；当外部地址端口为 11 时，CS1=0、CS2=0、CS3=1，从数据输出缓存中读出数据。

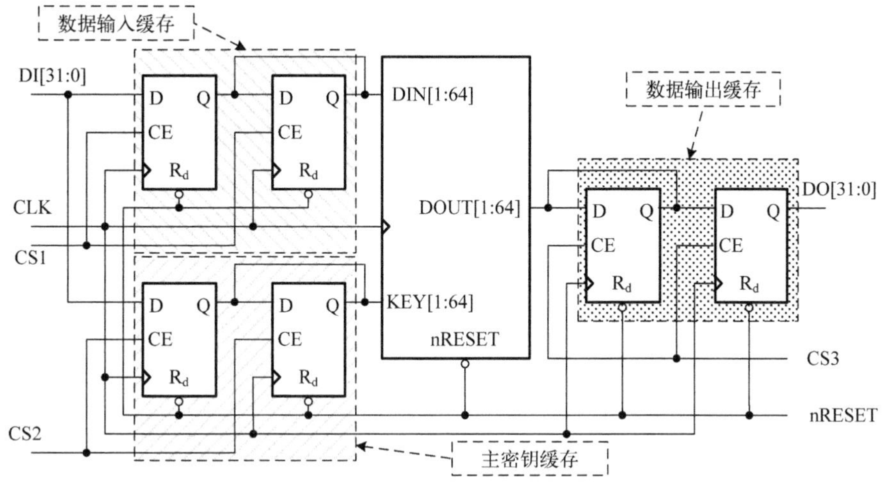

图 4-5　DES 算法芯片与 32bit 同步数据总线的接口

数据输入缓存由两组 32bit 寄存器构成移位电路实现数据串入/并出，两组寄存器的时钟信号、复位信号、片选信号线分别连接在一起，两组寄存器输出数据并置一起送入核心处理模块。当 CS1 信号有效时，在第一个时钟上升沿，将第一个 32bit 数据写入第一组寄存器；当第二个时钟上升沿到来时，第一组寄存器中 32bit 数据右移写入第二组寄存器，同时将外部输入的第二个 32bit 数据写入第一组寄存器，而两组寄存器的 64bit 输出并置送入密码芯片核心运算模块的数据输入 DIN。主密钥缓存与数据输入缓存结构完全一样，只是使能控制信号连接 CS2。数据输出缓存的结构类似于数据输入缓存，由两组 32bit 寄存器构成移位电路实现数据并入/串出。当 CS3 信号有效时，在第一个时钟上升沿，将 64bit 数据分别写入两组寄存器之中，将右侧寄存器数据输出；当第二个时钟上升沿到来时，左侧寄存器中 32bit 数据右移写入右侧寄存器之中并输出，从密码芯片输出端 DO 读出。

将密码芯片的 64bit 数据输出分成两部分，分别连接到两个寄存器的数据输入端。在片选信号 CS3 的控制下，当第一个时钟上升沿到来时，寄存器输出高 32bit 数据到数据总线且将第一个寄存器的数据写入第二个寄存器。当第二个时钟上升沿到来时，寄存器输出低 32bit 数据到数据总线。

2. SHA1 算法中的 W_t 生成电路

SHA1 算法的核心是一个包含四个循环(轮运算)的模块，每个循环由 20 个处理步骤组成。四个循环有相似的结构，但每个循环使用不同的逻辑函数，分别表示为 f_1、f_2、f_3、f_4。每个循环都以当前正在处理的 512bit 和 160bit 缓存值 *ABCDE* 为输入，然后更新缓存内容，SHA1 算法循环结构如图 4-6 所示。

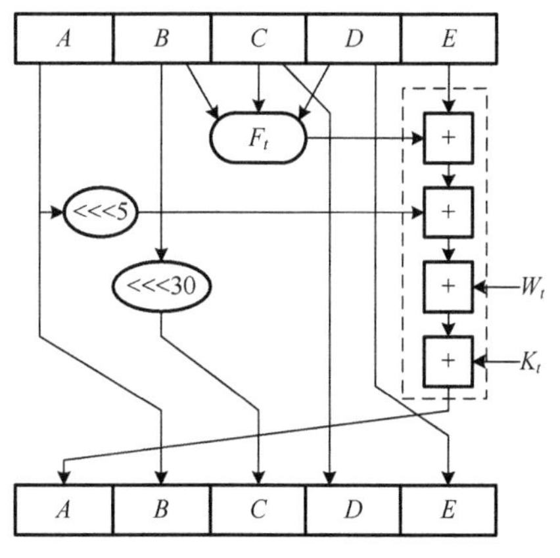

图 4-6　SHA1 算法循环结构

图 4-6 中，参与每步运算的 32bit 字 W_t 是由 512bit 报文分组导出，W_t 的前 16 个字直接取自当

前分组中的 16 个字的值，即$W_t = M_t$，其余 W_t 的值是由四个前面的 W_t 值异或再循环左移 位得出，即 W_t 可由下述公式计算出来：$W_t = (W_{t-3} \oplus W_{t-8} \oplus W_{t-14} \oplus W_{t-16}) <<< 1$，如图 4-7 所示。

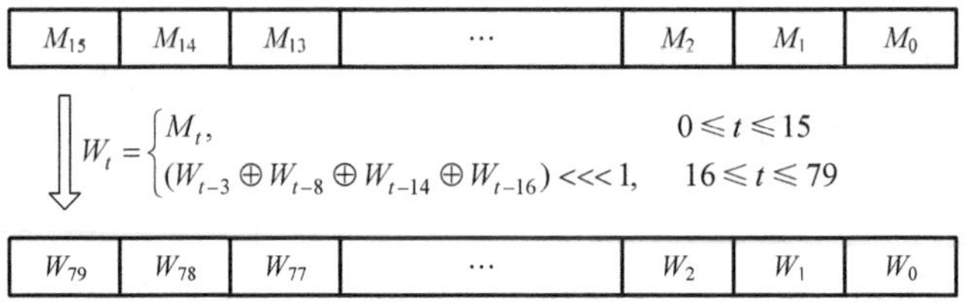

图 4-7　SHA1 算法 W_t 生成算法

将 t=0～79 代入，可以得到

$$\begin{cases} W_0 = M_0 \\ W_1 = M_1 \\ W_2 = M_2 \\ \quad\vdots \\ W_{15} = M_{15} \end{cases} \qquad \begin{cases} W_{16} = \left(W_{13} \oplus W_8 \oplus W_2 \oplus W_0\right) << 1 \\ W_{17} = \left(W_{14} \oplus W_9 \oplus W_3 \oplus W_1\right) << 1 \\ W_{18} = \left(W_{15} \oplus W_{10} \oplus W_{14} \oplus W_2\right) << 1 \\ \quad\vdots \\ W_{79} = \left(W_{76} \oplus W_{71} \oplus W_{65} \oplus W_{63}\right) << 1 \end{cases}$$

电路设计如图 4-8 所示，当 t=0～15 时，控制信号 Wt_DATA_SEL=0，外部输入的消息 M_t 经数据选择器，直接将写入 W_t 寄存器，同时写入一个 16 级移位寄存器；当 t=16～79 时，Wt_DATA_SEL=1，从移位寄存器第 0 级、第 2 级、第 8 级、第 13 级取出 4 组数据，执行异或、循环左移 1 位运算，结果写入 W_t 寄存器，并更新移位寄存器。

$$F = R(13) \oplus R(8) \oplus R(2) \oplus R(0)$$

$$\text{Wt\_DATA\_SEL} = \begin{cases} 0, & 0 \leqslant t \leqslant 15 \\ 1, & 16 \leqslant t \leqslant 79 \end{cases}$$

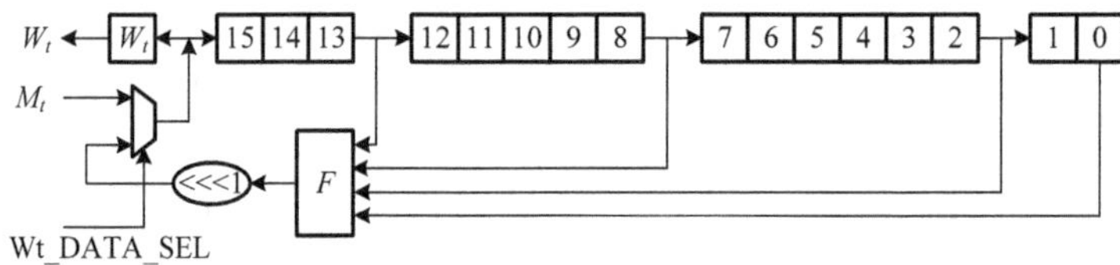

图 4-8　SHA1 算法中的 W_t 生成电路

4.1.4　基于 RAM 的数据存储电路

ROM 和 RAM 常应用于存储数据量比较大的场合，如分组密码中轮运算子密钥、S 盒查表数据，杂凑算法中的常数，非对称密码运算中大位宽数据，由于 ROM/RAM 读写控制逻辑较为复杂，因此数据量小时，不建议采用 RAM/ROM 实现。

SM4 分组密码算法中密钥生成算法中使用了 32 个 32bit 固定参数 CK_i，参与轮子密钥的生成，其中 i 表示轮数，32 个固定参数 CK_i 的十六进制表示为

00070e15,　　1c232a31,　　383f464d,　　545b6269,

70777e85,	8c939aa1,	a8afb6bd,	c4cbd2d9,
e0e7eef5,	fc030a11,	181f262d,	343b4249,
50575e65,	6c737a81,	888f969d,	a4abb2b9,
c0c7ced5,	dce3eaf1,	f8ff060d,	141b2229,
30373e45,	4c535a61,	686f767d,	848b9299,
a0a7aeb5,	bcc3cad1,	d8dfe6ed,	f4fb0209,
10171e25,	2c333a41,	484f565d,	646b7279

参数 CK_i 既可以通过设计专门电路来实时生成，也可以采用 RAM 存储进行存储，使用时读出 CK_i，图 4-9 给出了基于 RAM 的存储电路结构。

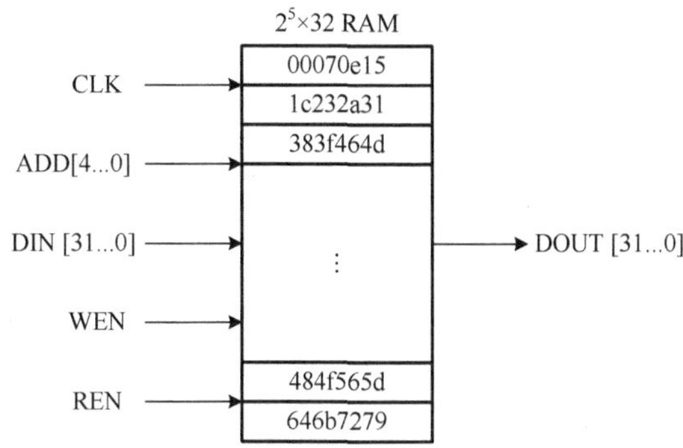

图 4-9　采用 RAM 实现参数 CK_i 的存储

当采用 RAM 实现时，该存储器需要在芯片初始化时予以配置，将参数 CK_i 写入。采用 ROM 也可以达到类似的效果，但是在基于 ASIC 的密码芯片设计中，ROM 往往需要专门的 IP，不如 RAM 操作简便，因此在基于 ASIC 的密码芯片设计中并未得到广泛应用，主要应用于基于 FPGA 的密码芯片设计之中。

4.1.5　基于 FIFO 的数据存储电路

1. FIFO 概述

FIFO(First In First Out)是一种先入先出存储电路，FIFO 没有外部读写地址线，只能顺序写入和读出数据，从 FIFO 读出的数据将按照接收的顺序依次输出。FIFO 就像一个单向管道，数据只能按固定的方向从管道一头进来，再按相同的顺序从管道另一头出去，最先进来的数据必定是最先出去的，如图 4-10 所示。

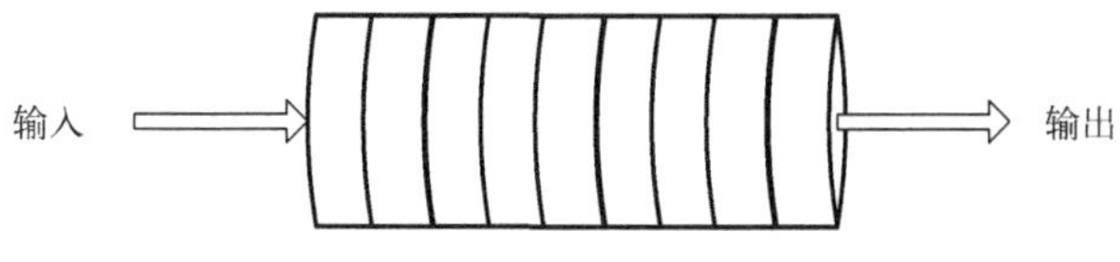

图 4-10　FIFO 功能示意图

同时，FIFO 是一种特殊的存储器，具有一定的容积，其存储容量表示为深度×位宽，FIFO 内部存储单元一般选用双端口 RAM，容量不大时也可以采用寄存器堆。尽管 FIFO 外部没有读写地址线，但其内部具有读/写地址生成逻辑，每读/写一个数据，读/写指针将自动加 1。为便于应用，FIFO 一般还增加“空”“满”“半满”“几乎空”“几乎满”等标志信号，以便于读写操作；增加复位信号，上电时控制内部读/写地址生成逻辑清零。

按照操作时钟是否相同，FIFO 可分为同步 FIFO 和异步 FIFO。输入、输出在同一时钟控制下工作的 FIFO 称为同步 FIFO，反之，若输入、输出在不同时钟控制下工作，则称为异步 FIFO。

FIFO 与双端口 RAM 相比较，其相同点在于：

(1) 内部都有数据存储阵列；

(2) 都有数据输入、输出，且输入、输出分离；

(3) 都有读、写控制信号。

不同点在于：

(1) FIFO 外部没有地址线，而双端口 RAM 有；

(2) FIFO 读出数据只能按照写入的顺序读出，不能随意读取；

(3) FIFO 比双端口 RAM 增加了状态标志，用于记忆存储状态；

异步 FIFO 的基本逻辑符号如图 4-11 所示。

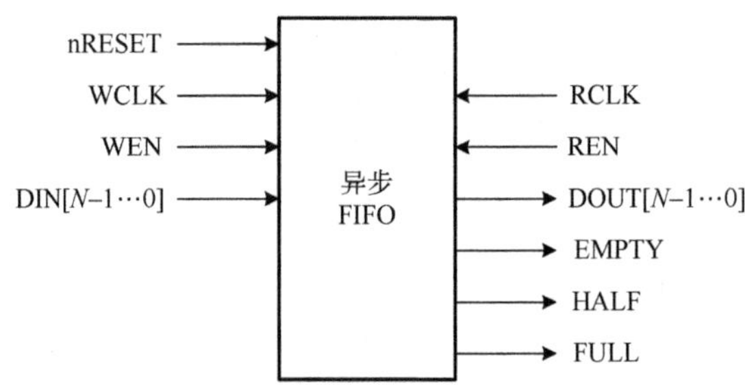

图 4-11　FIFO 逻辑符号

异步 FIFO 接口信号如下。

WCLK：写时钟输入，上升沿有效；

RCLK：读时钟输入，上升沿有效；

nRESET：异步复位，低电平有效；

DIN[N–1⋯0]：Nbit 数据输入；

DOUT[N–1⋯0]：Nbit 数据输出；

WEN：写使能，高电平有效；

REN：读使能，高电平有效；

FULL：满标志，高电平有效，该信号有效，表示存储阵列已满，数据无法写入；

EMPTY：空标志，高电平有效，该信号有效，表示存储阵列已空，无数据可读；

HALF：半满标志，高电平有效，该信号有效时，存储阵列已占据一半的存储容量。

除此之外，部分 FIFO 还设有：“几乎空”(ALMOST_EMPTY) 标志信号，表示 FIFO 内还有 1 个字可以读取；“几乎满”(ALMOST_FULL) 标志信号，表示 FIFO 内还可以存入 1 个字。

对于异步双时钟 FIFO 而言，满标志 FULL、几乎满标志 ALMOST_FULL 主要供写一侧的控制器判断使用，信号与 WCLK 同步。而空标志 EMPTY、几乎空标志 ALMOST_EMPTY

则主要供读一侧的控制器判断使用，信号与 RCLK 同步。

FIFO 常作为输入缓存、输出缓存，用于存储待处理数据包、已处理数据包，异步双时钟 FIFO 还可以实现片内时钟与片外时钟的匹配。

FIFO 写入时序如图 4-12 所示，该时序与同步 SRAM 写操作基本相同。

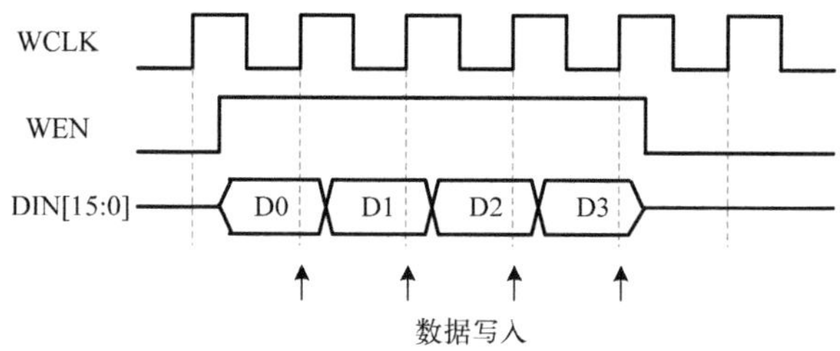

图 4-12　FIFO 写入时序

FIFO 读出时序如图 4-13 所示，在 CLK 上升沿采样 REN 信号，一旦 REN 信号有效，则将数据从存储阵列读出并写入输出寄存器，之后再将数据输出并送入主设备。

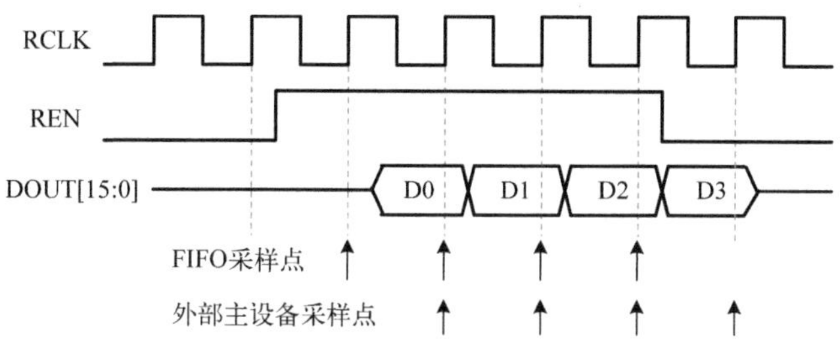

图 4-13　FIFO 读出时序

2. 同步 FIFO 设计

下面给出设计一个存储容量为 256×16bit 的同步 FIFO 的设计方案，FIFO 模块的接口如图 4-14 所示。对于同步 FIFO 而言，读写操作在同一时钟下进行，不存在跨时钟域信号传输问题。

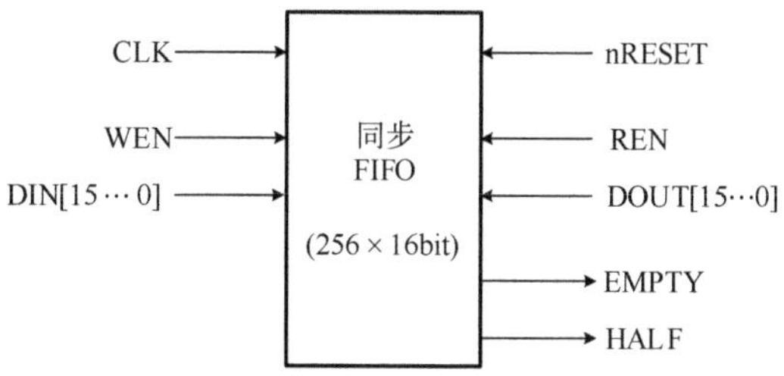

图 4-14　256×16bit 同步 FIFO 外部接口

依据设计要求可以看出，电路的读写时钟只有一个 CLK，上升沿有效，作用于 FIFO 内部的存储阵列、寄存器之上；异步复位信号用于清除读地址寄存器、写地址寄存器。

定义存储器写地址寄存器 WADD[7:0]，表示将要写入数据的存储器地址，定义存储器读地址寄存器 RADD[7:0]，表示将要读出数据存储器地址，同步 FIFO 内部组成结构如图 4-15 所示。

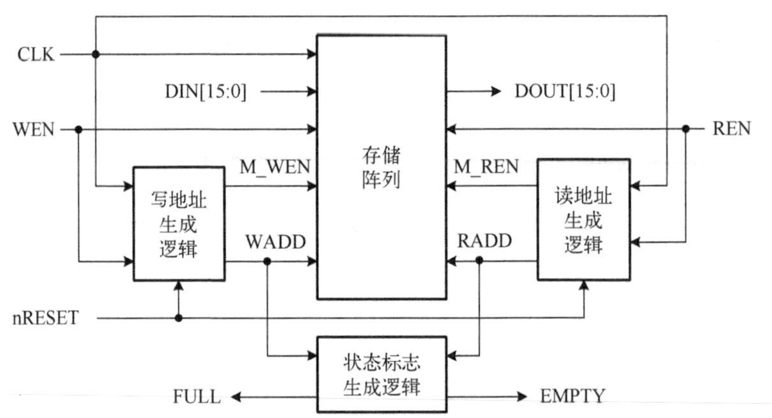

图 4-15　同步 FIFO 内部组成结构

系统复位之后，FIFO 内部的初始状态为 WADD[7:0]=0x00H，RADD[7:0]=0x00H，此时 FIFO 为“空”。可见，判断 FIFO 为“空”的条件是 WADD[7:0]= RADD[7:0]。

若写入 1 个数据，则对应地址 0x00H 的存储单元将写入数据，WADD[7:0]递增变为 0x01H，指示下一次写入的地址，此时，存储阵列中有一个数据；假设一直不读 FIFO，即 REN 一直保持为 0，处于无效状态，而写信号持续有效，当 WADD[7:0]=0xFFH 时，表示存储阵列中已经存储了 255 个数据，下一次写入数据的地址为 0xFFH；此时，再来一个有效的 WEN 信号，将向 0xFFH 存储单元写入有效数据，并将 WADD[7:0]置为 0x00H。由此可见，判断 FIFO 为“满”的条件也是 WADD[7:0]= RADD[7:0]。

显然，判断 FIFO 是“空”还是“满”的条件完全一致，此时仍然无法判断 FIFO 究竟还是“空”还是“满”，必须有新的条件。考虑到 FIFO 处于“满”状态时，写入的数据一定比读出的数据多 256 个，也就是说，如果采用 9bit 数据表示写地址和读地址，读地址的最高位与写地址的最高位一定不同，据此就可以区分 FIFO 是“空”还是“满”，即

FIFO 为“空”的条件：WADD[7:0]= RADD[7:0]且 WADD[8] ⊕ RADD[8]=0；

FIFO 为“满”的条件：WADD[7:0]= RADD[7:0]且 WADD[8] ⊕ RADD[8]=1。

图 4-16 给出判断 FIFO 是“空”还是“满”状态的示意图，图中，虚线部分绘出的是虚拟存储空间，就存储体而言，仍然是 256×16bit 没有改变，只是写地址指针、读地址指针调整为 9 位。左侧图中，无论情况 1 还是情况 2，读地址、写地址完全相同，即 WADD[8]= RADD[8]=0 或 1，此时 FIFO 处于“空”状态；右侧图中，情况 1 时，读地址较写地址大 256，WADD[8]=0、RADD[8]=1，WADD[8] ⊕ RADD[8]=1，FIFO 处于“满”状态；情况 2 时，读地址较写地址小 256，WADD[8]=1、RADD[8]=0，此时 WADD[8] ⊕ RADD[8]=1，FIFO 也是处于“满”状态。

依据设计要求，当 FIFO 已“满”，外部再次发出写操作时，应当予以禁止，即禁止写入数据、禁止写地址指针+1 操作，同时发出错误报警信号，“满”信号 FULL 应当与外部写信号 WEN 共同作用于存储单元的写使能端、写地址计数器使能端。如图 4-17 所示，给出同步

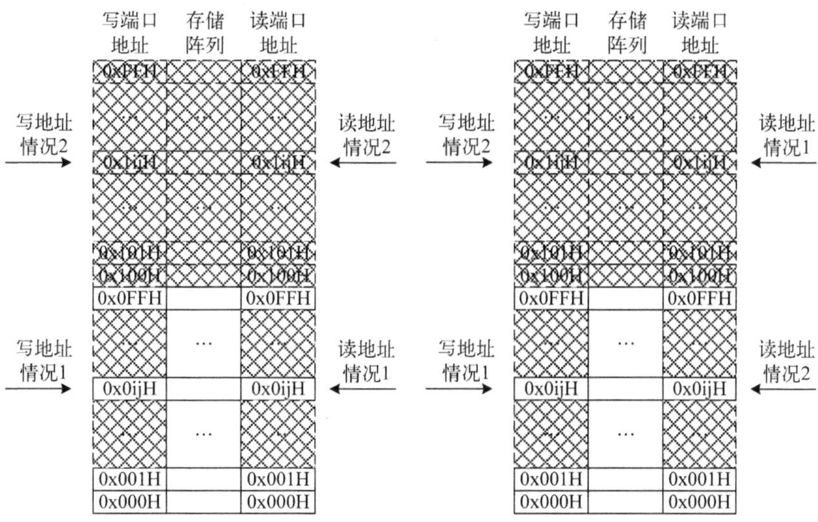

图 4-16　判断 FIFO 处于“空”还是“满”状态的示意图

FIFO 写地址指针生成电路框图，该电路由一个 9bit 计数器和若干门电路组成，计数器计数输出 WADD[7:0]作为存储单元的写地址指针，计数输出 WADD[8]送入“空”“满”标志生成电路，M_WEN 信号作为存储单元的写使能信号。

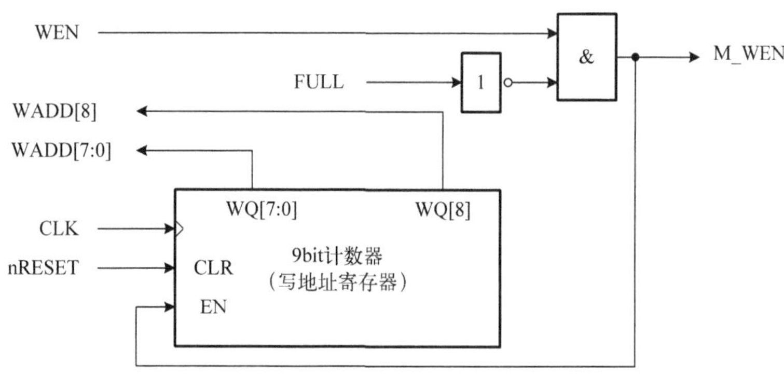

图 4-17　同步 FIFO 写地址指针生成电路

同样，当 FIFO 处于“空”状态，外部再次发出读操作时，应当予以禁止，即禁止读出数据、禁止读地址指针+1 操作，同时发出错误报警信号，“空”信号 EMPTY 应当与外部读信号 REN 共同作用于存储单元的读使能端、读地址计数器使能端。如图 4-18 所示，给出同步 FIFO 读地址指针生成电路框图，该电路由一个 9bit 计数器和若干门电路组成，计数器计数输出 RADD[7:0]作为存储单元的读地址指针，计数输出 RADD[8]送入 FIFO 状态标志生成电路，M_REN 信号作为存储单元的读使能信号。

如图 4-19 所示，同步 FIFO 数据存储电路由一个 256×8bit 双端口 RAM 和一个 16bit 寄存器组成。当 M_WEN 为高电平(有效)时，将外部送入数据写入当前以 WADD[7:0]为指针的存储单元之中；当 M_REN 为高电平(有效)时，将当前以 RADD[7:0]为指针的存储单元数据读出并写入 16bit 数据寄存器之中，并在下一时钟输出有效数据。

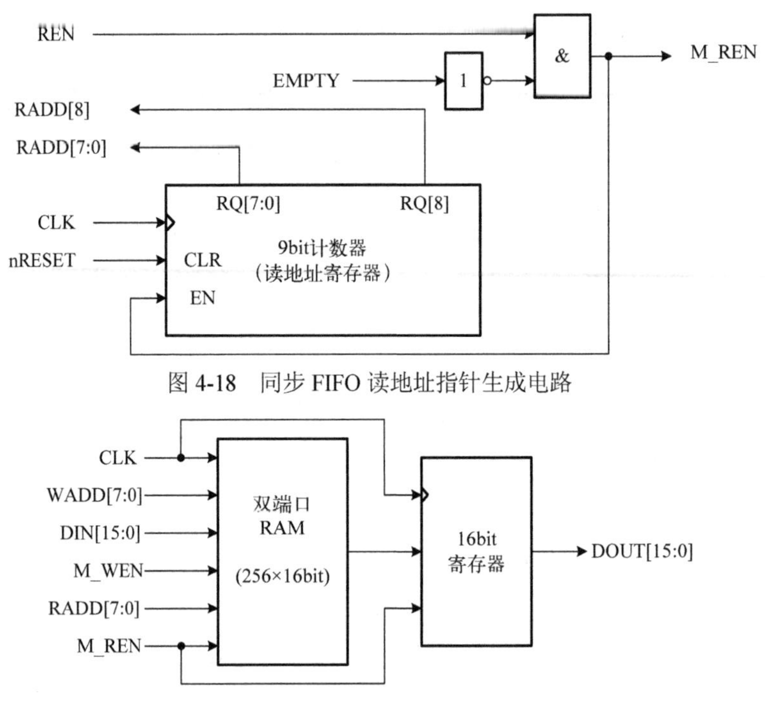

图 4-18　同步 FIFO 读地址指针生成电路

图 4-19　同步 FIFO 数据存储电路

如图 4-20 所示，给出了同步 FIFO 状态标志生成电路组成结构，该电路由异或电路、全 0 判断电路及门电路组成。异或电路将 WADD[7:0]⊕RADD[7:0]结果得到 AD[7:0]，全 0 判断电路判断并行输入 AD[7:0]是否为“00000000”，如果是，输出 AZ=1，表示读写指针低 8 位完全相同，当前状态为“空”或者“满”。当读写存储器的最高位地址 WADD[8]=RADD[8]时，WADD[7:0]⊕RADD[7:0]=0，状态标志 FULL=0、EMPTY=1，表示 FIFO 处于“空”状态；若 WADD[8]≠RADD[8]时，WADD[7:0]⊕RADD[7:0]=1，状态标志 FULL=1、EMPTY=0，表示 FIFO 处于“满”状态。

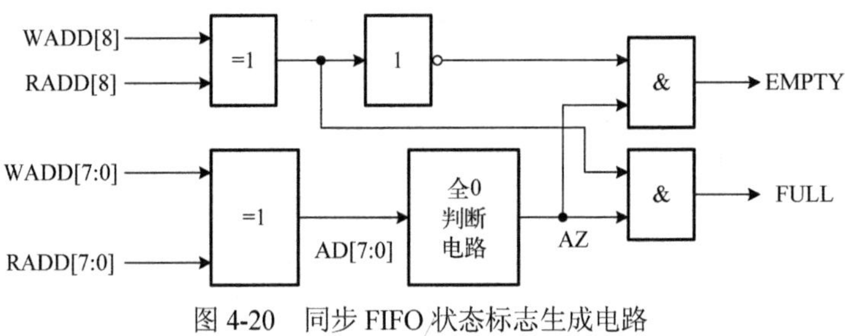

图 4-20　同步 FIFO 状态标志生成电路

4.2　互 联 单 元

4.2.1　基本单元

互联单元用于实现数据路径各个单元之间的信号连接，是构成各种数据通路的要素。最基本的通信部件就是信号线，其他常用部件是单向开关、双向开关、数据选择器和总线。

1．单向开关

单向开关实现单个方向的数据传输或关断，即从数据输入端流向数据输出端，或者关断数据流，如图 4-21 所示。

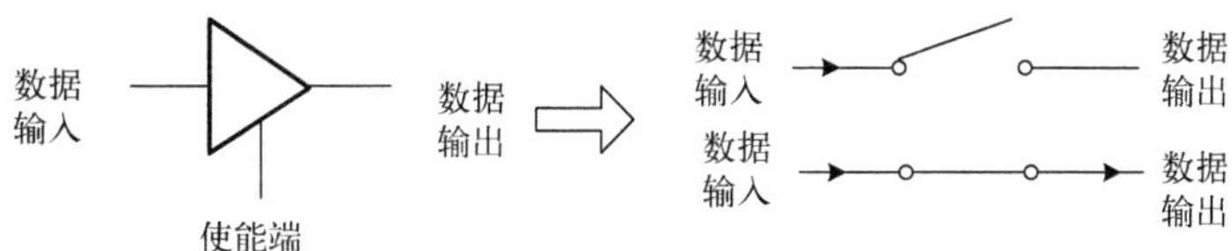

图 4-21　单向开关

单向开关常常用于密码芯片的接口之中，如图 4-22 所示，给出了单向开关在芯片接口中的应用案例。

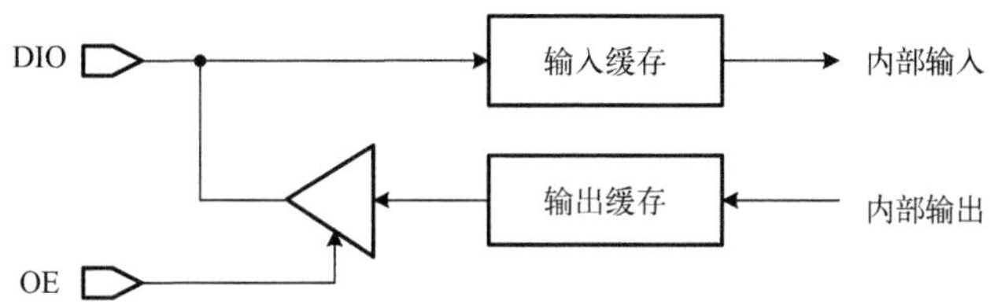

图 4-22　应用于芯片接口的单向开关

图 4-22 中，DIO 为输入/输出接口，OE 为输出使能信号，高电平有效。当 OE 有效时，DIO 为输出端，数据由输出缓存，经单向开关、从 DIO 输出，当 OE 为低电平时，单向开关关断，DIO 作为输入。

2. 双向开关

双向开关实现两条线路的接通与关断，即可以将端口 A 作为输入端，将端口 B 作为输出端，实现从端口 A 到端口 B 的数据流动；也可以将端口 B 作为输入端，将端口 A 作为输出端，实现从端口 B 到端口 A 的数据流动；还可以实现端口 A 与端口 B 之间的通路关断，从本质上说，双向开关就是 CMOS 传输门，如图 4-23 所示。

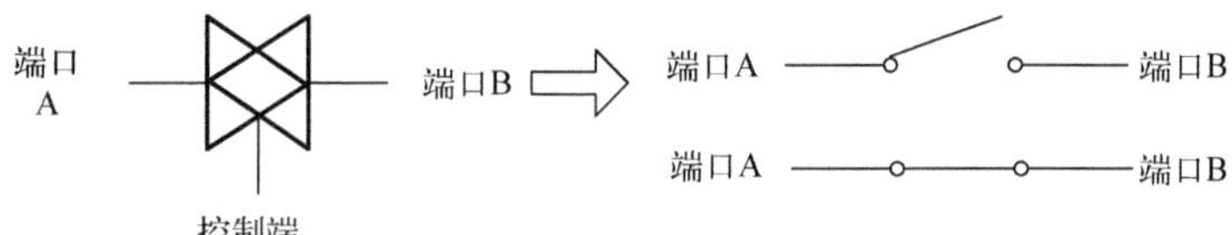

图 4-23　双向开关

3. 数据选择器

在基于标准单元的密码芯片设计过程，芯片内部一般不采用单向开关、双向开关进行信号互联，而是采用数据选择器，实现数据互联。数据选择器能够从多路数据输入中选择一路并传送到输出端，如图 4-24 所示。

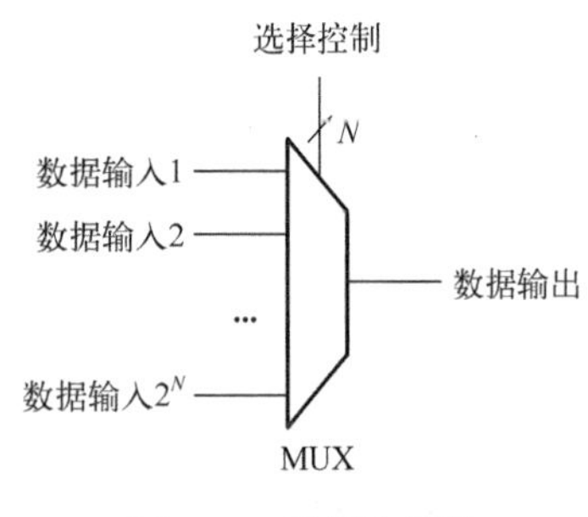

图 4-24　数据选择器

以分组密码、杂凑算法而言，其基本结构是循环迭代结构，当设计芯片数据路径时，外部输入的待处理数据经初始变换之后直接送入轮运算单元，每一轮运算的结果将反馈至轮运算输入端，进行下一轮迭代。也就是说，轮运算的输入有二：一是外部输入并经初始变换处理之后的数据，二是轮运算的结果数据。此时，将在轮运算的输入端插入一组数据选择器，如图 4-25 所示。

在密码芯片设计过程中，如果某个功能部件需要反复执行，且初始值来源于另外一个功能部件的输出，则该功能部件结尾需要插入存储部件，功能部件之前需要插入数据选择器。如果某个功能部件有多种不同来源的输入，也需要插入多输入数据选择器进行数据互联。

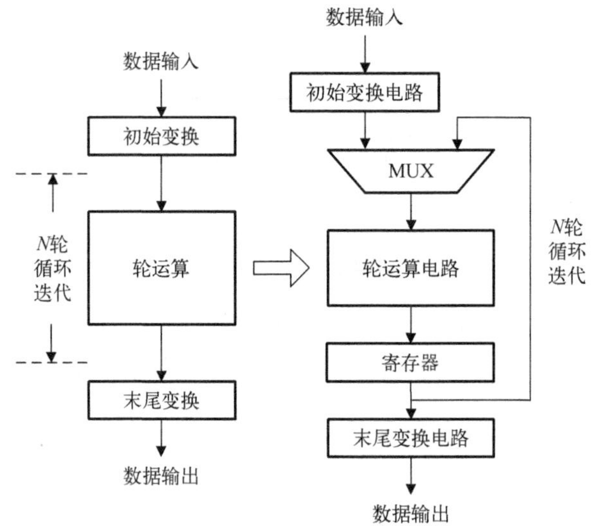

图 4-25　分组密码算法芯片轮运算数据输入处理方案

4.2.2　总线

总线是指遵循一定标准制作的用于连接多个功能部件的信息传输电路，其作用类似于传输线，且为多个功能部件所共享，因此称为总线。如图 4-26 所示，CPU、DMA 是总线上的主设备，发起数据传输，生成控制信号，功能部件 1、功能部件 2、……、功能部件 N 是总线上的从设备，接受 CPU、DMA 的控制，接收数据或从内部读出数据。

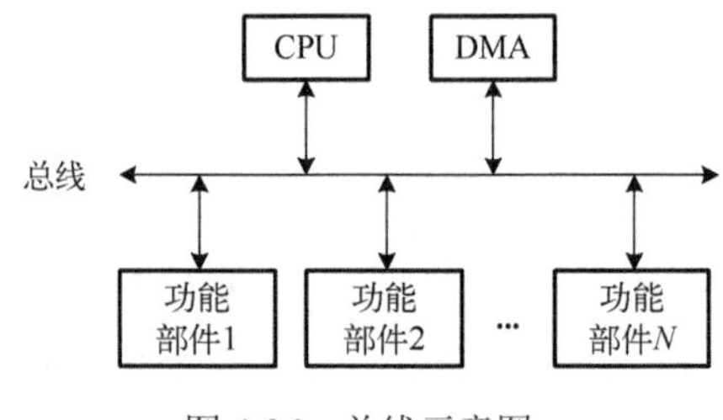

图 4-26　总线示意图

常见的片上总线标准有 AMBA、Wisbone、CoreConnect 等，与板上总线相比，片上总线更加灵活，一是数据和地址宽度可变；二是部分总线互联结构可变，可依据需求支持点到点、数据流、共享总线和交叉开关等多种互联架构；三是部分总线仲裁机制灵活可变，可由用户定制。

为弥补三态总线功耗大、速度慢及不便于进行可测性设计上的缺陷，需要提高总线互联互通能力，避免错误多驱动导致的芯片损伤，同时由于片内布线资源较为丰富，因此片上总线多采用单向信号线，即将数据输入、数据输出进行分离，图 4-27 给出上述总线的一种等效架构。

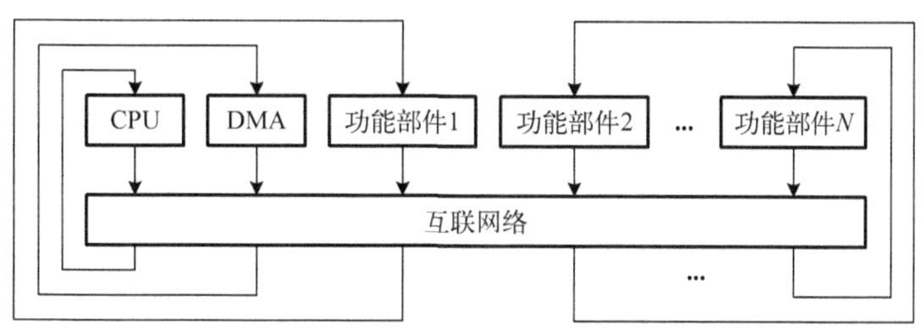

图 4-27　总线互联等效架构

依据互联需求和总线协议，互联网络可以进行定制设计。根据上述总线功能，图 4-28 给出一种采用数据选择器构建的互联网络架构，该网络支持任意输入到任意输出之间的数据互联，可支持多路同时进行数据通信。

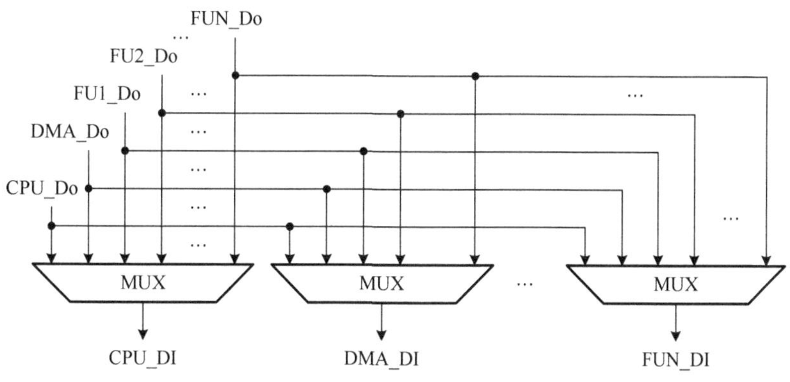

图 4-28　采用数据选择器构建的总线

在多算法密码芯片片外接口设计中，输出往往需要从多个算法模块输出中选择一个输出，此时也常常用到总线。图 4-29 给出一个多算法密码芯片，多分组密码算法 DES、公钥密码算法 RSA 及杂凑算法 SHA1 芯片，三个芯片对外复用输入/输出接口，统一用一条数据总线。这里地址线共 4bit，$A[3:0]$的高 2 位用于区分芯片，低 2 位标识具体算法芯片的端口，读使能、写使能、启动信号连接在一起，通过端口地址予以区别。

输入数据、输出数据线复用，通过三态门关断输出信号，三个芯片共有一个输出使能 OE，只有在 OE 有效时，三态门才打开，输出数据。输入数据连接到三个芯片的输入端；同时，为避免输出数据竞争，采用多路数据选择器，确保任何时刻只能有一个密码芯片输出数据。

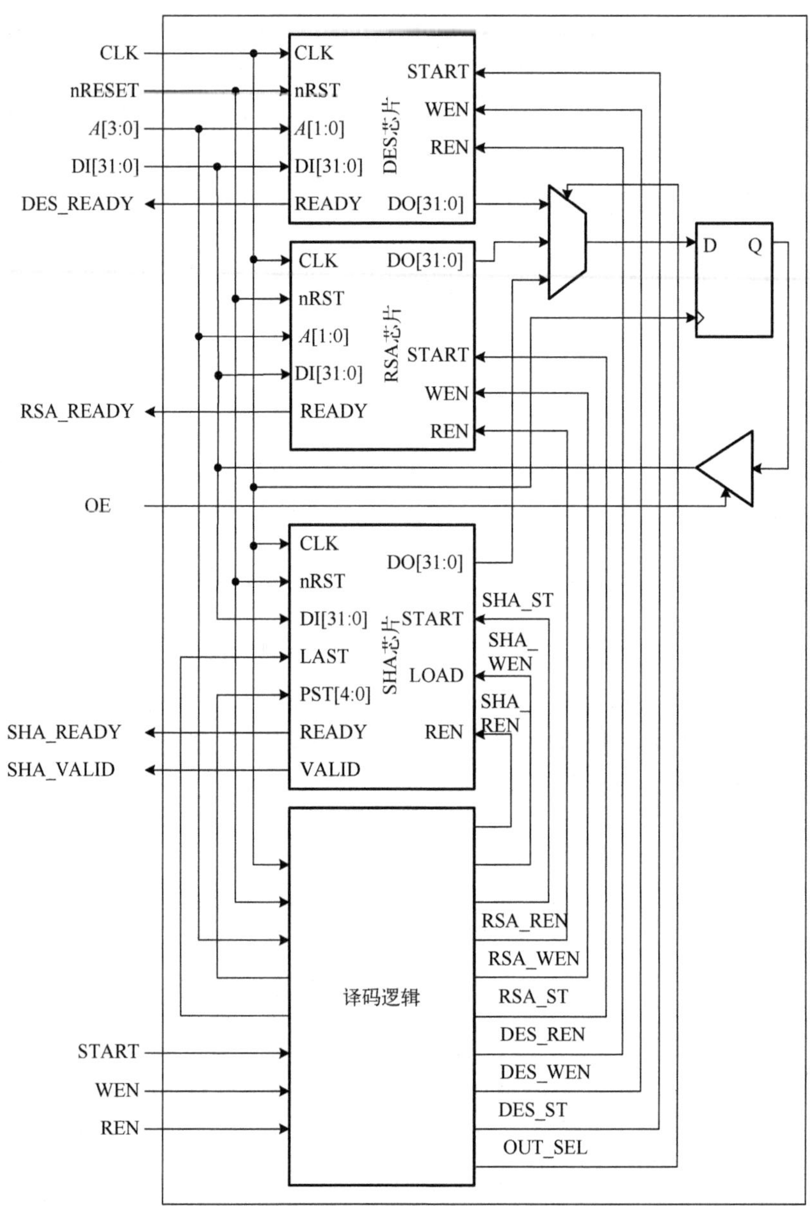

图 4-29　多算法密码芯片片外总线接口

译码逻辑对输入端口信号进行译码，确定三个芯片的读使能、写使能、启动信号及输出选择信号是否有效。

4.2.3　交叉开关网络

交叉开关(Crossbar)网络是一种单级开关网络，类似于早期的电话交换，交叉开关网络能够在源、目的之间实现动态连接。图 4-30 给出一种 $N \times N$ 的交叉开关网络，能够实现输入到输出之间的任意两两连接，互联特性非常好，网络延迟也非常小。但是交叉开关网络的资源占用非常巨大，如图 4-30 所示的 $N \times N$ 交叉开关网络，需要 N^2 套交叉点开关及大量的连线，因此在实际应用中会受到限制，简单的密码芯片设计过程中一般不会应用，即使在复杂的阵列架构密码算法设计应用时，往往会深入仔细地分析输入、输出之间的通联关系，作出一些特殊的限制，即采用有约束的单级开关网络，严格来说，已经不再是全互通的 Crossbar 网络。

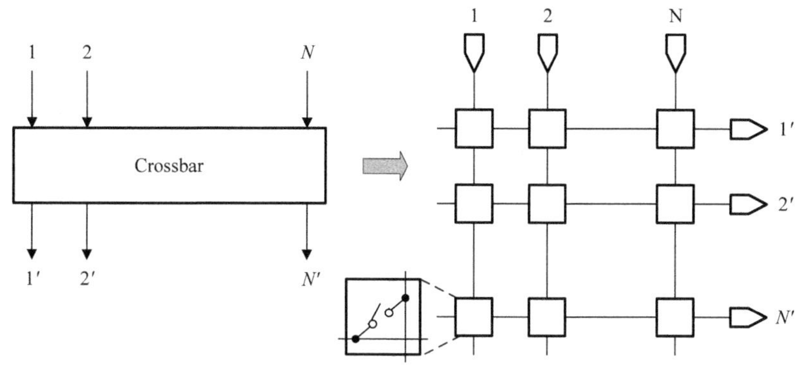

图 4-30　交叉开关互联模型

交叉开关网络可以看作每一输出从 N 个输入中任意选择其一输出，此时网络也可以采用数据选择器来实现，如图 4-31 所示，此时可等效为 N 个 N 选 1 数据选择器。

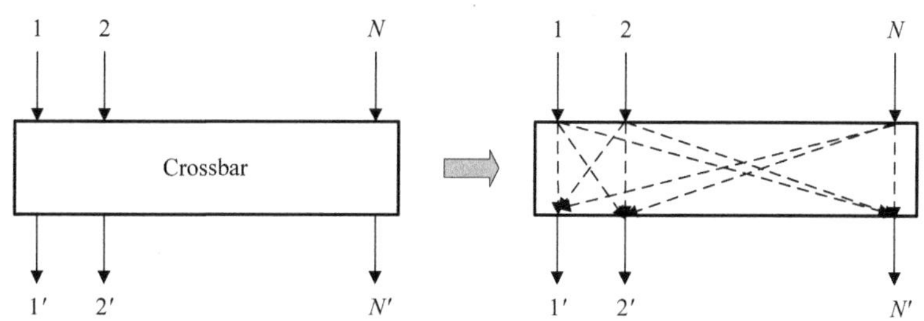

图 4-31　Crossbar 数据选择器互联模型

交叉开关网络是一种单级开关网络，资源占用大、网络延迟小，在很多场合可以采用多级互联网络，如 Benes 网络、Omega-Flips 网络以及 Butterfly-InvButterfly 网络等替代，这里不再赘述。

习　题　四

4-1　采用寄存器及逻辑电路设计一个数据存储模块，该模块用于存储 DES 算法轮运算所需的子密钥，如题图 4-1 所示，存储结构为 16×48bit。电路基本功能如下：

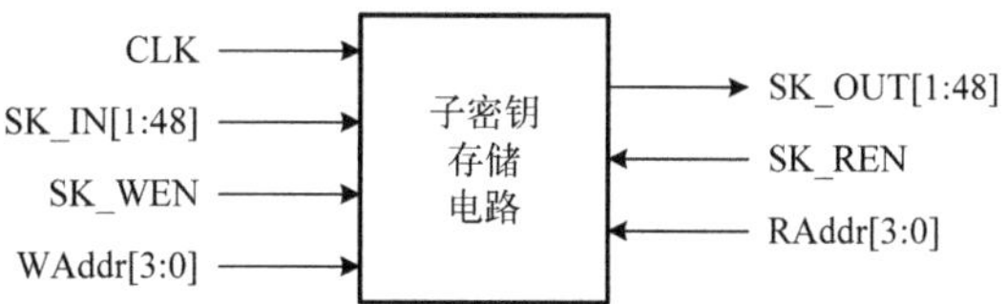

题图 4-1　DES 轮运算子密钥存储电路

(1) 当写使能 SK_WEN=1 时，将输入的 SK_IN[1:48]写入 WAddr[3:0]指示的存储单元；

(2) 当读使能 SK_REN=1 时，将 RAddr[3:0]指示的存储单元内容读出，送至输出端 SK_OUT[1:48]。

4-2　设计一个移位存储单元，存储结构为 32×32bit，共 1024bit，用于存储 32 个 32bit 数据及运算结果。电路基本功能如下：

(1) 数据装载，若外部装载信号 LOAD=1，则在 CLK 上升沿将外部数据 DIN 写入存储单元 B31，同时单元 B31 的内容写入单元 B30，单元 B30 的内容写入单元 B29，……，单元 B1 的内容写入单元 B0；

(2) 移位存储，若 B_WEN=1，B 寄存器做逻辑移位，在 CLK 上升沿将串行输入数据 T(共 32bit) 写入单元 31，单元 31 的内容写入单元 30，单元 30 的内容写入单元 29，……，单元 1 的内容写入单元 0；

(3) 数据读出，若 REN=1，将 B 寄存器数据读出，送往外部总线，同时 B 寄存器循环移位，在 CLK 上升沿将寄存器 0 的内容读出，单元 B1 的内容写入单元 B0，……，单元 B30 的内容写入单元 B29，单元 B31 的内容写入单元 B30，单元 B0 的内容写入单元 B31。

(4) 其他情况，寄存器 B 内容保持不变。

4-3　SHA256 杂凑算法压缩变换执行 4 轮，每轮 16 步，共计 64 步，每一步参与运算的消息 W_t 为 32bit，W_t 由填充之后的消息输入 M_t，依据以下公式计算得到

$$W_t = \begin{cases} M_t, & 0 \leqslant t \leqslant 15 \\ \sigma_1(W_{t-2}) + W_{t-7} + \sigma_0(W_{t-15}) + W_{t-16}, & 16 \leqslant t \leqslant 63 \end{cases}$$

其中

$$\sigma_0(x) = \mathrm{ROTR}^7(x) \oplus \mathrm{ROTR}^{18}(x) \oplus \mathrm{SHR}^3(x)$$

$$\sigma_1(x) = \mathrm{ROTR}^{17}(x) \oplus \mathrm{ROTR}^{19}(x) \oplus \mathrm{SHR}^{10}(x)$$

这里，$\mathrm{ROTR}^n(x)$ 为循环右移函数，$\mathrm{SHR}^n(x)$ 为逻辑右移函数(左侧补 0)。如题图 4-2 所示，设轮数信号为 RND[1:0]，步数信号为 STEP[4:0]，操作时钟为 CLK，写使能为 WEN，试设计该存储电路。

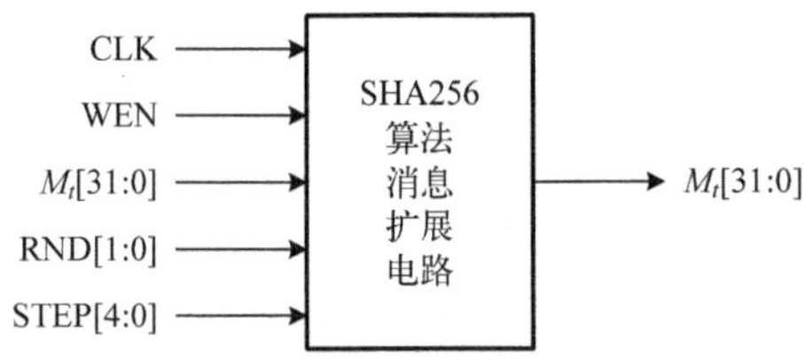

题图 4-2　SHA256 算法消息扩展电路

4-4　如题图 4-3 所示，某交叉互联开关数据输入为 DIA[31:0]、DIB[31:0]，数据输出 DOA[31:0]、DOB[31:0]，当控制信号 MODE=0 时，输入/输出直通，即 DOA[31:0]= DIA[31:0]、DOB[31:0]= DIB[31:0]，当控制信号 MODE=1 时，输入/输出交叉互联，即 DOA[31:0]= DIB[31:0]、DOB[31:0]= DIA[31:0]，试设计该电路。

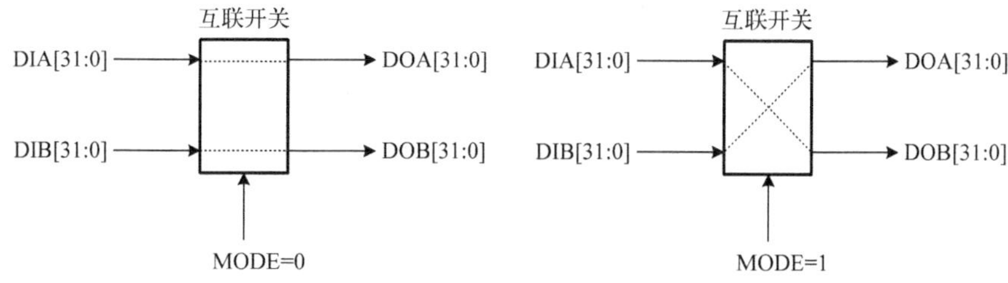

题图 4-3　交叉互联开关电路

4-5　某密码芯片数据路径存在一互联网络，网络数据输入共计 4 路：INA、INB、INC、IND，数据输出 4 路：OUTA、OUTB、OUTC、OUTD，每一输入附带 4bit 目的地址 DNA[3:0]、DNB[3:0]、DNC[3:0]、DND[3:0]，对于某一输入，如 INB 而言，若 DNB=1000，则数据目的为 OUTA，若 DNB=0100，则数据目的为 OUTB，若 DNB=0010，则数据目的为 OUTC，若 DNB=0001，则数据目的为 OUTD，其他取值组合(0000、0011、0101、0110、0111、1001、1010、1011、1100、1101、1110、1111)无效。若两个或两个以上的输入端指示连接的目的输出端相同，优先级别高的优先，优先级别低的无效，这里设定输入 *A* 具有最高的优先权限，输入 *B* 次之，输入 *C* 再次之，输入 *D* 优先级最低。试设计该电路。

4-6　设计一个 AES-128 算法芯片接口电路，如题图 4-4 所示。电路操作时钟 CLK 上升沿有效；异步复位 nRESET 低电平有效；写使能 WEN 高电平有效；读使能 REN 高电平有效；数据输入 DI[31:0]，数据输出 DO[31:0]；端口地址 *A*[1:0]，当 *A*[1:0]=00 时，将待处理的明文/密文写入数据输入缓存，当 *A*[1:0]=01 时，将当前分组数据的加解密密钥写入密钥缓存，当 *A*[1:0]=10 时，将 IV 写入 IV 缓存，当 *A*[1:0]=11 时，将操作命令写入命令缓存，芯片输入接口功能如题表 4-1 所示。

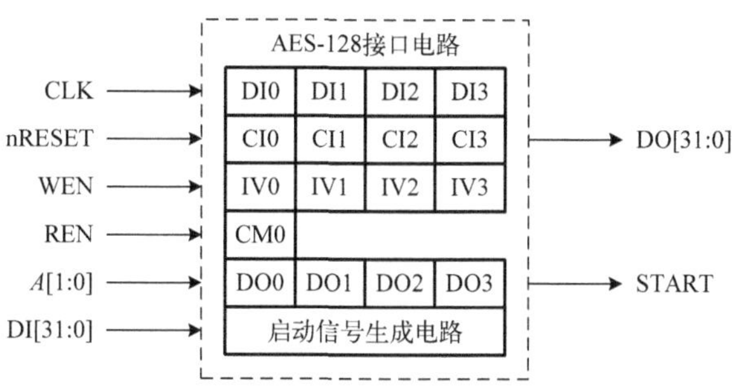

题图 4-4　AES-128 算法芯片接口电路

题表 4-1　芯片数据输入接口功能

A[1:0]	DI 功能
00	数据输入端口
01	密钥输入端口
10	IV 输入端口
11	命令输入端口

如题图 4-4 所示，数据输入缓存、输出缓存、密钥缓存、IV 缓存存储结构为 4×32bit，

命令缓存存储结构为 1×32bit，当向数据输入端口、密钥输入端口连续写入 4 个 32bit 字时，生成持续 1 个时钟周期高电平的启动信号 START。

要求：

(1) 采用 4 个 32bit 寄存器及逻辑电路设计实现数据输入缓存，给出寄存器写使能信号，绘出电路逻辑图；

(2) 采用 4 个 32bit 寄存器及逻辑电路设计实现数据输出缓存，给出寄存器写使能信号，绘出电路逻辑图；

(3) 设计启动信号生成电路，绘出电路逻辑图。

第 5 章　数据路径设计

5.1　数据路径的功能作用与设计方法

5.1.1　数据路径的功能作用

如图 5-1 所示，给出数据路径在密码芯片整体中的位置。数据路径设计是完成密码芯片设计的基础，是密码芯片设计中最为关键的一步。数据路径设计得好坏直接影响密码芯片的性能，影响密码芯片的处理速度、资源占用、安全性能、器件成本、系统功耗等指标。

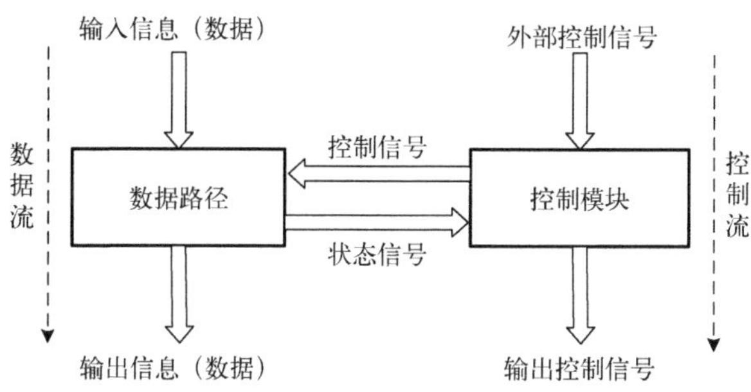

图 5-1　密码芯片的基本结构

数据路径设计直接影响密码芯片的处理速度。任何密码变换最终都将转化为芯片内部的数据处理，数据处理通道关键路径上的时间延迟直接决定芯片的最高时钟运行频率，进而影响密码处理速度。

数据路径设计直接影响密码芯片的资源占用。密码算法是计算密集型任务，密码变换往往是大位宽数据并行处理，占用大量的逻辑资源与布线资源，与控制模块相比较，数据路径的资源占用远远大于控制模块，资源优化显得尤为重要。

资源占用越大，芯片使用的组合逻辑电路、触发器也越多，芯片功耗也越大，芯片的静态功耗、动态功耗都会随之提升，影响密码芯片的整体功耗。同时，密码芯片的资源占用越大，芯片裸片(Die)的面积也越大，在晶圆成本固定的情况下，分摊到每一个裸片的成本也越高，对应密码芯片的成本也越高。

数据路径设计直接影响芯片的安全性能，数据路径上包含了大量的密钥存储单元，其安全性直接影响密码自身的安全性，同时，抗能量攻击、抗电磁辐射攻击、抗时间攻击安全防护措施与数据路径设计密不可分，因此，数据路径的电路设计影响整个系统的安全性。

5.1.2　数据路径基本组成

按照一定拓扑关系连接的若干功能部件构成了数字集成电路的数据路径，密码芯片的数据路径由密码变换电路、存储电路和互联单元构成。密码变换电路实现数据的密码变换，包括一系列基本密码运算单元，如逻辑运算、加法、乘法、有限域乘法、比特置换、查表操作、移位操作等基本运算单元，存储电路用于暂存数据，主要包括寄存器、存储器等单元，互联单元实现各密码运算单元之间，以及密码运算单元与存储单元之间的互联，主要包括数据选择器、交叉开关等。

数据路径设计的实质就是依据密码算法将各种运算单元、存储单元通过互联单元连接起来。如图 5-2 所示，给出一种密码算法的数据路径结构模型。图中，$X(X_1,X_2,\cdots,X_i)$ 表示待处理的输入数据，经互联单元送入密码变换单元，密码变换单元包括一系列基本密码运算单元，是不包括寄存器的组合逻辑电路，其运算结果再经互联单元送入存储单元暂存；暂存的结果可以直接作为输出 $Z(Z_1,Z_2,\cdots,Z_j)$，也可以反馈至互联单元，进行反复的循环迭代运算。$C(C_1,C_2,\cdots,C_k)$ 为控制器发出的命令信号，控制互联单元开关通断、数据流向与存储单元端口选择及读写操作，决定了数据路径完成什么操作，状态变量信号 $S(S_1,S_2,\cdots,S_n)$ 为数据路径产生的信号，它反馈给控制模块，影响下一步控制信号的生成。

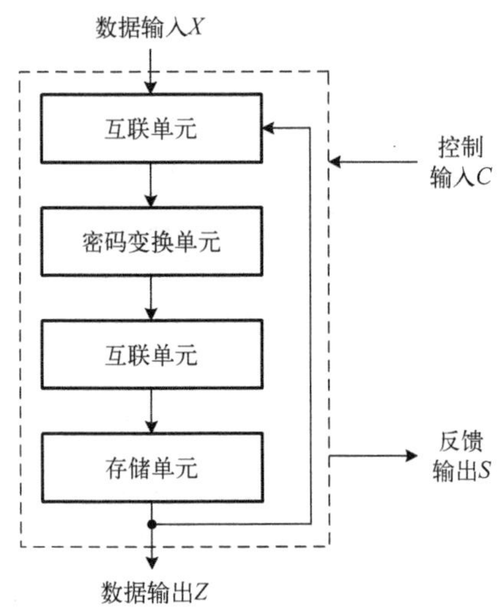

图 5-2　一种简单的数据路径结构模型

以上需要假定密码运算只有一个基本的循环变换，数据路径构造过程中，将所有的密码变换集中起来，采用组合逻辑实现，结果存入寄存器等存储单元之中，进行循环调用。实际上，一种密码算法往往包含多种不同的子算法、每一子算法也可能有多个循环相互嵌套，一个循环还可能有相当多复杂的编码环节，无法采用一个组合逻辑进行整合。如分组密码算法中就包括子密钥生成、数据加密、数据解密三种子算法，需要设计三条数据路径，同时，数据路径之间还存在通信与联络关系；杂凑算法中就包括消息填充、消息扩展与压缩变换三种子算法，三种子算法需要分别设计相应的电路模块(数据路径)，并按照一定的规则连接起来；序列密码往往包括乱源构造和乱数生成两种子算法，乱源构造模块接收外部输入的主密钥，并按节拍动作形成乱源，乱数生成电路依据乱源生成乱数，两个模块存在先后动作的时序关系，因此往往乱源要暂存一级、乱数也需要存储一级，此时数据路径可能就需要两级或者更多；对于非对称密码算法而言，数据路径就更加复杂。

针对这些复杂的情况，密码芯片的数据路径可以按图 5-3 进行描述。

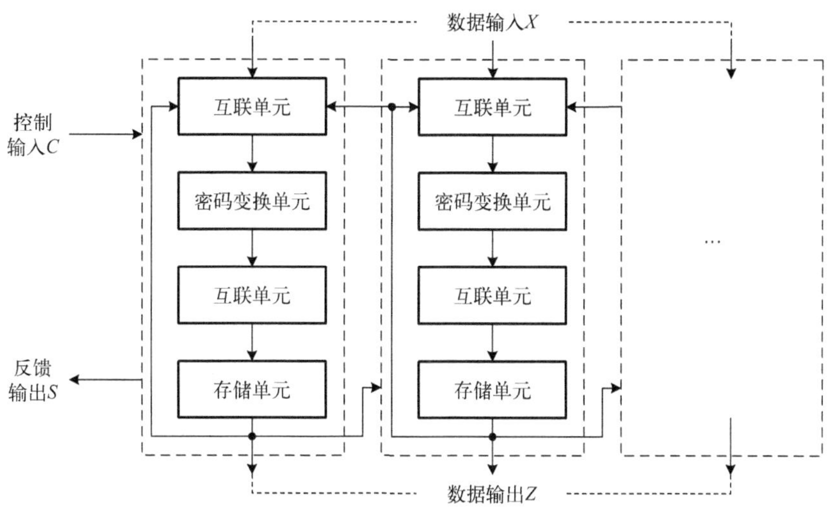

图 5-3　密码算法的数据路径

图 5-3 中，每一个虚线框是一个独立的单元电路，它可以对应一种子算法的数据路径，也可以是算法中某个需要反复调用的循环对应的数据路径，还可以是数据路径流水线中的一级。数据路径就是由这些基本的单元电路连接而成的。

5.1.3　数据路径设计步骤

数据路径设计是密码芯片设计中最为关键的一步。密码算法是计算密集型算法，操作数位数宽、计算复杂，占用大量的资源，速度难以提升，因此数据路径设计在达到基本功能目标的前提下，还要考虑降低关键路径延迟，提高运算速度；降低资源占用，减少芯片面积。数据路径的一般设计步骤如下。

(1) 分析、研究密码算法，将密码算法拆分成为若干个子算法，确定密码芯片有多少条相对独立的数据路径，建立数据路径之间的数据传递关系。

一般而言，分组密码有两条或三条相对独立的数据路径，一条为子密钥生成数据路径，另一条为加解密数据路径，部分算法的加密过程与解密过程不完全一致，需要统筹设计或者分别单独设计加密与解密数据路径。杂凑算法只有一条数据路径，但是如果采用硬件对数据进行填充，需要设计独立模块。基于 LFSR/NFSR 的序列密码算法初始化算法与乱数生成算法类同，数据路径可统筹考虑、统一设计。非对称密码算法面向大位宽数据，涉及代数群、环、域上复杂的数学运算，实现算法多种多样，需要针对具体的实现算法研究分析。

(2) 分析研究子算法(数据加密算法、数据解密算法、子密钥生成算法等)处理流程，提取基本编码环节，规划对应的运算单元，并将各个运算单元连接起来，根据需求，插入存储单元、互联单元，实现算法基本功能，满足基本需要。

密码芯片数据路径的存储单元一般采用带使能的寄存器。所有的数据输入端一般插入存储单元作为输入数据缓存，以缩短输入建立时间；输出端插入存储单元作为输出数据缓存，以缩短输出延迟时间。用于分组密码加解密运算的轮子密钥、杂凑算法中用到的常数一般采用寄存器堆、移位寄存器或小容量 RAM 进行存储；分组密码、杂凑算法轮运算结尾一般插入寄存器，存储每一轮运算的结果。互联单元一般插在运算单元之前，且该运算单元具有两个或两个以上的来源；密码芯片内部一般不采用共享式三态总线架构，而是采用直接连接或交叉开关互联。一般而言，算法中的循环(如轮运算)采用同一套电路实现，并在结尾端插入寄存器，起始端插入数据选择器。

轮运算子密钥由主密钥生成，为加解密数据路径所使用，数据路径相对独立，可以优先设计；部分算法的加解密数据路径完全一致(如 DES 算法)，可以只设计一条加解密数据路径；部分算法的解密算法与加密算法相似(如 AES)，尽管不完全一致，但可以统筹考虑，共用部分计算资源，设计成一条可配置的加解密数据路径。

在完成数据路径的基础上，分析、研究各基本编码环节，依据第 4 章学习的相关知识，设计相应的运算单元。基本运算单元设计与数据路径构造相辅相成，在构造数据路径时，要考虑基本单元实现方式，在设计基本运算单元时，要考虑数据路径的功能性能要求。

(3) 根据功能要求与数据路径结构，绘制时序图，描述在外部输入信号驱动下，各个时钟周期内，数据路径各个关键点的信号值，确认达到功能指标要求。此时，数据路径所需要的控制信号，如寄存器写使能、数据选择器选择信号、子密钥存储器地址信号等，按照需求给出。

(4) 在功能满足的前提下，对数据路径中各个运算单元、数据路径架构进行优化，以满足性能指标需求。

5.2　DES 算法芯片数据路径

5.2.1　数据路径构成

DES 算法是国际上最早流行的一种分组密码算法，长期作为标准密码算法使用。DES 算法的数据明文/密文长度为 64bit，密钥长度为 64bit，实际可用密钥长度为 56bit。DES 算法包括子密钥生成算法和加解密算法，其解密过程与加密过程完全相同，只是子密钥使用顺序相反，如图 5-4 所示。

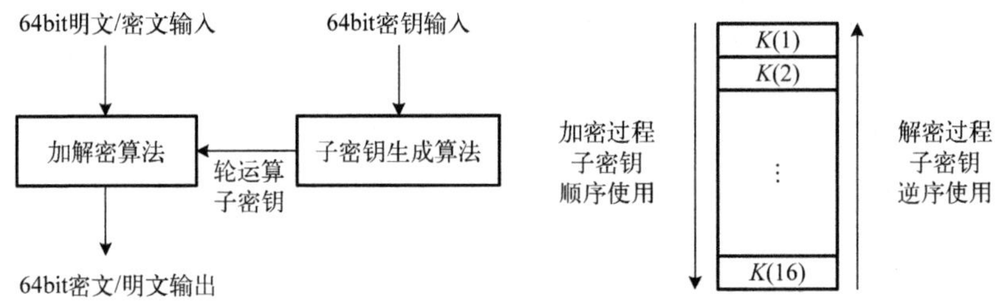

图 5-4　DES 算法组成与子密钥使用方法

因此，加密算法和解密算法在硬件实现上完全一致，只需要一条数据路径；而加解密算法与子密钥生成算法差别很大，其数据路径需要分别设计；加解密运算使用了子密钥生成算法生成的轮运算子密钥，两条数据路径之间需要建立通信关系。DES 算法芯片数据路径基本结构如图 5-5 所示。

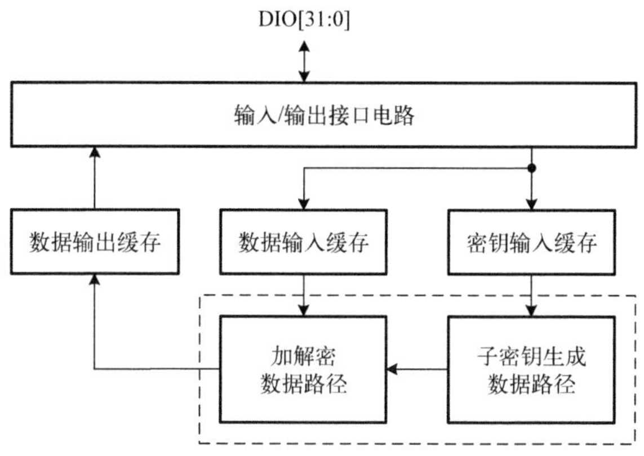

图 5-5　DES 算法芯片数据路径基本结构

5.2.2　加解密算法数据路径

1. 数据路径建立

DES 加/解密算法以 64bit 数据明文/密文和 64bit 密钥作为输入，输出 64bit 数据密文/明文，加解密主要包括初始置换 IP、轮变换及逆初始置换 IP^{-1}，其中轮变换反复执行共 16 轮，工作流程如图 5-6 所示。

因此，加解密数据路径上有三个基本处理模块：IP 置换模块、轮变换模块及 IP^{-1} 置换模块。轮变换需要迭代执行 16 轮，循环迭代在外部时钟控制下实施，可以采用一个时钟周期执行一轮运算的方式，因此，轮变换输出端应当插入寄存器，保存本轮运算结果，并作为下一轮运算的输入和 IP^{-1} 置换模块输入。轮变换数据输入来源有两个：一是 IP 置换的输出，二是上一轮变换的结果。因此，轮变换的输入端应当插入数据选择器。DES 加解密运算的基本数据路径架构如图 5-7 所示。

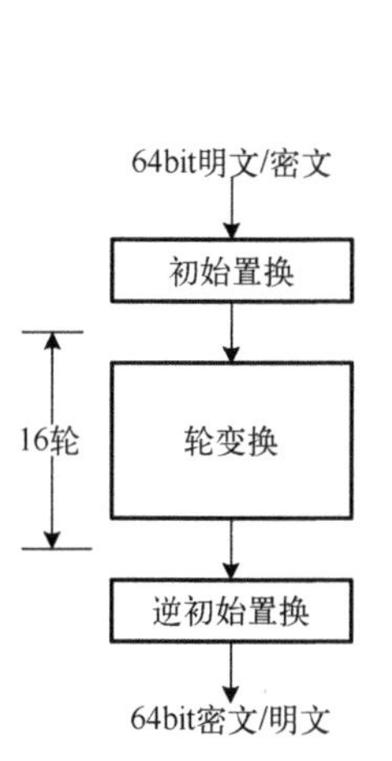

图 5-6　DES 加解密算法工作流程

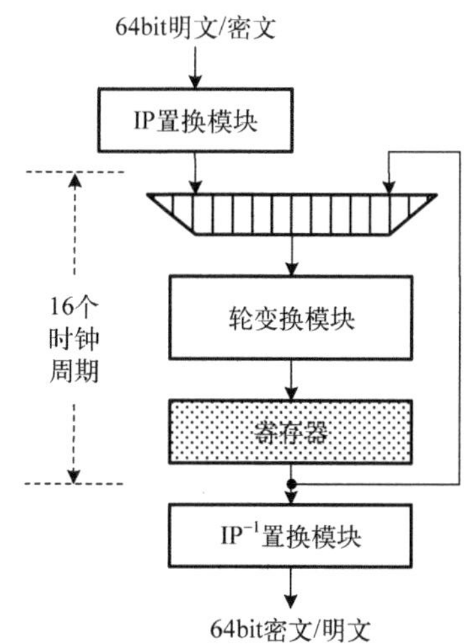

图 5-7　DES 加解密算法数据路径架构

DES 加解密运算过程如图 5-8 所示。待处理数据经过初始置换 IP，64bit 数据分成左半部分和右半部分，各 32bit，即左半部分输入数据 $L(i-1)$ 和右半部分输入数据 $R(i-1)$，$R(i-1)$ 直接作为下一轮的左半部分数据 $L(i)$，右半部分 $R(i-1)$ 与 48bit 轮运算子密钥在 f 函数中进行运算，其结果与左半部分 $L(i-1)$ 进行异或，异或运算结果作为下一轮的右半部分输入数据 $R(i)$。经过 16 轮迭代后，左、右两部分合在一起共 64bit，送入逆初始置换 IP^{-1}。

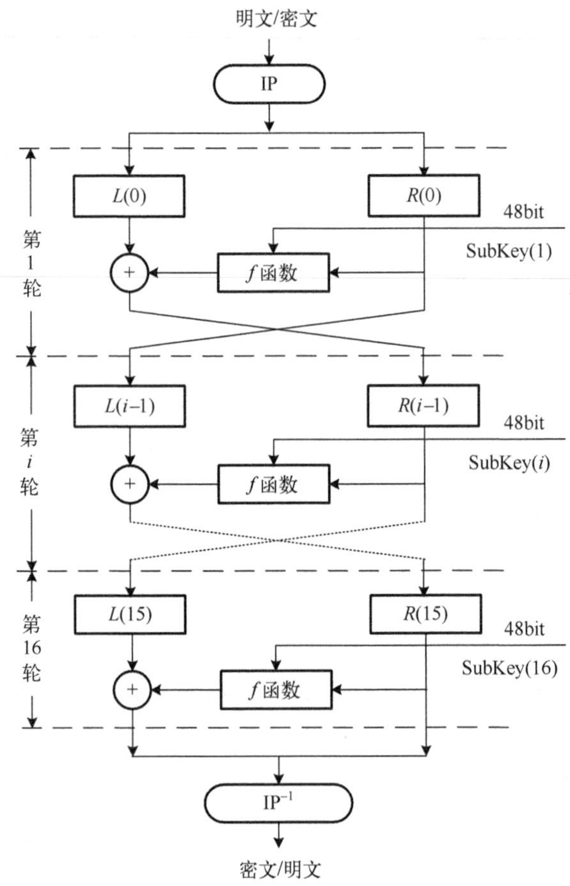

图 5-8　DES 加解密算法处理过程

DES 加解密运算过程可以采用以下伪码进行描述。

```
L(0) =H(IP(P));
R(0)=L(IP(P));
for i=1  to 16
   {
   L(i)= R(i-1);
   R(i)= L(i-1) ⊕f (R(i-1),K(i)) ;
   }
C=IP^-1(L(16), R(16));
return C ;
```

如图 5-9 所示，进一步给出细化的 DES 加解密运算数据路径架构。IP 置换单元输出的

64bit 数据分成 $L(0)$ 和 $R(0)$ 两部分，送入左右两组数据选择器 L_MUX、R_MUX（每组 32 个二选一数据选择器）。在控制信号 LR_SEL 作用下，L_MUX 选择左半部分数据 $L(0)$ 输出，R_MUX 选择右半部分数据 $R(0)$ 输出，右侧输出的 $R(0)$ 送入 f 函数与第一轮 48bit 子密钥 $K(1)$ 进行运算，结果再与 $L(0)$ 进行异或运算，作为右半部分寄存器 R_REG 的输入；同时，输出的 $R(0)$ 直接作为左半部分寄存器 L_REG 的输入，在操作时钟和使能信号 LR_EN 的共同作用下，写入两个 32bit 寄存器 L_REG、R_REG，完成第一轮运算，得到第一轮运算结果 $L(1)$、$R(1)$。

在第 2～16 轮运算过程中，左右两个数据选择器 L_MUX、R_MUX 将选择反馈数据作为轮运算的输入，分别称为左半部分输入数据 $L(i-1)$ 和右半部分输入数据 $R(i-1)$。$R(i-1)$ 送入 f 函数与第 i 轮 48bit 子密钥 $K(i)$ 进行运算，结果再与 $L(i-1)$ 进行异或运算，作为右半部分寄存器 R_REG 的输入；同时，$R(i-1)$ 直接作为左半部分寄存器 L_REG 的输入，在操作时钟和使能信号 LR_EN 的共同作用下，写入两个 32bit 寄存器 L_REG、R_REG，完成第 i 轮运算，得到第 i 轮运算结果 $L(i)$、$R(i)$。

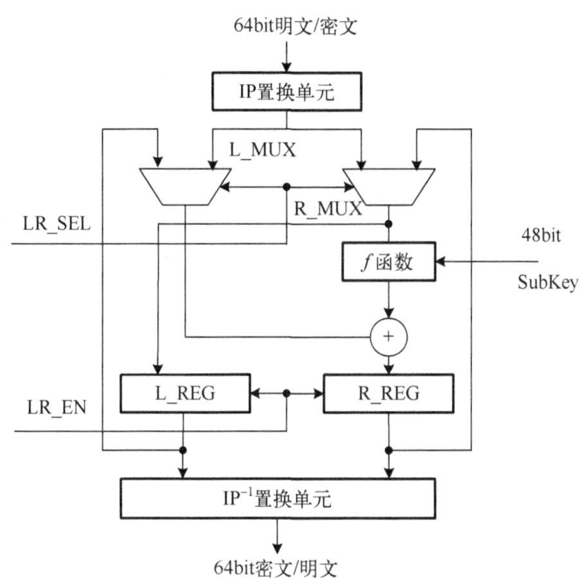

图 5-9　DES 加解密算法数据路径细化架构

第 16 轮运算结果 $L(16)$、$R(16)$ 作为轮运算的输出送往 IP^{-1} 置换单元输出。第 16 轮运算完成之后，两个 32bit 寄存器的使能信号 LR_EN 不再有效，L_REG、R_REG 内部数据保持不变，直至新的分组数据注入。

2. 加解密运算单元

如前所述，DES 加解密算法主要包括初始置换 IP、轮变换及逆初始置换 IP^{-1}，轮变换的核心是 f 函数（图 5-10），因此可以得到 DES 算法基本编码环节包括初始置换 IP、逆初始置换 IP^{-1} 及轮运算中的 32-48 的扩展置换 E、子密钥参与的 48bit 异或运算、8 个 6-4 的 S 盒替代操作、32-32 的 P 置换及 32bit 异或运算。基本密码处理单元包括 IP 置换单元、IP^{-1} 置换单元、E 置换单元、P 置换单元、48bit 异或单元、32bit 异或单元及 8 个 6-4 的 S 盒替代单元。

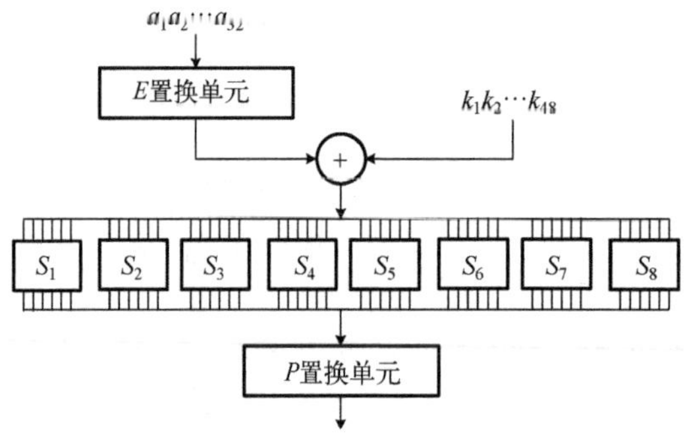

图 5-10　DES 算法 f 函数

初始置换 IP、逆初始置换 IP^{-1} 均为 64-64 比特置换，实现 64bit 数据换位操作，逆初始置换 IP^{-1} 是初始置换 IP 的逆过程，初始置换 IP、逆初始置换 IP^{-1} 的置换表如图 5-11 所示。

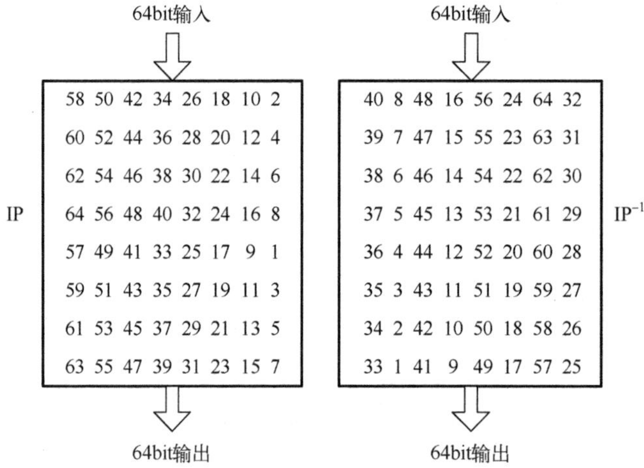

图 5-11　DES 算法初始置换 IP 和逆初始置换 IP^{-1} 表

由于初始置换和逆初始置换为固定位置换位操作，因此可以直接采用连线方式实现，只占用布线资源，不占用电路资源。

扩展置换 E 将输入的 32bit 数据扩展成为 48bit，P 置换实现 32bit 数据之间的换位操作，扩展置换 E 和 P 置换的作用是增强算法的扩散效果，扩展置换 E 和 P 置换的置换表如图 5-12 所示。

同样，E 置换和 P 置换为固定位置换位操作，因此可以直接采用连线方式实现，只占用布线资源，不占用电路资源。

子密钥参与的 48bit 异或运算及轮运算结束之前的 32bit 异或运算，可以直接采用异或门实现。

E 盒扩展后的 48bit 数据与轮运算子密钥按位异或之后得到的 48bit 数据从左到右分成 8 个 6bit，分别作为 8 个 S 盒 $S_1,S_2,\cdots,S_8$ 的输入。8 个 S 盒具体如表 5-1 所示，对于每个 S 盒，6bit 输入的左右 2bit（第 1、6 比特）选择相应的行，中间 4bit（第 2、3、4、5 比特）选择相应的列，所得行、列交叉处的数据（十进制表示）即该 S 盒的输出。

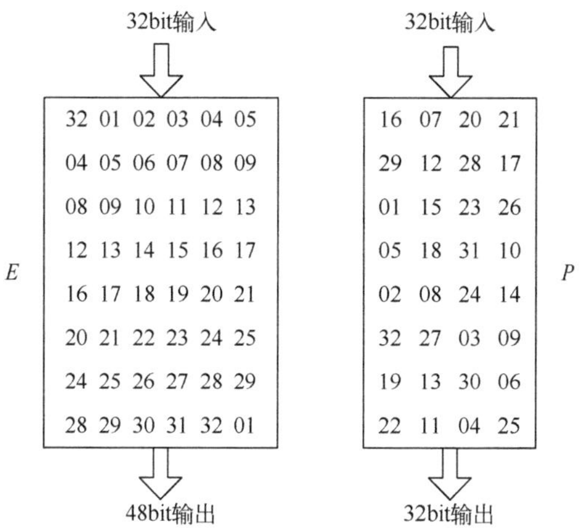

图 5-12　DES 算法 *E* 置换和 *P* 置换的置换表

表 5-1　DES 算法的 8 个 *S* 盒变换

		0	1	2	3	4	5	6	7	8	9	10	11	12	13	14	15
S_1	0	14	04	13	01	02	15	11	08	03	10	06	12	05	09	00	07
	1	00	15	07	04	14	02	13	01	10	06	12	11	09	05	03	08
	2	04	01	14	08	13	06	02	11	15	12	09	07	03	10	05	00
	3	15	12	08	02	04	09	01	07	05	11	03	14	10	00	06	13
S_2	0	15	01	08	14	06	11	03	04	09	07	02	13	12	00	05	10
	1	03	13	04	07	15	02	08	14	12	00	01	10	06	09	11	05
	2	00	14	07	11	10	04	13	01	05	08	12	06	09	03	02	15
	3	13	08	10	01	03	15	04	02	11	06	07	12	00	05	14	09
S_3	0	10	00	09	14	06	03	15	05	01	13	12	07	11	04	02	08
	1	13	07	00	09	03	04	06	10	02	08	05	14	12	11	15	01
	2	13	06	04	09	08	15	03	00	11	01	02	12	05	10	14	07
	3	01	10	13	00	06	09	08	07	04	15	14	03	11	05	02	12
S_4	0	07	13	14	03	00	06	09	10	01	02	08	05	11	12	04	15
	1	13	08	11	05	06	15	00	03	04	07	02	12	01	10	14	09
	2	10	06	09	00	12	11	07	13	15	01	03	14	05	02	08	04
	3	03	15	00	06	10	01	13	08	09	04	05	11	12	07	02	14
S_5	0	02	12	04	01	07	10	11	06	08	05	03	15	13	00	14	09
	1	14	11	02	12	04	07	13	01	05	00	15	10	03	09	08	06
	2	04	02	01	11	10	13	07	08	15	09	12	05	06	03	00	14
	3	11	08	12	07	01	14	02	13	06	15	00	09	10	04	05	03
S_6	0	12	01	10	15	09	02	06	08	00	13	03	04	14	07	05	11
	1	10	15	04	02	07	12	09	05	06	01	13	14	00	11	03	08
	2	09	14	15	05	02	08	12	03	07	00	04	10	01	13	11	06
	3	04	03	02	12	09	05	15	10	11	14	01	07	06	00	08	13
S_7	0	04	11	02	14	15	00	08	13	03	12	09	07	05	10	06	01
	1	13	00	11	07	04	09	01	10	14	03	05	12	02	15	08	06
	2	01	04	11	13	12	03	07	14	10	15	06	08	00	05	09	02
	3	06	11	13	08	01	04	10	07	09	05	00	15	14	02	03	12

续表

		0	1	2	3	4	5	6	7	8	9	10	11	12	13	14	15
S_8	0	13	02	08	04	06	15	11	01	10	09	03	14	05	00	12	07
	1	01	15	13	08	10	03	07	04	12	05	06	11	00	14	09	02
	2	07	11	04	01	09	12	14	02	00	06	10	13	15	03	05	08
	3	02	01	14	07	04	10	08	13	15	12	09	00	03	05	06	11

每个 S 盒替换操作，可看作一个 6 输入、4 输出的逻辑函数，可采用硬件描述语言直接描述，依据布尔函数基于逻辑门电路直接实现；还可以采用查找表方式实现，当采用同步 SRAM(时钟控制)作为查找表存储体时，由于 SRAM 在上升沿锁存地址，将增加一个时钟周期的开销，即若保持目前加解密数据路径架构不变，每一轮运算将额外增加一个时钟周期，由一个时钟周期变为两个时钟周期，整个 DES 轮运算由 16 个时钟周期变为 32 个时钟周期，当然，此时轮运算的关键路径将比原来有所减小，最高工作频率可以提升。若不希望增加轮运算时钟周期数目，可采用无时钟控制的静态 RAM 实现查找表功能，也可以采用数据选择器+寄存器的方式实现查找表功能，见第 3 章相关内容，本节按这种方式实现。

3. *加解密数据路径*

如图 5-13 所示，给出一种完整 DES 算法加解密数据路径。这种情况下，外部送入的待

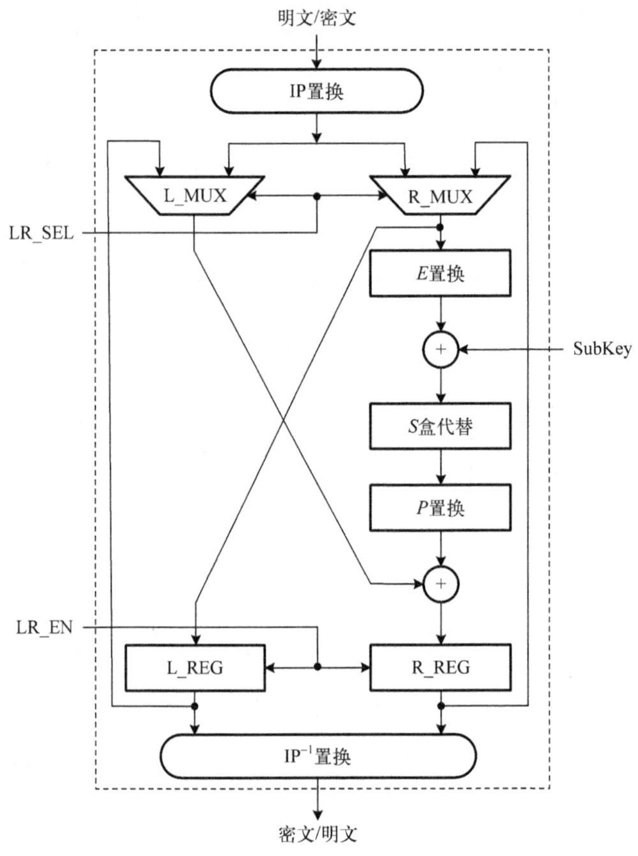

图 5-13　DES 加解密算法数据路径

处理明文/密文存储于输入缓存(一个 64bit 寄存器)之中，每一轮运算结果存储于轮运算寄存器 L_REG、R_REG 之中，第 16 轮运算完成后，寄存器 L_REG、R_REG 即为最终的轮运算结果，由于 IP^{-1} 置换模块延迟极小，因此可以用这两个 32bit 寄存器作为输出缓存。

实际上，轮运算寄存器 L_REG、R_REG 的位置可以根据需要进行调整，只需要合理配置控制信号即可，图 5-14 给出另一种 DES 算法加解密数据路径。此时，L_REG、R_REG 首先存入的是原始明文的左右两个 32bit 数据 L_0、R_0，第 1 轮运算结束后，结果 L_1、R_1 反馈写入 L_REG、R_REG 两个寄存器，第 15 轮运算结束后，L_REG、R_REG 两个寄存器存储数据为 L_{15}、R_{15}，第 16 轮运算结束后，直接经 IP^{-1} 置换写入输出寄存器之中，不再写入 L_REG、R_REG 两个寄存器。

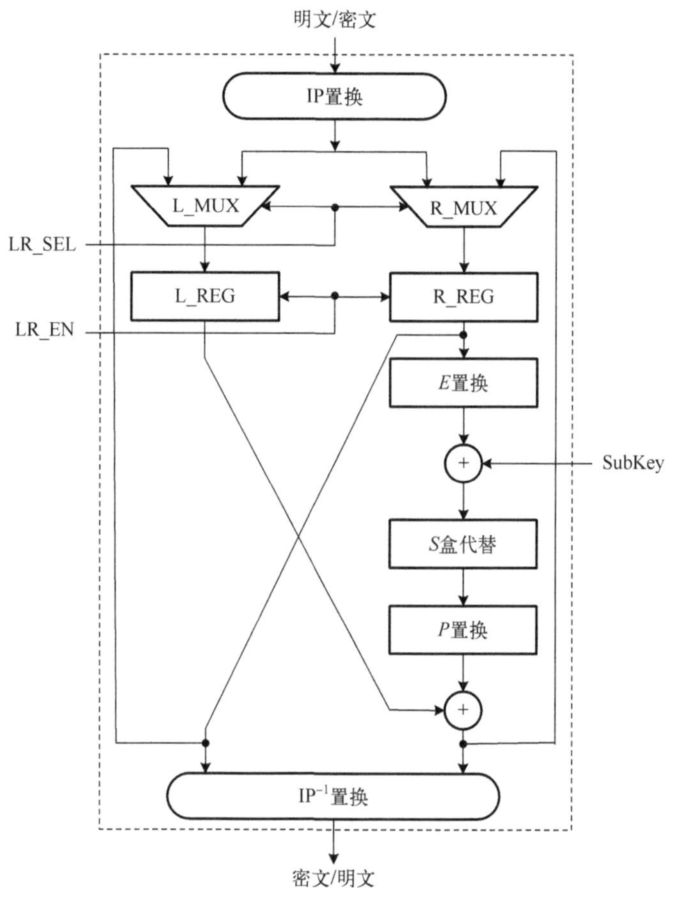

图 5-14　DES 加解密算法的一种等效数据路径

5.2.3　子密钥生成模块

DES 轮运算子密钥由 64bit 初始密钥生成，外部 64bit 初始密钥注入之后，首先去除校验位 8bit，然后经过置换选择 PC1 分离成左右两部分 C_0、D_0 各 28bit。之后，每一轮经循环移位和 PC2 置换选择操作，形成轮运算子密钥，并利用中间结果 C_i、D_i 进行迭代，直至形成 16 轮运算子密钥。算法伪码描述如下：

```
(C₀, D₀) =PC1(K);
for i=1 to 16
  {
   Cᵢ =LS(Cᵢ₋₁ , i );
   Dᵢ =LS(Dᵢ₋₁, i );
   Kᵢ =PC2(Cᵢ , Dᵢ );
  }
```

1. 子密钥预先生成方式

由前面所述可知，DES 子密钥生成算法包括三个基本运算单元，分别为置换操作单元 PC1、移位操作单元 LS、置换操作单元 PC2。外部输入 64bit 初始密钥首先经 PC1 置换单元、循环移位单元，生成用于下一轮迭代的中间运算结果 C_i、D_i，同时，经 PC2 置换单元生成用于加解密数据运算的轮运算子密钥，中间运算结果 C_i、D_i 及用于加解密数据运算的轮运算子密钥需要存储，需要插入相应的存储单元，C_i、D_i 的长度均为 28bit，可采用 28bit 带使能寄存器 C_REG、D_REG 存储。

当采用子密钥预先生成方式时，片内需要存储所有轮运算使用的子密钥，此时，轮运算子密钥总存储需求为 16×48bit，可采用 16 个 48bit 寄存器 SKR 构建寄存器堆实现，寄存器堆 SKR 带有写使能信号及地址端口信号。

每一轮计算得到中间运算结果 C_i、D_i 需要反馈至输入端，作为下一轮循环移位运算的输入，因此必须插入数据选择器，在第 1 轮运算时，数据选择器选择 PC1 输出，第 2～16 轮选择 C_REG、D_REG 寄存器数据作为反馈输入。子密钥生成数据路径如图 5-15 所示。

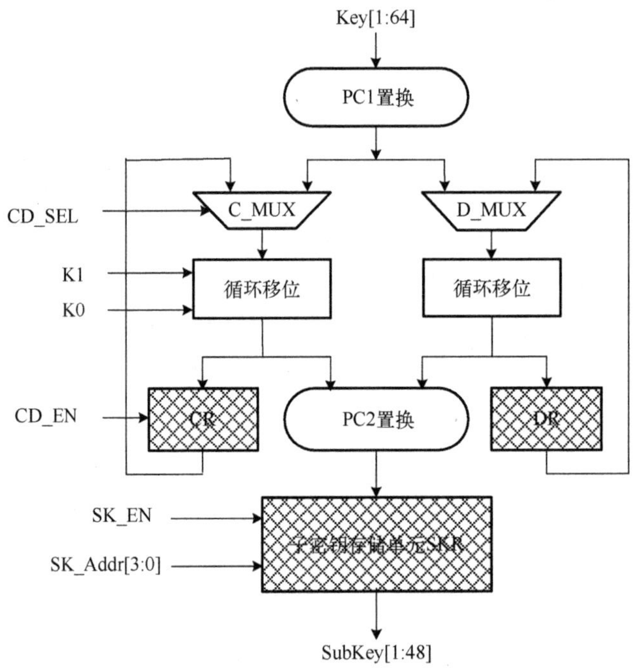

图 5-15　DES 子密钥生成算法数据路径

置换操作 PC1 是一个固定位置置换操作，置换表见表 5-2，可采用直接连线方式实现。

表 5-2　PC1 置换表

57	49	41	33	25	17	9
1	58	50	42	34	26	18
10	2	59	51	43	35	27
19	11	3	60	52	44	36
63	55	47	39	31	23	15
7	62	54	46	38	30	22
14	6	61	53	45	37	29
21	13	5	28	20	12	4

置换操作 PC2 也是一个固定位置置换操作，置换表见表 5-3，也可采用直接连线方式实现。

表 5-3　PC2 置换表

14	17	11	24	1	5	3	28
15	6	21	10	23	19	12	4
26	8	16	7	27	20	13	2
41	52	31	37	47	55	30	40
51	45	33	48	44	49	39	56
34	33	46	42	50	36	29	32

对于预先生成方式而言，轮运算子密钥可以按照加密方式生成，也可以按照解密方式生成，但是不需要既支持加密，又支持解密模式，这里按照加密生成，解密时逆序使用即可。在加密过程中，每一轮中的循环左移操作，与轮数 i 密切相关，第 1～16 轮加解密运算过程移位位数如表 5-4 所示。

表 5-4　DES 子密钥生成算法移位位数

运算轮数	1	2	3	4	5	6	7	8	9	10	11	12	13	14	15	16
循环左移位数	1	1	2	2	2	2	2	2	1	2	2	2	2	2	2	1

由于采用子密钥预先生成方式，子密钥生成单元不需要考虑后续是加密运算还是解密运算，只需按照加密运算模式生成所有轮运算所需的子密钥并存储起来，子密钥的使用在加解密数据路径中进行考虑。

循环移位单元可以采用桶形移位寄存器原理(详见移位单元一节)设计实现。显然，该单元包括两个 28bit 桶形移位寄存器，分别用于左右两个 28bit 数据循环移位操作，移位寄存器的控制信号为 k_1、k_0，当 k_1k_0=00 时，移位寄存器不移位；当 k_1k_0=01 时，循环左移 1 位；当 k_1k_0=10 时，循环左移 2 位；当 k_1k_0=11 时，保留(按照不移位处理)。基本移位单元可以采用四选一数据选择器实现，如图 5-16 所示。

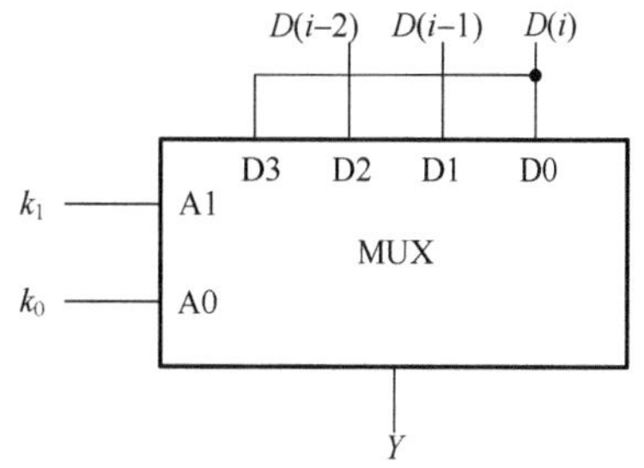

图 5-16　1bit 基本移位单元

2. 子密钥实时生成方式

如前所述，DES 子密钥生成算法较为简单，可直接逆序执行，即可由主密钥直接生成第十六轮运算所需的子密钥，并据此迭代，生成第十五轮、第十四轮、……、第一轮运算所需的子密钥。对于这种可直接由主密钥生成最后一轮运算的子密钥，并逆序生成每一轮运算的密钥的分组密码算法，加密运算、解密运算均可以与子密钥生成算法同步执行，这种工作模式称为支持子密钥实时生成(On-the-Fly-Key)的工作模式。

支持子密钥实时生成方式的密码芯片可以省去子密钥生成时间，在小数据报文加解密时可显著提升速度，同时可以省去子密钥存储器，节省存储空间，但是由于子密钥生成电路需要实时工作，增加了电路的功耗。

当采用子密钥实时生成工作方式时，子密钥生成数据路径不但能够正序生成各轮运算的子密钥，而且可以逆序生成各轮所需的子密钥，且子密钥的生成必须与加解密运算数据路径时序需求相匹配。图 5-17 给出了两种不同时序的子密钥生成数据路径。图 5-17(a)所示电路，生成的轮运算子密钥未做暂存，一旦主密钥写入片内主密钥寄存器，轮运算在延迟一段时间之后将直接输出，在当前时钟周期内立即输出第 1 轮运算所需子密钥。图 5-17(b)所示电路，PC2 置换输入来源于 C、D 两个寄存器，主密钥输入之后，当前时钟周期无轮运算子密钥输出，而是在轮子密钥生成运算启动之后的第一个时钟周期有输出，较图 5-17(a)所示电路生成的轮运算子密钥慢一个时钟节拍。

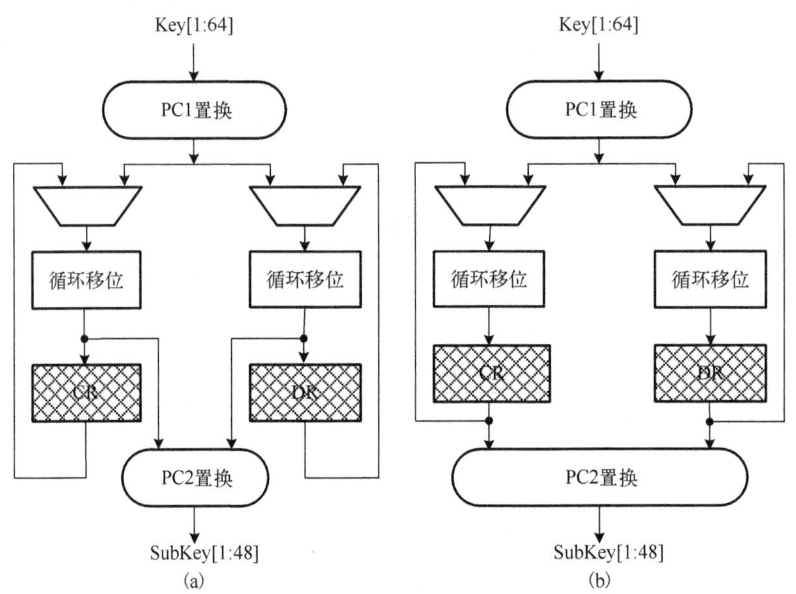

图 5-17　DES 算法两种子密钥生成数据路径

DES 算法整体可以描述如下，若要求每一轮循环操作占用一个时钟周期，由于子密钥生成的运算 $K(i)$ 与轮运算同步进行，而轮运算中间结果数据 $L(i)$、$R(i)$ 需要当前轮运算子密钥提前生成，$L(i)$、$R(i)$ 与 $K(i)$ 之间具有密切的数据相关性，$K(i)$、$L(i)$ 与 $R(i)$ 无法并行执行，该算法无法满足一轮循环操作占用一个时钟周期的要求。

```
L(0)=H(IP(P));
R(0)=L(IP(P));
for i=1 to 16
   {
     K(i)=Key_generation(Key,i,mode)
   L(i)= R(i-1);
   R(i)= L(i-1) ⊕f(R(i-1),K(i)) ;
   }
C=IP^-1(L(16), R(16));
return C ;
```

由于 $K(1)$ 与外部输入的明文无关，可以提前计算出来，而 $K(i+1)$ 应用于下一轮运算，可以与当前轮轮运算同步执行，此时对上述算法进行适当调整，得到下述描述。

```
L(0)=H(IP(P));
R(0)=L(IP(P));
K(1)=Key_generation(Key,1,mode)     //加密先计算 K(1)
for i=1 to 16
   {
   L(i)= R(i-1);
   R(i)= L(i-1) ⊕f(R(i-1),K(i)) ;
     K((i+1) mod 16 )=Key_generation(Key,i+1,mode)
   }
C=IP^-1(L(16), R(16));
return C ;
```

鉴于此，图 5-17(a)所示子密钥生成电路与图 5-13 所示数据路径时序匹配，图 5-17(b)所示子密钥生成电路与图 5-14 所示数据路径时序匹配。第 6 章将对操作时序进行详细的分析。

此时，置换操作单元 PC1、置换操作单元 PC2 可采用硬连线方式直接实现，与前述一致。而循环移位单元与前述有较大差别，每一轮中的循环移位操作不但与轮数 i 密切相关，而且与加解密工作模式密切相关，加密过程每一轮运算作循环左移操作，解密过程每一轮运算作循环右移操作，第 1～16 轮加解密运算过程移位位数如表 5-5 所示。

表 5-5　DES 子密钥生成算法移位位数

轮数		1	2	3	4	5	6	7	8	9	10	11	12	13	14	15	16
加密	循环左移位数	1	1	2	2	2	2	2	2	1	2	2	2	2	2	2	1
解密	循环右移位数	0	1	2	2	2	2	2	2	1	2	2	2	2	2	2	1

此时，两个桶形移位寄存器均包括两级电路，第一级实现移 2 位或不移位操作，第二级移 1 位或不移位操作，如图 5-18 所示，移位寄存器的信号控制共有三个：移位方向 d、移位位数 k_1、k_0。移位寄存器具有不移位、循环左移 1 位、循环左移 2 位、循环左移 3 位(不用)及循环右移 1 位、循环右移 2 位、循环右移 3 位(不用)共七种功能。移位方向 d、移位位数 k_1、k_0 信号由加解密工作模式及轮数信号共同译码决定。

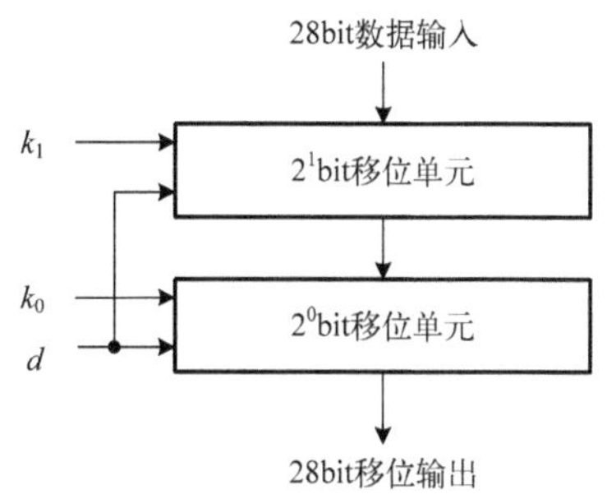

图 5-18　DES 子密钥生成算法循环移位单元

5.3　Grain-80 算法乱数生成芯片数据路径

5.3.1　算法概述

Grain 算法是一种二进制同步流密码，有 Grain-80 与 Grain-128 两种不同的版本，具有硬件实现占用资源少、功耗低和安全性高等特点，在计算资源、存储资源和功耗等受限的情况下，具有非常广泛的应用前景。

Grain-80 算法包含三个模块：80 级线性反馈移位寄存器 LFSR、80 级非线性反馈移位寄存器 NFSR 及密钥流输出函数。算法结构如图 5-19 所示。

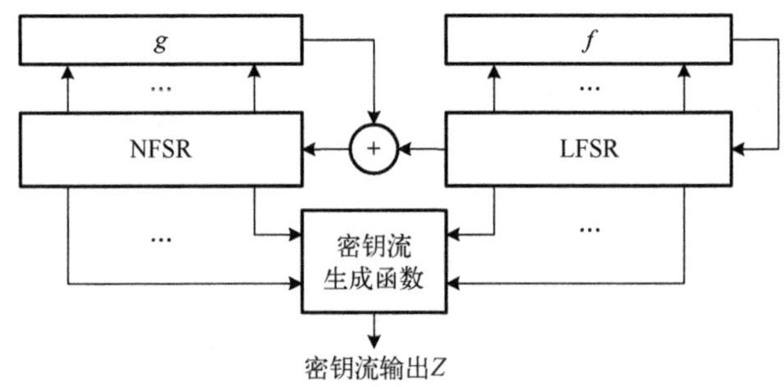

图 5-19　Grain-80 算法结构

Grain-80 算法主密钥 KEY 为 80bit，初始向量 IV 为 64bit，算法执行分为密钥/IV 装载、初始化、乱数生成、乱数输出几个阶段。

1) 密钥/IV 装载阶段

将 80bit 密钥(k_i)、64bit IV(iv_i)、16bit 常数 11⋯1 顺序写入内部移位寄存器，装载之后，NFSR、LFSR 数据为

$$(b_0,b_1,\cdots,b_{79}) \leftarrow (k_0,k_1,\cdots,k_{79})$$

$$(s_0,s_1,\cdots,s_{79}) \leftarrow (\mathrm{iv}_0,\mathrm{iv}_1,\cdots,\mathrm{iv}_{63},\underbrace{11\cdots1}_{16})$$

2) 算法初始化

完成密钥和 IV 装载之后，进行初始化，初始化算法类似于乱数生成算法，包括 80 级 LFSR、80 级 NFSR 及密钥流输出函数，只是进行 160 轮算法空转，密钥流序列不输出，反馈回去参与 LFSR 和 NFSR 的状态更新，如图 5-20 所示。

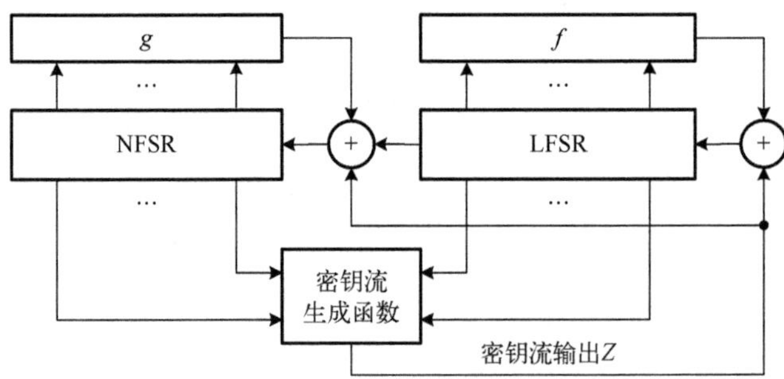

图 5-20　Grain-80 初始化算法结构

3）乱数生成与输出

初始化完成之后，每一个时钟节拍输出 1bit 乱数。

5.3.2　总体设计

Grain-80 算法乱数生成芯片外部接口如图 5-21 所示，主要接口信号包括：时钟信号 CLK，上升沿有效；异步复位信号 nRESET，低电平有效；启动信号 START、写使能 WEN、读使能 REN 及输出有效标志 READY，高电平有效；DIN[7:0]输入密钥/IV，DOUT[7:0]输出乱数。

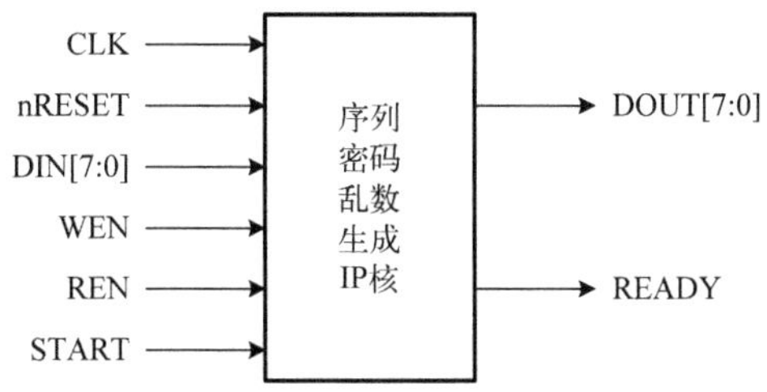

图 5-21　Grain-80 算法乱数生成芯片外部接口

芯片工作分为密钥/IV 装载、数据填充、算法初始化、乱数生成和乱数读出五个工作阶段，如图 5-22 所示。

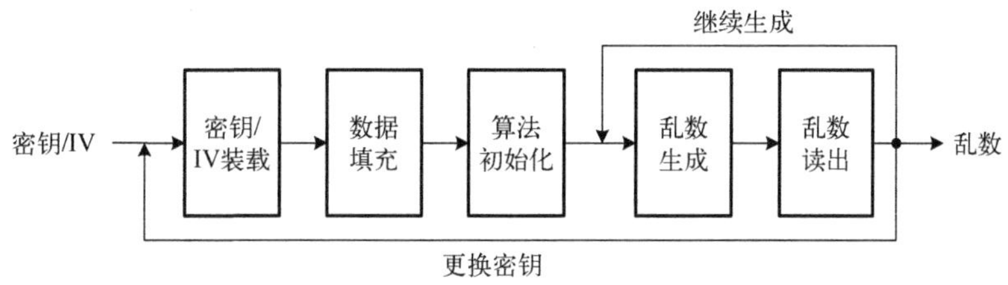

图 5-22　Grain-80 算法乱数生成芯片工作阶段划分

芯片上电之后，装载密钥/IV 或更换密钥/IV 时，发出有效的 START 信号，进入等待装载阶段。在此状态下，外部写使能 WEN 有效，将一个 8bit 的密钥/IV 数据写入芯片，写入数据格式如图 5-23 所示。

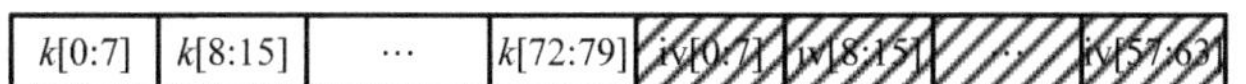

图 5-23　Grain-80 算法乱数生成芯片数据写入格式

一旦芯片接收到 18 个有效的 WEN 信号，标志着密钥/IV 数据已经写入完成，自动转入数据填充阶段，将 16 个“1”分两拍写入移位寄存器之中。之后，芯片转入算法初始化阶段，执行初始化算法；初始化完成之后，自动进入乱数生成阶段，执行乱数生成算法；当输出缓存中有一字节的乱数数据，将生成 READY 信号，通知上位机，可以读取数据；当缓存已满，将暂停芯片工作，等待上位机读取输出缓存数据；只要缓存有空余空间，就可以写入数据，芯片将继续生成乱数。当读取的乱数满足需求时，将不再读取，也可根据应用需求，更换密钥、IV。芯片无论处于何种工作状态，一旦接收到有效的 START 信号，立刻返回到等待装载阶段，内部寄存器恢复初始值。

5.3.3　Grain-80 乱数生成芯片数据路径

1. 数据路径构成

依据算法描述，可得：

(1) 在算法初始化与乱数生成阶段，采用的线性反馈移位寄存器、非线性反馈移位寄存器结构未发生变化，因此算法初始化与乱数生成阶段，两个移位寄存器可以共用。

(2) 在密钥/IV 装载、算法初始化与乱数生成三个阶段，两个移位寄存器串行输入不完全一样，装载阶段，两个移位寄存器只接收外部输入；算法初始化阶段，密钥流生成乱数反馈回去，作为两个线性反馈移位寄存器的串行输入，参与两个移位寄存器的更新；乱数生成阶段，线性反馈移位寄存器自身移位更新，而线性反馈移位寄存器的输出作为非线性反馈移位寄存器的串行输入参与状态更新。

(3) 线性反馈移位寄存器与非线性反馈移位寄存器的级数均为 80，线性反馈函数 $f(x)$ 是一个本原多项式，非线性反馈函数 $g(x)$ 是一个多输入的非线性布尔函数。

$$f(x)=1+x^{18}+x^{29}+x^{42}+x^{57}+x^{67}+x^{80}$$

$$\begin{aligned}g(x)=&1+x^{18}+x^{20}+x^{28}+x^{35}+x^{43}+x^{47}+x^{52}+x^{59}+x^{66}+x^{71}+x^{80}\\&+x^{17}x^{20}+x^{43}x^{47}+x^{65}x^{71}+x^{20}x^{28}x^{35}+x^{47}x^{52}x^{59}+x^{17}x^{35}x^{52}x^{71}\\&+x^{20}x^{28}x^{43}x^{47}+x^{17}x^{20}x^{59}x^{65}+x^{17}x^{20}x^{28}x^{35}x^{43}\\&+x^{47}x^{52}x^{59}x^{65}x^{71}+x^{28}x^{35}x^{43}x^{47}x^{52}x^{59}\end{aligned}$$

可以看出，线性反馈移位寄存器的抽头位置自低至高为{0,13,23,38,51,62}，其高 17bit 并未参与 $f(x)$ 反馈运算，非线性反馈移位寄存器的抽头位置自低至高为{0,9,14,15,21,28,33,37,45,52,60,62,63}，其高 16bit 并未参与 $g(x)$ 反馈运算，而密钥流输出函数为

$$Z=\underset{a\in A}{\oplus}b_{t+a}\oplus h(x)$$

其中，

$$A=\{1,2,4,10,31,43,56\}$$

$$\begin{aligned}h(x)=&x_1\oplus x_4\oplus x_0x_3\oplus x_2x_3\oplus x_3x_4\oplus x_0x_1x_2\oplus x_0x_2x_3\\&\oplus x_0x_2x_4\oplus x_1x_2x_4\oplus x_2x_3x_4\end{aligned}$$

变量 x_0,x_1,x_2,x_3,x_4 对应移位寄存器状态位 $s_{t+3},s_{t+25},s_{t+46},s_{t+64},b_{t+63}$。

因此，在任意时刻可以依据当前状态，直接更新线性反馈移位寄存器后续 17 个状态，直接更新非线性反馈移位寄存器后续 16 个状态，直接计算得到后续的 16 个状态的乱数输出。考虑到与输入、输出数据总线匹配，这里设计为并行更新 8 个状态、直接计算 8bit 乱数输出。

为保证乱数输出有足够大的缓存，采用一个 256×8 的同步 FIFO 作为输出缓存，输出缓存的“空”标志 EMPTY 取非作为乱数输出有效标志 READY。此时芯片数据路径如图 5-24 所示。

Grain-80 算法乱数生成芯片总体上包括数据路径与控制单元，数据路径包括 80bit 寄存器 NR、80bit 寄存器 LR、乱数输出缓存 KEY OUT FIFO 三个存储模块，线性移位寄存器 8bit

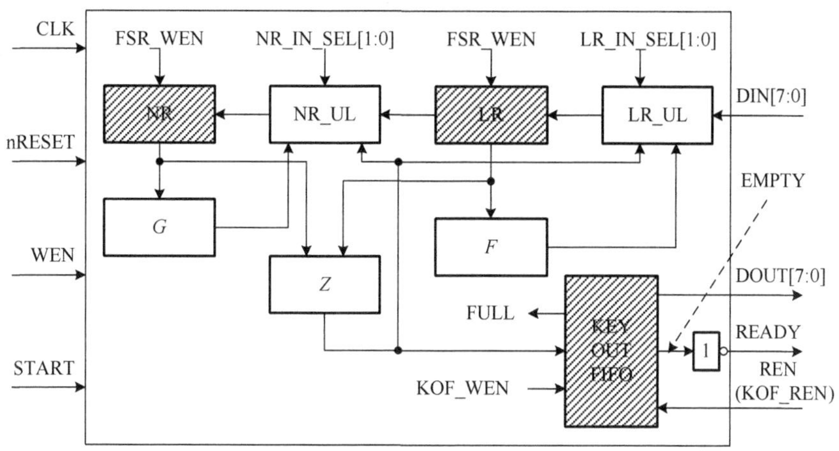

图 5-24　Grain-80 算法乱数生成芯片数据路径

反馈值并行计算逻辑 F、非线性移位寄存器 8bit 反馈值并行计算逻辑 G、8bit 乱数数据流计算单元 Z、线性移位寄存器并行更新逻辑 LR_UL、非线性移位寄存器并行更新逻辑 NR_UL 五个组合逻辑单元组成。

2. 单元设计

1) 线性反馈移位寄存器 8 步并行更新电路

组合逻辑部件 f 与 LR 寄存器配合，实现 80 级线性反馈移位寄存器操作。设时刻 t 的线性反馈移位寄存器状态分别为 $(s_t, s_{t+1}, \cdots, s_{t+79})$，依据 Grain-80 算法线性反馈函数的多项式，可以得到 LFSR 的更新函数 f 表达式为 $s_{t+80} = s_{t+62} \oplus s_{t+51} \oplus s_{t+38} \oplus s_{t+23} \oplus s_{t+13} \oplus s_t$， 1bit 状态更新的线性反馈移位寄存器可以采用如图 5-25 所示的电路实现。

$$f(x) = 1 + x^{18} + x^{29} + x^{42} + x^{57} + x^{67} + x^{80}$$

$$\begin{aligned} g(x) = 1 &+ x^{18} + x^{20} + x^{28} + x^{35} + x^{43} + x^{47} + x^{52} + x^{59} + x^{66} + x^{71} + x^{80} \\ &+ x^{17}x^{20} + x^{43}x^{47} + x^{65}x^{71} + x^{20}x^{28}x^{35} + x^{47}x^{52}x^{59} + x^{17}x^{35}x^{52}x^{71} \\ &+ x^{20}x^{28}x^{43}x^{47} + x^{17}x^{20}x^{59}x^{65} + x^{17}x^{20}x^{28}x^{35}x^{43} \\ &+ x^{47}x^{52}x^{59}x^{65}x^{71} + x^{28}x^{35}x^{43}x^{47}x^{52}x^{59} \end{aligned}$$

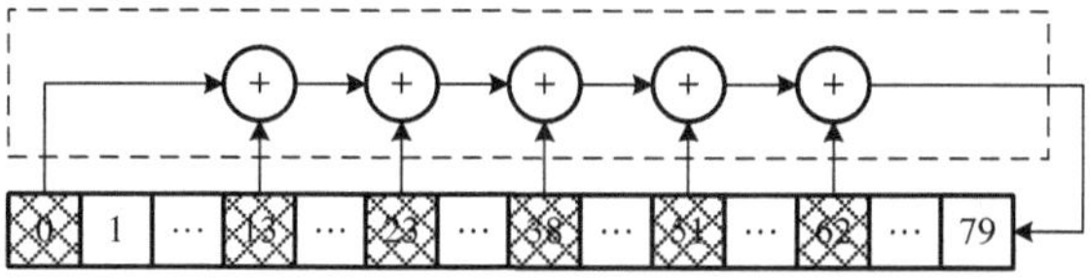

图 5-25　线性反馈移位寄存器的直接实现方式

为一个时钟周期更新 8 步状态，需要在当前状态直接并行计算出 8bit 并行更新反馈值，此时将后续 8 个时刻的状态代入 LFSR 的更新函数 f 表达式，得到

$$F[0] = s_{t+80} = s_{t+62} \oplus s_{t+51} \oplus s_{t+38} \oplus s_{t+23} \oplus s_{t+13} \oplus s_t$$

$$F[1] = s_{t+81} = s_{t+63} \oplus s_{t+52} \oplus s_{t+39} \oplus s_{t+24} \oplus s_{t+14} \oplus s_{t+1}$$

$$\vdots$$

$$F[7] = s_{t+87} = s_{t+69} \oplus s_{t+58} \oplus s_{t+45} \oplus s_{t+30} \oplus s_{t+20} \oplus s_{t+7}$$

组合逻辑部件 F 的表达式为

$$F[0:7] = \mathrm{LR}[62:69] \oplus \mathrm{LR}[51:58] \oplus \mathrm{LR}[38:45] \oplus \mathrm{LR}[23:30] \oplus \mathrm{LR}[13:20] \oplus \mathrm{LR}[0:7]$$

线性反馈移位寄存器 8 步并行更新电路构造方式如图 5-26 所示。

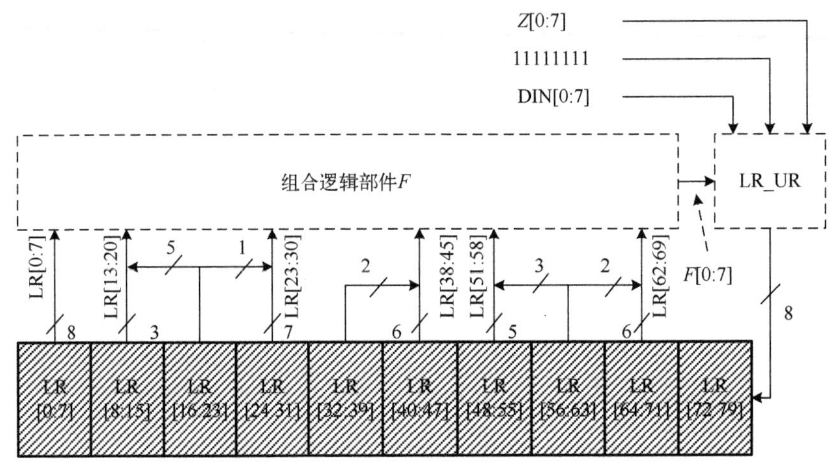

图 5-26　8 步并行更新线性反馈移位寄存器实现

在数据装载阶段，写使能 WEN 有效，芯片将外部输入的一个 8bit 的密钥/IV 数据写入 LFSR，在数据填充阶段，芯片每个时钟周期将“11111111”写入 LFSR，在算法初始化阶段，芯片将 8bit 反馈值与 8bit 乱数输出相异或写入 LFSR，在乱数生成与输出阶段，芯片将 8bit 反馈值写入 LFSR，线性反馈移位寄存器并行更新逻辑 LR_UL 本质上是一个多路数据选择器，如图 5-27 所示。

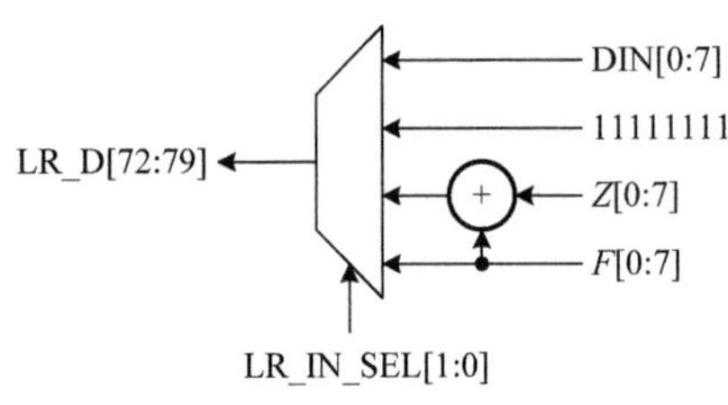

图 5-27　LFSR 更新逻辑

2) 非线性反馈移位寄存器 8 步并行更新电路

组合逻辑部件 g 与 NR 寄存器配合，实现 80 级非线性反馈移位寄存器操作，设时刻 t 的非线性反馈移位寄存器状态为 $(b_t, b_{t+1}, \cdots, b_{t+79})$，依据 Grain-80 算法非线性反馈函数的多项式，可得 NFSR 的更新函数 g 表达式为

$$\begin{aligned} b_{t+80} = {} & s_t \oplus b_{t+62} \oplus b_{t+60} \oplus b_{t+52} \oplus b_{t+45} \oplus b_{t+37} \oplus b_{t+33} \oplus b_{t+28} \oplus b_{t+21} \\ & \oplus b_{t+14} \oplus b_{t+9} \oplus b_t \oplus b_{t+63}b_{t+60} \oplus b_{t+37}b_{t+33} \oplus b_{t+15}b_{t+9} \\ & \oplus b_{t+60}b_{t+52}b_{t+45} \oplus b_{t+33}b_{t+28}b_{t+21} \oplus b_{t+63}b_{t+45}b_{t+28}b_{t+9} \\ & \oplus b_{t+60}b_{t+52}b_{t+37}b_{t+33} \oplus b_{t+63}b_{t+60}b_{t+21}b_{t+15} \\ & \oplus b_{t+63}b_{t+60}b_{t+52}b_{t+45}b_{t+37} \oplus b_{t+33}b_{t+28}b_{t+21}b_{t+15}b_{t+9} \\ & \oplus b_{t+52}b_{t+45}b_{t+37}b_{t+33}b_{t+28}b_{t+21} \end{aligned}$$

1bit 状态更新的非线性反馈移位寄存器可以采用如图 5-28 所示的电路实现。

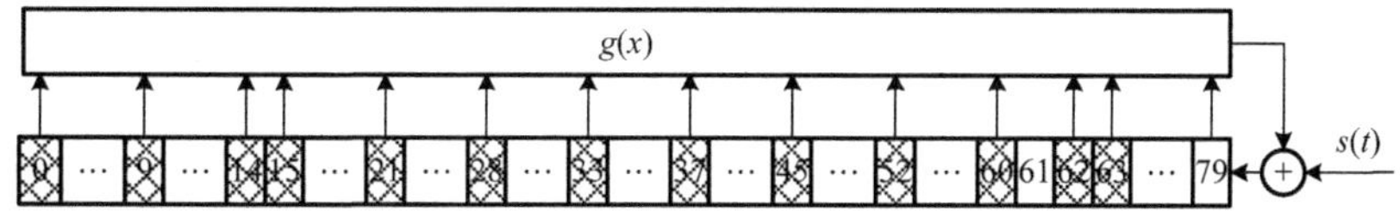

图 5-28　非线性反馈移位寄存器的直接实现方式

可以看出，NFSR 的抽头位置自低至高为{0,9,14,15,21,28,33,37,45,52, 60,62,63}，高 16bit 并未参与 $g(x)$ 反馈运算，在计算 b_{t+80} 的同时，还可以计算出 $b_{t+81},b_{t+82},\cdots$，考虑到与输入装载电路相匹配，可以直接并行计算出 8bit，并用于移位寄存器更新，即一个时钟周期更新 8 步，此时：

$$\begin{aligned}G[0]=b_{t+80}=\ &s_t\oplus b_{t+62}\oplus b_{t+60}\oplus b_{t+52}\oplus b_{t+45}\oplus b_{t+37}\oplus b_{t+33}\oplus b_{t+28}\oplus b_{t+21}\oplus b_{t+14}\oplus b_{t+9}\\&\oplus b_t\oplus b_{t+63}b_{t+60}\oplus b_{t+37}b_{t+33}\oplus b_{t+15}b_{t+9}\oplus b_{t+60}b_{t+52}b_{t+45}\oplus b_{t+33}b_{t+28}b_{t+21}\\&\oplus b_{t+63}b_{t+45}b_{t+28}b_{t+9}\oplus b_{t+60}b_{t+52}b_{t+37}b_{t+33}\oplus b_{t+63}b_{t+60}b_{t+21}b_{t+15}\\&\oplus b_{t+63}b_{t+60}b_{t+52}b_{t+45}b_{t+37}\oplus b_{t+33}b_{t+28}b_{t+21}b_{t+15}b_{t+9}\\&\oplus b_{t+52}b_{t+45}b_{t+37}b_{t+33}b_{t+28}b_{t+21}\end{aligned}$$

$$\begin{aligned}G[1]=b_{t+81}=\ &s_{t+1}\oplus b_{t+63}\oplus b_{t+61}\oplus b_{t+53}\oplus b_{t+46}\oplus b_{t+38}\oplus b_{t+34}\oplus b_{t+29}\oplus b_{t+22}\oplus b_{t+15}\\&\oplus b_{t+10}\oplus b_{t+1}\oplus b_{t+64}b_{t+61}\oplus b_{t+38}b_{t+34}\oplus b_{t+16}b_{t+10}\oplus b_{t+61}b_{t+53}b_{t+46}\\&\oplus b_{t+34}b_{t+29}b_{t+22}\oplus b_{t+64}b_{t+46}b_{t+29}b_{t+10}\oplus b_{t+61}b_{t+53}b_{t+38}b_{t+34}\\&\oplus b_{t+64}b_{t+61}b_{t+22}b_{t+16}\oplus b_{t+64}b_{t+61}b_{t+53}b_{t+46}b_{t+38}\\&\oplus b_{t+34}b_{t+29}b_{t+22}b_{t+16}b_{t+10}\oplus b_{t+53}b_{t+46}b_{t+38}b_{t+34}b_{t+29}b_{t+22}\\&\ \vdots\end{aligned}$$

$$\begin{aligned}G[7]=b_{t+87}=\ &s_{t+7}\oplus b_{t+69}\oplus b_{t+67}\oplus b_{t+59}\oplus b_{t+52}\oplus b_{t+44}\oplus b_{t+40}\oplus b_{t+35}\oplus b_{t+28}\oplus b_{t+21}\\&\oplus b_{t+16}\oplus b_{t+7}\oplus b_{t+70}b_{t+67}\oplus b_{t+44}b_{t+40}\oplus b_{t+22}b_{t+16}\oplus b_{t+67}b_{t+59}b_{t+52}\\&\oplus b_{t+40}b_{t+35}b_{t+28}\oplus b_{t+70}b_{t+52}b_{t+35}b_{t+16}\oplus b_{t+67}b_{t+59}b_{t+44}b_{t+40}\\&\oplus b_{t+70}b_{t+67}b_{t+28}b_{t+22}\oplus b_{t+70}b_{t+67}b_{t+59}b_{t+52}b_{t+44}\\&\oplus b_{t+40}b_{t+35}b_{t+28}b_{t+22}b_{t+16}\oplus b_{t+59}b_{t+52}b_{t+44}b_{t+40}b_{t+35}b_{t+28}\end{aligned}$$

在不考虑 NFSR 串行输入的情况下，组合逻辑部件 G 的表达式为

$$\begin{aligned}G=\ &\mathrm{NR}[62:69]\oplus \mathrm{NR}[60:67]\oplus \mathrm{NR}[52:59]\oplus \mathrm{NR}[45:52]\oplus \mathrm{NR}[37:44]\\&\oplus \mathrm{NR}[33:40]\oplus \mathrm{NR}[28:35]\oplus \mathrm{NR}[21:28]\oplus \mathrm{NR}[14:21]\oplus \mathrm{NR}[9:16]\\&\oplus \mathrm{NR}[0:7]\oplus \mathrm{NR}[63:70]\mathrm{NR}[60:67]\oplus \mathrm{NR}[37:44]\mathrm{NR}[33:40]\\&\oplus \mathrm{NR}[15:22]\mathrm{NR}[9:16]\oplus \mathrm{NR}[60:67]\mathrm{NR}[52:59]\mathrm{NR}[45:52]\\&\oplus \mathrm{NR}[33:40]\mathrm{NR}[28:35]\mathrm{NR}[21:28]\\&\oplus \mathrm{NR}[63:70]\mathrm{NR}[45:52]\mathrm{NR}[28:35]\mathrm{NR}[9:16]\\&\oplus \mathrm{NR}[60:67]\mathrm{NR}[52:59]\mathrm{NR}[37:44]\mathrm{NR}[33:40]\\&\oplus \mathrm{NR}[63:70]\mathrm{NR}[60:67]\mathrm{NR}[21:28]\mathrm{NR}[15:22]\\&\oplus \mathrm{NR}[63:70]\mathrm{NR}[60:67]\mathrm{NR}[52:59]\mathrm{NR}[45:52]\mathrm{NR}[37:44]\\&\oplus \mathrm{NR}[33:40]\mathrm{NR}[28:35]\mathrm{NR}[21:28]\mathrm{NR}[15:22]\mathrm{NR}[9:16]\\&\oplus \mathrm{NR}[52:59]\mathrm{NR}[45:52]\mathrm{NR}[37:44]\mathrm{NR}[33:40]\mathrm{NR}[28:35]\mathrm{NR}[21:28]\end{aligned}$$

非线性反馈移位寄存器构造方式如图 5-29 所示。

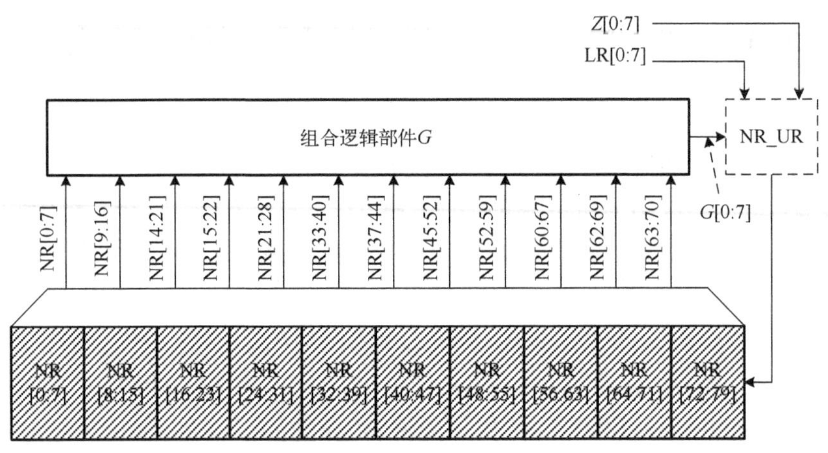

图 5-29　非线性反馈移位寄存器 8 步并行更新电路

在数据装载阶段与数据填充阶段，芯片将 LFSR 的 8bit 输出写入 NFSR，在算法初始化阶段，芯片将 8bit 反馈值、LFSR 的 8bit 输出、8bit 乱数输出三者异或的结果写入 NFSR，在乱数生成与输出阶段，芯片将 8bit 反馈值与 LFSR 的 8bit 输出异或结果写入 NFSR，非线性反馈移位寄存器并行更新逻辑如图 5-30 所示。

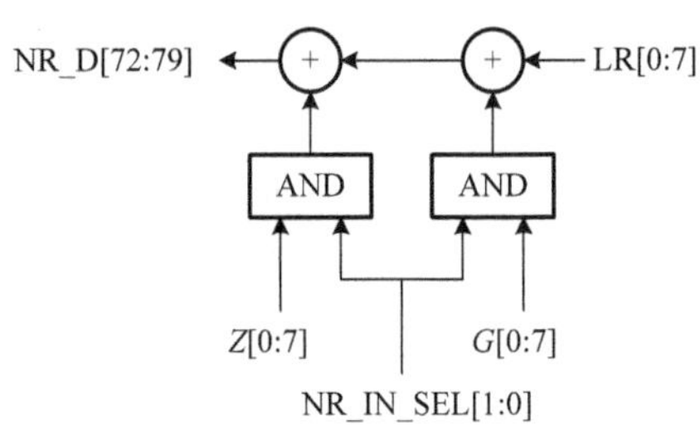

图 5-30　NFSR 更新逻辑

3) 8bit 乱数生成电路

乱数输出函数的表达式为

$$\begin{aligned} z_t = & b_{t+1} \oplus b_{t+2} \oplus b_{t+4} \oplus b_{t+10} \oplus b_{t+31} \oplus b_{t+43} \oplus b_{t+56} \\ & \oplus s_{t+25} \oplus b_{t+63} \oplus s_{t+25}s_{t+64} \oplus s_{t+46}s_{t+64} \oplus s_{t+64}b_{t+63} \oplus s_{t+3}s_{t+25}s_{t+46} \\ & \oplus s_{t+3}s_{t+46}s_{t+64} \oplus s_{t+3}s_{t+46}b_{t+63} \oplus s_{t+25}s_{t+46}b_{t+63} \oplus s_{t+46}s_{t+64}b_{t+63} \end{aligned}$$

1bit 乱数生成电路如图 5-31 所示。

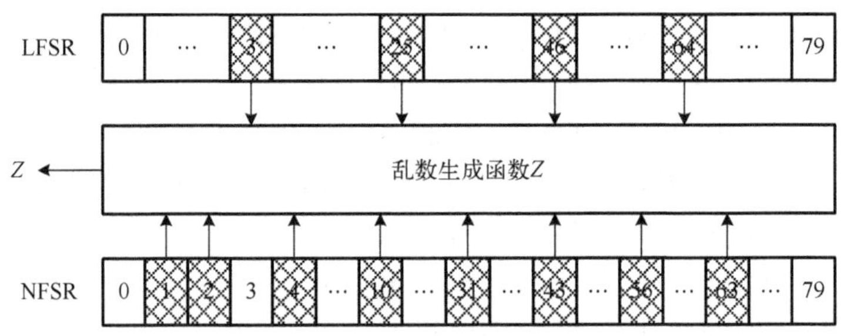

图 5-31　1bit 乱数生成电路

乱数生成函数 Z 使用的线性反馈移位寄存器状态最高位为 s_{t+64}，非线性反馈移位寄存器状态最高位为 b_{t+63}，直接并行计算出 8bit 乱数所需的线性反馈移位寄存器状态最高位依次为 $s_{t+64},s_{t+65},\cdots,s_{t+71}$，所需的非线性反馈移位寄存器状态最高位依次为 $b_{t+63},b_{t+64},\cdots,b_{t+70}$，此时，8

路并行输出函数 Z 的表达式为

$$
\begin{aligned}
Z[0:7]=&\mathrm{NR}[1:8]\oplus \mathrm{NR}[2:9]\oplus \mathrm{NR}[4:11]\oplus \mathrm{NR}[10:17]\oplus \mathrm{NR}[31:38]\\
&\oplus \mathrm{NR}[43:50]\oplus \mathrm{NR}[56:63]\oplus \mathrm{LR}[25:32]\oplus \mathrm{NR}[63:70]\\
&\oplus \mathrm{LR}[25:32]\mathrm{LR}[64:71]\oplus \mathrm{LR}[46:53]\mathrm{LR}[64:71]\\
&\oplus \mathrm{LR}[64:71]\mathrm{NR}[63:70]\oplus \mathrm{LR}[3:10]\mathrm{LR}[25:32]\mathrm{LR}[46:53]\\
&\oplus \mathrm{LR}[3:10]\mathrm{LR}[46:53]\mathrm{LR}[64:71]\\
&\oplus \mathrm{LR}[3:10]\mathrm{LR}[46:53]\mathrm{NR}[63:70]\\
&\oplus \mathrm{LR}[25:32]\mathrm{LR}[46:53]\mathrm{NR}[63:70]\\
&\oplus \mathrm{LR}[46:53]\mathrm{LR}[64:71]\mathrm{NR}[63:70]
\end{aligned}
$$

8bit 乱数并行生成电路架构如图 5-32 所示。

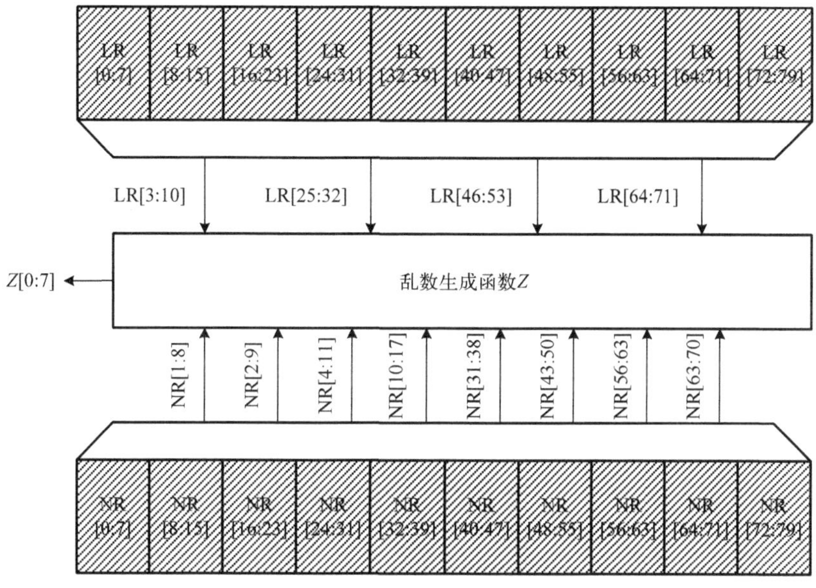

图 5-32　8bit 乱数并行生成电路

4) 输出缓存

输出缓存 KEY OUT FIFO 为一个存储容量为 256×8bit 的同步单时钟 FIFO，乱数生成阶段每个时钟节拍写入一次，操作时钟 CLK，写使能信号 KOF_WEN、读使能 KOF_REN 高电平有效。

FIFO 设有标志信号，分别为空标志 EMPTY、满标志 FULL、半满标志 HALF、几乎空标志 ALMOST_EMPTY、几乎满标志 ALMOST_FULL。将几乎空标志 ALMOST_EMPTY 引出，作为 READY 信号，指示乱数输出缓存内部有数据；将满标志 FULL 接入控制器，当生成的乱数填满输出缓存之后，控制器控制各个电路模块暂停工作，等待上位机将乱数取出。

5.4　SHA1 算法芯片数据路径

5.4.1　总体构成

SHA1 算法是由美国国家标准与技术研究所 (NIST) 和美国国家安全局 (NSA) 共同设计的

杂凑算法，它可以实现数据的完整性认证，还可以配合公钥算法实现数字签名机制，目前广泛应用于电子商务、电子政务、网络银行、网上证券、数据加密传输与存储之中。标准 IPSEC 的封装安全净荷协议(ESP)和 IPSEC 验证头协议(AH)中，就使用了 SHA1 算法作为验证机制。SHA1 算法处理流程如图 5-33 所示。

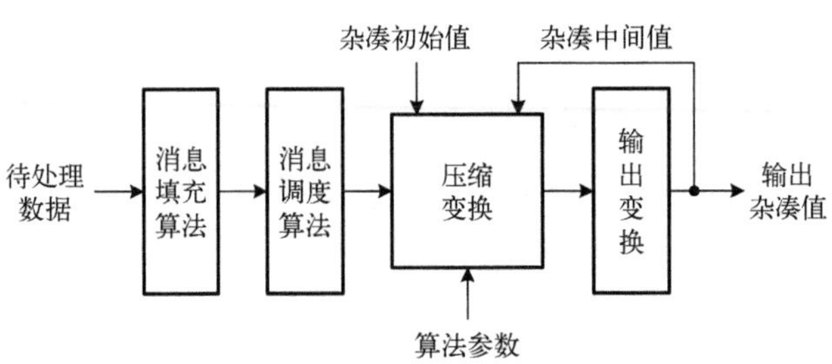

图 5-33　SHA1 算法处理流程

SHA1 算法芯片总体结构如图 5-34 所示，包括数据路径与控制单元。数据路径对输入的消息进行处理，在内部控制信号作用下，完成密码变换，并将结果输出；控制单元在输入控制信号的作用下，产生数据路径所需的控制信号及对外的输出信号。

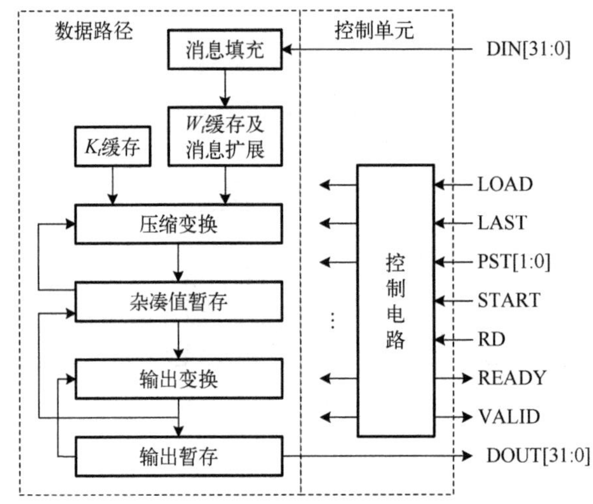

图 5-34　SHA1 算法芯片内部结构

芯片对外连接 32bit 总线，数据输入、输出分离。主要接口信号包括：32bit 并行数据输入 DIN[31:0]，用于输入待处理数据；32bit 并行数据输出 DOUT[31:0]，用于输出计算完成的杂凑值；数据装载信号 LOAD，高电平有效；最后一个字标志信号 LAST，高电平有效，当该信号有效时，当前外部输入为最后 1 个 32bit 字；最后一字节标志信号 PST[1:0]，与 LAST 信号配合使用，用于指示当前字数据中最后 1 字节位置，00 表示最后输入字中 1 字节有效，最低字节是当前分组数据最后的 8bit，01 表示最后输入字中 2 字节有效，次低字节、最低字节是当前分组数据最后的 16bit，10 表示最后输入字中 3 字节有效，次高字节、次低字节、最低字节是当前分组数据最后的 24bit，11 表示最后输入字的 4 字节均有效，最后输入的 32bit 数据是当前分组数据最后的 32bit；启动信号 START，高电平有效；运算完成标志信号 READY，高电平有效，每一个分组运算完成后，芯片内部置该信号有效，表示可以输入下一分组数据；杂凑值输出有效标志信号 VALID，高电平有效，所有分组处理完成后，置该信号有效，可以读出计算完成的杂凑值；读信号 RD，高电平有效，当该信号有效时，从片内读出一组 32bit 杂凑值。

5.4.2　数据路径电路结构

1. 分组处理过程

SHA1 算法经消息填充及扩展出来的报文分组进行处理，处理过程分为以下几步。

1) 初始化缓存

使用一个 160bit 的缓存来存放该散列函数的中间值及最终结果。缓存初始值为 A=0x67452301H，B=0xEFCDAB89H，C=0x98BADCEFH，D=0x10325476H，E=0xC3D2E1F0H。

2) 循环处理

SHA1 算法包含四个循环的处理模块，每个循环由 20 个处理步骤组成，如图 5-35 所示。四个循环有相似的结构，但每个循环使用不同的逻辑函数，分别表示为 f_1、f_2、f_3、f_4。循环中的每一步都以当前正在处理的 512bit 消息字和 160bit 缓存值 $ABCDE$ 为输入，每一步更新缓存内容。

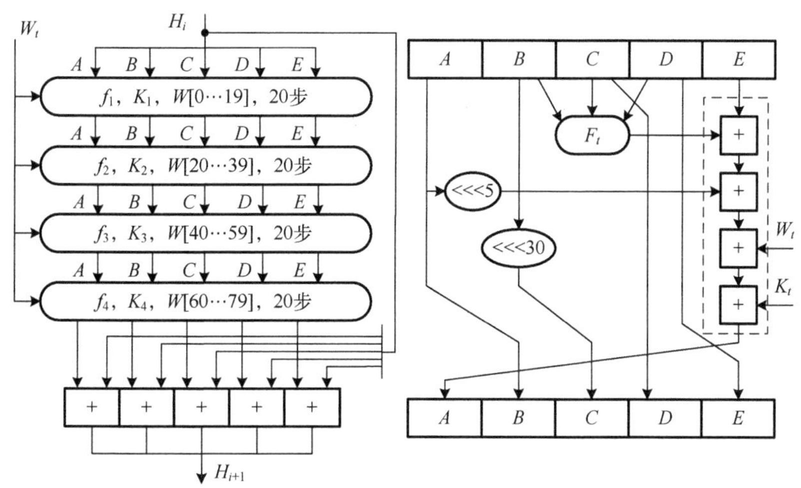

图 5-35　SHA1 算法处理流程

每个循环还使用一个额外的常数 K_t，对应的四轮 K_t 取值及逻辑函数 f_t 如表 5-6 所示。

表 5-6　SHA1 算法四轮运算使用的常数取值及逻辑函数

步数	常数 K_t	函数 f_t
$0 \leqslant t \leqslant 19$	0x5A827999H	$BC+\overline{B}D$
$20 \leqslant t \leqslant 39$	0x6ED9EBA1H	$B \oplus C \oplus D$
$40 \leqslant t \leqslant 59$	0x8F1BBCDCH	$BC+BD+CD$
$60 \leqslant t \leqslant 79$	0xCA62C1D6H	$B \oplus C \oplus D$

3) 计算杂凑值

第四次循环最后一步的输出与第一次循环的输入模 2^{32} 相加后得到下一个 512bit 分组计算所需的 $ABCDE$ 值。所有的 512bit 分组处理完毕后，最后一个分组产生的输出便是 160bit 的报文摘要。

2. 数据路径构成

SHA1 算法芯片数据路径主要包括压缩变换模块、杂凑中间值寄存器、最终杂凑值寄存器、模加运算模块、杂凑初始值选择电路、输出变换电路、K_t 寄存器、W_t 寄存器、W_t 移位寄存器、消息填充电路，如图 5-36 所示。

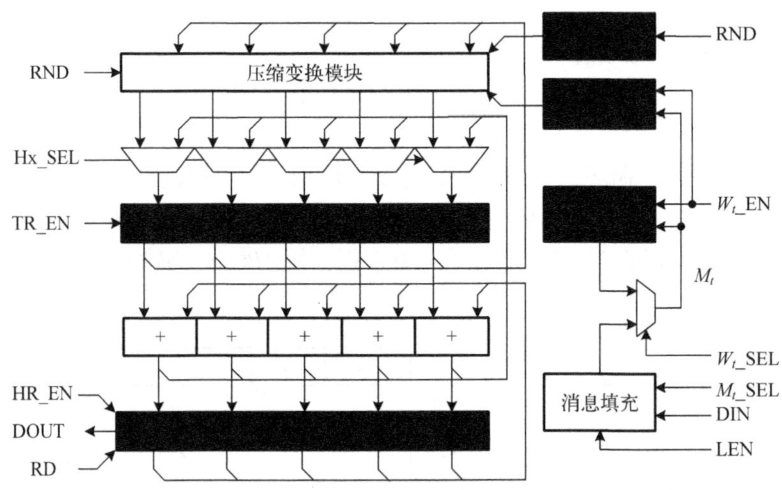

图 5-36 SHA1 算法芯片数据路径

杂凑中间值寄存器 A、B、C、D、E，共 5 个 32bit 寄存器，用于存储压缩变换结果及杂凑中间值；最终杂凑值寄存器 HA、HB、HC、HD、HE，共 5 个 32bit 寄存器，用于存储最终杂凑值；压缩变换模块，完成 4 轮、80 步的压缩变换；输出变换电路由 5 个模 2^{32} 加法电路组成，用于计算杂凑中间值、最终杂凑值；杂凑初始值选择电路用于区分 80 步压缩变换和最后的输出变换，选择合适的输入数据；K_t 寄存器内部存储四轮运算所需的常数；W_t 寄存器存储 80 步运算所需的 W_t 数据，由原始输入的 M_t、消息填充电路及消息扩展电路构成。

1) 初始化

启动运算时，置各个寄存器初始值分别为 HA=A=0x67452301H、HB=B=0xEFCDAB89H、HC=C=0x98BADCFEH、HD=D=0x10325476H、HE=E=0xC3D2E1F0H。

2) 80 步压缩变换

压缩变换过程共 4 轮，每轮 20 步，执行压缩变换，在下一时钟上升沿，在使能信号作用下，将每一步压缩变换结果写入杂凑中间值寄存器 A、B、C、D、E，设轮运算信号为 RND[1:0]，则有

$$A' = E + f(\mathrm{RND}, B, C, D) + A\ (<<<5) + W_t + K(\mathrm{RND})$$

$$B' = A$$

$$C' = B<<<30$$

$D' = C$

$E' = D$

SHA1 运算模块的关键路径是计算下一时刻的 A，在这一路径中，需要完成一个多变量逻辑函数和四个连续 32 位加法。多变量逻辑函数的输入为 B、C、D 及 2bit 控制信号 RND，四个连续的加法运算用多级 3-2 变换进行优化，以减少进位加法电路的延时。优化后的电路采用三级进位保存加法器(CSA)和一级串行进位加法器(CPA)构成，如图 5-37 所示。

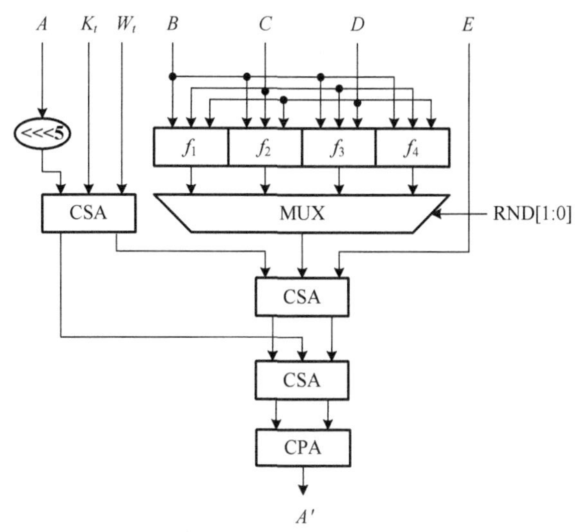

图 5-37　压缩变换模块

3) 分组数据杂凑中间值及最终杂凑值计算

80 步压缩变换完成之后，进行输出变换，第 80 步压缩变换结果存储于杂凑中间值寄存器 A、B、C、D、E 之中，与当前分组数据的杂凑初始值(存储于最终杂凑值寄存器 HA、HB、HC、HD、HE 之中)进行模加，用得到的结果更新最终杂凑值寄存器 HA、HB、HC、HD、HE 及杂凑中间值寄存器 A、B、C、D、E，将其作为下一分组的初始值。

$$A = A+\mathrm{HA},\ B = B+\mathrm{HB},\ C = C+\mathrm{HC},\ D = D+\mathrm{HD},\ E = E+\mathrm{HE}$$

$$\mathrm{HA} = A+\mathrm{HA},\ \mathrm{HB} = B+\mathrm{HB},\ \mathrm{HC} = C+\mathrm{HC},\ \mathrm{HD} = D+\mathrm{HD},\ \mathrm{HE} = E+\mathrm{HE}$$

若是最后一个分组，则此时存储于寄存器 HA、HB、HC、HD、HE 之中的数据即为最终杂凑值。

4) 最终杂凑值读出

当最后一组 512bit 分组数据处理完毕之后，寄存器内部存储的即为最终的杂凑值，此时在外部读信号 HR_REN 控制下，做循环移位操作，自 HA 寄存器输出。

$$\mathrm{DOUT}=\mathrm{HA},\ \mathrm{HA} = \mathrm{HB},\ \mathrm{HB} = \mathrm{HC},\ \mathrm{HC} = \mathrm{HD},\ \mathrm{HD} = \mathrm{HE},\ \mathrm{HE} = \mathrm{HA}$$

5.4.3　消息预处理

1. 消息填充

SHA1 算法芯片处理的输入报文最大长度不超过 2^{64}bit，采用硬件电路对输入消息进行填充，将最后一个分组数据填充至 512bit 的整数倍，再进行处理。消息填充步骤如下。

STEP1：附加填充比特。对报文进行填充，使报文长度与 448 模 512 同余(长度=448 mod 512)，填充的比特数范围是 1～512，填充比特串的最高位为 1，其余位为 0。

STEP2：附加长度值。将用 64bit 表示的初始报文(填充前)的位长度附加在 STEP1 的结果后(低位字节优先)。

假定输入消息长度一定是字节的整数倍，按照字节进行填充，填充之后的消息为 M_t，密码芯片外部 32bit 字输入数据为 DIN=[B3,B2,B1,B0]，不足一个 32bit 字时，自左至右方向排列有效数据，即 1 字节有效，字数据排列为[B3,X,X,X]；2 字节有效，字数据排列为[B3,B2,X,X]；3 字节有效，字数据排列为[B3,B2,B1,X]；4 字节有效，字数据排列为[B3,B2,B1,B0]；这里，[B3,B2,B1,B0]为外部输入的 4 字节，X 表示无效数据。具体的消息填充过程，需要区分以下几种情况。

情况 1：若 LOAD 信号有效，LAST 信号无效，则输入数据是当前分组的一个 32bit 字，有

$$M_t = \text{Din}$$

情况 2：若外部 LAOD 信号和 LAST 信号同时有效，则当前输入为最后一个 32bit 字，分组数据需要依据 PST 取不同值的情况进行构造。

(1)若 PST[1:0]=00，表示最后输入的一个字内仅 1 字节有效，从 B2 字节开始填充一个 1 和若干个 0，有

$$M_t = (\text{Din\&0xFF000000H}) \oplus \text{0x00800000H}$$

(2)若 PST[1:0]=01，表示最后输入的一个字内 2 字节有效，从 B1 字节开始填充一个 1 和若干个 0，有

$$M_t = (\text{Din\&0xFFFF0000H}) \oplus \text{0x00008000H}$$

(3)若 PST[1:0]=10，表示最后输入的一个字内 3 字节有效，从 B0 字节开始填充 1 个 1 和若干个 0，有

$$M_t = (\text{Din\&0xFFFFFF00H}) \oplus \text{0x00000080H}$$

(4)若 PST[1:0]=11，表示最后输入的一个字内 4 字节全部有效，该 32bit 数据不需要填充，从下一个 32bit 字起始位填充一个 1 和若干个 0，有

$$M_t = \text{Din}$$

LAST 信号有效之后，LOAD 信号将不再有效，外部也不再输入数据，分组后续数据需要依据前期 LAST 出现的时刻及 PST 取值，自动填充，完成分组数据构造，具体包括以下几种情况。

情况 3：若前期 LAST 信号出现在分组数据输入的前 13 个 LOAD 信号有效期间，即当前分组的有效数据长度不大于 13×32bit=416bit，则在当前分组内可完成 STEP1、STEP2 所述的全部填充任务，填充方法如下。

(1)第 16 个 32bit 字，一定是消息长度的高 32bit(低位字节优先)，即

$$M_t=\text{LEN[39:32]}\|\text{LEN[47:40]}\|\text{LEN[55:48]}\|\text{LEN[63:56]}$$

(2)第 15 个 32bit 字，一定是消息长度的低 32bit(低位字节优先)，即

$$M_t\text{=LEN[7:0]||LEN[15:8]||LEN[23:16]||LEN[31:24]}$$

(3) LAST 信号有效之后的第一个 32bit 字。

①若前期 PST[1:0]=00～10，则

$$M_t = \text{0x00000000H}$$

②若前期 PST[1:0]=11，则

$$M_t = \text{0x80000000H}$$

(4) 其他时刻的 32bit 字，则

$$M_t = \text{0x00000000H}$$

情况 4：若前期 LAST 信号出现在分组数据输入的第 14 个 LOAD 信号有效期间，即当前分组数据长度大于 416bit，小于或等于 448bit，此时需要综合判断前期 PST 数值进行填充，有以下两种情况。

情况 4-1：若前期 PST[1:0]=00～10，则当前分组有效数据长度小于或等于 440bit (448–8)，当前分组内可完成 STEP1、STEP2 所述的全部填充任务，填充方法如下。

(1) 分组数据的第 15 个数据：

$$M_t = \text{LEN[7:0]||LEN[15:8]||LEN[23:16]||LEN[31:24]}$$

(2) 分组数据的第 16 个数据：

$$M_t = \text{LEN[39:32]||LEN[47:40]||LEN[55:48]||LEN[63:56]}$$

情况 4-2：若前期 PST[1:0]=11，则当前分组有效数据长度为 448bit，无法完成全部填充任务，必须再扩展出一个 512bit 分组数据，多执行一个分组的 SHA1 运算，此后，才能置 READY、VALID 信号有效，输出数据。此时，分组数据填充方法如下。

(1) 当前分组数据的第 15 个数据：

$$M_t = \text{0x80000000H}$$

(2) 当前分组数据的第 16 个数据：

$$M_t = \text{0x00000000H}$$

(3) 下一分组的第 1～14 个 32bit 字，有

$$M_t = \text{0x00000000H}$$

(4) 第 15 个 32bit 字，一定是消息长度的低 32bit (低位字节有限)，即

$$M_t = \text{LEN[7:0]||LEN[15:8]||LEN[23:16]||LEN[31:24]}$$

(5) 第 16 个 32bit 字，一定是消息长度的高 32bit (低位字节有限)，即

$$M_t = \text{LEN[39:32]||LEN[47:40]||LEN[55:48]||LEN[63:56]}$$

情况 5：若前期 LAST 信号出现在分组数据输入的第 15、16 个 LOAD 有效期间，此时输入的分组数据大于 448bit，当前分组无法完成消息填充的所有步骤，需要自动再扩展出一个 512bit 分组，多执行一个分组的 SHA1 运算，此后才能置 READY、VALID 信号有效，输出数据。LAST 信号出现在分组数据输入的第 15、16 个 LOAD 信号有效期间，数据构造方法略有不同，分述如下。

情况 5-1：若前期 LAST 信号出现在分组数据输入的第 15 个 LOAD 有效期间，此时需要构造当前分组的第 16 个 32bit 字及第二个 512bit 分组数据，构造方法如下。

(1) 当前分组数据的最后一个 32bit 字：

①若前期 PST[1:0]=00～10，则

$$M_t = 0x00000000H$$

②若前期 PST[1:0]=11，则

$$M_t = 0x80000000H$$

(2) 扩展出的 512bit 分组数据构造方法如下：

①第 1～14 个 32bit 字，一定是全 0，即

$$M_t = 0x00000000H$$

②第 15 个 32bit 字，一定是消息长度的低 32bit(低位字节有限)，即

$$M_t = \text{LEN}[7:0] \| \text{LEN}[15:8] \| \text{LEN}[23:16] \| \text{LEN}[31:24]$$

③第 16 个 32bit 字，一定是消息长度的高 32bit(低位字节有限)，即

$$M_t = \text{LEN}[39:32] \| \text{LEN}[47:40] \| \text{LEN}[55:48] \| \text{LEN}[63:56]$$

情况 5-2：若前期 LAST 信号出现在分组数据输入的第 16 个 LOAD 有效期间，此时仅需构造第二个 512bit 分组数据，构造方法如下。

(1) 第 1 个 32bit 字：

①对于 PST[1:0]=00～10 三种情况，一定是全 0，即

$$M_t = 0x00000000H$$

②对于 PST[1:0]=11 这种情况，一定是一个 1 附加 31 个 0，即

$$M_t = 0x80000000H$$

(2) 第 2～14 个 32bit 字，一定是全 0，即

$$M_t = 0x00000000H$$

(3) 第 15 个 32bit 字，一定是消息长度的低 32bit(低位字节有限)，即

$$M_t = \text{LEN}[7:0] \| \text{LEN}[15:8] \| \text{LEN}[23:16] \| \text{LEN}[31:24]$$

(4) 第 16 个 32bit 字，一定是消息长度的高 32bit(低位字节有限)，即

$$M_t = \text{LEN}[39:32] \| \text{LEN}[47:40] \| \text{LEN}[55:48] \| \text{LEN}[63:56]$$

通过以上分析，可以看出，填充之后的消息 W_t 的取值有以下几种可能：

(1) $M_t = \text{Din}$；

(2) $M_t = (\text{Din}\&0xFF000000H) \oplus 0x00800000H$；

(3) $M_t = (\text{Din}\&0xFFFF0000H) \oplus 0x00008000H$；

(4) $M_t = (\text{Din}\&0xFFFFFF00H) \oplus 0x00000080H$；

(5) $M_t = 0x80000000H$；

(6) $M_t = 0x00000000H$；

(7) $M_t = \text{LEN}[7:0] \| \text{LEN}[15:8] \| \text{LEN}[23:16] \| \text{LEN}[31:24]$；

(8) $M_t = \text{LEN}[39:32] \| \text{LEN}[47:40] \| \text{LEN}[55:48] \| \text{LEN}[63:56]$。

该电路可以采用一个八选一数据选择器实现，通过合理配置相应的控制信号 M_t_SEL，可以得到预期的结果，电路架构如图 5-38 所示。

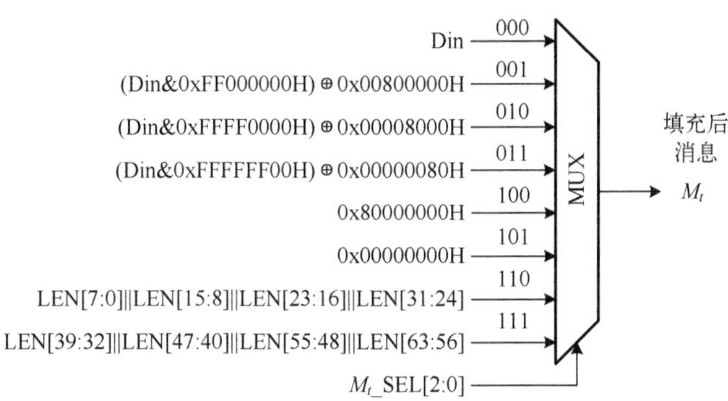

图 5-38 消息填充电路

2. 消息扩展

根据 SHA1 算法，参与每步运算的 32bit 字 W_t 是由 512bit 报文分组得出的，W_t 的前 16 个字直接取自当前分组中的 16 个字的值，即其余 64 步中 W_t 的值由四个前面的 W_t 值异或再循环左移一位得出，即 W_t 可由以下公式计算出来。

$$W_t = \begin{cases} M_t, & 0 \leqslant t \leqslant 5 \\ (W_{t-3} \oplus W_{t-8} \oplus W_{t-14} \oplus W_{t-16}) <<< 1, & 16 \leqslant t \leqslant 79 \end{cases}$$

W_t 生成电路如图 5-39 所示，该电路由移位寄存器、多路数据选择器、异或电路、W_t 寄存器构成。在前 16 步，外部数据经由多路选择器送入 16 级移位寄存器和 W_t 寄存器；自第 16 步以后，移位寄存器循环右移，将寄存器 0、2、8、13 的输出做异或运算之后的结果作为移位寄存器的外部输入，送入 W_t 锁存；W_t 寄存器输出数据送入压缩变换模块，直接参与 SHA1 的每一步运算。

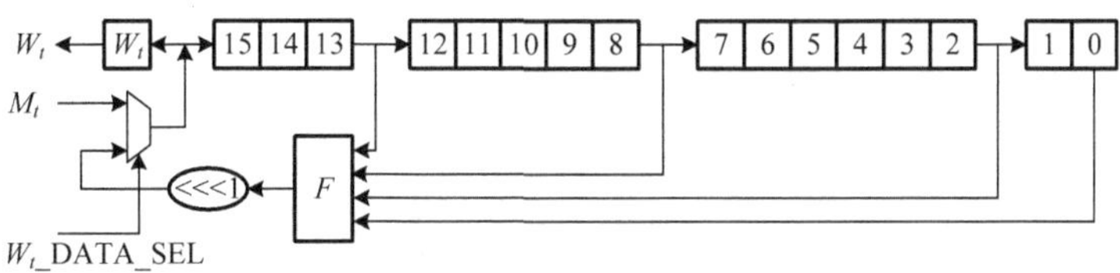

图 5-39 消息扩展电路

5.5 大整数乘法电路数据路径

5.5.1 大整数乘法运算

非对称密码运算中采用了大位宽的整数乘法运算，而集成电路受资源、速度限制，其内部乘法器位宽不可能太大，一般控制在 16bit、32bit、64bit 以内，因此必须将大位宽的整数乘法运算拆分为小位宽乘法、加法操作，采用窄位宽乘法、加法等电路来实现。

定义 5-1　设乘法器字长为 w，若乘数 A(整数)或被乘数 B(整数)的二进制位数大于 w，则由该乘法器所实现的运算 $A\times B$ 称为大整数乘法。

假设两个 Nbit 的二进制大数 A、B，其二进制表示形式为

$$A = a(N-1)2^{N-1} + a(N-2)2^{N-2} + \cdots + a(i)2^i + \cdots + a(1)2^1 + a(0)2^0$$

$$B = b(N-1)2^{N-1} + b(N-2)2^{N-2} + \cdots + b(i)2^i + \cdots + b(1)2^1 + b(0)2^0$$

将 A、B 表示成 s 位的 r 进制数，这里 r=2^w，w 为乘法器的字长，则 A、B 可以表示如下：

$$A = A(s-1)r^{s-1} + A(s-2)r^{s-2} + \cdots + A(i)r^i + \cdots + A(1)r^1 + A(0)r^0$$

$$B = B(s-1)r^{s-1} + B(s-2)r^{s-2} + \cdots + B(i)r^i + \cdots + B(1)r^1 + B(0)r^0$$

此时，$A\times B$ 乘法操作可以通过反复计算 $A(i)\times B(j)$ 之后再累加得到最终结果，这种用字长为 w 的乘法器实现的超过字长 w 的整数乘法运算称为大整数乘法运算。

$$P = \sum_{i=0}^{S-1}\sum_{j=0}^{S-1} a_i b_j r^{i+j}$$

显然，乘积 P=$A\times B$ 是 $2S-1$ 位 r 进制数，这里 S= N/w。

例如，若 N=8，乘数 A=217，被乘数 B=155，则其二进制表示形式为

$$A = 1\times 2^7 + 1\cdot 2^6 + 0\times 2^5 + 1\times 2^4 + 1\times 2^3 + 0\times 2^2 + 0\times 2^1 + 1\times 2^0$$

$$B = 1\times 2^7 + 0\times 2^6 + 0\times 2^5 + 1\times 2^4 + 1\times 2^3 + 0\times 2^2 + 1\times 2^1 + 1\times 2^0$$

设乘法器字长 w=4，将 A、B 表示为 r=2^w=十六进制数，则有

$$A = A(1)16^1 + A(0)16^0 = 13\times 16^1 + 9\times 16^0$$

$$B = B(1)16^1 + B(0)16^0 = 9\times 16^1 + 11\times 16^0$$

此时，S= N/w =2。

则 P=$A\times B$ 为

$$P = 9\times 11\times 16^0 + 13\times 11\times 16^1 + 9\times 9\times 16^1 + 13\times 9\times 16^{1+1}$$

计算过程可以采用传统的竖式乘法计算方式，计算过程如图 5-40 所示。

一般情况下，两个 S 位 r 进制数相乘，乘积的运算过程如图 5-41 所示。

```
          D  9
  ×       9  B
  ------------
       9  5  3
  + 7  A  1
  ------------
    8  3  6  3
```

图 5-40　传统的竖式乘法计算过程

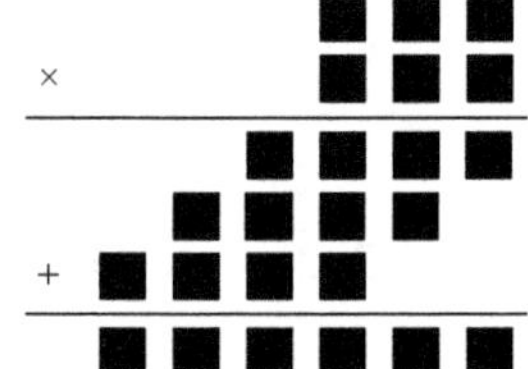

图 5-41　乘法器运算过程

与二进制乘法器不同，这里参与运算的两个数据均为 r 进制数，任意两个 r 进制数相乘，

将得到乘积和进位两个计算结果，即两个 r 进制数相乘将得到一个两位 r 进制数，如图 5-42 所示。

按照图 5-41 所示计算过程，需要首先计算出 S 行部分积，每行 S+1 个，再计算 S 行部分积之和，乘法运算与加法运算分离，将导致后续加法运算占用较多的时间。为此可对该计算过程进行修正，采用乘累加方式，即计算被乘数 $B(j)$ 与乘数 $A(i)$ 相乘的结果时，不仅要考虑到本位乘法结果，如图 5-43 中的 L(PP)、H(PP)，还要考虑到低位对本位的进位 C(由 $A(i-1)\times B(j)$ 计算得到)及上一行对应列的部分积 $T(i+j)$(由 $A(i+1)\times B(j-1)$ 计算得到)，三者相加，才计算得到本位的部分积 $T(i+j)$ 及向高位的进位 C。

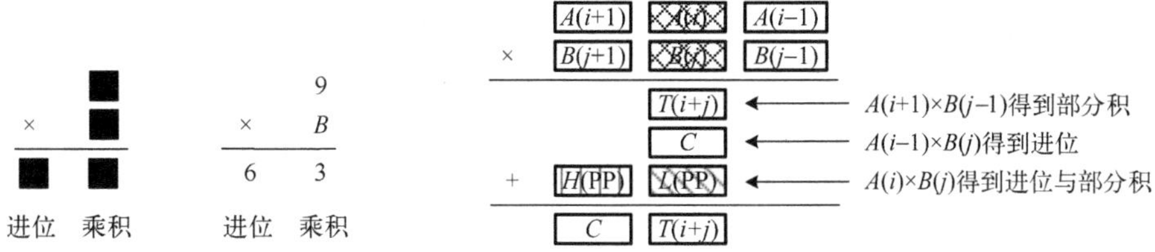

图 5-42　两个一位 r 进制数竖式乘法　　　　图 5-43　基于乘累加的竖式乘法

因此，在计算每一行部分积的时候，不但要考虑到本行部分积，还要与上一行得到的结果相加。计算过程可以表述如下。

STEP1.1：计算 $A(0)\times B(0)$ 得到 C、$T(0)$。

STEP1.2：计算 $A(1)\times B(0)+C$ 得到 C、$T(1)$。

STEP1.3：计算 $A(2)\times B(0)+C$ 得到 $T(3)=C$、$T(2)$。

STEP2.1：计算 $A(0)\times B(1)+T(1)$ 得到 C、$T(1)$。

STEP2.2：计算 $A(1)\times B(1)+C+T(2)$ 得到 C、$T(2)$。

STEP2.3：计算 $A(2)\times B(1)+C+T(3)$ 得到 $T(4)=C$、$T(3)$。

STEP3.1：计算 $A(0)\times B(2)+T(2)$ 得到 C、$T(2)$。

STEP3.2：计算 $A(1)\times B(2)+C+T(3)$ 得到 C、$T(3)$。

STEP3.3：计算 $A(2)\times B(2)+C+T(4)$ 得到 $T(5)=C$、$T(4)$。

计算过程如图 5-44 所示。图 5-44(a)对应上述 STEP1.1～1.3，图 5-44(b)对应上述 STEP2.1～2.3，图 5-44(c)对应上述 STEP3.1～3.3。

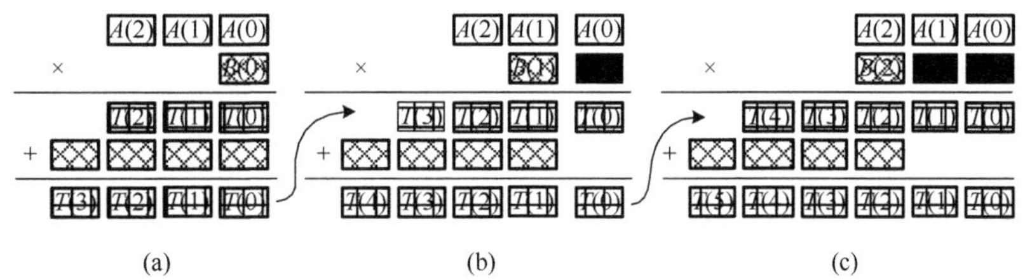

图 5-44　竖式乘法分解

依据以上分析，只需要一个部分积生成部件顺序地产生相应的部分积，用简单的乘加结构通过内外两个循环就可以实现大数的相乘，具体的乘法算法如下：

```
for j=0  to  2S-1                //预处理
      T(j)=0;
for i=0  to  S-1                 //外循环
  {
  C=0;
  for j=0 to S-1                 //内循环
      {
      PP=T(i+j)+C+A(i)*B(j);
      C=H(PP);
      T(i+j)=L(PP);
      }
  T(i+S)=C;
  }
```

其中，H(PP)为部分积 PP 的高位；L(PP)为部分积 PP 的低位。

5.5.2 1024bit 乘法单元数据路径

下面就具体的 1024 位大数乘法器给出相应的设计思想及数据路径。令乘法器字长 w=32，则 $r=2^{32}$，则两个 1024bit 的二进制大数 A、B 可以表示成 32 位的 r 进制数：

$$A = A(31)r^{31} + A(30)r^{30} + \cdots + A(i)r^{i} + \cdots + A(1)r^{1} + A(0)$$

$$B = B(31)r^{31} + B(30)r^{30} + \cdots + B(j)r^{i} + \cdots + B(1)r^{1} + B(0)$$

基于以上算法，可以采用简单的乘累加结构，通过内外两个循环实现大整数的乘法，核心运算可以统一表示为

$$C,T(i+j)=A(j)B(i)+C+T(i+j)$$

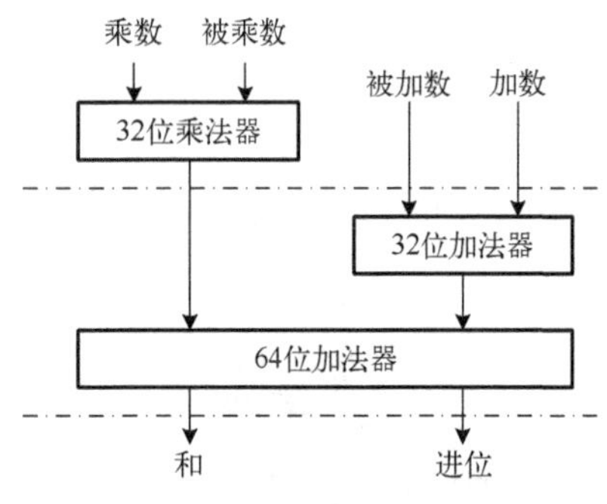

图 5-45　初步建立的乘法器数据路径

可见，大整数乘法器的数据通路核心运算模块由一个 32 位乘法器、一个 32 位和一个 64 位的加法器组成，如图 5-45 所示。图中乘数为 A，被乘数为 B，得到的进位为 C，和为 $T(i+j)$，被加数、加数为反馈回来的进位 C 和 $T(i+j)$。

根据前述算法，乘法过程具有以下特点：一是每行计算得到的部分积仅有 S+1 个，并非 2S 个；二是内循环计算完毕之后，当前正在使用的被乘数 $b(i)$将不再使用；三是每一行计算可以得到最终乘积结果的一位 $T(j)$，且该结果在下一行计算中不使用。例如，第一行计算完毕将得到 $T(0)$，计算第二行部分积时不需要该结果；第二行计算完毕将得到 $T(1)$，计算第三行部分积时也不需要；依次类推。因此，可以考虑采用存储被乘数 B 的寄存器作为最终结果 T 的存储单元的一部分，据此对算法进行修改如下：

```
for j=0  to  S-1                 //预处理
      T(j)=0;
for i=0  to  S-1                 //外循环
```

```
{
C=0;
for j=0 to S-1              //内循环
    {
    PP=T(j)+C+A(i)*B(j);
    C=H(PP);
    T(j)=L(PP);
    }
C,T,B>>1                    //C,T,B 联合右移
}
```

这里假定外部数据接口电路未绘出，A1A0 为端口地址，定义如表 5-7 所示。

表 5-7　1024bit 乘法单元端口地址

A1A0	功能描述
00	乘数 A
01	被乘数 B
10	保留
11	乘积输出

据此，可以得到详细的 1024bit 乘法运算单元数据路径，如图 5-46 所示。

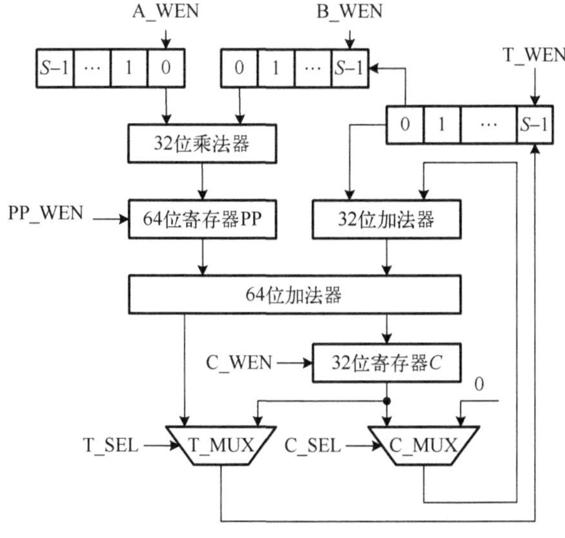

图 5-46　1024bit 乘法运算单元数据路径

(1) 被乘数寄存器 A：移位寄存器，用于存储被乘数 A，包括 $A(0)$,$A(1)$,…,$A(31)$ 共 32 个存储单元，每个单元 32bit 宽。若装载信号 LOAD=1，且地址信号 A1A0=00，在 CLK 上升沿将外部数据写入存储单元 31，同时单元 31 的内容写入单元 30，单元 30 的内容写入单元 29，……，单元 1 的内容写入单元 0；若 A_WEN=1，A 寄存器做循环移位，在 CLK 上升沿，寄存器 0 的内容写入单元 31，单元 31 的内容写入单元 30，单元 30 的内容写入单元 29，……，单元 1 的内容写入单元 0；否则，寄存器内容保持不变。

(2) 乘数寄存器 B：移位寄存器，用于存储乘数 B 及最终乘积的低位(低 1024bit)，包括 B(0),B(1),…,B(31) 共 32 个存储单元，每个单元 32bit 宽。若 LOAD=1，且 A1A0=01，在 CLK 上升沿将外部数据写入单元 31，同时单元 31 的内容写入单元 30，单元 30 的内容写入单元 29，……，单元 1 的内容写入单元 0；若 B_WEN=1，则 B 寄存器配合 T 寄存器做逻辑移位，在 CLK 上升沿寄存器 T0 的内容写入单元 31，单元 31 的内容写入单元 30，单元 30 的内容写入单元 29，……，单元 1 的内容写入单元 0；若读使能 REN=1，将 B 寄存器的数据读出，送往数据总线。B 寄存器配合 T 寄存器做逻辑移位，在 CLK 上升沿寄存器 0 的内容读出，B(1) 的内容写入 B(0)，……，B(30) 的内容写入 B(29)，B(31) 的内容写入 B(30)；T(0) 单元内容写入 B(31)，T(1) 单元内容写入 T(0)，……，T(31) 内容写入 T(30)；否则，寄存器内容保持不变。

(3) 乘积寄存器 T：移位寄存器，用于存储临时运算的结果及最终运算结果的高位数据(高 1024bit)，包括 T(0),T(1),…,T(31) 共 33 个存储单元，每个单元 32bit 宽；若异步复位 nRESET=0，寄存器清零；若 T_WEN=1，T 寄存器做移位，在 CLK 上升沿，将寄存器单元 31 的内容写入单元 30，单元 30 的内容写入单元 29，……，单元 1 的内容写入单元 0；T_MUX 数据选择器的输出写入单元 0；否则，寄存器内容保持不变。

(4) 进位寄存器 C：32bit 寄存器，用于存储进位 C；若 nRESET=0，寄存器清零；若 C_WEN=1， 将 64 位进位传播加法器的运算所得“进位”写入寄存器；否则，寄存器内容保持不变。

(5) 部分积寄存器 PP：64bit 寄存器，用于存储 64bit 乘积；若 nRESET=0，寄存器清零；若 PP_WEN=1，将 64 位乘积写入寄存器；若 PP_WEN=0，寄存器内写入 0。

(6) 结果数选器 T_MUX：32bit 位宽的二选一数据选择器。当 T_SEL=0 时，选择“和”输出；当 T_SEL=1 时，选择“进位”输出。

(7) 进位数选器 C_MUX：32bit 位宽的二选一数据选择器。当 C_SEL=0 时，选择“进位”输出；当 T_SEL=1 时，选择“0”输出。

(8) 32bit 加法器：实现两个无符号 32bit 数据的加法运算。

(9) 64bit 加法器：实现两个无符号 64bit 数据的加法运算。

习　题　五

5-1　设计一个采用 AES-128 子密钥生成算法的常数生成电路，电路接口如题图 5-1 所示。电路操作时钟 CLK，上升沿有效；异步复位 nRESET，低电平有效；启动信号 START，高电平有效；数据输出 OUT[7:0]。

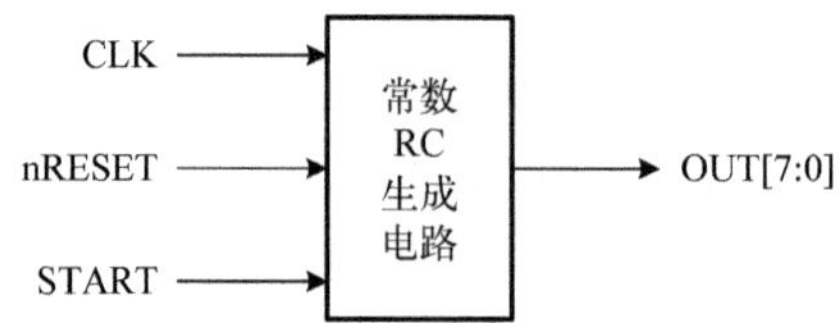

题图 5-1　采用 AES-128 子密钥生成算法的常数生成电路

已知：当 nRESET 有效时，内部寄存器恢复初态，OUT[7:0]输出为 0x01H；之后，一旦 START 信号有效，将启动子密钥生成运算，OUT[7:0]随时钟变化的规律见题表 5-1。定义第 0～3 个 CLK 电路输出为 RC[1]、第 4～7 个 CLK 电路输出为 RC[2]、……、第 36～39 个 CLK 电路输出为 RC[10]，则常数 RC[*i*]遵循以下变换规律：RC[*i*]=2*RC[*i*–1]，且 RC[*i*]∈GF(2^8)，*为 GF(2^8)域上不可约多项式为 $f(x)=x^8+x^4+x^3+x+1$ 的 x 乘法。

题表 5-1　不同时钟周期常数 RC[7:0]取值

CLK	0～3	4～7	8～11	12～15	16～19	20～23	24～27	28～31	32～35	36～39
RC[*i*]	01H	02H	04H	08H	10H	20H	40H	80H	1BH	36H
i	1	2	3	4	5	6	7	8	9	10

试设计数据路径，要求：

(1) 给出设计方案，绘出电路架构；

(2) 描述数据路径各单元的基本功能、电路架构。

5-2　设计 AES-128 算法子密钥生成算法数据路径，该数据路径能够生成 10 轮运算所需的圈子密钥，共计 128×(10+1) =1408bit，即 44 个 32bit 字。如题图 5-2 所示，电路操作时钟 CLK，上升沿有效；异步复位 nRESET，低电平有效；装载信号 LOAD，高电平有效；主密钥输入 *K*[31:0]；子密钥输出 SK[31:0]，送入外部子密钥存储器。

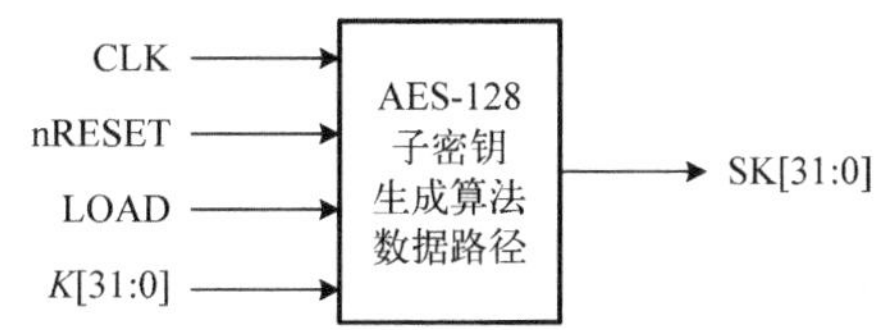

题图 5-2　AES-128 子密钥生成算法数据路径接口

已知：

(1) 当 nRESET 有效时，内部寄存器恢复初态；

(2) LOAD 信号有效，注入主密钥的第一个 32bit 字，当 4 个字的主密钥全部注入完毕之后，电路自动启动子密钥生成算法；

(3) 启动运算之后，每个时钟周期完成一个圈子密钥的 32bit 字生成并输出，写入子密钥存储器。

试设计数据路径，要求：

(1) 给出设计方案，绘出电路架构；

(2) 描述数据路径各单元的基本功能与设计方案；

(3) 分析数据路径所需的控制信号，简述工作过程。

5-3　设计一个 DES 子密钥生成算法数据路径，该电路能够生成并存储 DES 加解密运算所需的全部子密钥，电路基本架构如题图 5-3 所示。工作时钟为 CLK，上升沿有效；异步复位 nRESET，低有效；主密钥输入端口 *K*[1:64] ；启动信号 START，高有效；轮运算子密钥输出 SK[1:48]，送入外部子密钥存储器。

已知：

(1) 当 nRESET 有效时，内部寄存器恢复初态；

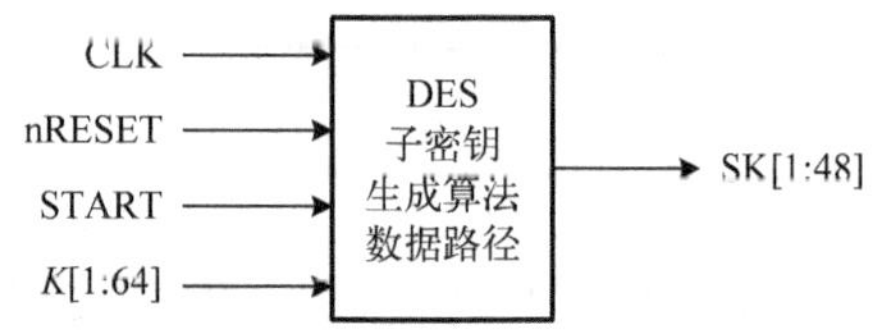

题图 5-3　DES 子密钥生成算法数据路径接口

(2) START 信号有效，启动子密钥生成算法，此时，64bit 密钥已在 *K*[1:64]端口；

(3) 启动运算之后，每个时钟周期完成一轮子密钥生成并输出。

试设计数据路径，要求：

(1) 给出设计方案，绘出电路架构；

(2) 描述数据路径各单元的基本功能与设计方案；

(3) 分析数据路径所需的控制信号，简述工作过程。

5-4　AES-128 加密算法由一个初始轮密钥加、10 轮循环迭代、一个结尾轮三部分组成。其中，轮变换包括字节代替 (SubBytes)、行移位 (ShiftRows)、列混合 (MixColumns) 和密钥加四个基本步骤，结尾轮较轮变换少一步列混合，由字节代替、行移位和密钥加三步组成，如题图 5-4 所示。

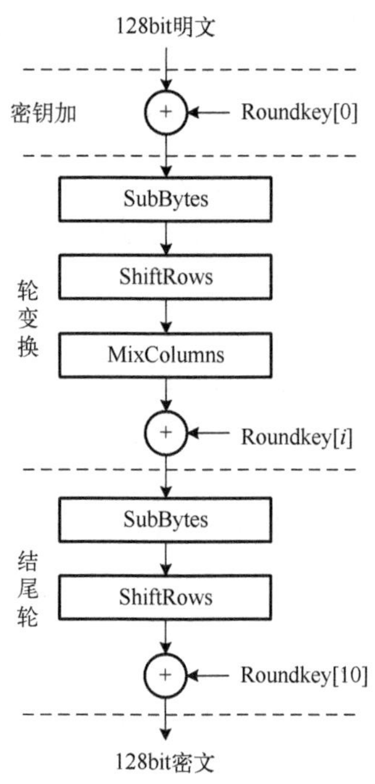

题图 5-4　AES 子密钥生成算法数据路径接口

试设计该 AES-128 加密算法的数据路径，要求初始轮密钥加、结尾轮的三步与轮运算相应的编码环节实现资源复用。

(1) 给出数据路径结构；

(2) 描述字节代替、行移位、列混合三个单元实现方案；

(3) 分析数据路径所需的控制信号。

5-5　A5-1 算法是一种基于线性反馈移位寄存器的序列密码算法，算法由 3 个 LFSR、钟控逻辑单元和求和生成器组成，算法结构如题图 5-5 所示。

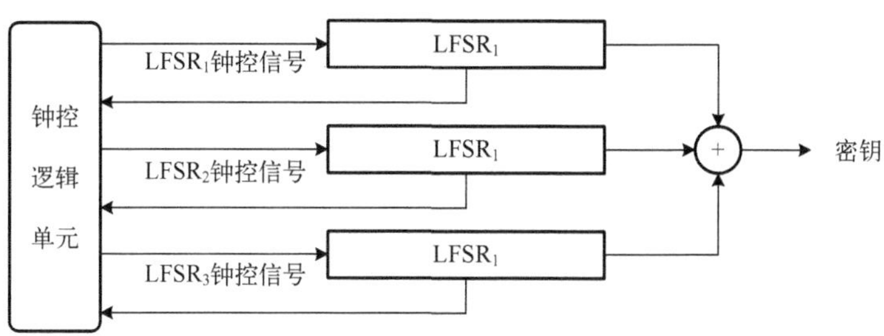

题图 5-5　A5-1 算法结构

已知，3 个 LFSR 的级数和联接多项式分别为

LFSR$_1$：19 级，$g_1(x)=x^{19}\oplus x^{18}\oplus x^{17}\oplus x^{14}\oplus 1$

LFSR$_2$：22 级，$g_2(x)=x^{22}\oplus x^{21}\oplus x^{17}\oplus x^{13}\oplus 1$

LFSR$_3$：23 级，$g_3(x)=x^{23}\oplus x^{22}\oplus x^{19}\oplus x^{18}\oplus 1$

将 LFSR$_1$ 的 bit8 数据抽出记作 x_1，将 LFSR$_2$ 的 bit10 数据抽出记作 x_2，将 LFSR$_3$ 的 bit10 数据抽出记作 x_3，采用钟控逻辑 $g(x)=x_1x_2+x_2x_3+x_3x_1$ 确定 LFSR 是否移位，若抽取比特与钟控逻辑计算结果相同，则相应的 LFSR 动作 1 拍，否则 LFSR 不动作。$\{x_1, x_2, x_3\}$8 种排列及 LFSR 动作方式见题表 5-2。

题表 5-2　A5-1 算法钟控逻辑

x_1, x_2, x_3	000	001	010	011	100	101	110	111
LFSR$_1$	动	动	动	不动	不动	动	动	动
LFSR$_2$	动	动	不动	动	动	不动	动	动
LFSR$_3$	动	不动	动	动	动	动	不动	动

算法工作过程如下：

(1) 上电复位，三个移位寄存器恢复初态为全 0；

(2) 密钥输入，外部密钥自输入端口 DIN 逐比特输入，分别与三个 LFSR 反馈数据相异或，结果更新三个 LFSR，密钥共 64bit，每输入 1bit 密钥，每个 LFSR 动作 1 次，三个 LFSR 分别规则动作 64 次(非钟控模式)；

(3) IV 输入，IV 自输入端口 DIN 逐比特输入，分别与三个 LFSR 反馈数据相异或，结果更新三个 LFSR，IV 共 22bit ，每输入 1bit IV，每个 LFSR 动作 1 次，共规则动作 22 次(非钟控模式)；

(4) 三个 LFSR 以钟控方式连续动作 100 次，不输出密钥流；

(5) 三个 LFSR 以钟控方式连续动作 114 次，自三个 LFSR 最高位输出数据相异或，生成乱数，写入输出寄存器；

(6) 整个工作流程为(1)→(2)→(3)→(4)→(5)→(4)→(5)→⋯，其中，步骤(4)、(5)循环往复；任何时候，一旦检测到 START 信号有效，下一时钟立即转入密钥注入阶段。

试完成 A5-1 算法芯片数据路径设计(不需要设计控制器)，能够实现密钥输入、IV 输入、算法初始化(不输出乱数)、乱数生成，要求：

(1)给出数据路径结构；

(2)描述数据路径各单元实现方案；

(3)分析数据路径所需的控制信号。

5-6　SM3 杂凑算法是国家密码管理局颁布的商用杂凑密码算法，SM3 杂凑算法处理过程中一个重要的步骤是消息扩展，消息扩展将填充完成的 16 个 32bit 字(512bit)扩展成为 68+64=132 个 32bit 字，消息扩展算法描述如下。

消息输入：

已填充完成的 16 个字 M_0、M_1、…、M_{15}。

消息输出：

$$W_0、W_1、\cdots、W_{63}$$

$$W'_0、W'_1、\cdots、W'_{63}$$

中间消息：

$$W_{64}、W_{65}、W_{66}、W_{67}$$

消息扩展算法：

$$\begin{cases} W_j = M_j, & 0 \leqslant j \leqslant 15 \\ W_j = P_1(W_{j-16} \oplus W_{j-9} \oplus (W_{j-3} <<< 15)) \oplus (W_{j-13} <<< 7) \oplus W_{j-6}, & 16 \leqslant j \leqslant 68 \end{cases}$$

$$W'_j = W_j \oplus W_{j+4}$$

$$P_1(X) = X \oplus (X <<< 15) \oplus (X <<< 23)$$

试设计 SM3 算法消息扩展电路，如题图 5-6 所示。该电路操作时钟 CLK，上升沿有效；写使能 WEN，高电平有效；数据输入端口 DIN[31:0]；数据输出端口 WA[31:0]、WB[31:0]。该电路能够依据外部输入消息 $M_0, M_1, \cdots, M_{15}$，扩展生成参与压缩变换的消息 $W_0, W_1, \cdots, W_{63}$ 及 $W'_0, W'_1, \cdots, W'_{63}$。已知，写使能 WEN 每次有效写入一个 32bit 字，写入顺序为 $M_0, M_1, \cdots, M_{15}$，输入 4 个 32bit 字之后，端口 WA[31:0]、WB[31:0]开始输出扩展后的消息，输出顺序为 $[W_0、W'_0], [W_1、W'_1], \cdots, [W_{63}、W'_{63}]$。这里，$W_{64}$、$W_{65}$、$W_{66}$、$W_{67}$ 仅用于计算 W'_j，不输出。

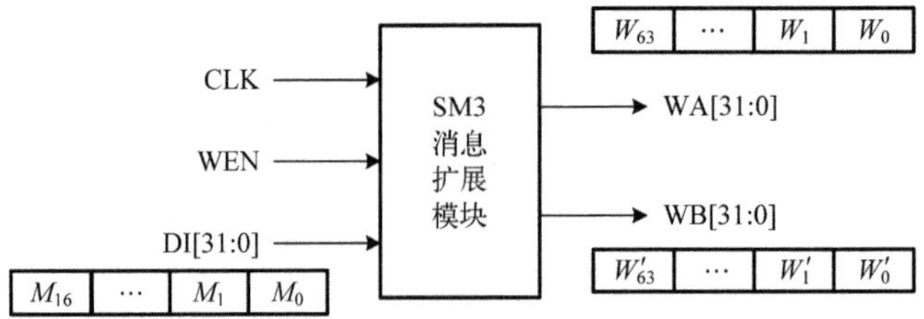

题图 5-6　SM3 算法消息扩展模块接口

5-7　SM3 算法压缩变换数据路径设计。设 W_j、W'_j 是经消息扩展电路构造的 128 个 32bit 消息字，T_j 为常数，FF_j、GG_j 是两个三输入布尔函数。A、B、C、D、E、F、G、H 为 8

个 32bit 寄存器，用于存储压缩变换中间结果，初态为 A=0x7380166FH、B=0x4914B2B9H、C=0x172442D7H、D=0XDA8A0600H、E=0XA96F30BCH、F=0x163138AAH、G=0XE38DEE4DH、H=0XB0FB0E4EH。SM3 算法压缩变换共执行 64 步，计算过程描述如下：

$V(i)=\{A,B,C,D,E,F,G,H\}$

for j=0 to 63

$\mathrm{SS1}=((A<<<12)+E+(T_j<<<j))<<<7$

$\mathrm{SS2}=\mathrm{SS1}\oplus(A<<<12)$

$\mathrm{TT1}=\mathrm{FF}_j(A,B,C)+D+\mathrm{SS2}+W_j'$

$\mathrm{TT2}=\mathrm{GG}_j(E,F,G)+H+\mathrm{SS1}+W_j$

$D'=C$

$C'=B<<<9$

$B'=A$

$A'=\mathrm{TT1}$

$H'=G$

$G'=F<<<19$

$F'=E$

$E'=P_0(\mathrm{TT2})$

end for

$V(i+1)=\{A',B',C',D',E',F',G',H'\}\oplus V(i)$

$V(i+1)$ 即为当前分组计算结果，如果是最后一个分组，则将其输出。这里：

$$P_0(X)=X\oplus(X<<<9))\oplus(X<<<17)$$

$$T_j=\begin{cases}79\mathrm{cc}4519, & 0\leqslant j\leqslant 15\\ 7\mathrm{a}879\mathrm{d}8\mathrm{a}, & 16\leqslant j\leqslant 63\end{cases}$$

$$\mathrm{FF}_j(X,Y,Z)=\begin{cases}X\oplus Y\oplus Z, & 0\leqslant j\leqslant 15\\ XY+XZ+YZ, & 16\leqslant j\leqslant 63\end{cases}$$

$$\mathrm{GG}_j(X,Y,Z)=\begin{cases}X\oplus Y\oplus Z, & 0\leqslant j\leqslant 15\\ XY+\overline{X}Z, & 16\leqslant j\leqslant 63\end{cases}$$

如题图 5-7 所示，给出数据路径接口框图，试设计其数据路径，要求：

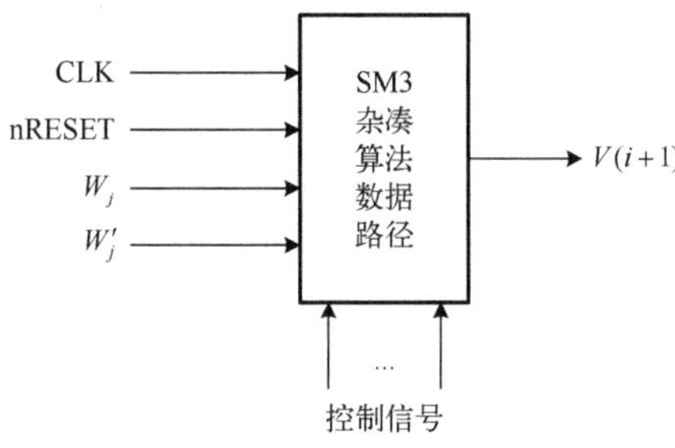

题图 5-7　SM3 算法消息扩展模块接口

(1) 设计数据路径，绘出电路结构；

(2) 描述数据路径各单元的基本功能与设计方案；

(3) 分析数据路径所需的控制信号。

5-8　如题图 5-8 所示，给出了分组密码轮运算硬件实现的三种实现方案。图(a)所示为常规的循环迭代结构，N 轮循环采用统一的架构，每一轮运算结果存储于寄存器之中，下一轮运算将寄存器数据反馈送入轮运算电路，共需反复执行 N 次；图(c)所示方案为全流水处理架构，即将轮运算展开，每一轮都采用相应的硬件实现，轮运算与轮运算之间插入寄存器，存储每一轮运算的计算结果，最后一轮寄存器输出即为轮运算结果；图(b)所示方案为部分流水架构，该方案对轮运算进行部分展开，硬件架构采用 K 级流水线，轮运算之间插入寄存器，第 K 轮运算结束之后，结果反馈送入该电路，共需反复执行 N/K 次。试计算全流水、部分流水两种电路架构相对于循环迭代架构的流水线加速比。

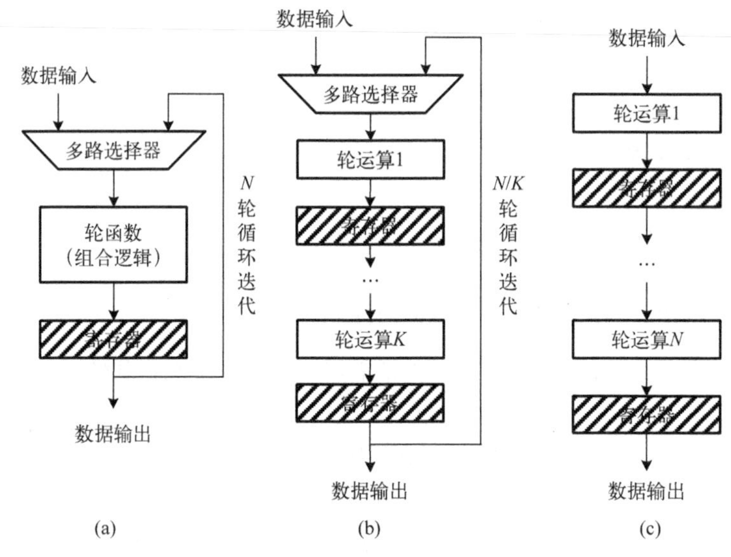

题图 5-8　循环迭代、部分流水与全流水架构

5-9　分组密码芯片可采用轮内流水电路架构，即将轮运算内部的各个编码环节采用硬件实现，并在各个处理单元之间插入寄存器，实现流水处理，如题图 5-9(b)所示。假定针对同一分组密码算法，分别采用循环迭代架构(题图 5-9(a))和轮内流水两种架构设计实现，轮内流水架构流水线级数为 K=6 级，若循环迭代架构的时钟周期为 T，轮内流水架构时钟周期为 $T/4$，试计算轮内流水架构的流水线加速比。

5-10　依据本章对 DES 算法芯片的描述，采用硬件描述语言，设计实现 DES 算法的芯片数据路径。

5-11　依据本章对 Grain-80 乱数生成芯片的描述，采用硬件描述语言，设计实现 Grain-80 乱数生成芯片数据路径。

5-12　依据本章对 SHA1 杂凑算法芯片的描述，采用硬件描述语言，设计实现 SHA1 杂凑算法芯片数据路径。

5-13　依据本章对 1024bit 大整数乘法芯片的描述，采用硬件描述语言，设计实现 1024bit 大整数乘法芯片数据路径。

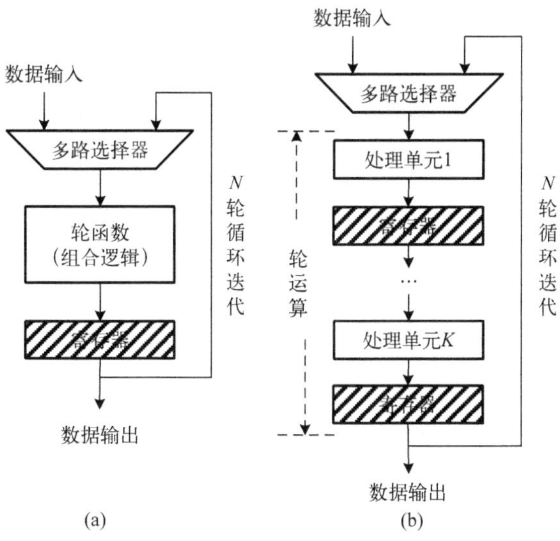

题图 5-9　循环迭代与轮内流水架构

5-14　SM4 分组算法是国家密码管理局颁布的国家标准商用密码算法，子密钥生成算法的数据路径设计。

第 6 章　控制单元设计

6.1　控制器的概念及设计方法

在完成了数据路径设计之后，相应的控制信号及时序需求就已经确定。数据流在数据路径内各个运算单元、存储单元、互联单元内有序流动、正确执行，必须依赖控制单元发出的完整、正确、有序的控制信号，本章将讨论密码芯片的控制器基本结构及其硬件设计方法。

6.1.1　密码芯片控制方式

密码芯片控制的实质是控制密码芯片中的数据处理单元以预定的时序进行工作。这种控制功能可集中于一个控制器执行，也可以分散于各单元模块内部进行，还可以是两者的组合。因此，控制方式有三种类型：集中控制、分散控制和半集中控制。

1. 集中控制

在密码芯片中，如果仅有一个控制器，由它产生数据路径所需的各个控制信号，并控制整个算法的执行，则称为集中控制型，如图 6-1 所示。

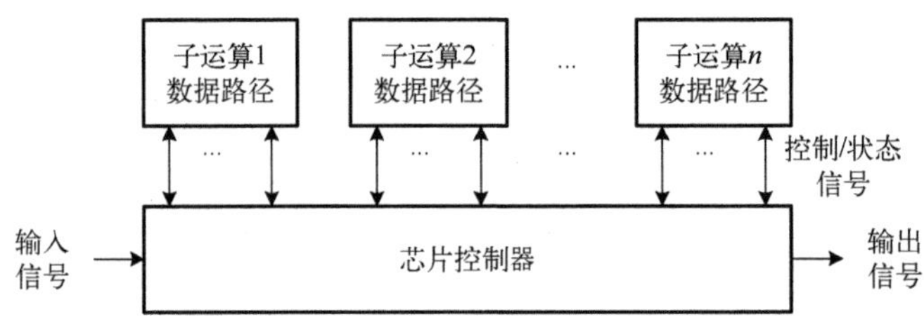

图 6-1　集中控制方式

这种控制方式由芯片控制器集中管理各个子密码运算模块执行时序。控制器接收外部输入信号，形成控制信号，控制片内多个密码子运算模块协调工作，形成输出信号，通知上位机；同时控制器接收各密码子运算模块馈送来的状态信息，以便确定后续的控制信号。例如，独立的 DES 算法芯片、SHA1 算法 IP 核、大整数乘法器均采用了集中控制方式，在其内部只有一个控制器控制整个算法的执行。

2. 分散控制

密码芯片内部没有统一的控制器，全部控制功能分散在各个子密码运算模块中完成，称作分散控制型，如图 6-2 所示。

在这种控制方式中，外部输入信号直接送入各个子密码运算模块，各子运算模块之间的输入信号、输出信号、状态信号及控制信号相互关联。各子运算模块的运算可以同时进行，

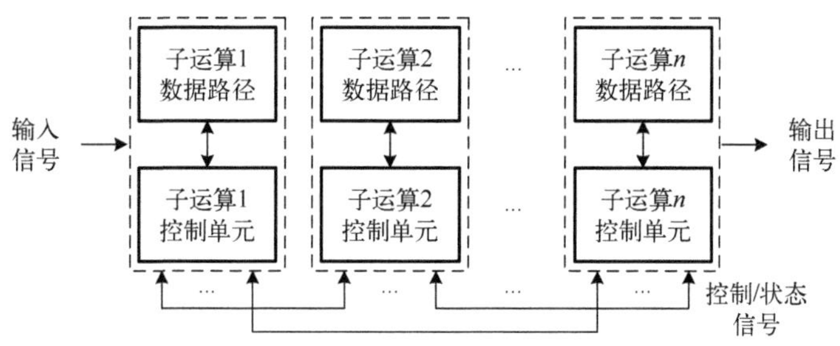

图 6-2　分散控制方式

也可以在关联的控制信号作用下顺序进行。多算法密码芯片是一种典型的采用分散控制方式的密码芯片，多个密码算法模块内部设有本算法模块的专用控制器，各个算法模块在各自的控制器控制下进行工作，通过公用接口电路与外部进行通信。

3. 半集中控制

密码芯片中配有总控制器，但各子密码运算单元又在各自的控制器控制下进行工作。系统控制器集中控制各子运算模块之间总的执行顺序。这是介于集中控制和分散控制之间的中间状况，称为半集中控制型或集散型控制器，如图 6-3 所示。

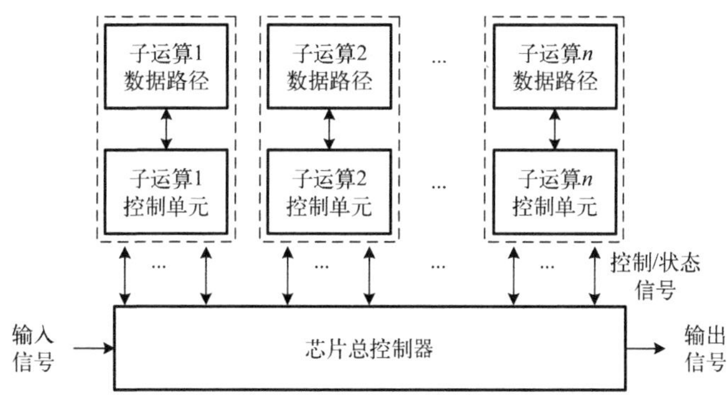

图 6-3　半集中控制方式

这种控制方式由芯片总控制器集中管理各个子密码运算模块的执行时序，总控制器接收外部输入信号，形成控制信号，控制片内多个密码子运算模块协调工作，片内控制单元依据输入控制信号形成内部控制信号，控制内部各个单元工作；同时总控制器形成输出信号，通知上位机；总控制器还负责接收各密码子运算模块馈送来的状态信息，以便确定后续的控制信号。

图 6-4 是某算法流程图的局部，它给出了半集中控制方式的实例。图中子密码运算 3 可以分解为若干个更简单的基本的密码运算，因此子密码运算 3 又成为另外一个子系统。该子系统就有自己的控制器。这样的分解还可以多重进行，算法流程图就会有多重嵌套。这是在复杂系统中经常出现的情况。

RSA 算法芯片的核心运算是大数模幂运算，可拆分为一系列大数模乘运算，设计有大数模乘数据路径和控制器，而大数模乘运算又可以分解为一系列小位宽乘法运算，具有独立的数据路径和控制单元，因此，RSA 算法芯片需要采用半集中控制方式。基于 SoC 架构的多算

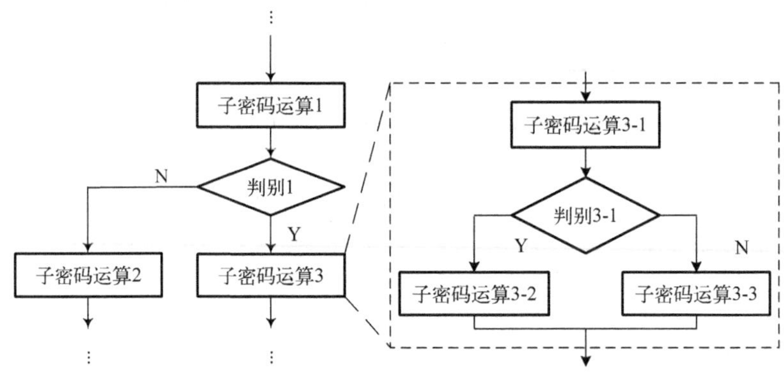

图 6-4　某系统算法流程图的局部(半集中控制型)

法密码芯片也需要采用半集中控制方式，密码芯片设计顶层的系统控制器(一般为嵌入式CPU)协调各密码算法模块之间的工作，而各算法模块又在各自内部控制器的控制下独立工作。

6.1.2　控制器的基本结构

控制器由组合逻辑网络及状态寄存器组成，其基本结构如图 6-5 所示。

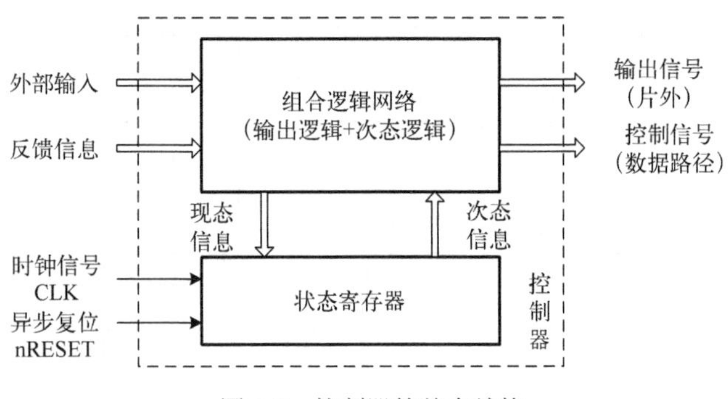

图 6-5　控制器的基本结构

图 6-5 中，状态寄存器用来记忆电路当前的工作状态，组合逻辑网络则是在外部输入信号、数据路径的反馈信号及电路的当前状态共同作用下，生成数据路径所需的控制信号、芯片输出信号及电路的次态信息。因此，组合逻辑网络包括两大部分：输出逻辑及次态逻辑。输出逻辑用于生成数据路径所需的控制信号、芯片输出信号，次态逻辑用于生成电路的下一状态信息。

一般情况下，外部输入的异步复位信号直接作用于控制器，在外部复位信号作用下，控制器恢复到初始状态，一般情况下，初始状态的各寄存器初值赋为全 0，也可以根据数据路径及芯片需求具体设置。

6.1.3　控制器分类及实现方式

按照是否可编程进行分类，控制器可以分为定制型控制器和可编程控制器。定制型控制器指一旦控制器设计完成，其内部记忆电路的状态转换关系固定、每个状态对应输出控制序列取值固定、输入/输出信号之间的时序关系固定，不可再编程。定制型控制器可以以移位寄存器、计数器为核心进行设计，也可以采用有限状态机设计实现，分别称为移位寄存器型控制器、计数器型控制器和有限状态机控制器。

可编程控制器指的是控制器设计完成之后，控制器自身可编程，支持二次开发，其内部记忆电路的状态转换关系、每个状态对应输出控制序列取值、输入/输出信号之间的时序关系，可以由程序或配置数据重新定义。按照配置与编程方式，可编程控制器可以分为微代码控制器、微程序控制器和微处理器。控制器分类见图 6-6 所示。

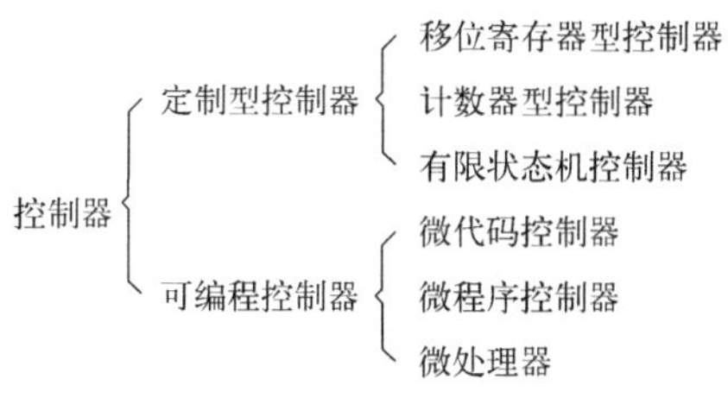

图 6-6　控制器分类

移位寄存器型控制器采用移位寄存器记忆控制器状态，依据输入信号和当前状态，采取状态左移或右移的方式实现状态转换，根据当前输入、当前状态生成控制信号序列。计数器型控制器采用计数器记忆控制器状态，依据输入信号和当前状态，决定计数器执行加 1、减 1、保持和置零/清零等操作，实现状态迁移并生成控制信号序列。移位寄存器和计数器都是一种特殊的有限状态机，移位寄存器型控制器与 One-hot 编码的有限状态机类同，而计数器的计数序列一般为自然二进制码或格雷码，可以看作这样一类特殊编码的状态机。

有限状态机是控制电路的通用电路模型，任何控制电路都可以采用有限状态机进行描述，有限状态机描述了控制器单元模块在输入序列的作用下，其状态转换过程及每一状态的输出序列取值。有限状态机针对特定的控制功能定制设计，输出序列即为控制信号和输出信号，而电路状态可以采用不同的编码方式进行描述，不但可以描述具有移位功能的状态、自然递增/递减的状态，还可以描述更为复杂的电路状态转换关系，在密码芯片、数字集成电路设计中得到广泛应用。

微代码控制器是状态机的一种变形，它将状态机所有次态编码以及对应的输出信号值直接存储在 RAM/ROM 之中，RAM/ROM 的地址由输入信号和当前读出 RAM/ROM 的状态值经组合电路(地址生成逻辑)计算得到。微代码控制器内部 RAM/ROM 中存储的状态编码可以看作“代码”，控制是在“代码”控制下一步一步完成的。

微程序控制器是在微代码控制器基础之上升级完善的一种控制器。与微代码控制器不同，微程序控制器内部的 RAM/ROM 不再直接存储输出信号序列值及顺序执行的次态编码(下一地址)，而是按照控制序列的功能进行分类，从而成功引入“指令”的概念，微程序控制器上电或复位之后从起始地址开始执行 RAM/ROM 中存储的“指令”，每一条指令进行译码之后，生成下一地址(一般情况是顺序执行，特殊情况是跳转地址)及输出信号序列。这些指令存储在内部 RAM/ROM 中，称为“程序”。

微代码控制器、微程序控制器初步引入了“代码”“指令”“程序”的概念，但与目前流行的 ARM、RISC-V、MIPS 微处理器相比，它的功能又非常简单，主要用于实现芯片、系统的基本控制操作，运算功能极为简单甚至没有。而微处理器则是在微程序控制器的基础之上，丰富计算功能、访存功能等演化而来的。因此微代码控制器、微程序控制器一般用于密码芯片内部进行简单控制，而微处理器则可用于密码 SoC 芯片作为主控制器，可作为复杂系统的控制器。

与定制型控制器相比，微代码控制器、微程序控制器具有可编程、可配置等优点，即使芯片功能临时发生变化，也可以通过修改控制器内部 RAM/ROM 中配置数据满足系统需求，主要优点体现以下几方面。

一是功能可配置。只要改变片内 RAM/ROM 中数据，而不必改变控制器本身，就可以改变控制器的功能。从这个意义上讲，微代码控制器、微程序控制器要比定制型控制器的改变更容易，也更通用。

二是适用于复杂芯片。在电路的控制结构复杂的情况下，定制型控制器的电路规模会变得非常庞大，修改也极为困难，这时使用微代码控制器、微程序控制器可以较好地控制电路规模，也便于功能修改。

三是便于移植。同一类密码算法芯片(如 AES、SM4 算法芯片)控制器硬件结构大体相同，只是存储在片内存储器 RAM/ROM 中的数据(控制信号取值)不同，只要改变其中的数据，就可以得到不同的控制信号，满足不同算法芯片的需求。

四是可辅助软件调试。微代码控制器、微程序控制器设计的核心问题是构造 RAM/ROM 中的数据(代码、程序)。因此，可以通过设计辅助软件(如模拟器、仿真器、汇编器)的方式进行调试。

与标准硬连线实现的控制器相比，微代码控制器、微程序控制器的主要缺点如下。

一是执行速度慢。执行速度受 RAM/ROM 读取速度的影响，由于 RAM/ROM 访存时间较长，因此与定制型控制器相比，微代码控制器、微程序控制器的整体工作频率相对较低。

二是控制器状态增多。受微代码控制器、微程序控制器组成结构影响，一般情况下，微代码控制器、微程序控制器总的状态数要比定制型控制器多 1 或 2 个，也就是说，在多 1 或 2 个时钟周期的情况下，微代码控制器、微程序控制器可以实现指定的控制器功能。

三是控制器相对复杂。微代码控制器、微程序控制器结构较定制型控制器复杂，至少包括一定规模的 RAM/ROM 和两组寄存器，对于简单控制应用，资源消耗比较大。

6.1.4　控制器设计步骤

密码芯片的控制器设计是伴随着数据路径设计而进行的，一个密码芯片设计一般先要进行数据路径设计，再进行控制器设计，其基本步骤如下。

1. 信号分析

通过分析密码芯片的接口需求、数据路径，得到输入、输出信号列表，控制信号与数据路径反馈信号列表。

2. 确定控制器状态数，建立状态转换表

根据密码芯片数据路径操作需求，分析所需的控制信号、输出信号与输入信号之间的关

系，并据此得到电路的状态总数，形成电路的状态转换表、算法状态机图或算法流程图。要达到以上目标，往往需要采用时序图分析方法和算法状态机图分析方法。

时序图分析方法就是依据芯片工作流程、接口时序等总体需求，分析各个时钟周期存储单元数据存储需求，计算匹配数据路径各寄存器写使能、端口选择、互联单元通路选择、运算单元模式控制等信号，建立工作时序，满足数据路径需求，进而从中提取控制信号，构建控制器时序，设计控制器。

对于分组密码芯片而言，需要分析子密钥生成、芯片功能，指定工作模式的加密流程与解密流程的工作时序；对于序列密码算法芯片而言，需要分析密钥/IV 装载、算法初始化阶段、乱数生成阶段的工作时序；对于杂凑算法芯片而言，需要分析数据填充、消息扩展、轮运算三个阶段的工作时序；对于非对称密码算法芯片而言，要区分数字签名/验签、密钥生成、数据加密/解密、密钥交换等不同协议，对模乘、模幂或者有限域、群运算两个不同阶段的运算工作时序进行分析。时序分析要从数据输入接口起，经数据路径，至数据输出接口全部电路工作时序图。

ASM 图分析方法，往往出现在以下两种情况：一是状态数较多，如非对称密码算法芯片，此时输出信号与输入信号之间的关系极为复杂，直接采用时序图进行描述较为困难；二是控制器功能极为复杂，分支判断支路较多，如阵列控制器等，无法直接通过一张时序图描述出来。此时，往往需要借助于算法状态机图的描述方式，依据控制器功能要求，直接得到控制器的算法状态机图，针对 ASM 图中的某个分支或某几个分支，再辅助以时序图，进而得到状态转换图和状态转换表。

3. 控制器设计

当状态数量不太多时，可以选择定制型控制器进行设计实现；当状态数量较多且无明显的规律时，可以选择可编程控制器进行设计。一般而言，当控制信号之间具有明确的移位关系或者对工作频率要求较高时，选择移位寄存器型控制器；对于固定的循环控制逻辑，可以考虑采用计数器型控制器；当状态数不太多但是规律性不够明显时，选择状态机型控制器；当状态数和控制信号都比较多，或者芯片最终设计目标并未完全固定，控制器功能随时有可能增删时，可选择微代码控制器设计实现；微程序控制器一般只在复杂的非对称密码算法芯片中使用。

4. 仿真实验

针对设计完成的控制器进行仿真实验，仿真实验分为两步：第一步进行独立的控制器仿真，检查控制器实现是否满足数据路径及芯片接口需求，在第一步确认正确之后开展第二步的仿真实验；第二步需要联合数据路径进行芯片整体功能仿真，检查芯片整体功能、性能指标是否满足需求。

控制器设计是一个复杂而困难的过程，其电路规模不一定很大，资源占用远远少于数据路径，但是信号之间的逻辑关系、时序关系极为错综复杂，因而控制器设计是密码芯片设计一大难点，其中第二步往往需要完全借助于手工完成，更是难点中的难点，在后续几节中将结合实例进行介绍。

6.2　简单的定制型控制器设计

6.2.1　基于时序图的分析方法

1. 时序图分析方法

时序图分析方法，分为以下步骤。一是通过建立数据路径工作时序图，分析得到数据路径所需的各个控制信号、输出信号与输入信号之间的时序关系，借助于时钟信号驱动下的数据路径信号波形图，能够清晰地描述出在时钟信号驱动下密码芯片数据路径各个寄存器的数据变化情况及对控制信号的需求，反映出密码芯片内部所需的控制信号、输出信号与输入信号之间的时序关系，提取在各个时钟周期内控制信号的取值。二是依据数据路径工作时序图，去除数据路径各寄存器信号波形，得到控制器自身的时序图，通过分析得到控制器所需的工作状态总数，各个状态的转换关系，输出信号、控制信号、电路的次态与当前输入、当前状态之间的关系，进而构建控制器状态转换图和状态转换表。

时序图的描述是逐步深入细化的过程，由描述数据路径的控制信号输入、数据输入、数据路径各寄存器存储内容、数据路径输出之间的关系入手，逐步确定在时钟信号驱动下，控制器输出信号与输入信号之间的对应关系，分析得到控制器状态数量、各个状态之间的转换关系、各个状态在输入信号驱动下的输出信号取值，为进一步构建状态转换图、状态转换真值表及算法状态机图奠定基础。随着控制器设计的深入，可以通过时序图不断地反映新出现的系统内部信号与已经存在信号之间的定时关系，直到完成对控制器所有信号时序关系、状态转换关系的清晰描述为止。

密码芯片控制器设计往往需要多张时序图进行描述，以分组密码算法芯片为例，至少应有一张子密钥生成运算的时序图、一张加/解密运算时序图；对于序列密码算法芯片而言，应当包括一张密钥/IV 装载阶段时序图、一张初始化阶段时序图、一张乱数生成阶段时序图；对于杂凑算法芯片而言，当数据长度不同时，填充后的数据长度不等，有可能增加一组数据的杂凑运算，因此应当针对不同输入数据长度，绘制多张时序图；对于非对称密码运算，用于电路实现的子算法很多，时序关系更为复杂，需要绘制多张时序图。

在控制器进行功能和时序测试时，往往借助 EDA 工具，建立系统的仿真波形文件，通过仿真来判定控制器设计中可能存在的问题，进一步完善设计。

时序图分析方法常用于简单控制器设计描述或者复杂控制器的局部描述。当控制器电路功能比较复杂，不能通过一张或几张时序图简单叠加进行清晰表述时，还需要借助于算法状态机图进行描述，或者采用算法状态机图+时序图的方式进行描述。

2. 密钥实时生成 DES 算法芯片控制器时序图分析

1) 控制单元与控制信号

如前所述，分别研究了采用密钥实时生成方式的 DES 算法芯片的子密钥生成数据路径和加解密数据路径，据此，可以得到芯片的整体数据路径，如图 6-7 所示。

图 6-7 中左侧虚线框内为加解密数据路径，右侧上方虚线框内为子密钥生成数据路径，

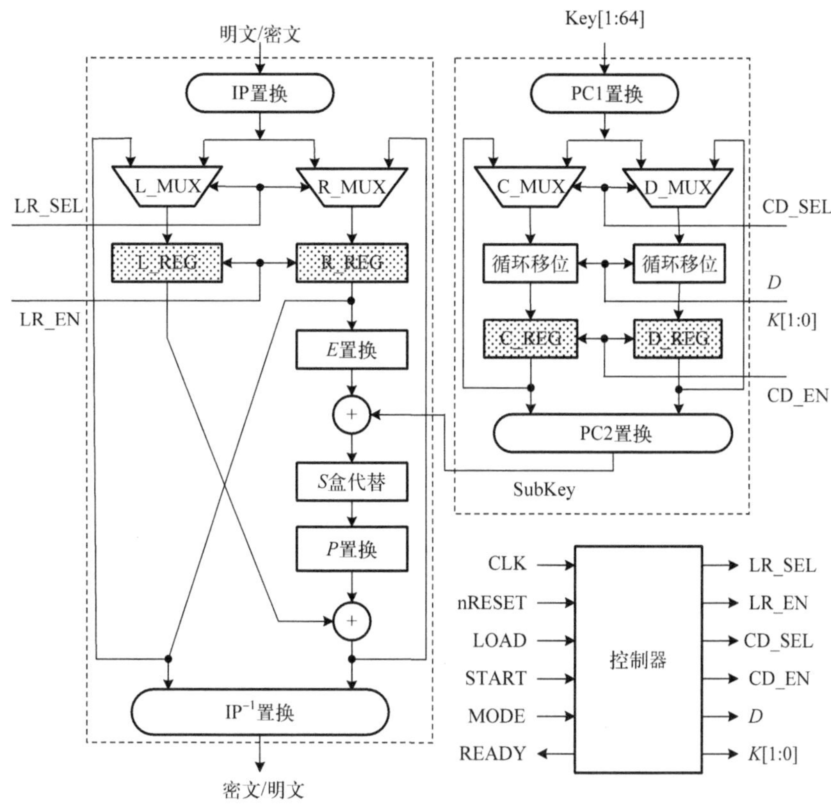

图 6-7　DES 算法芯片数据路径与控制器

这里，轮运算子密钥未设计专门的寄存器进行存储，而是直接送入加解密数据路径，加解密数据路径和子密钥生成数据路径在相应控制信号的作用下，协同工作，完成加解密运算。图 6-7 中右侧下方给出控制器接口，控制器负责生成加解密数据路径所需的各类控制信号及芯片输出信号，包括以下几种。

LR_SEL：加解密运算输入数据选择信号，当该信号为 1 时，选择经 IP 置换送入的外部数据作为轮运算输入，否则，选择轮运算结果作为输入。

LR_EN：加解密数据路径左右两个寄存器 L_REG、R_REG 写使能信号，高电平有效。

CD_SEL：子密钥数据路径输入数据选择信号，当该信号为 1 时，选择经 PC1 置换送入的外部子密钥作为输入，否则，选择子密钥生成算法轮运算结果作为输入。

CD_EN：子密钥数据路径左右两个寄存器 C_REG、D_REG 写使能信号，高电平有效。

D：子密钥数据路径循环移位移位方向控制信号，当该信号为 1 时，执行解密操作，进行循环右移；否则，执行加密操作，进行循环左移。

K[1:0]：子密钥数据路径循环移位控制信号，*K*[1:0]=00 时，不移位；*K*[1:0]=01 时，移 1 位；*K*[1:0]=10 时，移 2 位；*K*[1:0]=11 时，保留。

READY：运算完成标志信号，高电平有效，表示芯片已经完成指定的运算，处于空闲状态。

控制器的输入信号包括全局时钟信号 CLK、异步复位信号 nRESET、数据装载信号

LOAD、启动信号 START、加解密运算工作模式信号 MODE。其中，MODE 信号是由命令译码得到的控制信号，该信号为 1 时，执行加密运算，否则，执行解密运算。

根据功能要求，芯片采用密钥实时生成方式，支持 ECB 加密、ECB 解密两种工作模式。依据工作流程，芯片工作分为以下几个工作阶段。

(1)复位阶段。

复位阶段，片内各寄存器、控制信号按需求恢复到初始状态，其中数据路径各寄存器及芯片输出与控制信号初值如下：

L_REG=0x0000,0000H，R_REG=0x0000,0000H

D_REG =0x0000,0000H，C_REG =0x0000,0000H

LR_SEL=0，LR_EN=0

CD_SEL=1，CD_EN=0

D=0，K[1:0]=00

READY=1

nRESET 信号按初始值需求，连接各个寄存器的异步复位或异步置位端。

(2)数据装载阶段。

在数据装载阶段，芯片完成命令、密钥及待处理明文/密文的装载，译码电路生成各个寄存器写使能信号。

(3)运算阶段。

运算阶段对已经注入的待处理数据进行处理，包括轮运算子密钥生成，数据的加密或解密运算。

(4)数据读出阶段。

在数据读出阶段，芯片完成已处理明文/密文的读出，译码电路生成输出寄存器写使能信号、输出使能信号。

2)时序分析

下面给出加解密阶段的工作时序，如图 6-8 所示。假定电路已经完成芯片复位，命令、密钥、数据已经注入，启动信号 START 质量好、无毛刺，输入延迟短，不影响子密钥生成；若 START 信号路径延迟过长，则需要将 START 信号寄存一级。

第 0 个时钟周期：外部发出有效的 START 信号，启动加解密运算。

第 1 个时钟周期：在 CLK 上升沿，经 IP 置换之后的外部数据 L0、R0 写入加解密数据路径左右两个寄存器 L_REG、R_REG，子密钥生成数据将第 1 轮运算所需子密钥 K1 送入，在该时钟周期内，完成第 1 轮加解密运算。

第 2 个时钟周期：在 CLK 上升沿，将经第 1 轮变换之后的数据 L1、R1 写入加解密数据路径左右两个寄存器 L_REG、R_REG，子密钥生成数据将第 2 轮运算所需子密钥 K2 送入，在该时钟周期内，完成第 2 轮加解密运算。

第 3～14 个时钟周期：在 CLK 上升沿，将第 2～13 轮变换之后的数据 L2～L13、R2～R13 写入加解密数据路径左右两个寄存器 L_REG、R_REG，子密钥生成数据将第 2～13 轮运算所需子密钥送入 K3～K14，在该时钟周期内，完成第 3～14 轮加解密运算。

第 15 个时钟周期：在 CLK 上升沿，将第 14 轮变换之后的数据 L14、R14 写入加解密数据路径左右两个寄存器 L_REG、R_REG，子密钥生成数据将第 15 轮运算所需子密钥 K15 送

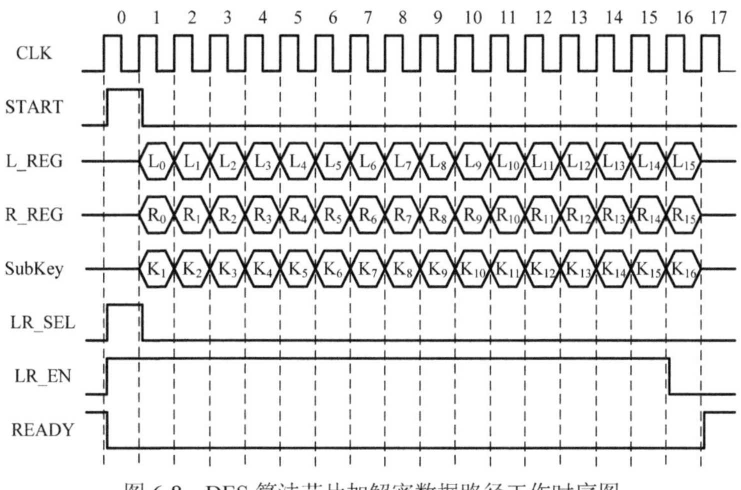

图 6-8　DES 算法芯片加解密数据路径工作时序图

入，在该时钟周期内，完成第 15 轮加解密运算。

第 16 个时钟周期：在 CLK 上升沿，将第 15 轮变换之后的数据 L15、R15 写入加解密数据路径左右两个寄存器 L_REG、R_REG，子密钥生成数据将第 16 轮运算所需子密钥 K16 送入，在该时钟周期内，完成第 16 轮加解密运算。

为确保在第 1 个时钟周期上升沿，能够将经 IP 置换之后的外部数据写入 L_REG、R_REG，必须确保第 0 个时钟周期 LR_SEL 为 1，之后置为 0，确保数据选择器选择反馈数据送入。

同时，为确保在第 1 个时钟周期上升沿，能够将经 IP 置换之后的外部数据写入 L_REG、R_REG，第 2～16 个时钟周期上升沿，能够将反馈数据写入 L_REG、R_REG，必须确保第 0～15 个时钟周期，LR_EN 为 1。当第 17 个时钟周期上升沿到来时，必须置 LR_EN 为 0，此时 16 轮加解密运算已经完成，等待外部读出运算结果，LR_EN 保持为 0，直至下一分组加解密运算再次启动。

一旦外部发出启动信号 START 有效(第 0 个时钟周期)，必须将 READY 置为 0，指示芯片正处于工作状态，当完成 16 轮运算，第 16 个时钟周期上升沿到来时，将 READY 置为 1，表示运算已经完成。

数据路径能够按照上述时序工作的先决条件是，子密钥能够按照图 6-8 所示时序顺序生成，下面给出子密钥生成数据路径工作时序，如图 6-9 所示。

第 0 个时钟周期：外部发出有效的 START 信号，启动子密钥生成运算，将经 PC1 置换之后的主密钥分为左右两部分送入子密钥生成数据路径，开始第 1 轮子密钥生成运算。

第 1 个时钟周期：在 CLK 上升沿，将经第 1 轮变换之后的密钥临时数据 C1、D1 写入左右两个寄存器 C_REG、D_REG。在该时钟周期持续期间，将经 PC2 置换得到的第 1 轮运算子密钥 K1 送出，同时将 C_REG、D_REG 的结果 C1、D1 反馈送回子密钥生成数据路径，执行第 2 轮子密钥生成运算。

第 2～14 个时钟周期：在 CLK 上升沿，将经第 2～14 轮变换之后的密钥临时数据 C2～C14、D2～D14 写入左右两个寄存器 C_REG、D_REG。在该时钟周期持续期间，将经 PC2 置换得到的第 2～14 轮运算子密钥 K1～K14 送出，同时将 C_REG、D_REG 的结果 C2～C14、D2～D14 反馈送回子密钥生成数据路径，执行第 3～15 轮子密钥生成运算。

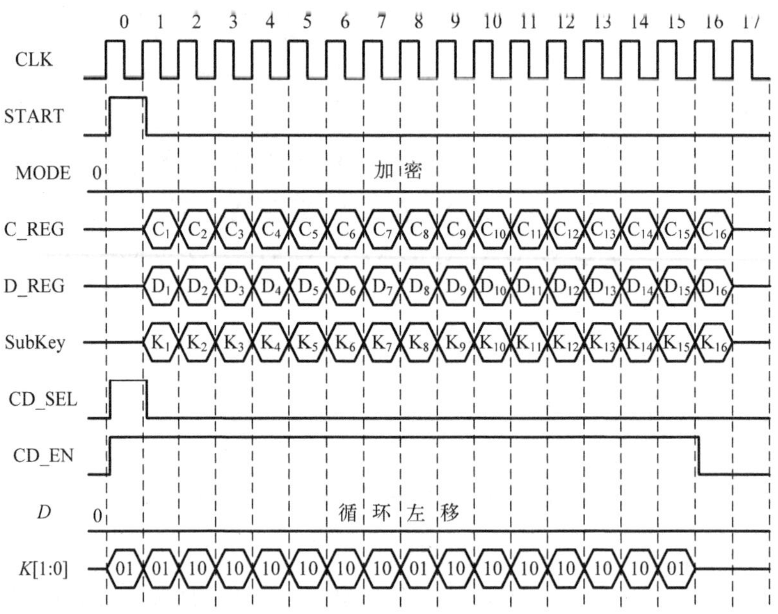

图 6-9　DES 算法芯片子密钥生成数据路径工作时序图

第 15 个时钟周期：在 CLK 上升沿，将经第 15 轮变换之后的密钥临时数据 C15、D15 写入左右两个寄存器 C_REG、D_REG。在该时钟周期持续期间，将经 PC2 置换得到的第 15 轮运算子密钥 K15 送出，同时将 C_REG、D_REG 的结果 C15、D15 反馈送回子密钥生成数据路径，执行第 16 轮子密钥生成运算。

第 16 个时钟周期：在 CLK 上升沿，将经第 16 轮变换之后的密钥临时数据 C16、D16 写入左右两个寄存器 C_REG、D_REG。在该时钟周期持续期间，将经 PC2 置换得到的第 16 轮运算子密钥 K16 送出，此时，已经完成 16 轮运算所需的所有子密钥的生成。由此可见：

第 0 个时钟周期执行第 1 轮运算子密钥生成，并在第 1 个时钟周期使用；

第 1 个时钟周期执行第 2 轮运算子密钥生成，并在第 2 个时钟周期使用；

……

第 15 个时钟周期执行第 16 轮运算子密钥生成，并在第 16 个时钟周期使用。

为确保在第 1 个时钟周期上升沿，能够生成第 1 轮运算所需子密钥，必须在第 0 个时钟周期使 CD_SEL 为 1，确保数据选择器选择经 PC 置换之后的外部密钥数据送入。同时为确保后续第 2～16 轮运算所需子密钥的生成，使第 1～15 个时钟周期 CD_SEL 为 1，确保数据选择器选择反馈数据送入。

同时，为确保在第 1～16 个时钟周期上升沿，能够将生成的临时密钥数据写入 C_REG、D_REG 寄存器，必须确保第 1～16 个时钟周期上升沿，CD_EN 为 1。当第 17 个时钟周期上升沿到来时，必须置 CD_EN 为 0，此时，16 轮加解密运算所需子密钥已经生成，等待下一分组加解密运算再次启动，重新从头生成。

图 6-9 所示的时序波形为加密运算轮运算子密钥生成过程，此时循环移位单元按照循环左移进行配置，控制器应生成桶形移位寄存器控制信号 *D* 为 0，第 0～15 个时钟周期移位位数分别为 1、1、2、2、2、2、2、2、1、2、2、2、2、2、2、1，移位控制信号 *K*[1:0]依次为 01、

01、10、10、10、10、10、10、01、10、10、10、10、10、10、01。如果进行解密运算，则循环移位单元按照循环右移进行配置，桶形移位寄存器控制信号 D 应保持为 1，第 0～15 个时钟周期移位位数信号 K[1:0]依次为 00、01、10、10、10、10、10、10、01、10、10、10、10、10、10、01，如表 6-1 所示。

表 6-1　DES 子密钥生成算法移位位数

轮数		1	2	3	4	5	6	7	8	9	10	11	12	13	14	15	16
加密	循环左移位数	1	1	2	2	2	2	2	2	1	2	2	2	2	2	2	1
解密	循环右移位数	0	1	2	2	2	2	2	2	1	2	2	2	2	2	2	1

6.2.2　移位寄存器型控制器

1. 控制器组成结构

移位寄存器是一种常用的时序电路部件，以移位寄存器为核心，构建控制器，也是一种常用的控制模式。在这种结构中，移位寄存器用以实现电路状态的存储，外部输入信号控制移位寄存器进行左移、右移、保持或并行置数等操作，实现控制器的状态转换或状态分支，产生算法要求的控制信号序列，如图 6-10 所示。

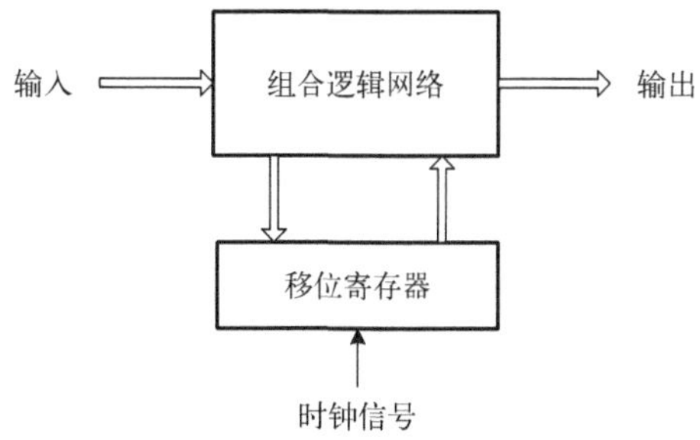

图 6-10　移位寄存器型控制器基本结构

移位寄存器电路结构简单，由于触发器之间没有组合逻辑，因此控制器本身工作频率较高。当采用移位寄存器作为控制器时，一般直接将状态输出作为控制信号，此时输出信号产生不经过组合逻辑，输出信号没有毛刺，且可以使 T_{CO} 最小，工作频率达到最高。

采用移位寄存器的控制电路基本结构如图 6-10 所示。图中，输入信号与电路状态信号送入组合逻辑电路，形成次态控制信息送入移位寄存器，移位寄存器在时钟信号控制下进行移位操作，电路状态经过组合电路形成输出信号送往数据路径。

2. 密钥实时生成 DES 算法芯片控制器

1) 基于移位寄存器的控制器时序构建

显然，DES 算法芯片控制器除初始状态之外，其余共计 16 个工作状态，状态数量少，可以考虑采用移位寄存器型控制器实现，即对输入的 START 信号进行移位操作，实现状态存储与状态转换，进一步整理得到控制器时序，如图 6-11 所示。

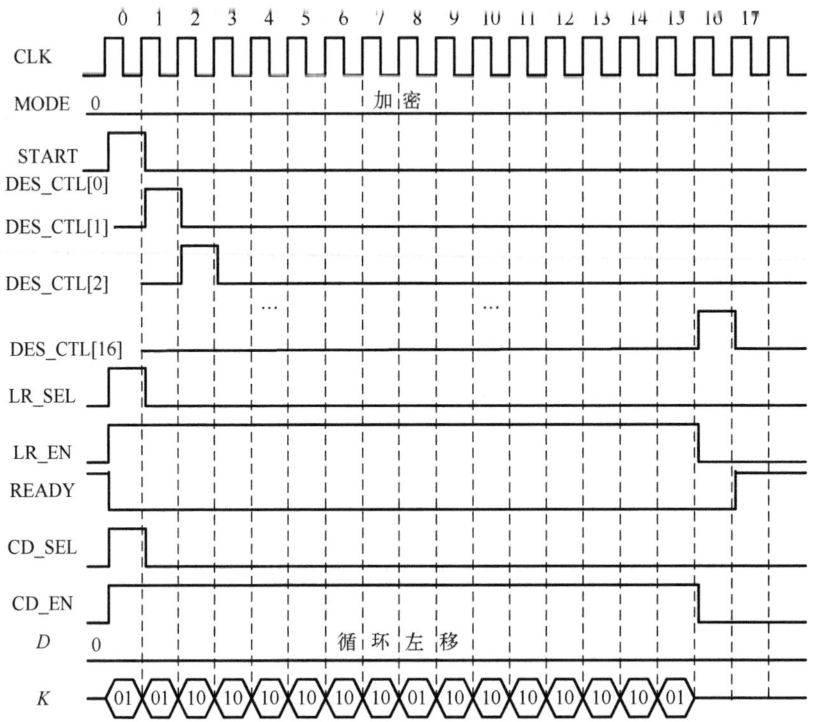

图 6-11　移位寄存器型控制器工作时序

2) 移位寄存器型控制器设计

图 6-11 中，START 作为 16 级移位寄存器的输入，定义为 DES_CTL[0]，构建一个 16 级移位寄存器。其状态输出分别为 DES_CTL[1],DES_CTL[2],…,DES_CTL[15],DES_CTL[16]，各状态输出之间的关系如下：

DES_CTL(0)=START

DES_CTL(1)= DES_CTL(0)　CLK 上升沿

DES_CTL(2)= DES_CTL(1)　CLK 上升沿

…

DES_CTL(15)= DES_CTL(14)　CLK 上升沿

DES_CTL(16)= DES_CTL(15)　CLK 上升沿

据此得到 DES 算法芯片控制器的电路结构，如图 6-12 所示。图中，译码电路依据移位寄存器状态输出、当前输入，译码得到各个控制信号。

依据图 6-11 所示时序关系，有

LR_SEL=START

LR_EN=START+ DES_CTL(1) + DES_CTL(2) + DES_CTL(3)
+ DES_CTL(4) + DES_CTL(5) + DES_CTL(6) + DES_CTL(7)
+ DES_CTL(8) + DES_CTL(9) + DES_CTL(10) + DES_CTL(11)
+ DES_CTL(12) + DES_CTL(13) + DES_CTL(14)
+ DES_CTL(15)

CD_SEL=START

CD_EN=LR_EN

$READY=\overline{LR\_EN+DES\_CTL(16)}$

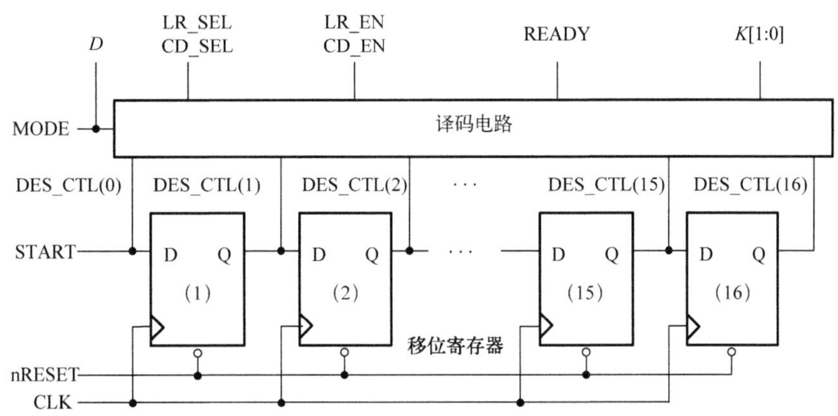

图 6-12　移位寄存器型控制器工作时序

如前所述，仅分析了加密阶段子密钥生成运算时序，得到了各个时钟周期移位位数 *K*[1:0]的取值，若要得到 *K*[1:0]与输入信号之间的逻辑关系，还必须研究解密阶段子密钥生成运算过程，由此可以得到，如果进行解密运算，则循环移位单元按照循环右移进行配置，桶形移位寄存器控制信号 *D* 应保持为 1，第 0～15 个时钟周期移位位数信号 *K*[1:0]依次为 00、01、10、10、10、10、10、10、01、10、10、10、10、10、10、01。循环移位控制信号真值表由表 6-2 给出。

表 6-2　循环移位控制信号真值表

MODE	DES_CTL[0:16]	*D*	*K*[1:0]
X	0,0000,0000,0000,0000	X	00
0	1,0000,0000,0000,0000	0	01
0	0,1000,0000,0000,0000	0	01
0	0,0100,0000,0000,0000	0	10
0	0,0010,0000,0000,0000	0	10
0	0,0001,0000,0000,0000	0	10
0	0,0000,1000,0000,0000	0	10
0	0,0000,0100,0000,0000	0	10
0	0,0000,0010,0000,0000	0	10
0	0,0000,0001,0000,0000	0	01
0	0,0000,0000,1000,0000	0	10
0	0,0000,0000,0100,0000	0	10
0	0,0000,0000,0010,0000	0	10
0	0,0000,0000,0001,0000	0	10
0	0,0000,0000,0000,1000	0	10

续表

MODE	DES_CTL[0:16]	D	K[1:0]
0	0,0000,0000,0000,0100	0	10
0	0,0000,0000,0000,0010	0	01
0	0,0000,0000,0000,0001	0	00
1	1,0000,0000,0000,0000	1	00
1	0,1000,0000,0000,0000	1	01
1	0,0100,0000,0000,0000	1	10
1	0,0010,0000,0000,0000	1	10
1	0,0001,0000,0000,0000	1	10
1	0,0000,1000,0000,0000	1	10
1	0,0000,0100,0000,0000	1	10
1	0,0000,0010,0000,0000	1	10
1	0,0000,0001,0000,0000	1	01
1	0,0000,0000,1000,0000	1	10
1	0,0000,0000,0100,0000	1	10
1	0,0000,0000,0010,0000	1	10
1	0,0000,0000,0001,0000	1	10
1	0,0000,0000,0000,1000	1	10
1	0,0000,0000,0000,0100	1	10
1	0,0000,0000,0000,0010	1	01
1	0,0000,0000,0000,0001	1	00

由此可得

$$D = \mathrm{MODE}$$

$$\begin{aligned} K[1] = {} & \mathrm{DES\_CTL}(2) + \mathrm{DES\_CTL}(3) + \mathrm{DES\_CTL}(4) + \mathrm{DES\_CTL}(5) \\ & + \mathrm{DES\_CTL}(6) + \mathrm{DES\_CTL}(7) + \mathrm{DES\_CTL}(9) \\ & + \mathrm{DES\_CTL}(10) + \mathrm{DES\_CTL}(11) + \mathrm{DES\_CTL}(12) \\ & + \mathrm{DES\_CTL}(13) + \mathrm{DES\_CTL}(14) \end{aligned}$$

$$\begin{aligned} K[0] = {} & \overline{\mathrm{MODE}} \cdot \mathrm{DES\_CTL}(0) + \mathrm{DES\_CTL}(1) + \mathrm{DES\_CTL}(8) \\ & + \mathrm{DES\_CTL}(16) \end{aligned}$$

6.2.3 计数器型控制器设计

1. 控制器组成结构

计数器是最常用的时序部件之一。一个模 M 的计数器具有 M 个状态，因此它可用作状态数为 M 的控制器的状态寄存器。这时控制器的状态转换可利用计数器的计数操作（递加、递减、保持、置数、清零）来实现。以计数器为核心的控制器的电路结构如图 6-13 所示。

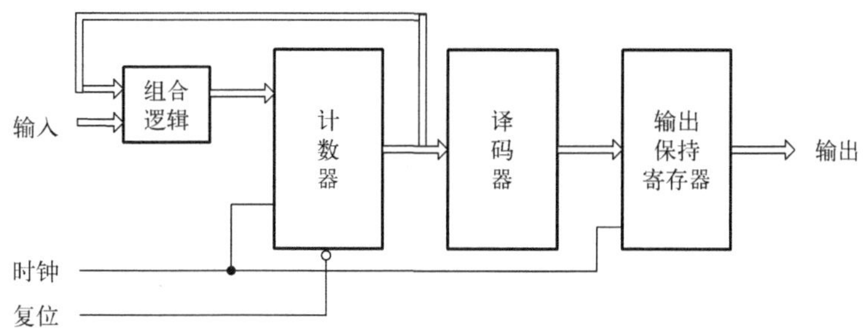

图 6-13　计数器型控制器电路框图

计数器电路结构简单，易于描述和硬件实现，适用于电路状态数目固定的场合，也常常应用于循环控制。与移位寄存器相比较，计数器在实现状态数目较多的场合下具有一定优势。同时，由于控制计数器状态翻转的组合逻辑电路较为复杂，采用计数器为核心进行控制器设计时，控制器本身的工作频率会受到一定限制，而且由组合逻辑构建的译码电路较为复杂，输出信号将产生毛刺，且输出延迟 T_{CO} 较大。为了将 T_{CO} 减到最小，往往增加一级输出保持寄存器，如图 6-13 所示，此时，将导致工作时序顺延一个时钟周期。

2. 密钥实时生成 DES 算法芯片控制器

1) 基于计数器的控制器时序构建

前面介绍的支持密钥实时生成的 DES 算法芯片控制器也可以采用计数器设计实现，下面对加解密阶段的工作时序进行进一步分析，如图 6-14 所示。

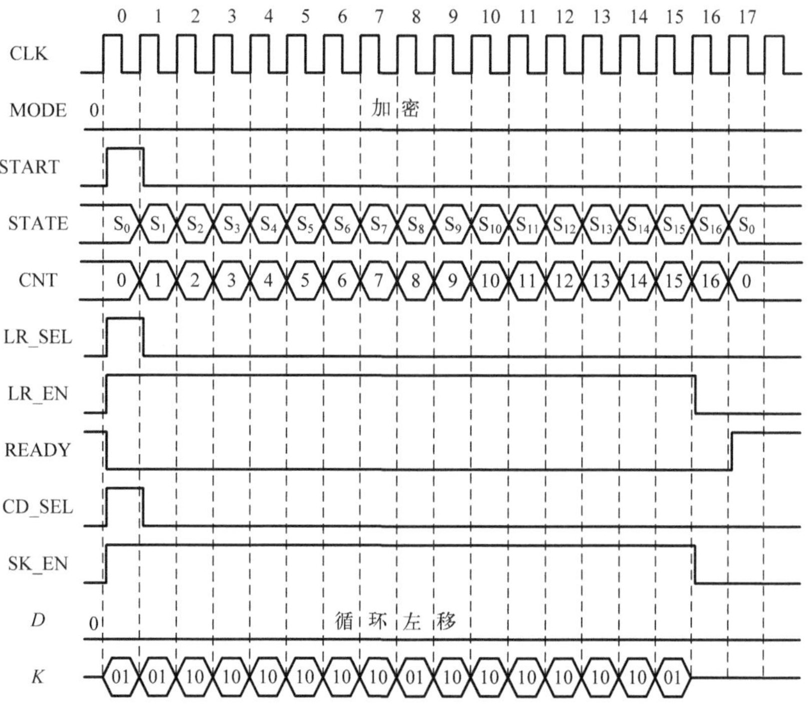

图 6-14　DES 算法芯片计数器型控制器工作时序

通过时序研究可以发现，第 0～16 个时钟周期，对应 DES 算法芯片 17 种不同的工作状态，分别为如下。

第 0 个时钟周期：等待状态 S_0。若此时外部发出有效的 START 信号，完成第 1 轮子密钥生成运算，启动加解密运算，转入 S_1 状态。否则，继续等待。

第 1 个时钟周期：第 1 轮加解密运算状态 S_1。此时，完成第 1 轮加解密运算、第 2 轮子密钥生成运算，自动转入下一状态 S_2。

第 2～15 个时钟周期：第 2～15 轮加解密运算状态 S_2～S_{15}。此时，完成第 2～15 轮加解密运算、第 3～16 轮子密钥生成运算，自动转入下一状态 S_3～S_{15}。

第 16 个时钟周期：第 16 轮加解密运算状态。此时，完成第 16 轮加解密运算，自动返回初始状态 S_0，等待下一轮加解密运算。

控制电路共经历 17 个状态，电路状态可以采用一个 17 进制计数器实现，如图 6-14 中计数器计数值 CNT，状态 S_0 对应计数值 CNT=0，状态 S_1 对应计数值 CNT=1，……，状态 S_{16} 对应计数值 CNT=16。

2) 计数器型控制器设计

当复位信号有效时，控制器复位，计数器归零。当启动信号 START 为 1 时，启动控制电路，计数器开始计数，每来一个有效的时钟信号上升沿，计数器自动加 1，当计数器值为 16 时，再来一个时钟脉冲，计数器回零。

计数使能信号产生是计数器型控制器设计的关键问题。假设 5 位计数器的计数输出为 Q4、Q3、Q2、Q1、Q0，根据上述分析，可以得到电路计数使能真值表，如表 6-3 所示。

表 6-3　计数使能信号真值表

START	0	1	X	X	X	X	X	X	X	X	X	X	X	X	X	X	X	X	其他
Q4	0	0	0	0	0	0	0	0	0	0	0	0	0	0	0	0	0	1	
Q3	0	0	0	0	0	0	0	0	0	1	1	1	1	1	1	1	1	0	
Q2	0	0	0	0	0	1	1	1	1	0	0	0	0	1	1	1	1	0	
Q1	0	0	0	1	1	0	0	1	1	0	0	1	1	0	0	1	1	0	
Q0	0	0	1	0	1	0	1	0	1	0	1	0	1	0	1	0	1	0	
CNT_EN	0	1	1	1	1	1	1	1	1	1	1	1	1	1	1	1	1	1	X

因此，可以得到计数使能信号输出逻辑表达式：

$$\text{CNT\_EN}=\text{START}+Q4+Q3+Q2+Q1+Q0$$

该电路的输出控制信号与计数器状态之间的关系如表 6-4 所示。

表 6-4　译码输出信号真值表

START	MODE	Q4	Q3	Q2	Q1	Q0	READY	LR_SEL CD_SEL	LR_EN CD_EN	*D*	*K*[1:0]
0	X	0	0	0	0	0	1	0	0	X	0
1	0	0	0	0	0	0	0	1	1	0	1

续表

START	MODE	Q4	Q3	Q2	Q1	Q0	READY	LR_SEL CD_SEL	LR_EN CD_EN	*D*	*K*[1:0]
X	0	0	0	0	0	1	0	0	1	0	1
X	0	0	0	0	1	0	0	0	1	0	10
X	0	0	0	0	1	1	0	0	1	0	10
X	0	0	0	1	0	0	0	0	1	0	10
X	0	0	0	1	0	1	0	0	1	0	10
X	0	0	0	1	1	0	0	0	1	0	10
X	0	0	0	1	1	1	0	0	1	0	10
X	0	0	1	0	0	0	0	0	1	0	1
X	0	0	1	0	0	1	0	0	1	0	10
X	0	0	1	0	1	0	0	0	1	0	10
X	0	0	1	0	1	1	0	0	1	0	10
X	0	0	1	1	0	0	0	0	1	0	10
X	0	0	1	1	0	1	0	0	1	0	10
X	0	0	1	1	1	0	0	0	1	0	10
X	0	0	1	1	1	1	0	0	1	0	1
X	0	1	0	0	0	0	0	0	0	0	0
1	1	0	0	0	0	0	0	1	1	1	0
X	1	0	0	0	0	1	0	0	1	1	1
X	1	0	0	0	1	0	0	0	1	1	10
X	1	0	0	0	1	1	0	0	1	1	10
X	1	0	0	1	0	0	0	0	1	1	10
X	1	0	0	1	0	1	0	0	1	1	10
X	1	0	0	1	1	0	0	0	1	1	10
X	1	0	0	1	1	1	0	0	1	1	10
X	1	0	1	0	0	0	0	0	1	1	1
X	1	0	1	0	0	1	0	0	1	1	10
X	1	0	1	0	1	0	0	0	1	1	10
X	1	0	1	0	1	1	0	0	1	1	10
X	1	0	1	1	0	0	0	0	1	1	10
X	1	0	1	1	0	1	0	0	1	1	10
X	1	0	1	1	1	0	0	0	1	1	10
X	1	0	1	1	1	1	0	0	1	1	1
X	1	1	0	0	0	0	0	0	0	1	0

电路的组成结构如图 6-15 所示。

3. 1024bit 乘法单元控制器设计

1) 控制单元与控制信号

第 5 章讨论了高基乘法器数据路径设计，该数据路径由一个乘法器、两个加法器、两个寄存器、三个移位寄存器和两个数据选择器构成，如图 6-16 所示。

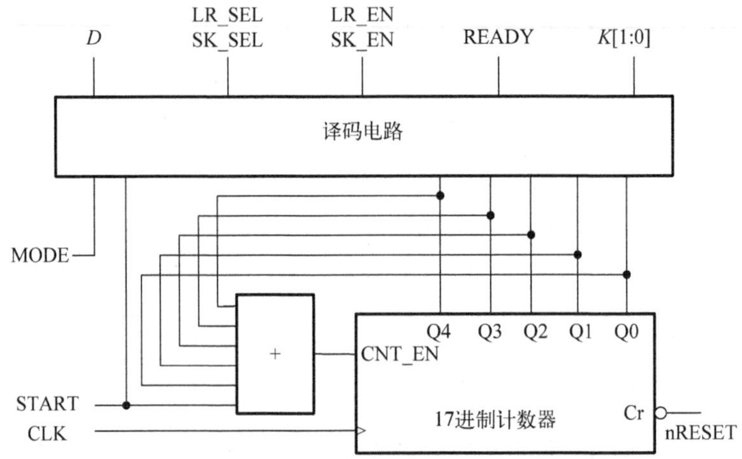

图 6-15　DES 算法芯片计数器型控制器电路结构

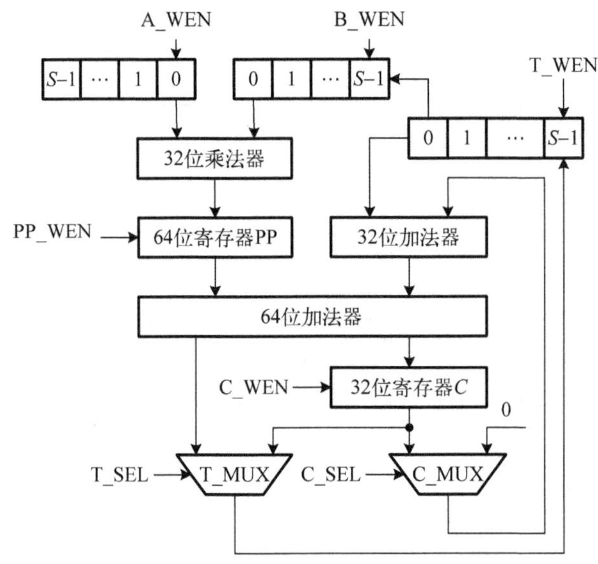

图 6-16　1024bit 乘法运算单元数据路径

分析数据路径，可以得到所需的控制信号。

A_WEN：移位寄存器 A 移位使能，高有效；

B_WEN：移位寄存器 B 移位使能，高有效；

T_WEN：移位寄存器 T 移位使能，高有效；

C_WEN：32bit 寄存器写入使能，高有效；

PP_WEN：64bit 寄存器写入使能，高有效；

C_SEL：进位选择信号，C_SEL=0，选择进位；C_SEL=1，选择 0；

T_SEL：乘积选择信号，T_SEL=0，选择进位；T_SEL=1，选择乘积低 32 位。

在不考虑数据装载的情况下，影响控制器工作的信号包括以下几种。

CLK：系统时钟，上升沿有效；

nRESET：复位信号，低有效；

START：启动信号，高有效。

除此之外，控制器还需要产生以下输出信号。

READY：运算完成标志，高有效。

2) 时序研究与分析

经过分析，得到电路的工作时序如图 6-17 所示。

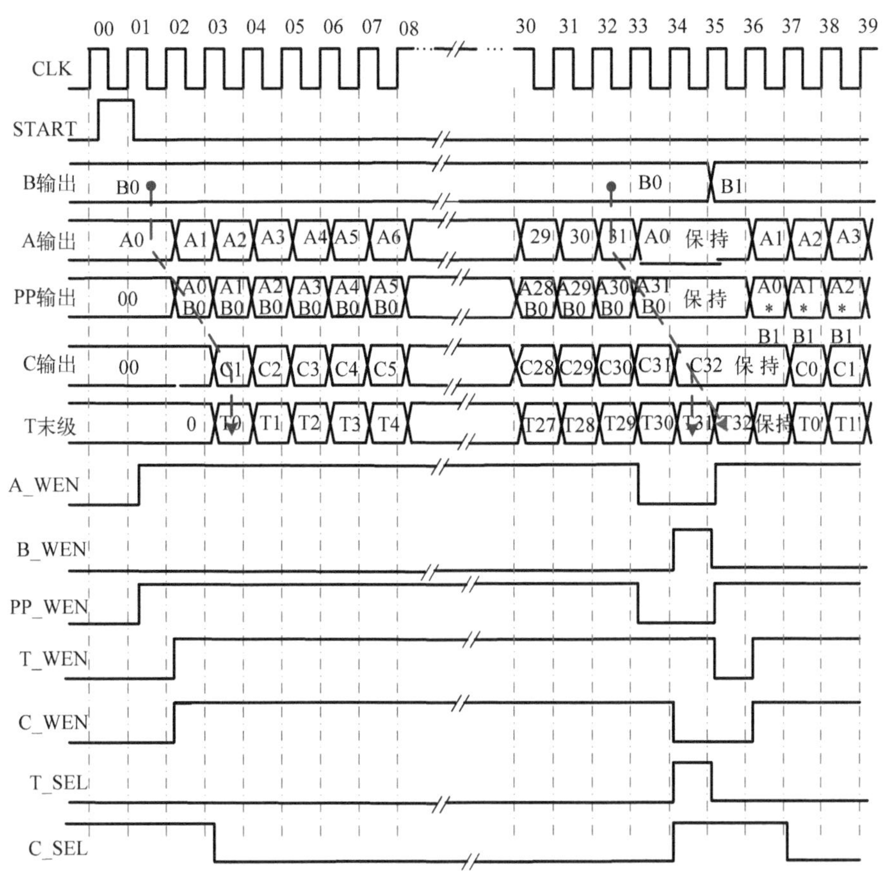

图 6-17　1024-bit 乘法运算单元工作时序

(1) 初始化。当外部数据装入 A、B 寄存器后，外部发出启动信号 START，启动乘法器芯片开始执行乘法运算。

(2)第 1 个 CLK。此时 A 寄存器输出为 A0，B 寄存器输出数据为 B0，乘法器输出 A0B0，置部分积寄存器写使能 PP_WEN=1，下一时钟将该数据写入 PP 寄存器；同时将 A 寄存器移位使能信号 A_WEN 置为 1，下一时钟使 A 寄存器执行循环右移操作；保持 B 寄存器移位使能信号 B_WEN 为低电平，下一个时钟周期 B 寄存器保持不变。自该时钟周期开始的 34 个时钟周期，执行 B0×A 操作。

(3)第 2 个 CLK。上一时钟周期运算的 A0×B0 送入部分积寄存器，将 C_SEL 信号置为 1，多路选择器选择 0 输出；此时 T 寄存器内部全部为 0，64 位加法器输出 A0B0+(0+0)；将 T_SEL 信号置为 0，选择加法器低 32 位输出。置位控制信号 T_WEN、C_WEN，下一时钟周期将运算的低 32 位和高 32 位分别写入 T 寄存器和 C 寄存器。

此时 A 寄存器输出为 A1，B 寄存器输出数据为 B0，乘法器输出 A1B0，置部分积寄存器写使能 PP_WEN=1，下一时钟将数据 A1B0 写入 PP 寄存器；同时将 A 寄存器移位使能信号 A_WEN 置为 1，下一时钟使 A 寄存器执行循环右移操作；保持 B 寄存器移位使能信号 B_WEN 为低电平，下一个时钟周期 B 寄存器保持不变。

(4)第 3 个 CLK。将上一时钟周期运算的 A0B0+(0+0)的低 32 位和高 32 位分别写入 T 寄存器(循环左移)和 C 寄存器。

同时，上一时钟周期运算的 A1B0 送入部分积寄存器，将 C_SEL 信号置为 0，多路选择器选择 C 寄存器内容输出；此时 T 寄存器输出为 0，64 位加法器输出 A1B0+(0+C1)；将 T_SEL 信号置为 0，选择加法器低 32 位输出。置位控制信号 T_WEN、C_WEN，下一时钟周期将运算的低 32 位和高 32 位分别写入 T 寄存器和 C 寄存器。

此时，A 寄存器输出为 A2，B 寄存器输出数据为 B0，乘法器输出 A2B0，置部分积寄存器写使能 PP_WEN=1，下一时钟将数据 A2B0 写入 PP 寄存器；同时将 A 寄存器移位使能信号 A_WEN 置为 1，下一时钟使 A 寄存器执行循环右移操作；保持 B 寄存器移位使能信号 B_WEN 为低电平，下一个时钟周期 B 寄存器保持不变。

(5)第 4～32 个 CLK。与第 3 个 CLK 输出信号完全相同，不再赘述。

(6)第 33 个 CLK。将上一时钟周期运算的 A30B0+(0+C30)的低 32 位和高 32 位(C31)分别写入 T 寄存器(循环左移)和 C 寄存器。

同时，上一时钟周期运算的 A31B0 送入部分积寄存器，将 C_SEL 信号置为 0，多路选择器选择 C 寄存器内容输出；此时 T 寄存器输出为 0，64 位加法器输出 A31B0+(0+C31)；将 T_SEL 信号置为 0，选择加法器的低 32 位输出。同时将控制信号 T_WEN、C_WEN 置为高电平。

此时，A 寄存器输出为 A0，B 寄存器输出数据为 B0，乘法器输出 A0B0，将部分积寄存器写使能 PP_WEN=0，下一时钟 PP 寄存器内容不变；同时将 A、B 寄存器移位使能信号 A_WEN、B_WEN 置为 0，下一时钟使 A、B 寄存器均保持不变。

(7)第 34 个 CLK。将上一时钟周期运算的 A31B0+(0+C31)的低 32 位和高 32 位(C32)分别写入 T 寄存器(循环左移)和 C 寄存器。

同时，置 C_SEL=1、T_SEL=1，两个多路选择器分别选择 0 和加法器的高 32 位 C32 输出。置控制信号 T_WEN=1、C_WEN=0，下一时钟周期将运算的高 32 位 C32 写入 T 寄存器，C 寄存器保持不变。

此时，A 寄存器输出为 A0，B 寄存器输出数据为 B0，乘法器输出为 A0B0，将部分积寄存器写使能 PP_WEN=0，下一时钟 PP 寄存器内容不变；同时将 A 寄存器移位使能信号 A_WEN 置为 0，下一时钟使 A 寄存器保持不变，B 寄存器移位使能信号 B_WEN 置为 1，B 寄存器做移位操作。

(8) 第 34*i*+1～34*i*+34 个 CLK。这里 *i*=1～31，与第 1～34 个 CLK 对应时钟周期的控制信号输出完全相同，不再赘述。

(9) 第 1089 个 CLK。将上一时钟周期 C 寄存器内容(C32)写入 T 寄存器(循环左移)，同时将 T 寄存器输出 T0(A0B31 运算的低 32 位)写入 B 寄存器，将 B 寄存器内的 B31 移出。

将控制信号置为初始状态，即 PP_WEN=0、A_WEN=0 、B_WEN=0、C_WEN=0、T_WEN=0、T_SEL=0、C_SEL=1。

至此，运算全部完成，发出有效的 READY 信号。外部控制器可以通过控制 B、T 寄存器使 B、T 联合移位，自 B 寄存器输出端口将乘积结果读出。

3) 控制器设计

通过以上分析，可以得知：电路完成一次大数(1024bit×1024bit)乘法共需要 1090 个时钟周期，其中运算占用 32×34=1088 个时钟周期，初始化占用 1 个时钟周期(第 0 个时钟周期)，运算完成占用 1 个时钟周期(第 1089 个时钟周期)，如表 6-5 所示。

表 6-5　控制信号列表

信号	时钟(*i* 为外循环变量，取 0～31)						
	0	34*i*+1	34*i*+2	34*i*+(3～32)	34*i*+33	34*i*+34	1089
A_WEN	0	1	1	1	0	0	0
B_WEN	0	0	0	0	0	1	0
PP_WEN	0	1	1	1	0	0	0
T_WEN	0	0	1	1	1	1	0
C_WEN	0	0	1	1	1	0	0
T_SEL	0	0	0	0	0	1	0
C_SEL	1	1	1	0	0	1	1
READY	1	0	0	0	0	0	1

从表 6-5 可以看出：第 1089 个时钟周期输出信号值与第 0 个时钟周期输出信号值完全相同，即这两个状态完全等价，可以合并，这样，完成一次大数乘法需要 32×34+1=1089 个时钟周期。因此控制器的主要工作是在接收到外部控制信号 START 后，产生两个循环控制变量，其中内循环 34 步、外循环 32 步。

考虑到计数器在产生循环变量方面极为方便，这里采用两个级联的计数器生成循环变量。前级计数器为三十四进制，由外部 START 信号产生计数使能信号，启动计数；后级计数器为三十二进制，由前级计数器进位输出控制计数；后级计数器进位输出与前级计数器的输出共同产生 READY 信号，并停止计数器计数；计数使能信号与计数器输出信号共同译码产生控制信号。设计完成的控制器电路结构如图 6-18 所示。

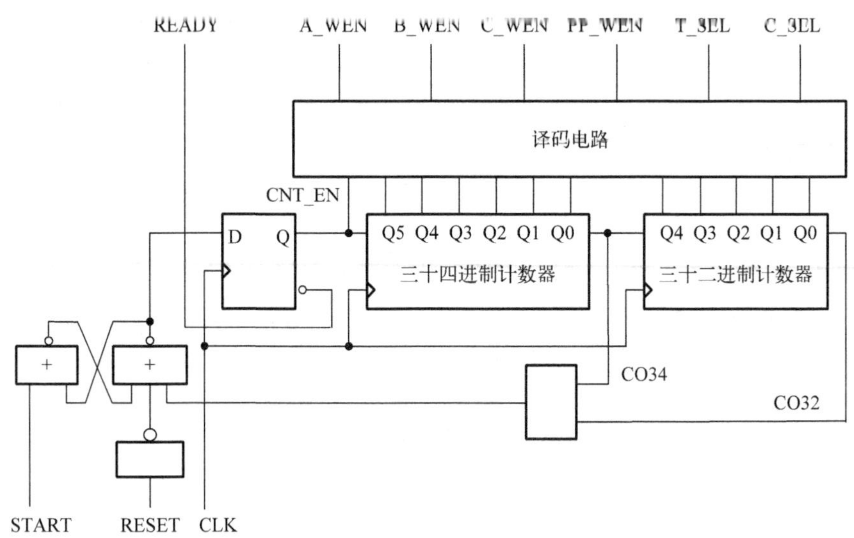

图 6-18　1024bit 乘法单元控制电路结构

6.3　状态机型控制器设计

6.3.1　有限状态机概述

1. 有限状态机的基本概念

有限状态机是时序电路的通用模型，任何时序电路都可以表示为有限状态机。前面已经讲到，对于密码芯片和数字系统，大都可以划分为控制单元和数据单元两个组成部分。而控制单元的主体可以看作一个有限状态机，它接收外部信号以及数据单元产生的状态信息，产生控制信号序列，用来决定何时进行何种数据处理。如图 6-19 所示，给出有限状态机电路模型。

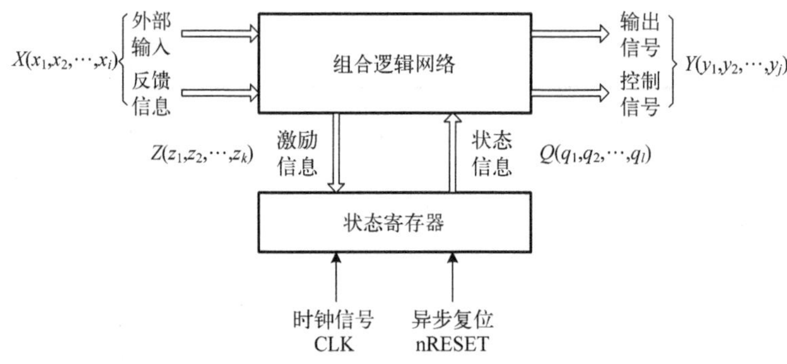

图 6-19　有限状态机电路模型

图 6-19 中，$X(x_1,x_2,\cdots,x_i)$ 是控制器的输入信息，来自外部输入和数据路径；$Y(y_1,y_2,\cdots,y_j)$ 是控制器产生的输出信号和控制信号，分别送往数据路径和芯片外部；$Q(q_1,q_2,\cdots,q_l)$ 是控制器的状态信息，送往组合电路，与输入信号共同产生次态信息和控制信号；$Z(z_1,z_2,\cdots,z_k)$ 是状

态机的次态信息，决定控制器状态转换。电路的输出、激励和次态可以表示为

$$Y = F[X,Q], \quad Z = G[X,Q], \quad Q^{n+1} = H[Z,Q^n]$$

2. 有限状态机的分类及特点

按照输出是否与输入信号相关，有限状态机可以分为 Moore 型有限状态机和 Mealy 型有限状态机。

Moore 型状态机的输出信号仅与当前状态有关，即可以把 Moore 型有限状态机的输出看成当前状态的函数，$Y=F[Q^n]$，与 X 无关。Moore 型状态机的结构如图 6-20 所示。

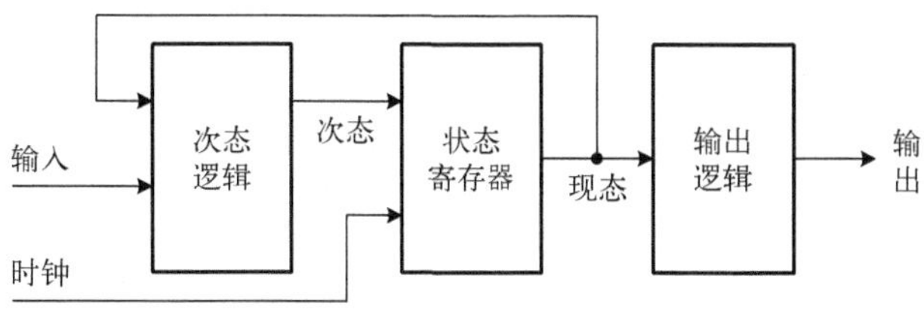

图 6-20 Moore 型有限状态机

Mealy 型的输出信号不仅与当前状态有关，还与输入信号有关，即可以把 Mealy 型有限状态机的输出看成当前状态和所有输入信号的函数。显然，Mealy 型有限状态机比 Moore 型有限状态机复杂一些，其结构如图 6-21 所示。

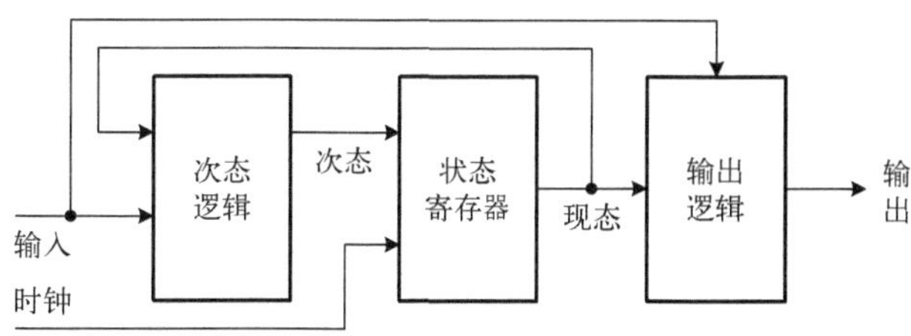

图 6-21 Mealy 型有限状态机

Moore 型和 Mealy 型有限状态机在结构上的差别就在于输出是否与输入直接相关。Moore 型有限状态机与当前时刻输入信号无关，而 Mealy 型有限状态机却与当前时刻输入信号直接关联。因此，Moore 型有限状态机和 Mealy 型有限状态机之间输出时序存在很大区别。在 Moore 型有限状态机中，若某一时钟周期内输入信号发生变化，输出并不会立刻发生变化，输入对输出的影响要到下一个时钟周期才能反映出来。输入与输出相隔离，是 Moore 型有限状态机的一个重要特点。在 Mealy 型有限状态机中，输出受输入信号直接影响，输入变化直接影响到输出信号，这就使得 Mealy 型有限状态机输出对输入的响应可比 Moore 型有限状态机输出对输入的响应早一个时钟周期，且输入信号中的噪声可能出现在输出端。在实际应用中，Moore 型有限状态机与 Mealy 型有限状态机可以实现同样的功能，但 Moore 型有限状态机所需的状态个数可能比 Mealy 型有限状态机多。

3. 基于 ASM 图的有限状态机描述方法

控制器用于生成数据路径所需各类控制信号和芯片对外的输出信号，是密码芯片的重要

组成部分，也是密码芯片设计的难点，以及密码芯片设计人员的痛点。从本质上说，控制器是一种时序电路，可以采用状态转换图、状态转换真值表进行描述，但是，由于数据路径运算对控制信号的需求提炼，无法从数据路径结构直接得到状态转换图、状态转换真值表，同时，对于复杂的控制系统，输入、输出以及状态变量很多，状态转换关系也极为复杂，采用时序图描述往往显得力不从心，无法直接构建状态转换图、状态转换真值表。此时，采用算法状态机图(Algorithmic State Machine Chart，ASM 图)对整体进行描述，并辅助采用时序图对局部进行分析，是一种较好的分析设计方法。

ASM 图是一种用于描述时序电路工作过程的流程图，常常用于描述控制器(时序电路)在不同时间内应完成的一系列操作，以及控制条件和控制器状态的转换。ASM 图表面上看与通用的软件流程图非常相似，但是 ASM 图本身蕴含着精确的时序信息，软件流程图只表示事件、操作及操作之间的顺序，不需要考虑执行所需的指令周期，而 ASM 图精确到每一个时钟周期，能够精确反映出每一时钟周期的电路工作状态、执行的操作、输出信号的取值及状态转换的条件。ASM 图由四种基本符号组成，分别为状态框、判断框、条件框和指向线。

状态框：用一个矩形框来表示控制器的一个状态。该状态的名称和二进制代码分别标在状态框的左、右上角；矩形框内标出在此状态下数据处理单元应进行的操作以及控制器的相应输出，如图 6-22 所示。其中，图(b)说明控制器处于 S3 状态(状态编码为 011)时，执行寄存器清零的操作，产生输出信号 C，且高电平有效。状态框内的数据操作一定是无条件操作，或者说是 Moore 型操作，与外部输入无关，有时框内的操作可略去，仅说明输出信号。如果操作与外部输入关联，需要采用条件框进行描述。

如图 6-23(a)所示，给出一个电路的局部 ASM 图，电路共计三个状态，分别为 S0、S1、S2。电路状态由 S0 无条件转移到状态 S1，再转移到状态 S2，状态转换是在时钟作用下完成的，整个过程共需三个时钟周期，电路时序如图 6-23(b)所示。

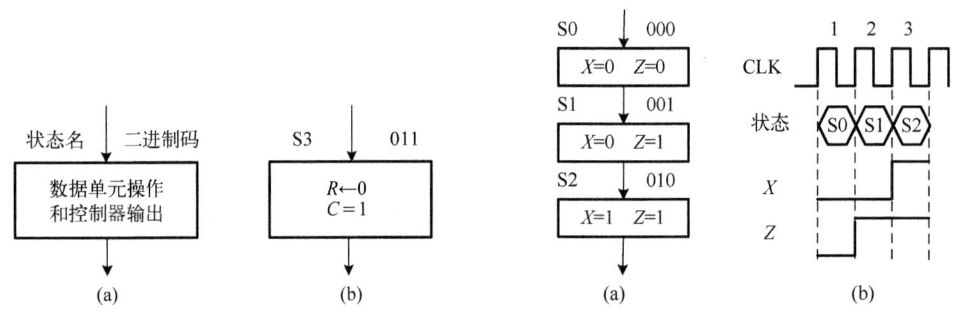

图 6-22　状态框　　　　图 6-23　某电路的局部 ASM 图

判断框：用菱形表示状态在条件转移时的分支途径，判断变量(分支变量)写入菱形框内，在判断框的每个转移分支处写明满足的条件，如图 6-24(a)所示。如图 6-24(b)所示，在状态 S0 判断输入信号 IN，若输入 IN=0，则转入状态 S1，否则进入状态 S2。判断框中的判断变量并不局限于一个，可以有多个判断变量和多条分支途径，如图 6-24(c)所示，判断条件为 X_1、X_2 两个变量，共有三个分支支路。

条件框：用椭圆框表示，框内标出数据处理单元执行的操作以及控制器的相应输出，如图 6-25(a)所示。

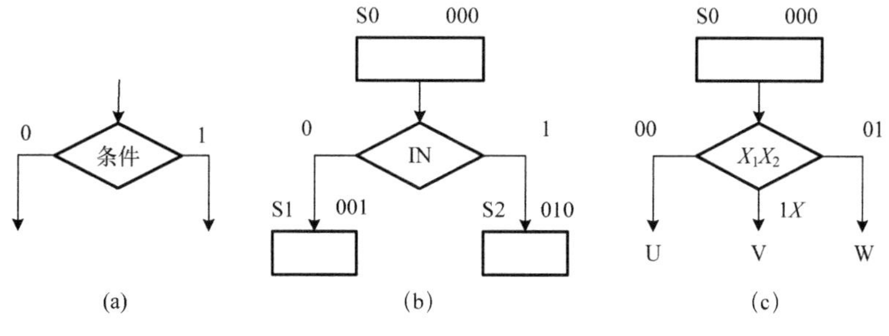

图 6-24　判断框

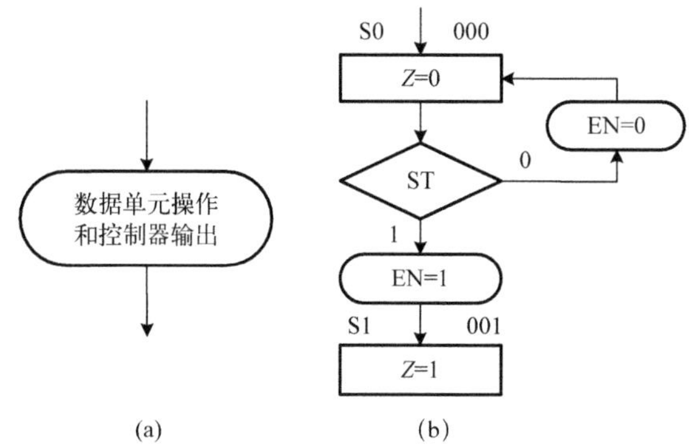

图 6-25　条件框

条件框的输出一定是 Mealy 型的，往往与判断框的一个转移分支相连接，仅当判断框中判断变量满足相应的转移条件时，才进行条件框中表明的操作和信号输出。虽然条件框和状态框都能执行操作和输出信号，但两者之间有很大区别，状态框的输出是无条件输出，属于 Moore 型，而条件框是有条件输出，属于 Mealy 型。图 6-25(b)给出一个条件框实例，当系统处于 S0 状态下，条件输入 ST＝1 时，立刻执行 EN=1 操作(在 S0 状态下)，下一时钟到来进入 S1 状态；否则，将执行 EN=0 操作，维持 S0 状态不变。

指向线：用箭头线表示，用于把状态框、判断框和条件框有机地连接起来，构成完整的 ASM 图。

对于复杂的控制器而言，由于状态数量多、输出变量多、转换关系复杂，往往将 ASM 图拆分成多个子图，或者将状态转换 ASM 图与状态输出 ASM 图分开绘制，在状态转换 ASM 图中，状态编码、状态的 Moore 型输出也可以不予体现。

4. 有限状态机的设计步骤

采用状态机可以实现任意密码芯片的控制器，是目前密码芯片设计人员最易于接受的控制器设计实现方式。采用状态机设计控制电路已经成为数字集成电路和密码芯片设计人员必须具备的基础知识。本节将介绍状态机设计的基本步骤。

1) 选择状态机类型

有限状态机设计首先要确定采用 Moore 型有限状态机还是采用 Mealy 型有限状态机。根据定义，Moore 型有限状态机的输出只与状态机的状态有关，与当前输入信号取值无关；Mealy

型有限状态机的输出不单与状态机的状态有关，而且还与当前输入信号的取值有关。从实现电路功能的角度来讲，这两种状态机都可以实现同样的功能。但它们的输出时序不同，在选择使用哪种状态机时，要根据实际情况进行具体分析。

通常，对于具体电路的一个指标规范，可能适合于用 Moore 型有限状态机实现，也可能适合于用 Mealy 型有限状态机实现，还有可能用两种状态机实现都很合适，硬件设计者需要自行决定采用哪种状态机。但必须注意，实现同样的功能，Moore 型有限状态机所需的状态个数可能比 Mealy 型有限状态机多。

2) 建立状态转换图或 ASM 图，构造状态转换真值表

建立状态转换图或 ASM 图、构造状态转换真值表是状态机设计难点、重点。状态转换图是一种状态及其转换关系的直观表示方法，是一个有向图，其节点表示控制器的一个状态，节点符号的内部写出了该状态的名称，有向图中的连接线表示状态之间的转换关系，连接线上标出了状态转换的条件及当前状态的输出。ASM 图更加清晰直观地表述了状态转换过程及其状态的输出，往往应用于复杂的系统。

构造状态转换图/ASM 图时，通常从一个比较容易描述的状态开始，如果硬件指标描述中规定了复位状态，往往以此作为初始态；然后分析数据路径需求、控制器工作过程、数据路径时序图，确定控制器所需的总的状态数目；最后，通过分析时序图、输入信号及转换条件，从初始态开始，确定转移进入的下一状态，对于构造出的每一个新状态，必须对所有可能的输入条件进行分析，以确定在哪些条件下从哪些状态可以转换到新状态，确定在哪些条件下从新状态可以转换到哪些状态。在状态转换图中增加相应的节点和支路，在每个节点上标出状态名和当前状态输出值，在每个支路上标出转换条件，就可以得出新的状态转换图/ASM 图。

在建立每个状态时，最好都清楚地写出关于这个状态的文字描述，为硬件设计过程提供清晰的参考材料，也为最后完成的设计提供完整的设计文档。通常，设计过程中可能会有些反复，在开始设计时写出的状态功能描述可能会随设计过程的深入做必要的修正，某些状态的最后描述可能会与开始设计时写出的描述差别很大，完整的文字描述有利于设计过程的进行。

状态转换图直观地给出了状态之间的转换关系以及状态转换条件，通过分析输入序列，根据状态转换图很容易跟踪状态之间的转换关系，因而容易理解状态机的工作机理，但是对于复杂电路，状态的个数可能很多，状态转换图变得很复杂，不易画出，也不易读懂，因此状态转换图仅适合于状态个数不太多的情况。当电路的状态数较多、电路的分支判断关系复杂时，可以采用算法状态机图进行描述。

状态转换真值表则采用表格的方式列出了状态及转换条件，适合于状态个数较多的情况，状态转换真值表只是用表格的方式描述了状态间的转换关系及转换条件，可以通过分析直接建立该表，其构建过程与状态转换图类似，也可以通过分析状态转换图、ASM 图得到状态转换真值表。同时状态转换真值表可以作为进一步设计的依据，也是微代码控制器、微程序控制器设计的基础。

3) 状态化简(可选)

在构成原始的状态转换图和原始的状态转换真值表时，根据设计要求，为了充分描述其功能，列入了许多状态，这些状态之间都有一定的内在联系，有些状态可以进行合并。两个状态能否合并，主要看这两个状态是否等价。两个状态的等价条件是：

(1) 在各个输入条件下，对应两个状态的输出完全相同。

(2) 在各个输入条件下，对应两个状态的下一状态完全相同。

如果两个状态是等价状态，则这两个状态可以合并。在有些状态转换真值表中，等价状态并不是能够明显判断的，往往采用输出类型分组法来进行简化，在此不再赘述，可参考相关文献资料。随着大规模数字集成电路时代的到来，控制器资源占用已经不是太大的问题，状态化简已不是必需的过程、步骤，数字集成电路设计人员往往忽略该步骤。

4) 状态分配

状态分配是指将简化后的状态转换图(真值表)中的各个状态用二进制代码来表示，因此状态分配又称状态编码。n 位二进制数码一共有 2^n 种编码形式，若需要分配的状态数为 M，则需要的状态编码位数为 $n \geq \log_2 M$，即 n 取大于 $\log_2 M$ 的最小整数。

当控制器状态总数确定之后，分配方案可以有多种，不同的分配方案，将会得到不同的电路结构，下面介绍状态分配的一般原则。

(1) 当两个以上状态具有相同的下一状态时，尽可能将其安排为相邻代码。相邻代码是指两个代码中只有一个变量不同，其余变量都相同。

(2) 当两个以上状态属同一状态的下一状态，尽可能将其安排为相邻代码。

(3) 为了使输出结构简单，尽可能将输出相同的状态安排为相邻代码。

在状态机设计时，以上三条分配原则很难全部都满足，具体需要依据关键路径延迟、电路输出时间等参数酌情选择，下面给出几种常用的状态编码。

自然二进制编码：要用 2^n 种可能的二进制数组合给 M 个编码状态赋值，最简单的方法就是按照自然二进制计数顺序选用排在最前面的 M 个二进制编码。但是，这种状态赋值方式并不一定能得到最简单的激励方程、输出方程，得到的逻辑电路也非最简，可能影响到控制器的工作频率。此时的状态机类似于计数器型控制器，前面针对 DES 算法芯片设计的计数器型控制器就是一种自然二进制编码赋值状态机，电路共计 17 个状态，采用 17 个二进制计数器、5 个寄存器保存电路状态，初始状态为 00000，第一轮运算对应状态为 00001，第二轮运算对应状态为 00010，……，第十六轮运算对应状态为 10000。

格雷码编码：采用格雷码(Gray Code)对有限状态机进行状态编码，可以使状态机所需的状态机寄存器最少(与自然二进制一样)，同时由于格雷码相邻两个编码只有 1 位发生改变，若有限状态机两个相邻的状态被赋予两个连续的格雷码，将大大降低次态逻辑的复杂性。

独热码赋值编码：独热码赋值(One-hot assignment)是一种十分有用的状态编码，M 个状态的状态机需要采用 M 位状态编码，每一个状态只有其中一位为 1，其余均为 0。显然，这种赋值方式采用的状态变量数比自然二进制编码要多很多，触发器资源占用较多，不适合状态数目较多的状态机设计实现；但是正是由于采用这种编码方式，触发器的驱动方程、输出方程都比较简单，电路结构得以简化，可以获得较高的工作频率。

几乎独热码赋值编码：几乎独热码赋值与独热码赋值几乎相同，只是在几乎独热码赋值中会使用全 0 编码表示某个状态，一般是系统的初始状态。对于具有 n 个状态的有限状态机来说需要 n–1 个寄存器存储状态。前面针对 DES 算法芯片设计的移位寄存器型控制器就是一种几乎独热码赋值状态机，电路共计 17 个状态，采用 16 个寄存器保存，初始状态为 0000,0000,0000,0000，第一轮运算对应状态为 0000,0000,0000,0001，第二轮运算对应状态为 0000,0000,0000,0010，……，第十六轮运算对应状态为 1000,0000,0000,0000。

5）采用硬件描述语言描述状态机

依据状态转换图和状态转换真值表，就可以建立状态机的硬件描述语言模型，完成有限状态机的设计。一般情况下，会把硬件划分为如图 6-26 所示的次态逻辑、状态寄存器和输出逻辑三部分，分别进行描述，这样更易于理解。有关状态机的描述方式，很多 EDA 技术教材中都有阐述，本书不再赘述。

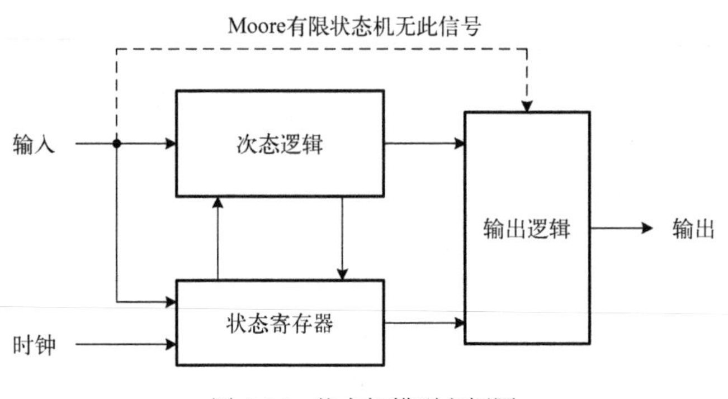

图 6-26　状态机模型方框图

5. 有限状态机设计注意的几个问题

1）状态机复位

和数字系统中所有的时序逻辑电路一样，有限状态机应具有复位功能，以确保电路能够进入设定的初始状态。复位分为同步复位和异步复位两种，在实际芯片设计时，考虑到芯片都具有上电复位操作，一般情况下必须设置异步复位功能，通过连接在引脚上的阻容器件、专用复位电路，实现状态机复位。同时，状态机也可以增加同步复位功能，同步复位信号在时钟的跳变沿到来时，将对有限状态机进行复位操作。

2）状态机的同步输出

依据有限状态机结构，无论是 Moore 型有限状态机还是 Mealy 型有限状态机，其输出信号都是经由组合逻辑电路生成的，因此输出信号会产生“毛刺”现象。对于同步电路来说，由于“毛刺”只是发生在时钟跳变沿之后的一小段时间里，因此在下一个时钟跳变沿到来时，“毛刺”已经消失，所以这时“毛刺”不会对电路产生影响。但是如果设计人员在设计电路的过程中，需要把有限状态机的输出作为片选信号、复位信号或时钟信号等来使用时，“毛刺”也可能会对电路设计造成很大的影响，甚至影响系统整体功能。因此在数字系统与密码芯片设计时，尽可能地保证有限状态机的输出信号没有“毛刺”。

消除“毛刺”的方法有很多，输出保持寄存器是一种简便的方法。该方法是将有限状态机的输出信号加载到一个时钟控制的寄存器上，如图 6-27 所示。值得注意的是，此时的输出将比无输出保持寄存器的状态机电路延迟一个时钟周期，因此必须注意匹配时序。

3）状态机的未用状态的处理

在状态编码一节中，提到了需要使用 2^n 种可能的二进制数组合给 M 个编码状态赋值，当 n 个触发器的状态数比所要求的状态数 M 大时，就要考虑未用状态的处理问题。有两种有效的处理方法，选用哪种方法取决于应用要求。

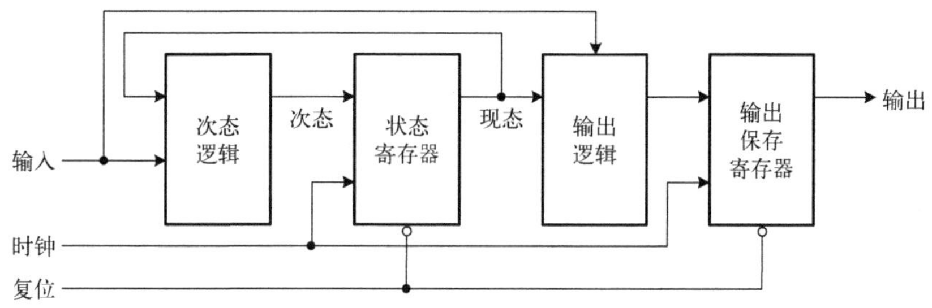

图 6-27　具有输出保持寄存器的 Moore 型有限状态机

最小冒险法：这种方法假设状态机可能由于某种原因进入未用的(或称“无效的”)状态，原因可能是硬件的失效、电路干扰信号或者硬件“跑飞”。此时，对于每一种未用状态都应规定明确的下一状态，从而使得任何一种未用状态都能进入到“初始”状态、“空闲”状态或者其他一些“安全”状态中。

最小成本法：这种方法假设状态机永远不会进入未用状态。因此，在转移表和激励表中，未用状态的下一状态可标为“无关”项。在大多数情况下，这样做可以简化激励逻辑。但是，状态机一旦进入了未用状态，状态机的行为就不可把握。

在密码芯片设计中，这两种方法都会用到，但是第一种方法更为常用。

6.3.2　密钥实时生成 DES 算法芯片控制器设计

根据 6.2 节的分析可知，密钥实时生成 DES 算法芯片控制器共经历 17 个状态，因此，控制器的核心可以采用一个具有 17 个状态的状态机实现。状态转换关系如下。

当复位信号 RESET 信号有效时，状态机复位，进入状态 S0；当启动信号 START 为 1 时，启动控制电路，开始状态转换，自状态 S0 转移至状态 S1；自状态 S1 以后，每来一个有效的时钟信号上升沿，状态机变化一次，从状态 S1→S2→S3→…→S15→S16，直至状态到达 S16；在状态 S16，再来一个时钟脉冲，状态机返回状态 S0。电路状态图如图 6-28 所示。

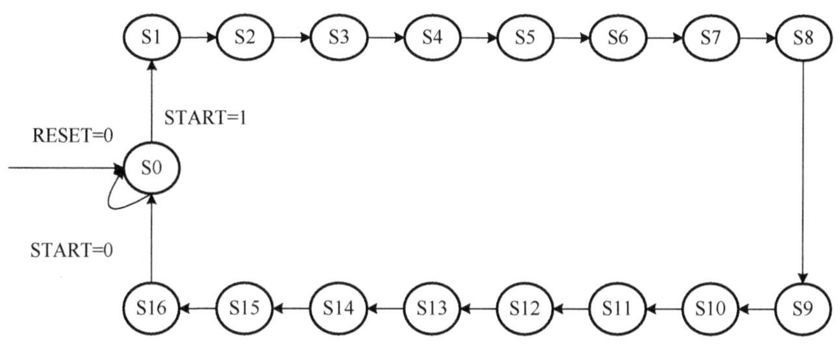

图 6-28　DES 算法芯片控制器状态转换图

电路的时序图，与 6.2.3 节对 DES 算法芯片控制器的分析完全一样，依据该状态转换图、时序图，可以得到状态转换真值表，如表 6-6 所示。

表 6-6　密钥实时生成 DES 算法芯片控制器状态转换表

现态	START	MODE	次态	READY	LR_SEL CD_SEL	LR_EN CD_EN	D	$K[1:0]$
S0	0	X	S0	1	0	0	X	00
	1	0	S1	0	1	1	0	01
		1	S1	0	1	1	1	00
S1	X	0	S2	0	0	1	0	01
		1		0	0	1	1	01
S2		0	S3	0	0	1	0	10
		1		0	0	1	1	10
S3		0	S4	0	0	1	0	10
		1		0	0	1	1	10
S4		0	S5	0	0	1	0	10
		1		0	0	1	1	10
S5		0	S6	0	0	1	0	10
		1		0	0	1	1	10
S6		0	S7	0	0	1	0	10
		1		0	0	1	1	10
S7		0	S8	0	0	1	0	10
		1		0	0	1	1	10
S8		0	S9	0	0	1	0	01
		1		0	0	1	1	01
S9		0	S10	0	0	1	0	10
		1		0	0	1	1	10
S10		0	S11	0	0	1	0	10
		1		0	0	1	1	10
S11		0	S12	0	0	1	0	10
		1		0	0	1	1	10
S12		0	S13	0	0	1	0	10
		1		0	0	1	1	10
S13		0	S14	0	0	1	0	10
		1		0	0	1	1	10
S14		0	S15	0	0	1	0	10
		1		0	0	1	1	10
S15		0	S16	0	0	1	0	01
		1		0	0	1	1	01
S16		0	S0	0	0	0	0	00
		1		0	0	0	1	00

从表 6-6 中可以看出，该电路可以采用 Mealy 型有限状态机设计实现。当采用几乎独热码赋值编码时，控制器即为移位寄存器型控制器，当采用自然二进制编码时，控制器即为计数器型控制器。

6.3.3 Grain-80 算法乱数生成模块控制器

1. 控制器接口信号

依据 5.3 节 Grain-80 算法乱数生成芯片数据路径设计，Grain-80 算法乱数生成芯片控制器需要生成以下控制信号。

(1) FSR_WEN：线性反馈移位寄存器 LFSR 和非线性反馈移位寄存器 NFSR 的移位使能信号，高电平有效。该信号有效时，两个移位寄存器按字节向左进行联合移位，移位位数为 8bit。

(2) LR_IN_SEL[1:0]：LFSR 输入选择信号，选择送入线性反馈移位寄存器的串行输入数据，图 6-29 给出两个反馈移位寄存器输入的连接关系。

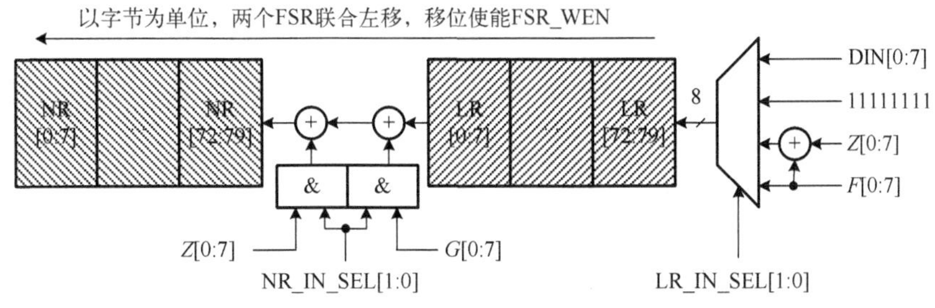

图 6-29　移位寄存器级联输入示意图

显然LFSR可选择外部DIN输入(密钥/IV装载阶段)、填充数据“11111111”(填充阶段)、LFSR 自身 8bit 反馈值与 8bit 乱数输出异或(初始化阶段)或 LFSR 自身 8bit 反馈值(乱数生成与输出阶段)，功能见表 6-7。

表 6-7　LFSR 输入选择功能表

LR_IN_SEL[1:0]	LFSR 输入	说明
00	DIN[0:7]	数据装载
01	11111111	数据填充
10	$Z[0:7] \oplus F[0:7]$	算法初始化
11	$F[0:7]$	乱数生成与读出

(3) NR_IN_SEL[1:0]：NFSR 输入选择信号，选择送入非线性反馈移位寄存器的串行输入数据，可选择 LFSR 的 8bit 级联输出(数据装载与填充阶段)、LFSR 的 8bit 级联输出与 NFSR 自身 8bit 反馈值及 8bit 乱数输出三者异或结果、LFSR 的 8bit 级联输出与 NFSR 自身 8bit 反馈值二者异或结果，功能见表 6-8。

表 6-8　NFSR 输入选择功能表

NR_IN_SEL[1:0]	NFSR 输入	说明
00	LR[0:7]	数据装载与填充阶段
11	$LR[0:7] \oplus G[0:7] \oplus Z[0:7]$	算法初始化
01	$LR[0:7] \oplus G[0:7]$	乱数生成与读出
10	X	保留

(4) KOF_WEN：乱数输出 FIFO 的写使能信号，高电平有效，该信号有效时，向输出 FIFO 写入 1 字节。

(5) KOF_REN：乱数输出 FIFO 的读使能信号，高电平有效，该信号有效时，从输出 FIFO 读出 1 字节。

(6) READY：乱数输出 FIFO 数据有效标志信号，该信号有效时，乱数输出 FIFO 至少有 1 字节。

乱数输出 FIFO 的读操作由上位机控制，上位机首先判断 READY 信号，该信号有效之后，发出有效的 REN 信号(KOF_REN 连接 REN)，可以从输出 FIFO 读出 1 字节，由于 Grain-80 算法乱数生成芯片进入工作阶段之后，每个时钟可生成 1 字节的乱数，因此，自 READY 有效之后，每个时钟周期都将向输出 FIFO 写入 1 字节，直至输出 FIFO 写满为止。为避免输出 FIFO 处于“满”状态下的误写操作，将输出 FIFO 的“满”标志 FULL 接入控制器，控制器一旦检测到该信号为高电平，表示输出 FIFO 已经“满”，将暂停移位寄存器状态更新，暂停向输出 FIFO 写入乱数。至此，可以得到 Grain-80 算法芯片控制器接口框图，如图 6-30 所示。

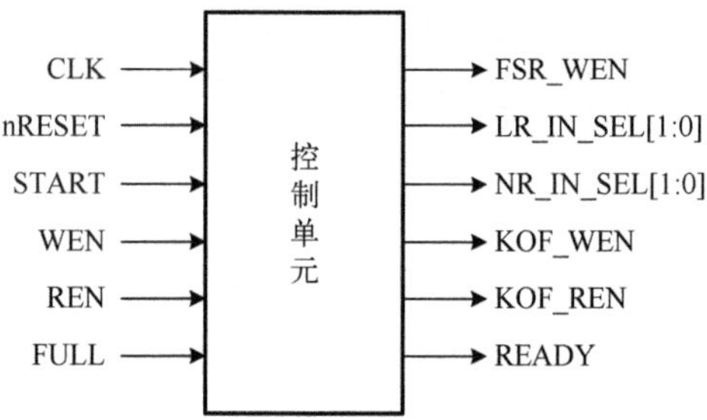

图 6-30　Grain-80 算法芯片控制器接口示意图

依据 Grain-80 算法乱数生成芯片总体设计，芯片工作分为密钥/IV 装载、数据填充、算法初始化、乱数生成、乱数读出五个工作阶段，如图 6-31 所示。其中，密钥/IV 装载至少需要 18 个时钟周期，依赖于外部写使能信号 WEN 是否连续；数据填充阶段固定为 2 个时钟周期，将 16 个“1”写入移位寄存器；由于一个时钟周期移位寄存器并行更新 8 步，因此算法初始化阶段仅需 160/8=20 个时钟周期；进入算法生成阶段之后，1 个时钟周期生成 8bit 乱数，持续时间依赖于读取乱数的长度；乱数读出由上位机进行控制，从输出 FIFO 中读取，乱数读出与乱数写入端口相分离，可与乱数生成同时执行。

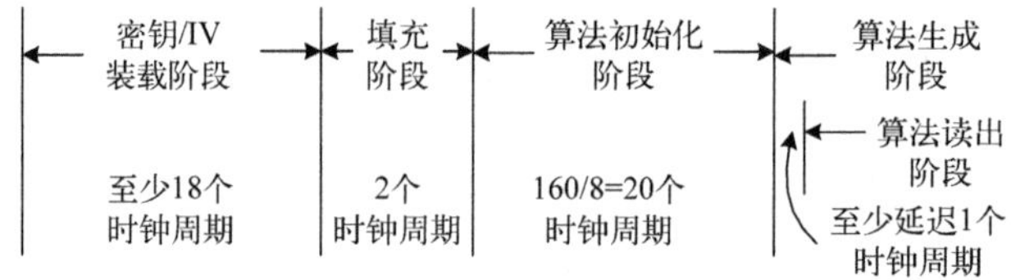

图 6-31　Grain-80 算法乱数生成芯片工作阶段与占用时间

2. 基于状态图的控制器设计

定义芯片上电复位之后初始状态为 S0，密钥/IV 装载阶段的状态为 S1～S18，分别对应

18 个密钥/IV 数据装载，数据填充阶段对应状态为 S19～S20，占用 2 个时钟周期，算法初始化阶段对应状态为 S21～S40，占用 20 个时钟周期，乱数生成阶段对应状态为 S41，该状态一直持续下去，直至 START 信号有效，重启新的任务。由此可得 Grain-80 算法乱数生成芯片控制器状态转换图，如图 6-32 所示。受篇幅所限，图中并未给出各个状态输出信号取值，分析如下。

(1)状态 S0：复位后的初始状态。此状态下 NR、LR 两个寄存器清零，写使能 FSR_WEN 无效，输出缓存写使能 KOF_WEN 无效，等待启动信号 START 到来，若 START 为高电平，则进入密钥/IV 装载状态 S1，否则保持状态 S0 不变。

(2)状态 S1～S18：密钥/IV 装载阶段对应的状态。此阶段每一状态均需要判断输入写使能信号 WEN 是否有效，若 WEN 无效，则保持状态不变，置移位寄存器写使能 FSR_WEN 无效；否则，置移位寄存器写使能 FSR_WEN 有效，写入一组数据，转入下一状态；如此，直至转入状态 S19，完成 18 字节的密钥/IV 数据装载。此状态下，无乱数生成，输出缓存写使能 KOF_WEN 无效。

(3)状态 S19～S20：数据填充阶段对应的状态。此阶段每一状态均置移位寄存器写使能 FSR_WEN 有效，写入一组“11111111”；此阶段，无乱数生成，输出缓存写使能 KOF_WEN 无效；此阶段对应两个状态 S19、S20，状态顺序转移，S20 状态结束后转入状态 S21，进入算法初始化阶段。

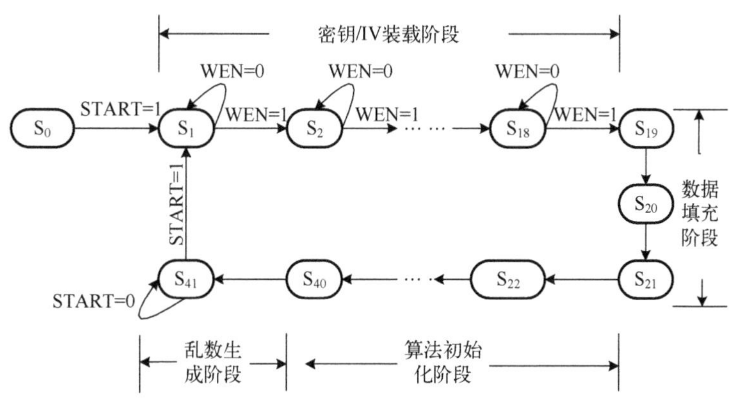

图 6-32　Grain-80 算法乱数生成芯片控制器状态转换图

(4)状态 S21～S40：算法初始化阶段对应的状态。此状态每一状态均置移位寄存器写使能 FSR_WEN 有效，一个时钟周期移位寄存器步进 8 步，实现并行更新；此阶段无乱数生成，输出缓存写使能 KOF_WEN 无效；此阶段对应的 20 个状态顺序迁移，S40 状态结束后转入状态 S41，进入乱数生成阶段。

(5)状态 S41：乱数生成阶段对应的状态，此状态下控制器输出依赖于输出 FIFO“满”标志 FULL 信号取值，若 FIFO 不满，即 FULL=0，则完成当前状态 8bit 乱数计算，置输出缓存写使能 KOF_WEN=1，乱数写入输出 FIFO，同时置移位寄存器写使能 FSR_WEN 有效，一个时钟周期移位寄存器步进 8 步，实现并行更新；若 FIFO 已满，即 FULL=1，则置移位寄存器写使能 FSR_WEN 无效，保持该移位寄存器状态不变，同时置输出缓存写使能 KOF_WEN=0，禁止乱数写入输出 FIFO。此状态下，状态转换需要判断启动信号 START，若 START 信号有效，无论如何都转入状态 S1，准备重新装载密钥/IV，否则保持原态不变，继续乱数生成。

两个移位寄存器输入选择信号 LR_IN_SEL[1:0]、NR_IN_SEL[1:0]的取值与芯片所处的工作阶段密切相关，如表 6-9 所示。

表 6-9　各个状态的输入选择信号取值表

当前状态	LR_IN_SEL[1:0]	NR_IN_SEL[1:0]	备注
S0	00	00	初始状态
S1～S18	00	00	密钥/IV 装载状态
S19～S20	01	00	数据填充状态
S21～S40	10	11	算法初始化状态
S41	11	01	乱数生成状态

任何时候，一旦输出 FIFO 中有数据，其“空”标志 EMPTY 置 0，输出 READY 信号有效，通知上位机乱数已经生成(至少 1 字节)并存于输出缓存，READY 信号可由 FIFO“空”标志 EMPTY 信号直接取非得到。Grain-80 算法乱数生成芯片控制器状态转换真值表如表 6-10 所示。

表 6-10　Grain-80 算法乱数生成芯片控制器状态转换真值表

现态	START	WEN	FULL	次态	FSR_WEN	KOF_WEN	LR_IN_SEL[1:0]	NR_IN_SEL[1:0]
S0	0	X	X	S0	0	0	00	00
	1	X	X	S1	0	0	00	00
S1	X	0	X	S1	0	0	00	00
	X	1	X	S2	1	0	00	00
S2	X	0	X	S2	0	0	00	00
	X	1	X	S3	1	0	00	00
…	…	…	…	…	…	…	…	…
S17	X	0	X	S17	0	0	00	00
	X	1	X	S18	1	0	00	00
S18	X	0	X	S18	0	0	00	00
	X	1	X	S19	1	0	00	00
S19	X	X	X	S20	1	0	01	00
S20	X	X	X	S21	1	0	01	00
S21	X	X	X	S22	1	0	10	11
S22	X	X	X	S23	1	0	10	11
…	…	…	…	…	…	…	…	…
S39	X	X	X	S40	1	0	10	11
S40	X	X	X	S41	1	0	10	11
S41	0	X	0	S41	1	1	11	10
	0	X	1	S41	0	0	11	10
	1	X	X	S1	0	0	11	10

显然，这是一个 Mealy 型有限状态机，状态机操作时钟为 CLK，异步复位为 nRESET，输入为启动信号 START、写使能信号 WEN、FIFO 满标志 FULL，输出信号为移位寄存器写使能 FSR_WEN、输出 FIFO 写使能 KOF_WEN、线性与非线性反馈移位寄存器输入选择信号 LR_IN_SEL[1:0]、NR_IN_SEL[1:0]，输出 FIFO 读使能 KOF_REN 直接连接外部信号 REN，不再由控制器生成。控制器状态机组成结构如图 6-33 所示。

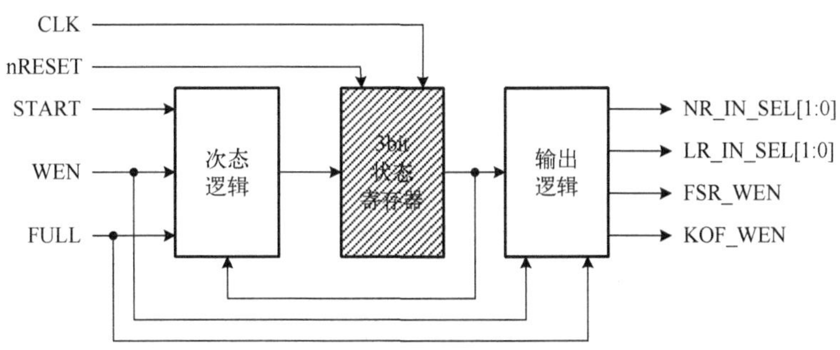

图 6-33　Grain-80 算法芯片控制器状态机组成结构

3. 基于 ASM 图的控制器设计

前面采用状态转换图描述了 Grain-80 算法乱数生成芯片控制器，设计了控制器电路，由于状态数目较多，状态转换图绘制不完整。实际上，复杂的控制器很难采用状态机直接描述，往往采用算法状态机图或其他方法进行描述或者过渡。这里以 Grain-80 算法乱数生成芯片控制器的 ASM 描述为例，介绍 ASM 在控制器设计中的应用。

定义芯片上电复位之后初始状态为 S0，密钥/IV 装载、数据填充、算法初始化、乱数生成四个工作阶段分别用状态 S1、S2、S3、S4 表示。控制器内部设计一个计数器，该计数器复位后清 0；START 有效之后，每来一个有效的写使能信号，计数器做+1 操作；当密钥/IV 装载完成之后，每来一个时钟，计数器自动+1，当进入算法生成阶段之后，计数器将不再动作，直至 START 再次到来，计数器同步置 0。计数器计数范围为 0～39（二进制 000000～100111）。由此，可得 Grain-80 算法乱数生成芯片控制器算法状态机 ASM 图如图 6-34 所示，详述如下。

(1)状态 S0：复位后的初始状态。此状态下，NR、LR 两个寄存器清 0，写使能 FSR_WEN 无效，输出缓存写使能 KOF_WEN 无效，计数器清 0，等待启动信号 START 到来，若 START 为高电平，则进入密钥/IV 装载状态 S1，否则保持状态 S0 不变。

(2)状态 S1：密钥/IV 装载状态。此状态下判断输入写使能信号 WEN 是否有效，若 WEN 为高，则置移位寄存器写使能 FSR_WEN 有效，写入一组数据，并使计数器做+1 操作，否则保持状态不变，计数器不动作；此状态下判断计数值 CNT[5:0]，若 CNT[5:0]=010001，表示当前写入数据为第 18 个密钥/IV，将转入状态 S2，否则，说明密钥/IV 尚未装载完成，则保持该状态不变，继续等待写使能信号到来；此状态下，无乱数生成，输出缓存写使能 KOF_WEN 无效。

(3)状态 S2：数据填充状态。此状态置移位寄存器写使能 FSR_WEN 有效，写入一组“11111111”，并使计数器做+1 操作；此状态判断计数值 CNT[5:0]，若 CNT[5:0]=010011，表示当前写入数据为最后 1 个“11111111”，16 个“1”已全部写入移位寄存器中，将转入状态 S3；此状态下，无乱数生成，输出缓存写使能 KOF_WEN 无效。

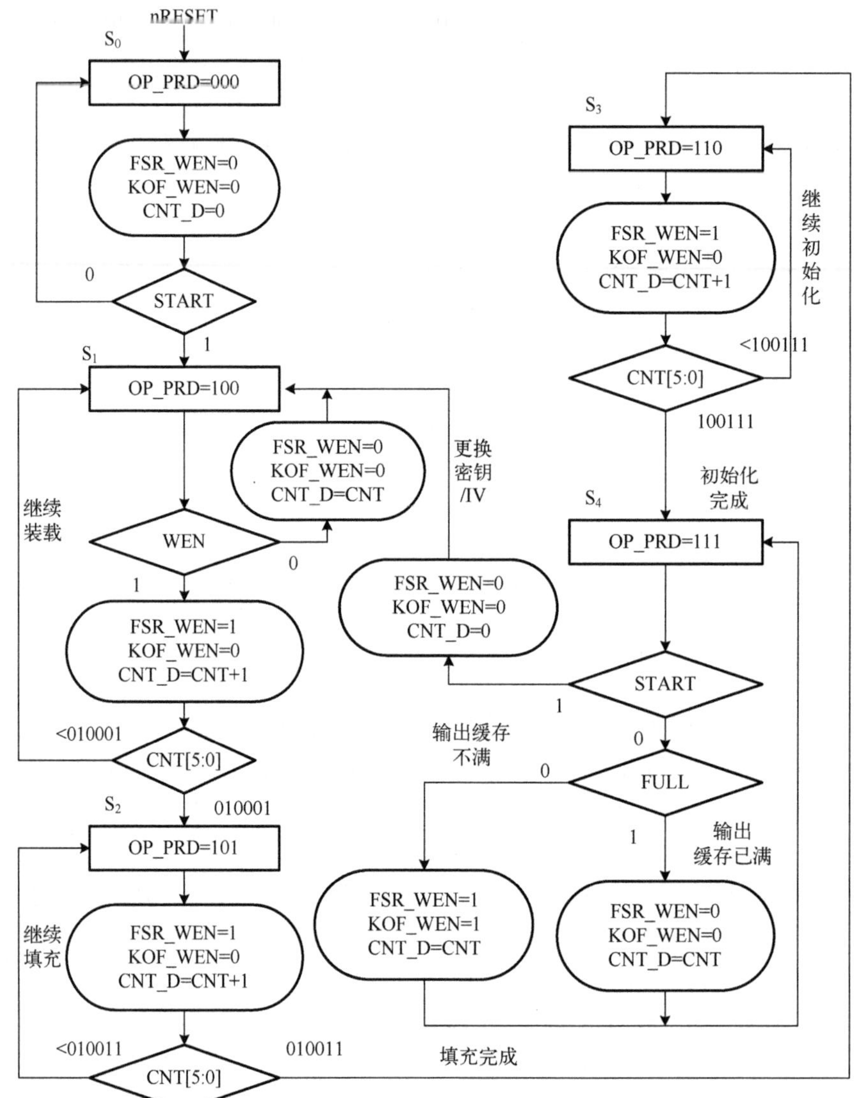

图 6-34　Grain-80 算法芯片控制器 ASM 图

(4)状态 S3：算法初始化状态。此状态置移位寄存器写使能 FSR_WEN 有效，一个时钟周期移位寄存器步进 8 步，实现并行更新，同时计数器做+1 操作；此状态判断计数值 CNT[5:0]，若 CNT[5:0]=100011，表示算法初始化工作即将执行 20 个时钟周期，算法初始化工作将完成，转入状态 S4，否则保持该状态不变，继续算法初始化工作；此状态下，无乱数生成，输出缓存写使能 KOF_WEN 无效。

(5)状态 S4：乱数生成状态。此状态下控制器输出依赖于输出 FIFO“满”标志 FULL 信号取值，若 FIFO 不满，即 FULL=0，则完成当前状态 8bit 乱数计算，置输出缓存写使能 KOF_WEN=1，乱数写入输出 FIFO，同时置移位寄存器写使能 FSR_WEN 有效，一个时钟周期移位寄存器步进 8 步，实现并行更新；若 FIFO 已满，即 FULL=1，则置移位寄存器写使能 FSR_WEN 无效，保持该移位寄存器状态不变，同时置输出缓存写使能 KOF_WEN=0，禁止乱数写入输出 FIFO。此状态下，状态转换需要判断启动信号 START，若 START 信号有效，无论如何都转入状态 S1，准备重新装载密钥/IV，否则保持原态不变。此状态下，计数器停止计数。

定义工作状态标志信号 OP_PRD[2:0]，即状态编码，OP_PRD[2:0]=000，代表芯片复位后状态；OP_PRD[2:0]=100，代表芯片启动信号到来后的密钥/IV 装载状态；OP_PRD[2:0]=101，代表芯片进入数据填充状态；OP_PRD[2:0]=110，代表芯片进入算法初始化状态；OP_PRD[2:0]=111，代表芯片进入乱数生成状态。工作状态标志信号与 FSR 输入选择信号的关系见表 6-11。

表 6-11　工作状态标志信号与 FSR 输入选择信号关系表

OP_PRD[2:0]	LR_IN_SEL[1:0]	NR_IN_SEL[1:0]	备注
000	00	00	初始状态
100	00	00	密钥/IV 装载状态
101	01	00	数据填充状态
110	10	11	算法初始化状态
111	11	01	乱数生成状态
001	XX	XX	非法状态
010	XX	XX	非法状态
011	XX	XX	非法状态

依据 Grain-80 算法乱数生成芯片控制器 ASM 图可知，控制器由 1 个具有 6 个状态的状态机、1 个 6bit 计数器、1 组次态逻辑、1 组输出逻辑构成，如图 6-35 所示。这里通过在状态机中嵌套 1 个 6bit 计数器，减少了状态机的状态总数目，整个控制器是以状态机为核心、辅以计数器进行控制的。

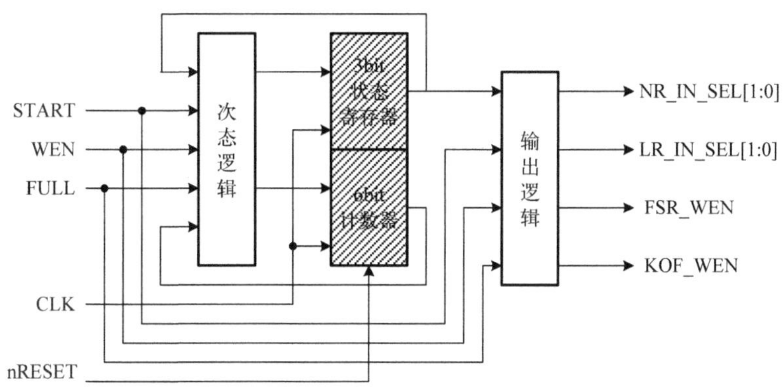

图 6-35　Grain-80 算法芯片控制器组成结构

6.3.4　SHA1 算法芯片控制器设计

1. 控制器接口信号

第 2 章给出了 SHA1 算法芯片的总体设计，描述了芯片接口信号、工作流程。在第 5 章，分析了SHA1算法芯片的消息填充、消息扩展、压缩变换过程，设计了SHA1算法芯片数据路径。根据总体要求和数据路径设计需求，得到控制器总体框图如图6-36所示，控制器产生四大类信号：一是工作状态标志信号，标示芯片当前的工作状态；二是运算控制信号，控制运算过程；三是送入消息填充与消息扩展电路的信号，用于控制、扩展形成送入数据路径的消息数据；四是输出控制信号，用于杂凑值输出控制。各控制信号描述如下。

1）工作状态标志信号

(1) VALID：输出有效信号，高电平有效，该信号有效时，所有数据已经运算完成，杂凑值可读出；

(2) READY：当前分组运算完成标志，高电平有效，该信号有效时，当前已经输入的分组数据运算完成，可执行下一步操作。

2）运算控制信号

(1) STEP[4:0]：运算步数标志信号，指示SHA1运算的当前运算步数，取值范围为00000～10011，与RND[2:0]信号配合，共同完成SHA1算法循环控制。

(2) RND[2:0]：运算轮数标志信号，指示SHA1运算的当前运算轮数，与STEP[4:0]信号配合，共同完成SHA1轮运算循环控制。

(3) TR_EN：杂凑中间值寄存器A、B、C、D、E写使能信号，高电平有效。

(4) HR_WEN：最终杂凑值寄存器HA、HB、HC、HD、HE写使能信号，高电平有效。

(5) Hx_SEL：中间杂凑值数据源选择信号，Hx_SEL=0选择压缩变换计算结果，Hx_SEL=1选择输出变换计算结果(循环最后一步)。

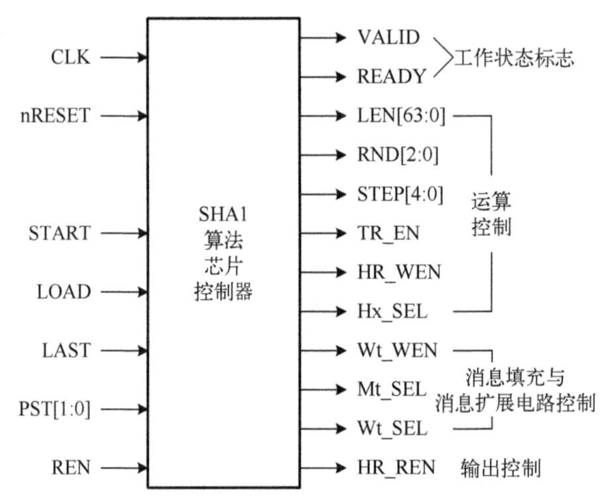

图6-36　SHA1算法芯片控制器接口示意图

3）消息填充与消息扩展电路控制信号

(1) LEN[63:0]：数据包长度值，指示已经输入的所有分组数据的总长度，用于消息填充。

(2) Mt_SEL[2:0]：送入Wt寄存器的Mt输入数据选择信号，功能如表6-12所示。

(3) Wt_SEL：Wt寄存器数据选择信号，前16轮运算，该信号为0，选择填充后的Mt数据存储；第17～80轮运算，该信号为1，选择消息扩展电路计算得到结果并存储。

(4) Wt_EN：Wt寄存器写使能，高电平有效，该信号同时作用于消息扩展电路，控制移位寄存器做循环右移操作。

4) 输出控制信号

HR_REN：最终杂凑值寄存器 HA、HB、HC、HD、HE 的读使能信号，高电平有效。

表 6-12　工作状态标志信号与 FSR 输入选择信号关系表

Mt_SEL [2:0]	Mt
000	Din
001	(Din&0xFF000000H)⊕0x00800000H
010	(Din&0xFFFF0000H)⊕0x00008000H
011	(Din&0xFFFFFF00H)⊕0x00000080H
100	0x80000000H
101	0x00000000H
110	LEN[7:0]‖LEN[15:8]‖LEN[23:16]‖LEN[31:24]
111	LEN[39:32]‖LEN[47:40]‖LEN[55:48]‖LEN[63:56]

2. 控制器组成结构

控制器由长度计数器、步数计数器、轮数计数器、状态机、输出延迟模块组成，组成结构如图 6-37 所示。

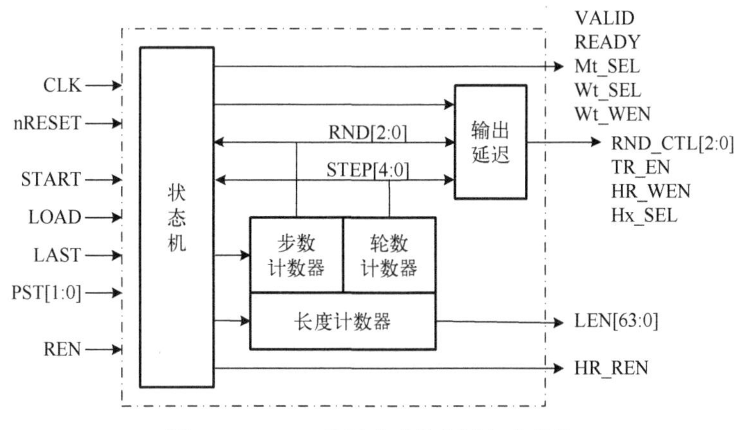

图 6-37　SHA1 算法芯片控制器组成结构

(1) 长度计数器：记录已装载数据的长度值，为一个 64 位二进制加法计数器，结果用于消息填充。

(2) 步数计数器：生成压缩变换过程所需步数控制信号，为一个二十进制加法计数器，计数范围为 0～19，结果用于轮运算控制。

(3) 轮数计数器：生成压缩变换过程所需轮数控制信号，其核心为一个四/八进制可变的加法计数器，当分组数据小于 448bit 时，计数范围为 0～3，当分组数据大于或等于 448bit 时，必须再扩充出一个 512bit 分组数据，计数范围为 0～8，结果用于轮运算控制。

(4) 状态机：控制器的核心模块，采用状态机刻画芯片所处的工作状态及其转换关系，依据当前状态、外部输入信号、标志信号，形成次态信号、芯片输出信号、数据路径运算控制信号、消息填充与扩展电路控制信号。

(5)输出延迟电路：SHA1 算法芯片数据路径是一个 2 级流水结构，如图 6-38(a)所示。流水线的第一级为消息填充与扩展电路，结果存储于 W_t 寄存器，第二级为压缩变换或输出变换，结果存储于杂凑中间值寄存器 A、B、C、D、E。芯片输入数据与压缩变换进行流水操作，外部输入的消息在第 1 个时钟周期进行消息填充、消息扩展，结果写入 W_t 寄存器，下一个时钟周期进行压缩变换，结果写入 A、B、C、D、E 寄存器，输出变换与压缩变换在流水线上处于同一级，只是执行的时钟周期不同。对于同一输入数据的处理，压缩变换较消息填充延迟一个时钟周期，如图 6-38(b)所示。

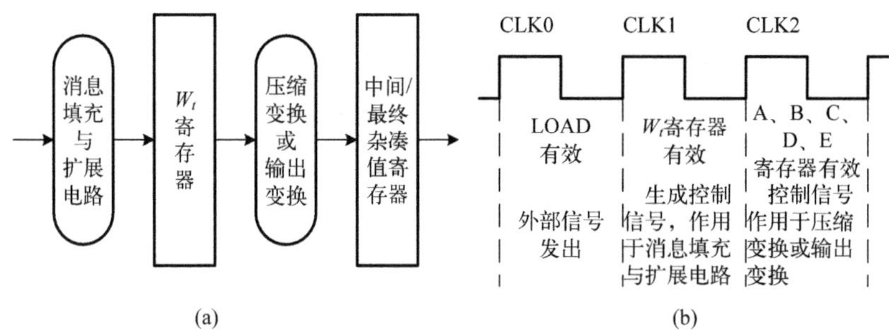

图 6-38　数据路径流水线与控制信号时序关系

步数计数器计数值 STEP[4:0]、轮数计数器计数值 RND[2:0]等直接受输入信号 LOAD、LAST、PST 等控制，因此，作用于压缩变换电路的控制信号 RND[2:0]_CTL 应是轮数计数器计数值 RND[2:0]延迟一个时钟周期。

以此类推，控制器的核心控制模块为一个受输入信号 LOAD、LAST、PST 等控制的状态机，该状态机生成用于消息填充、消息扩展、压缩变换、输出变换的控制信号，作用于消息填充与消息扩展电路的控制信号为状态机生成的原始信号，如 Mt_SEL、Wt_SEL、Wt_EN 等；而作用于压缩变换、输出变换的控制信号，均为状态机生成的原始信号延迟一级，包括 TR_WEN、HR_WEN、Hx_SEL 等，如图 6-38(b)所示。考虑到外部 CPU 判断 VALID、READY 信号值至少需要一个时钟周期，因此 VALID、READY 信号直接输出。

3. 状态转换关系

芯片工作可分为三个阶段：复位后初始阶段、启动后数据装载阶段、装载完毕后消息填充及运算阶段。其中，数据装载完成之后，依据当前分组数据长度，又分为三种不同的情况，如图 6-39 所示。

(1)512bit 分组数据装载期间，LAST 信号没有出现，说明该分组不是数据包的最后一个分组，计算得到的杂凑值是中间杂凑值。

(2)512bit 分组数据装载期间，LAST 信号出现，且出现在前 13 个 LOAD 有效期间，或者 LAST 信号出现在第 14 个 LOAD 有效期间，但 PST[1:0]=00、01 或 10，说明该分组是最后一个分组，且数据长度小于或等于 440bit，计算得到的杂凑值是最终杂凑值。

(3)512bit 分组数据装载期间，LAST 信号出现，且出现在第 15、16 个 LOAD 有效期间，或者 LAST 信号出现在第 14 个 LOAD 有效期间，且 PST[1:0]=11，说明该分组是最后一个分组，且数据长度大于或等于 448bit，需要再扩充一个 512bit 分组，多执行一个分组的 SHA1 运算，才能得到最终杂凑值。此时，相当于对两个数据分组执行 SHA1 运算。

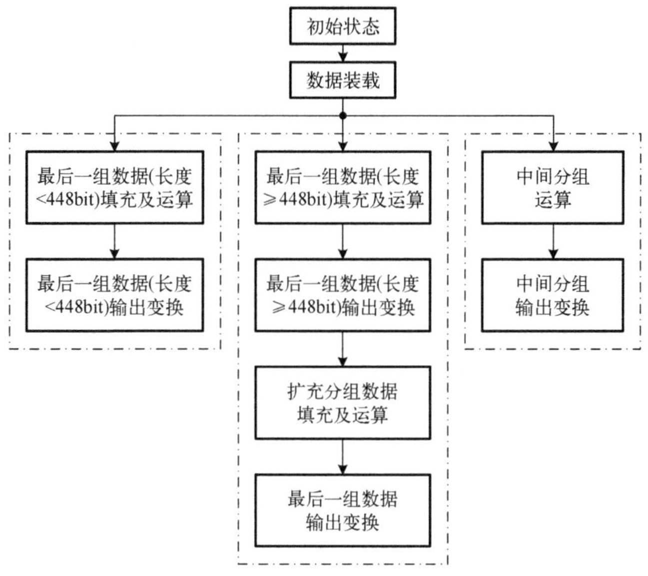

图 6-39　SHA1 算法芯片工作阶段划分

定义复位后的初始状态为 S0，启动信号 START 到来之后进入等待状态 S1。针对情况 1，可以划分出两个状态 S2、S3，状态 S2 表示中间分组运算状态、状态 S3 表示分组数据杂凑中间值生成状态；针对情况 2，可以划分出两个状态 S4、S5，状态 S4 表示针对最后的单分组数据填充及运算状态，状态 S5 表示针对最后单分组数据杂凑最终值生成状态；针对情况 3，则需要划分出四个状态 S6、S7、S8、S9，状态 S6 表示填充形成的两个分组数据中的前分组数据填充及运算状态，状态 S7 表示填充形成的两个分组数据中的前分组杂凑中间值生成状态，状态 S8 表示填充形成的两个分组数据中的后分组数据填充及运算状态，状态 S9 表示填充形成的两个分组数据中的后分组杂凑最终值生成状态。由此可得控制器的 ASM 图如图 6-40 所示。

(1) 状态 S0：芯片上电复位，进入状态 S0。在状态 S0，等待启动信号到来，一旦 START 信号有效，将置位 A、B、C、D、E、HA、HB、HC、HD、HE 两组寄存器，恢复初始值，并进入状态 S1，否则保持状态 S0 不变。

(2) 状态 S1：等待装载信号 LAOD、最后一个输入标志信号 LAST 的到来，若 LOAD 信号无效，则保持当前状态不变；一旦 LOAD 信号到来，但 LAST 信号无效，则需要判断 STEP[4:0] 当前值(也可以是 LEN[8:5]计数值)，若 STEP[4:0]≤01110，表示已经输入的数据量最多 14 个字，再加上当前输入数据，最多 15 个字，输入数据长度不足 512bit，则保持当前状态不变，继续等待下一数据输入；若 STEP[4:0]=01111，表示已经输入的数据量为 15 个字，再加上当前输入数据，达到 16 个字，输入数据长度已满 512bit，同时由于该分组数据装载期间，LAST 信号一直保持为 0，因此该分组不是最后一个数据分组，控制器转入状态 S2，进行中间分组运算。若 LOAD 信号、LAST 信号同时有效，表示当前输入为最后一个有效数据，装载结束，需判断 STEP[4:0] 当前值（也可以是 LEN[8:5] 计数值），若 STEP[4:0] ≤ 01100 或

STEP[4:0]=01101 且 PST[1:0]≤10，表示当前分组累计长度最大值为 13×32+3×8=440bit，当前分组内可以完成所有填充任务，此时转入状态 S4，开始进行最后的单分组数据填充及杂凑运算；若 STEP[4:0]≥01110 或 STEP[4:0]=01101 且 PST[1:0]=11，表示当前分组累计长度将达到 13×32+32=448bit，当前分组内无法完成所有填充任务，必须附加一个分组，此时转入状态 S6，开始进行最后填充形成的两个分组数据中的前分组数据填充及运算。

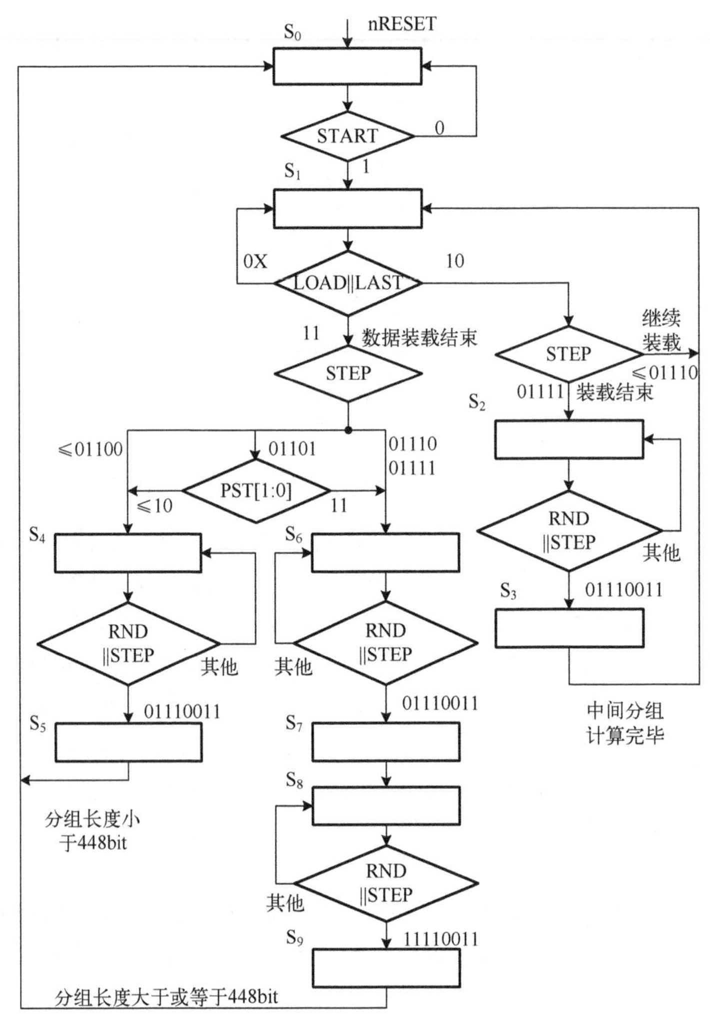

图 6-40　SHA1 算法芯片控制器算法状态机图

(3)状态 S2：执行中间分组的压缩变换，此状态判断为压缩变换最后一步提供的控制信号：轮数计数器、步数计数器计数值。若轮数值=011、步数值=10011，则进入状态 S3，开始当前分组中间杂凑值计算。

(4)状态 S3：执行当前分组中间杂凑值计算任务，该状态仅 1 个时钟周期，自动转移进入等待装载状态 S1，等待后续分组装载。

(5)状态 S4：针对最后的单分组数据进行数据填充及压缩变换，此状态判断为压缩变换最后一步提供的控制信号：轮数计数器、步数计数器计数值。若轮数值=011、步数值=10011，则进入状态 S5，开始最后的单分组数据处理。

(6)状态 S5：执行最后单分组数据杂凑最终值计算任务，该状态仅 1 个时钟周期，自动转移进入初始状态 S0，等待启动下一个数据包杂凑运算启动，即等待 START 信号到来。

(7)状态 S6：对填充形成的两个分组数据中的前分组数据进行填充、执行压缩变换，此状态判断为压缩变换最后一步提供的控制信号：轮数计数器、步数计数器计数值。若轮数值=011、步数值=10011，则进入状态 S7，开始计算当前分组数据的杂凑中间值。

(8)状态 S7：对填充形成的两个分组数据中的前分组数据计算杂凑中间值，该状态仅 1 个时钟周期，自动转移进入初始状态 S8，对后分组数据进行处理。

(9)状态 S8：对填充形成的两个分组数据中的后分组杂凑最终值处理填充形成的两个分组数据中的后分组数据进行填充、执行压缩变换，此状态判断为压缩变换最后一步提供的控制信号：轮数计数器、步数计数器计数值。若轮数值=111、步数值=10011，则进入状态 S9，开始计算当前分组包的最终杂凑值。

(10)状态 S9：计算填充形成的两个分组数据中的后分组杂凑最终值，也就是整个数据包的最终杂凑值，该状态仅 1 个时钟周期，自动转移进入初始状态 S0，等待下一个数据包杂凑运算启动，即等待 START 信号到来。

4. 控制器状态输出

为便于状态转换过程中的输出信号生成，定义以下临时信号。

分组数据扩充标志 PKD_P1：当最后一个分组数据长度大于或等于 448bit 时，置该信号为 1。

杂凑值生成阶段标志 Hx_P：当完成全部 80 步压缩变换，进入输出变换之后，置该信号为 1。

当前分组数据的填充起始信号 PAD_ST0：若最后一个分组数据的长度小于 512bit，且 PST[1:0]=11(数据长度为 32bit 的整数倍)，置该信号为 1。该信号初态赋 0，数据装载完成后置位，并在下一时钟周期归 0。

扩充分组数据的填充起始信号 PAD_ST1：若最后一个分组数据的长度刚好为 512bit，置该信号为 1。该信号初态赋 0，数据装载完成后置位，并一直保持到扩充分组数据填充的第一个时钟周期之后才归 0。

(1)状态 S0：芯片上电复位后状态，状态 S0 输出信号取值如图 6-41 所示。

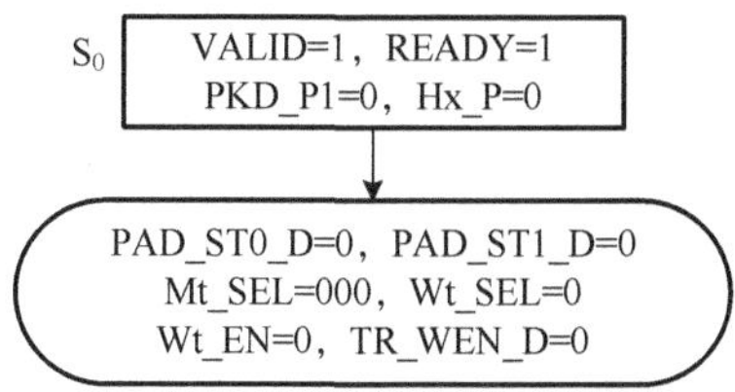

图 6-41　状态 S0 输出信号取值

置状态 S0 的 Moore 型输出：输出有效标志 VALID=1，表示芯片处于空闲状态，等待任务启动；芯片准备好标志 READY=1，表示芯片准备好，可以启动运算；分组扩充标志 PKD_P1 初值为 0，无扩充；杂凑值生成阶段标志 Hx_P 初值为 0，未进入杂凑值生成阶段标志。

置状态 S0 的 Mealy 型输出：扩充分组数据填充起始信号 PAD_ST1_D=0、当前分组数据的填充起始信号 PAD_ST0_D=0；Wt 输入选择控制信号 Wt_SEL=0，选择外部输入或消息填充输入，Mt 输入数据选择信号 Mt_SEL[2:0]=000，选择外部输入，Wt 寄存器写使能 Wt_EN=0，禁止数据写入；杂凑中间值寄存器 A、B、C、D、E 写使能 TR_EN_D =0，禁止数据写入。

(2)状态 S1：芯片等待状态。启动信号 START 到来之后，由状态 S0 转换进入该状态，状态 S1 输出信号取值如图 6-42 所示。

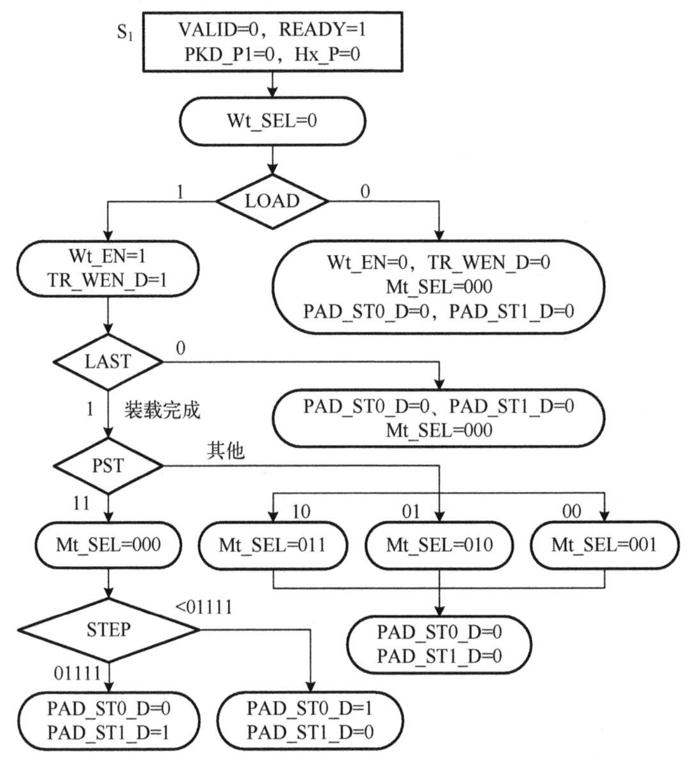

图 6-42　状态 S1 输出信号取值

状态 S1 的 Moore 型输出 PKD_P1=0、Hx_P=0 保持不变，置状态 Moore 型输出 VALID=0、READY=1，表示芯片准备好，可以启动运算。

若 LOAD 信号无效，继续等待外部输入，状态 S1 的各 Mealy 型输出与状态 S0 相同，PAD_ST1_D=0、PAD_ST0_D=0、Mt_SEL[2:0]=000、Wt_SEL=0、Wt_EN=0、TR_EN_D=0。

若 LOAD 信号有效，表示数据总线上有数据输入，置 Mealy 型输出信号 Wt_EN=1、TR_EN_D=1。其余 Mealy 型输出信号取值需要判断 LAST 取值。若 LAST=0，表示该输入不是最后一个字，输出 PAD_ST1_D=0、PAD_ST0_D=0 保持不变，Mt 输入数据选择信号 Mt_SEL[2:0]=000，选择外部输入写入 Wt 寄存器。

若 LOAD 信号有效，且 LAST=1，表示当前输入为最后一个字，需要判断字节有效信号 PST[1:0]，若 PST[1:0]=11，4 字节全部有效，置 Mt_SEL[2:0]=000，选择外部输入数据写入，并依据步数计数器当前计数值 STEP[4:0]决定填充标志，如果 STEP[4:0]=01111，说明当前分组有效数据长度为 512bit，必须在扩充分组的 M0 开始填充，置 PAD_ST1_D=1、

PAD_ST0_D=0；如果 STEP[4:0]<01111，说明当前分组有效数据长度小于 512bit，且为 32bit 的整数倍，下一时钟周期填充，置 PAD_ST1_D=0、PAD_ST0_D=1。

若 LOAD 信号有效、LAST=1，但是 PST[1:0]≠11，说明当前分组有效数据长度为 512bit，且最后一个 32bit 字中有无效数据，可以采用起始填充数据(1 个 1 和若干个 0)替换其中的无效数据，达到起始填充的目的，因此，置 PAD_ST1_D=0、PAD_ST0_D=0，同时根据 PST[1:0]=00、01、10 不同的取值，置 Mt_SEL[2:0]=001、010 或者 011。

(3)状态 S2：中间分组的压缩变换状态。在当前分组的 512bit 数据全部装载之后，由状态 S1 转换进入，状态 S2 输出信号取值如图 6-43 所示。

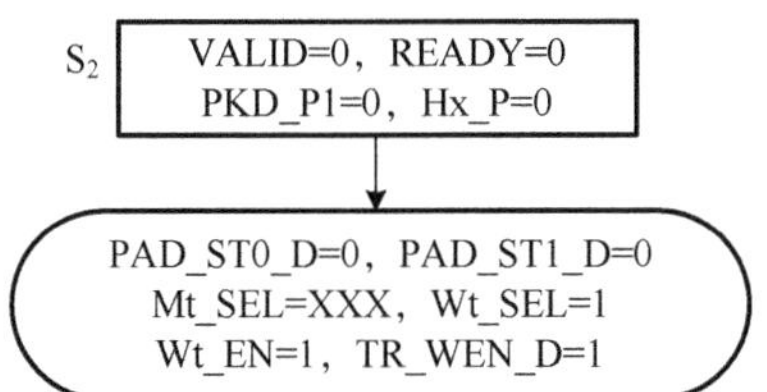

图 6-43　状态 S2 输出信号取值

状态 S2 的 Moore 型输出 READY=0，表示芯片进入运算状态，禁止外部输入，而 VALID=0、PKD_P1=0、Hx_P=0 继续保持不变。

此状态下，各 Mealy 型输出保持恒定，置 PAD_ST1_D=0、PAD_ST0_D=0，填充已经完成，置 Wt_SEL=1、Mt_SEL[2:0]=XXX(随意项)，选择扩展后的消息写入 Wt 寄存器，置 Wt_EN=1、TR_EN_D=1 确保扩展后的消息和压缩变换后的结果正常写入 Wt 寄存器和杂凑中间值寄存器。

(4)状态 S3：中间分组杂凑值计算状态。中间分组的 80 步压缩变换完成之后进入该状态，状态 S3 输出信号取值如图 6-44 所示。

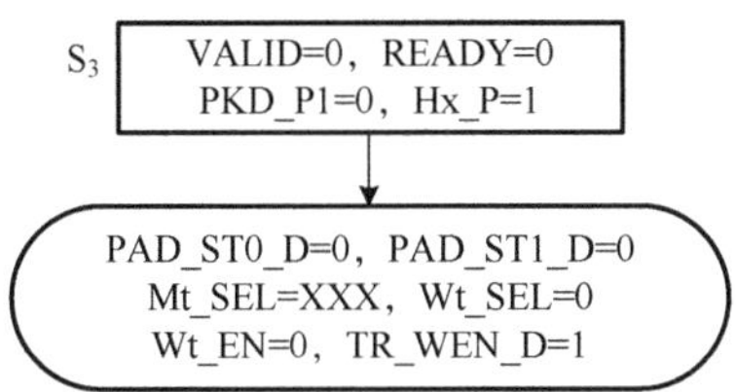

图 6-44　状态 S3 输出信号取值

状态 S3 的 Moore 型输出 VALID=0、READY=0、PKD_P1=0 继续保持不变，置 Hx_P=1，表示芯片处于杂凑值计算状态，以使下一时钟作用于压缩变换/输出变换的控制信号 HR_SEL=1、HR_WEN=1。

各 Mealy 型输出：PAD_ST1_D、PAD_ST0_D 保持 0 不变，置 Mt_SEL[2:0]=XXX、Wt_SEL=0、Wt_EN=0，Wt 寄存器不再更新，置 TR_EN_D=1，计算得到杂凑中间值在更新最终杂凑值寄存器的同时，同步更新杂凑中间值寄存器，满足下一分组处理需求。

(5)状态 S4：最后单分组数据填充及运算状态。最后一个字标志信号 LAST 到来之后，由状态 S1 转换进入该状态。此时，已输入分组数据是数据包的最后一个分组，且分组数据有效长度<448bit。状态 S4 输出信号取值如图 6-45 所示。

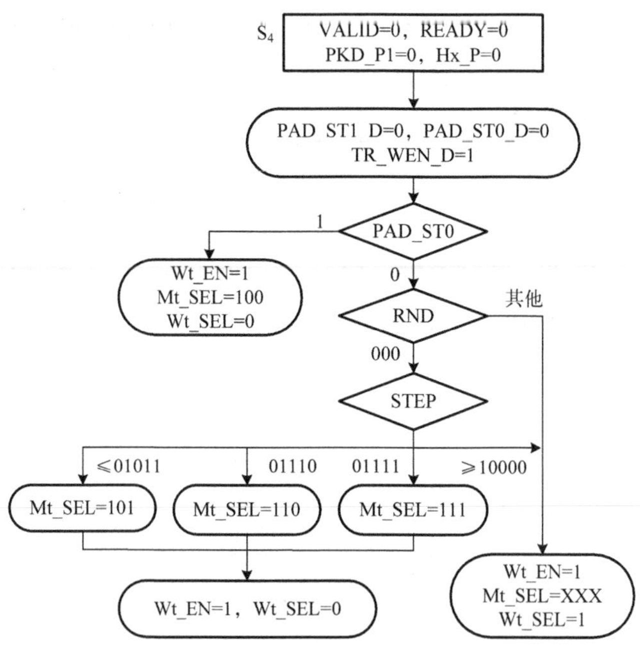

图 6-45　状态 S4 输出信号取值

各 Moore 型输出与状态 S2 完全相同，READY=0，表示芯片处于运算状态，禁止外部输入，而 Valid=0、PKD_P1=0、Hx_P=0 继续保持与状态 S1 相同。此状态下，置 Mealy 型输出 PAD_ST1_D=0、PAD_ST0_D=0，后续再无起始填充(起始填充只可能出现该状态的第 1 个时钟周期)，TR_WEN_D=1 确保压缩变换后的结果正常写入杂凑中间值寄存器。其他输出需要综合判断起始填充标志信号 PAD_ST0、当前轮数计数值 RND [2:0]及当前步数计数值 STEP[4:0]。

若当前状态 PAD_ST0=1，表示当前分组数据长度为 32bit 的整数倍，该周期进行起始填充，需要填充 1 个 1、31 个 0，置 Mt_SEL=100，选择输入消息为 0x8000,0000H，置 Wt_EN=1、Wt_SEL=0，选择填充后消息写入 Wt 寄存器。

若当前状态 PAD_ST0=0，表示当前分组数据长度不是 32bit 的整数倍，起始填充已完成，当前填充需要判断当前轮数计数值 RND[2:0]及当前步数计数值 STEP[4:0]，有：

①若 RND[2:0] =000 且 STEP[4:0]=01111，说明压缩变换执行到 0 轮、15 步，需要填充长度值的高 32 位，置 Mt_SEL=111、Wt_SEL=0、Wt_EN=1；

②若 RND[2:0] =000 且 STEP[4:0] =01110，说明压缩变换执行到 0 轮、14 步，需要填充长度值的低 32 位，置 Mt_SEL=110、Wt_SEL=0、Wt_EN=1；

③若 RND[2:0] =000，而 STEP[4:0]取值小于 01110，说明压缩变换执行到 0 轮、14 步以下，需要填充全 0，置 Mt_SEL=101、Wt_SEL=0、Wt_EN=1；

④若 RND[2:0] =000，而 STEP[4:0]取值大于或等于 10000，或者说 RND[2:0]大于 000，说明消息填充已完成，正在执行后续的压缩变换，需要采用消息扩展电路扩展得到消息，置 Mt_SEL=XXX、Wt_SEL=1、Wt_EN=1。

(6) 状态 S5：最后单分组数据最终杂凑值计算状态。最后单分组数据的 80 步压缩变换完成之后进入该状态，状态 S5 输出信号取值如图 6-46 所示，控制器各 Moore 型状态输出、Mealy

型状态输出与状态 S3 完全相同，不再赘述。

(7)状态 S6：最后一组的前分组数据填充及运算状态。最后一个字标志信号 LAST 到来之后，由状态 S1 转换进入该状态。此时，已输入分组数据是最后一个分组，且分组数据有效长度≥448bit，必须进行填充，扩充成为两个分组数据(分别称为前分组数据、后分组数据)，状态 S6 输出信号取值如图 6-47 所示。

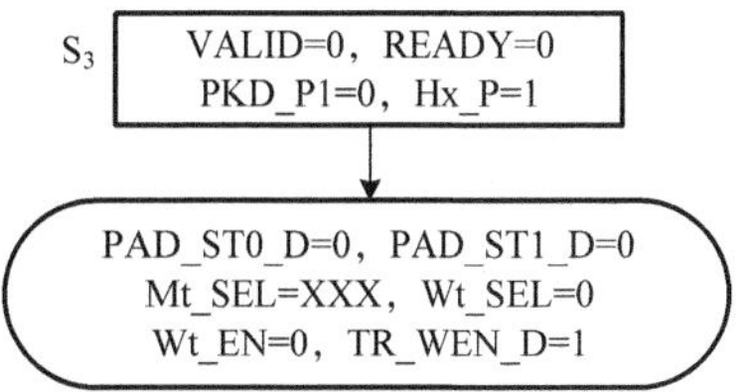

图 6-46　状态 S5 输出信号取值

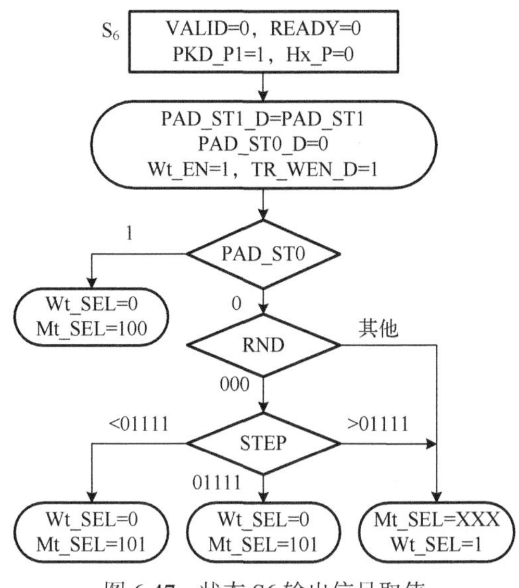

图 6-47　状态 S6 输出信号取值

状态 S6 的 Moore 型输出 PKD_P1=1，表示最后一个分组且分组数据有效长度≥448bit，READY=0，表示芯片处于运算状态，禁止外部输入，置 VALID=0、Hx_P=0，继续保持与状态 S1 相同。

信号 PAD_ST1 用于后分组起始填充判断，需要保持原状态不变，因此置 PAD_ST1_D=PAD_ST1；对于信号 PAD_ST0 而言，高电平仅保持 1 个时钟周期，之后便需要清 0，因此，置 PAD_ST0_D=0，整个前分组数据填充及压缩变换，需要打开 Wt 寄存器、杂凑中间值寄存器，确保数据正常存储，因此置 Wt_EN=1、TR_WEN_D=1。由于当前处理数据是最后数据的前分组，因此是否存在起始填充只需要判断 PAD_ST0 信号即可，此时，若 PAD_ST0=1，表明有效数据长度为 448bit(14 个 32bit 字)或 480bit(15 个 32bit 字)，需要置 Wt_SEL=0、Mt_SEL=100，选择 0x80000000H 写入 Wt 寄存器；否则，有效数据长度将大于 448bit，此时需要判断当前轮数计数值 RND[2:0]、当前步数计数值 STEP[4:0]，有：

①若 RND[2:0] =000，而 STEP[4:0]取值大于或等于 10000，或者说 RND[2:0]大于 000 这两种情况，则说明消息填充已完成，正在执行后续的压缩变换，需要采用消息扩展电路扩展得到消息，置 Mt_SEL=XXX、Wt_SEL=1；

②若 RND[2:0] =000 且 STEP[4:0] =01111，则说明最后一个分组数据有效长度大于或等于 448bit、小于 480bit，前分组仍需消息填充，选择 0x0000,0000H 写入 Wt 寄存器，置 Mt_SEL=101、Wt_SEL=0；

③若 RND[2:0] =000 且 STEP[4:0] <01111，则说明消息长度小于 448bit，不可能出现(若分组有效长度大于或等于 448bit，则分支判断到此位置时，STEP[4:0]一定大于或等于 01111)，为保持分支判断的完整性，选择与 RND [2:0]=000、STEP[4:0] =01111 相同的输出，置 Mt_SEL=101、Wt_SEL=0。

(8)状态 S7：最后一组数据前分组杂凑中间值生成状态。前分组的 80 步压缩变换完成之后进入该状态。状态 S7 输出信号取值如图 6-48 所示。

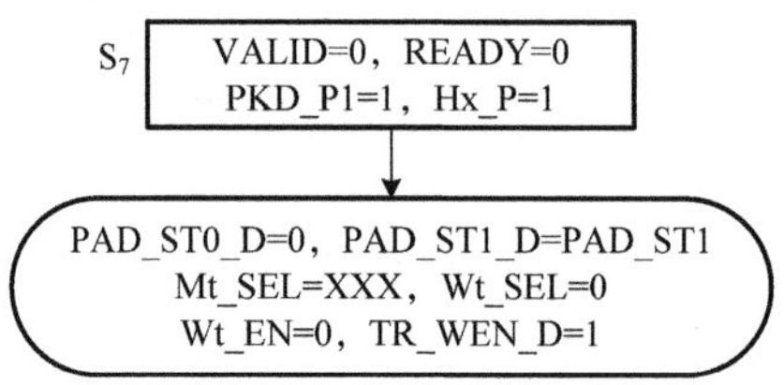

图 6-48　状态 S7 输出信号取值

状态 S7 的 Moore 型输出 VALID=0、READY=0、PKD_P1=1 继续保持不变，置 Hx_P=1，表示芯片处于杂凑值计算状态，以使下一时钟作用于压缩变换/输出变换的控制信号 HR_SEL=1、HR_WEN=1。

各 Mealy 型输出 PAD_ST1_D=PAD_ST1、PAD_ST0_D=0 保持不变，置 Mt_SEL[2:0]=XXX、Wt_SEL=0、Wt_EN=0，Wt 寄存器不再更新，置 TR_EN_D=1，计算得到杂凑中间值在更新最终杂凑值寄存器的同时，同步更新杂凑中间值寄存器，满足后分组处理需求。

(9)状态 S8：最后一组的后分组数据填充及运算状态。由状态 S7 转换进入该状态，状态 S8 输出信号取值如图 6-49 所示。

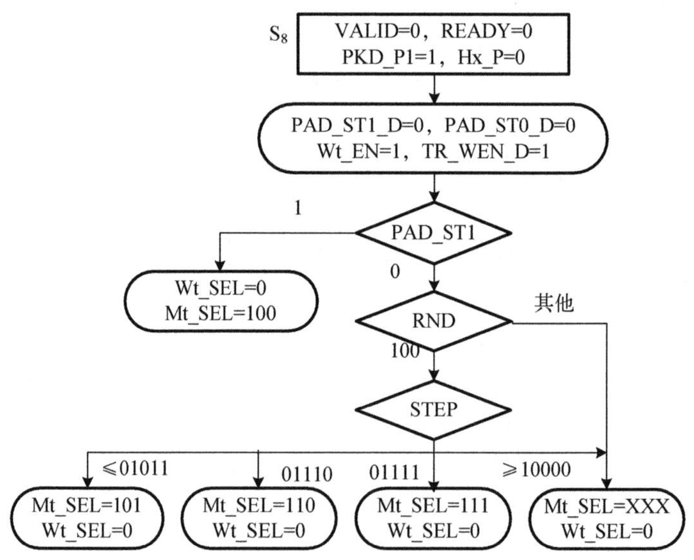

图 6-49　状态 S8 输出信号取值

状态 S8 的 Moore 型输出 READY=0，表示芯片处于运算状态，禁止外部输入，而 VALID=0、PKD_P1=1、Hx_P=0 继续保持与状态 S1 相同。

由于本状态处理后分组数据，因此必须置 PAD_ST0_D=0，同时，对于后分组数据而言，起始填充只可能出现在第一个 32bit 字，因此无论 PAD_ST1 信号是否为 1，下一周期必须清 0，即置 PAD_ST1_D=0。整个后分组数据填充及压缩变换过程，需要打开 Wt 寄存器和杂凑中间值寄存器，确保数据正常存储，因此置 Wt_EN=1、TR_WEN_D=1。一旦进入该状态，首先判断信号 PAD_ST1，此时，若 PAD_ST1_D=1，表明有效数据长度为 512bit(16 个 32bit 字)，需要置 Wt_SEL=0、Mt_SEL=100，选择 0x80000000H 写入 Wt 寄存器；否则，有效数据长度将小于 512bit，此时，需要判断当前轮数计数器计数值 RND[2:0]、当前步数计数器计数值 STEP[4:0]，有：

①若 RND[2:0]=100 且 STEP[4:0]=01111，说明压缩变换执行到 0 轮、15 步，需要填充长度值的高 32 位，置 Mt_SEL=111、Wt_SEL=0；

②若 RND[2:0] =100 且 STEP[4:0]=01110，说明压缩变换执行到 0 轮、14 步，需要填充长度值的低 32 位，置 Mt_SEL=110、Wt_SEL=0；

③若 RND[2:0]=100，而 STEP[4:0]取值小于 01110，说明压缩变换执行到 0 轮、14 步以下，需要填充全 0，置 Mt_SEL=101、Wt_SEL=0；

④若 RND[2:0] =100，而 STEP[4:0]取值大于或等于 10000，或者说 RND[2:0]大于 100，说明消息填充已完成，正在执行后续的压缩变换，需要采用消息扩展电路扩展得到消息，置 Mt_SEL=XXX、Wt_SEL=1；

⑤对于 RND[2:0]<100，这种情况不可能出现，为保持分支判断的完整性，选择与 RND[2:0]>100 相同的输出，置 Mt_SEL=XXX、Wt_SEL=1。

(10)状态 S9：最后一组数据后分组最终杂凑值生成状态。后分组的 80 步压缩变换完成之后进入该状态。状态 S9 输出信号取值如图 6-50 所示。

状态 S9 的 Moore 型输出 VALID=0、READY=0、PKD_P1=1 继续保持不变，置 Hx_P=1，表示芯片处于最终杂凑值计算状态，以使下一时钟作用于压缩变换/输出变换的控制信号 HR_SEL=HR_WEN=1。

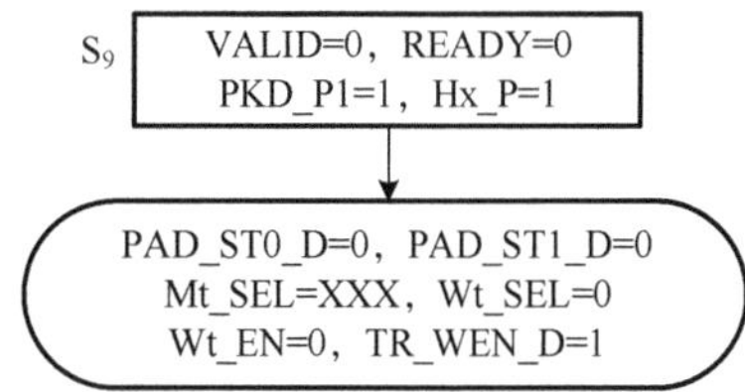

图 6-50　状态 S9 输出信号取值

各 Mealy 型输出 PAD_ST1_D=PAD_ST0_D=0 保持不变，置 Mt_SEL[2:0]=XXX、Wt_SEL=0、Wt_EN=0，Wt 寄存器不再更新，置 TR_EN_D=1，计算得到杂凑中间值在更新最终杂凑值寄存器的同时，同步更新杂凑中间值寄存器。

5. 计数器工作过程

以上状态转换过程，需要判断轮数计数器、步数计数器的计数值 RND[2:0]、STEP[4:0]，下面给出两个计数器的工作过程，如图 6-51 所示。

系统复位后，两个计数器清 0；当启动信号 START 到来，两个计数器保持 0 不变，等待外部输入的装载信号到来。

若装载信号 LOAD=1，说明外部输入数据有效，步数计数器+1，执行一步压缩变换，由于一个分组数据最多 16 个字，即最多 16 个时钟周期 LOAD 信号为 1，因此轮数计数器不会发生变化，在下一时钟周期，继续等待 LOAD 信号到来。若 LOAD=0，将判断 READY 信号，若 READY 信号为 1，说明当前分组尚未装载完成，下一时钟周期，继续等待 LOAD 信号到来，装载数据。

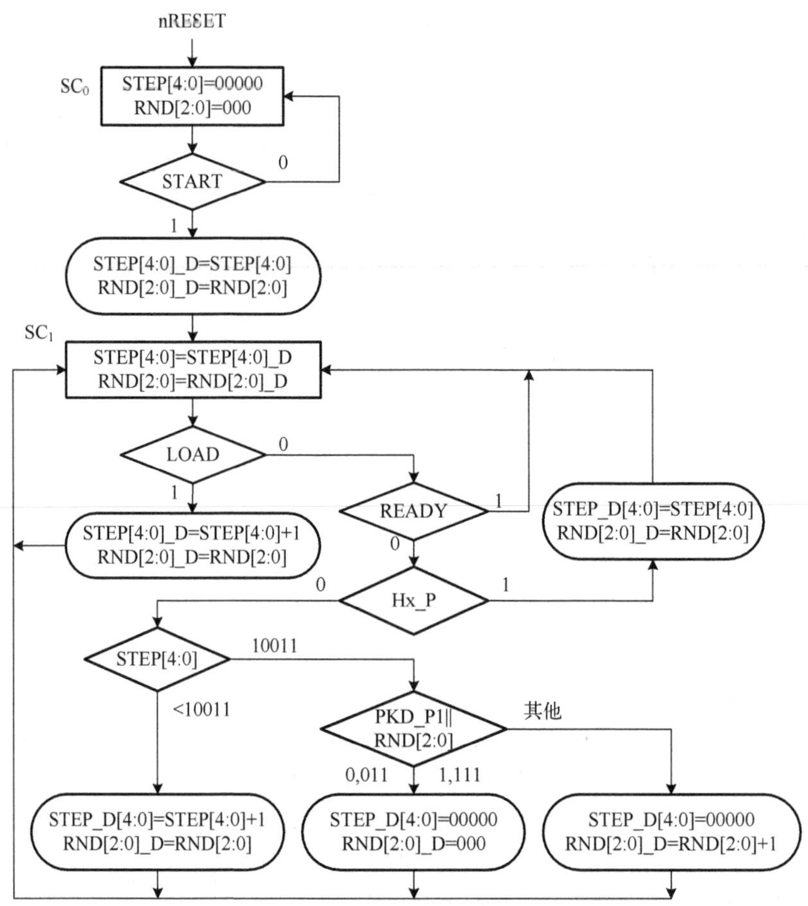

图 6-51 轮数计数器、步数计数器计数过程

若 LOAD、READY 同时为 0，说明当前分组装载完成，将判断 Hx_P 信号。若 Hx_P=0，说明芯片已开始数据填充或进入后续的压缩变换状态，两个计数器自动计数，若 STEP[4:0]<10011，步数计数器+1，轮数计数器保持不变；若 STEP[4:0]=10011，则判断 PKD_P1 和 RND[2:0]信号，若 PKD_P1=0，则分组数据无扩充分组，轮计数器计数范围为 000～011，若 RND[2:0]不等于 011，则轮计数器+1，否则 RND[2:0]返回 000；若 PKD_P1=1，则分组数据需扩充一个分组，轮计数器计数范围为 000～111，若 RND[2:0]不等于 111，则轮计数器+1，否则 RND[2:0]返回 000。若 LOAD、READY 同时为 0，但 Hx_P=1，说明芯片已进入杂凑值计算状态，轮数计数器、步数计数器保持不变。

消息填充过程需要使用数据长度计数器的计数值 LEN[63:0]，下面给出两个计数器的工作过程，如图 6-52 所示。

系统复位后，数据长度计数器清 0；当启动信号 START 到来时，计数器保持 0 不变，等待外部输入的装载信号到来。之后，每来一个有效的 LOAD 信号，进行加计数操作，具体如下：

(1) 若 LAST=0，则 LEN[63:0]=LEN[63:0]+32；

(2) 若 LAST=1、PST[1:0]=00，则 LEN[63:0]=LEN[63:0]+8；

(3) 若 LAST=1、PST[1:0]=01，则 LEN[63:0]=LEN[63:0]+16；

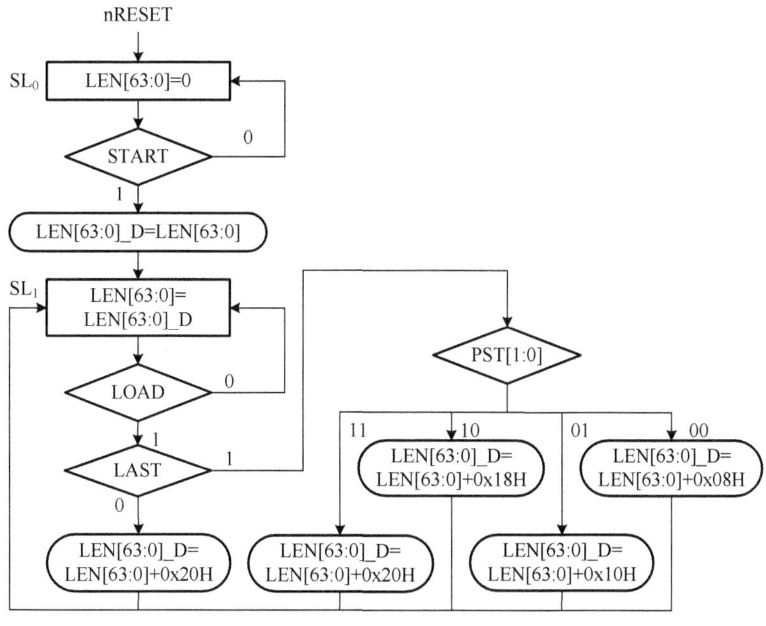

图 6-52　数据长度计数器计数过程

(4) 若 LAST=1、PST[1:0]=10，则 LEN[63:0]=LEN[63:0]+24；

(5) 若 LAST=1、PST[1:0]=11，则 LEN[63:0]=LEN[63:0]+32。

6.4　微代码控制器设计

与计数器和移位寄存器相比，有限状态机设计思路清晰、设计方法更贴近人脑的自然思维。但是当状态数过多时，状态机设计就显得非常麻烦，设计难度也很大，甚至造成资源占用较大、工作频率低或者输出时间长等问题，同时，有限状态机一旦设计完成，修改时需要涉及所有状态及相关输出信号，非常烦琐。此时，微代码控制器就成为一种理想的选择。

6.4.1　微代码控制器概述

1. 微代码控制器的引入

微代码控制器是状态机的一种变形，它能实现 Moore 型状态机能够实现的所有功能。图 6-53 给出 Moore 型有限状态机的结构模型，由次态逻辑、状态寄存器、输出逻辑和输出保持寄存器四个单元模块构成，这里输出逻辑采用组合电路实现。

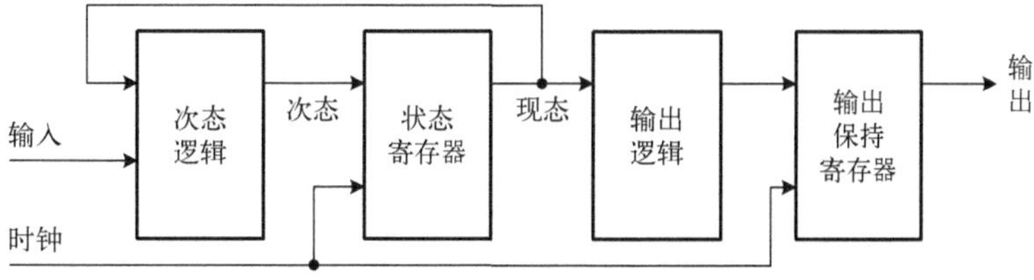

图 6-53　Moore 型有限状态机结构模型

针对上述 Moore 型有限状态机进行改造，输出逻辑改用真值表方式进行描述，即将输出逻辑的输入到输出真值表预先存储在存储器之中，此时，当前状态作为查表地址，每一状态查表得到的输出信号取值称为指令，这个存储现态到输出关系真值表的存储器就称为指令存储器(Instruction Memory，IM)；现态用作查表地址，即指令存储器地址，状态寄存器就称为地址寄存器(Address Register，AR)；输出保持寄存器存储查表得到的一组(指令存储器中的一行)输出信号，即指令，输出保持寄存器就改称指令寄存器(Instruction Register，IR)；相应的次态逻辑就成为生成指令存储器地址的逻辑电路，改称地址生成逻辑(Algorithm Generation Logic，AGL)。转换后的 Moore 型有限状态机如图 6-54 所示。

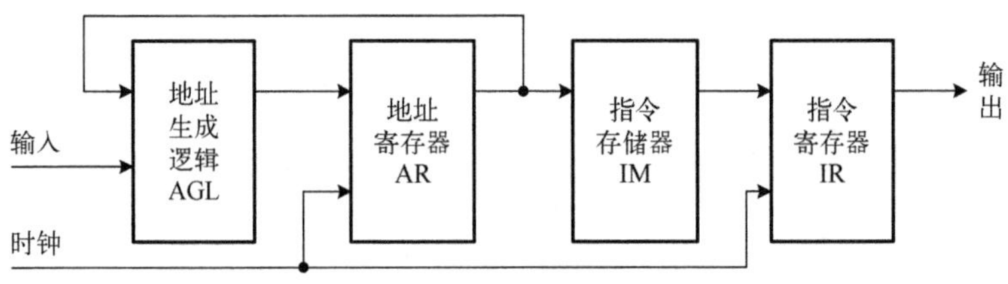

图 6-54　Moore 型有限状态机变型

该结构就是由 Moore 型有限状态机直接转换得到的微代码控制器。该结构中，输出信号序列预先存储在指令存储器中，通过地址生成逻辑生成指令存储器地址，就可以查表得到需要的控制信号，即指令序列，这些指令序列用于控制密码芯片数据路径，或作为密码芯片的输出。

2. 微代码控制器组成结构

在上述结构模型中，地址寄存器、指令存储器、指令寄存器都是规则的基础单元电路，设计的难点为 AGL，为简化 AGL 电路的设计，往往在指令序列中增加有关 AGL 电路的相关控制信息，并将这些信息由指令存储器读出、反馈送入 AGL 电路，由此可以得到微代码控制器的一般组成结构，如图 6-55 所示。

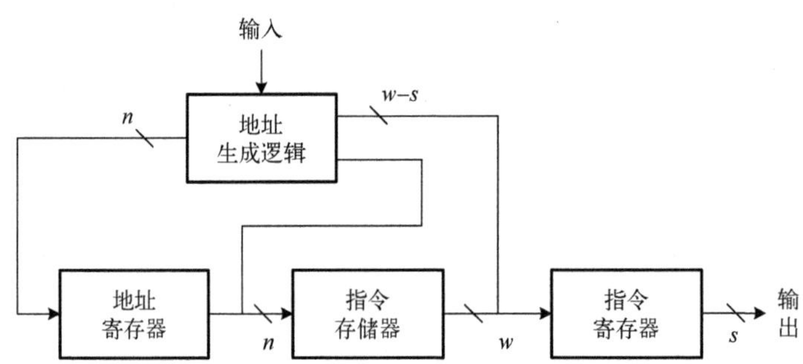

图 6-55　微代码控制器一般结构

图 6-55 所示的微代码控制器，由地址寄存器(AR)、指令寄存器(IR)、指令存储器(IM)和地址生成逻辑(AGL)电路四部分构成。地址寄存器对应状态机中的状态寄存器，位宽 n 位，在上升沿锁存下一地址；指令寄存器对应状态机中的输出保持寄存器，位宽 s 位，上升沿锁存指令；指令存储器对应状态机中的输出逻辑，可以采用 ROM、RAM 或查找表构造，存储

容量为 $2^n \times w$，内部存储控制信号序列、跳转地址及跳转条件，是整个微代码控制器的核心，指令存储器输入地址无锁存，输出数据无锁存，完全依赖于外部地址寄存器、指令寄存器；地址生成逻辑对应状态机中的次态逻辑，其基本功能是依据当前输入信号，当前指令给出的条件选择指令，确定下一时钟周期读取地址存储器的地址，是一个组合逻辑电路，是微代码控制器设计的难点。由此可以看出，微代码控制器不适宜实现 Mealy 型有限状态机，其输出响应比输入信号延迟 1 个时钟周期。

指令存储器存储的指令数据主要包括输出控制信号、跳转地址及跳转条件，如图 6-56 所示。其中输出控制信号送往数据路径或芯片外部，类似于状态机中的输出逻辑；跳转地址指的是在当前地址情况下可能跳转的入口地址，跳转地址一般只有一个，但也可以是多个，对应 ASM 图中所选择的支路；条件选择指的是在当前地址时，需要判断的条件，“条件”一般指的是输入信号取值，也可以是其他信号。加入跳转地址、条件选择两个字段的目的在于简化地址生成逻辑的电路结构。

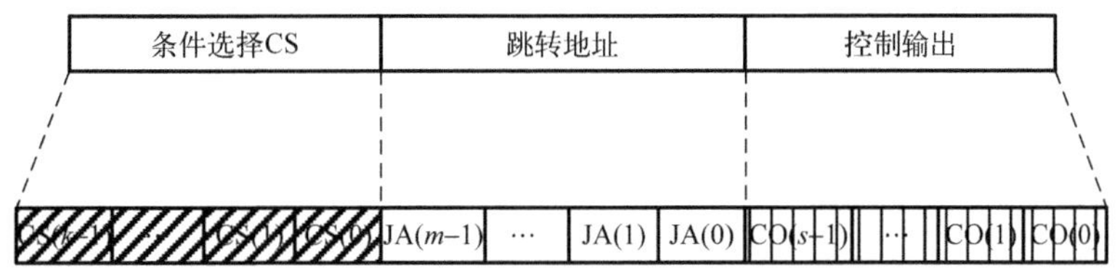

图 6-56　指令存储器存储数据

在给定时刻，地址生成逻辑计算出指令存储器地址，在这个地址中读出下一个时刻的信号以及下一次计算指令存储器地址所需的信息。地址生成逻辑确定下一指令存储器地址时，要用到数据单元产生的条件信号。地址生成逻辑可能很复杂，不同的设计可能采用不同的地址生成逻辑，因此地址生成电路是限制微代码控制器应用的主要因素。地址生成逻辑可以表述为

$$\text{Next\_addr} = F(\text{IN, CS, Current\_addr, Jump\_addr})$$

这里，下一地址 Next_addr 可以是：当前地址 Current_addr、顺序地址 Current_addr+1、跳转地址 Jump_addr……

地址生成逻辑可以看作由一个数据选择器构成的电路，如图 6-57 所示。

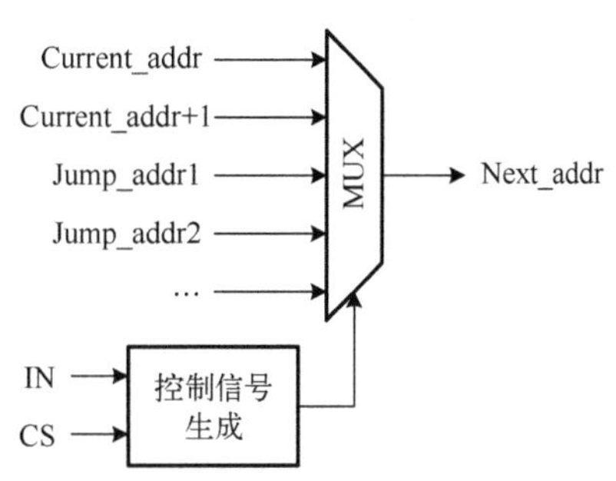

图 6-57　地址生成逻辑结构

对于这种典型的微代码控制器结构，记忆电路分别为地址寄存器 AR、指令寄存器 IR，两级寄存器的插入导致输出比输入延迟两个时钟周期，图 6-58 给出微代码控制器工作时序图。

对于这种典型的微代码控制器结构，也可以省略指令寄存器，类似于无输出保持寄存器的状态机，如图 6-59 所示。

对于复杂的控制电路而言，可能需要多个控制模块，多个控制模块之间输出信号互动，生成输出控制序列。

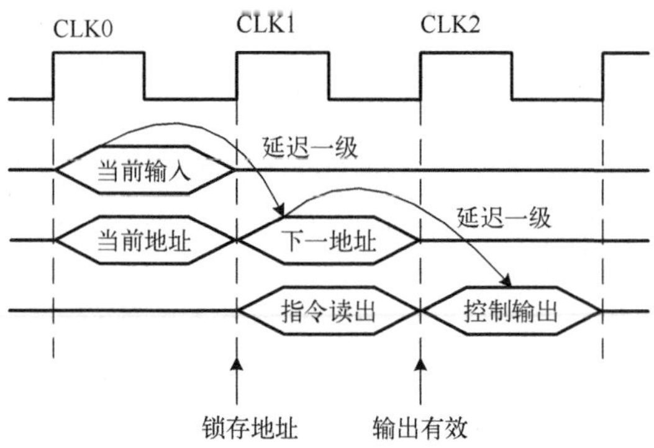

图 6-58　微代码控制器工作时序图

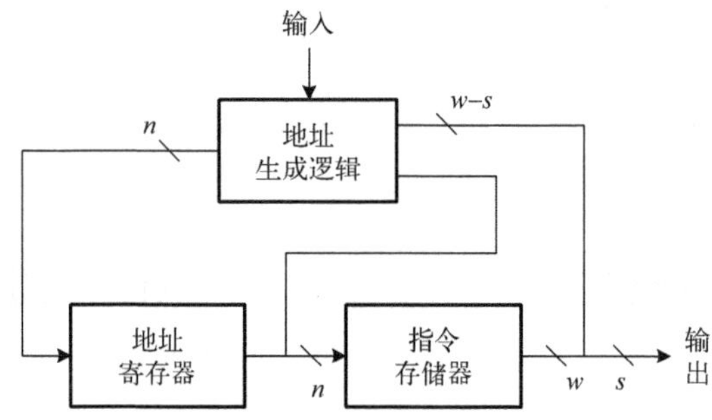

图 6-59　略去指令寄存器的微代码控制器

3. 微代码控制器设计步骤

微代码控制器具有电路结构规整、灵活性高的特点。基于微代码控制器所设计完成的控制电路无论状态有多少，但基本电路架构保持不变，只有 AGL 电路和指令存储器组成稍有改变，状态的增多仅是扩展指令存储器深度，控制信号的增加仅是扩展指令存储器的位宽。因此微代码控制器目前已经广泛应用于复杂数字系统的设计之中。本节将介绍微代码控制器设计的基本步骤。

1) 构造电路状态转换真值表

微代码控制器设计的第一步是构造电路的状态转换真值表。由于微代码控制器仅能实现 Moore 型有限状态机，因此，在设计时必须首先将原 Mealy 型有限状态机实现的电路转化为能够采用 Moore 型有限状态机实现的方式。

状态图、算法状态机图是描述状态机的有效方式，但在微代码控制器设计时，即使已经完成了状态图的描述，仍然需要将状态图转化为状态转换真值表，因为状态转换真值表将作为指令寄存器的一部分存储在指令存储器之中。

构造状态转换真值表时，应当首先选择一个初始状态，电路应当设定异步复位信号，确保系统上电复位能够进入该状态，以避免程序错乱。

2) 构造指令存储器，设计 AGL 电路

微代码控制器的基本工作过程是，通过分析给定时刻输入信号、反馈信号，AGL 电路计

算出当前访问指令存储器地址，读出指令存储器中 w 位数据并经一级指令寄存器锁存，其中条件信号和跳转地址(共计 $w-s$ 位)反馈到地址生成逻辑与条件信号、地址信号共同生成下一时刻寻址指令存储器的地址。s 位控制信号锁存后输出到数据路径。

显然，一旦完成了电路状态转换真值表的构造，下一步的工作就是构造指令存储器。设计指令存储器就是确定存储器地址线位宽、数据线内容。指令存储器存储容量为 $2^n \times w$ 位，w 位数据包括输出控制信号、跳转地址和条件选择信号，输出控制信号必须将所有可能的输出信号都包括在内，条件信号对应状态机中的选择分支判断信号。

设计存储器时，首先要分析状态转换时状态所有可能经历的路径，即研究存储器地址所有可能的取值。条件选择信号决定了在当前状态(地址)下，是否需要判断该条件信号所对应的输入信号值，如果需要判断，该位填写 1，否则填 0。

地址生成逻辑是微代码控制器设计的关键，输入 AGL 电路的信号包括输入信号 C、条件信号 CS、当前地址 Current_addr 和跳转地址 Jump_addr，AGL 电路的功能是根据输入信号和输入信号所对应的条件选择，选择生成下一时钟周期读取指令存储器的地址 Next_addr，即下一地址 Next_addr 是输入信号 C、条件信号 CS、当前地址 Current_addr 和跳转地址 Jump_addr 的函数，一般情况下，下一地址 Next_addr 可以有以下几种选择的可能。

(1) 当前地址加 1(Current_addr+1)：算法状态机图中顺序执行的下一状态。

(2) 当前地址(Current_addr)不变：对应算法状态机图中进行分支判断后条件不满足而保持状态不变。

(3) ROM 内部存储的跳转地址(Jump_addr)：分支判断时跳转地址，对应算法状态机图中进行分支判断后条件满足而跳转的状态。

设计 AGL 电路时，首先应当分析控制流程，依据控制流程和各个输入信号得到 AGL 的表达式。AGL 的表达式应当是通用的，它不但对当前状态有效，而且对所有的状态均有效，即对于指令存储器中存储的每一行数据而言，下一寻址的地址都是经由 AGL 电路生成表达式计算得到的。

3) 采用硬件描述语言描述微代码控制器

当完成 AGL 电路和指令存储器的设计之后，下一步的工作就是采用硬件描述语言描述微代码控制器。依据微代码控制器组成结构，可以给出其硬件描述语言模型，如图 6-60 所示。

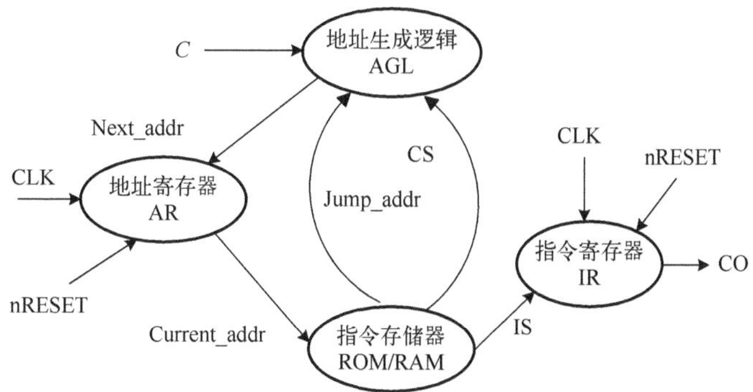

图 6-60　微代码控制器硬件描述语言模型

在该模型中，地址寄存器、指令寄存器为有记忆电路，指令存储器、地址生成逻辑为组合逻辑。在很多应用中，指令存储器地址输入带有锁存功能，数据输出不带锁存功能，该模型需要根据具体情况进行适当调整。

6.4.2　DES 算法芯片控制器设计

1．状态机改造

依据 6.2 节的分析，密钥实时生成 DES 算法芯片控制器可以采用状态机实现，电路控制时序如图 6-14 所示，图中给出了 DES 算法芯片加密过程控制时序，电路输出与输入 START、MODE 直接相关，为一个 17 个状态的 Mealy 型有限状态机。

由于微代码控制器不能直接实现 Mealy 型有限状态机，因此，必须改变电路工作时序，转化为 Moore 型有限状态机设计问题。图 6-61 和图 6-62 给出修改后的数据加密、解密过程电路工作时序，图中输出不再与当前输入的 START、MODE 直接相关，而是与前一时钟周期取值相关，前一时钟周期取值决定了电路的次态，加密过程增加了一个状态 S1A，当 START 有效时，若 MODE=0，则状态迁移至状态 S1A，当 START 有效时，若 MODE=1，则状态也迁移至状态 S1A，否则维持状态 S0 不变。

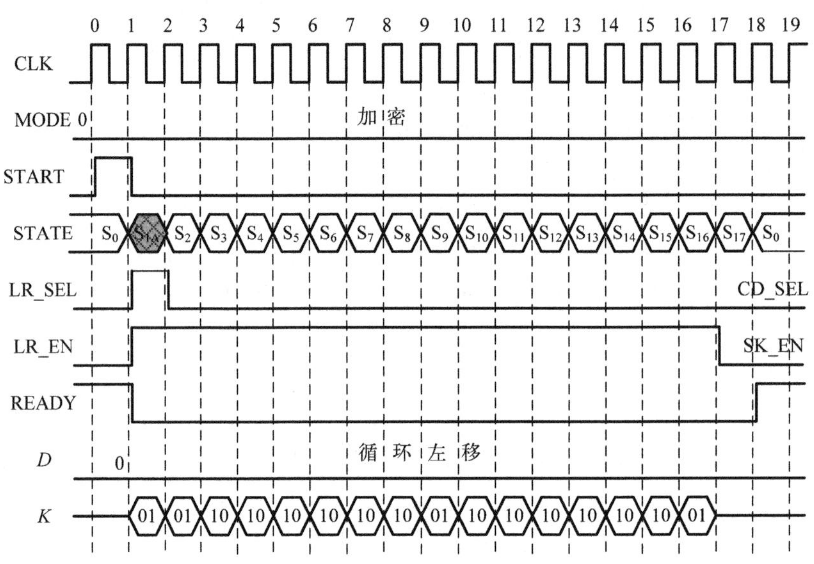

图 6-61　基于 Moore 型有限状态机的 DES 算法芯片控制器加密过程时序图

START 信号、MODE 信号仅在状态 S0 发生作用，控制状态转换。而状态输出只与当前状态有关，与当前输入 START、MODE 信号无关。控制器输出信号共 6bit，分别为 READY、LR_SEL/CD_SEL、LR_EN/CD_EN、D、K[1]、K[0]，其中移位方向 D 可以直接采用 MODE 信号，不需要控制器生成，其余共需生成 5bit 控制信号。

加密过程、解密过程分别经历 17 个有效状态，两个处理过程所需的控制信号除第 1 轮移位位数 K[1:0]不同之外，其余对应状态的输出都完全一样，对应状态可以合并，因此改造后的 Moore 型有限状态机只需要 19 个状态就可以描述，电路的状态转换图如图 6-63 所示。

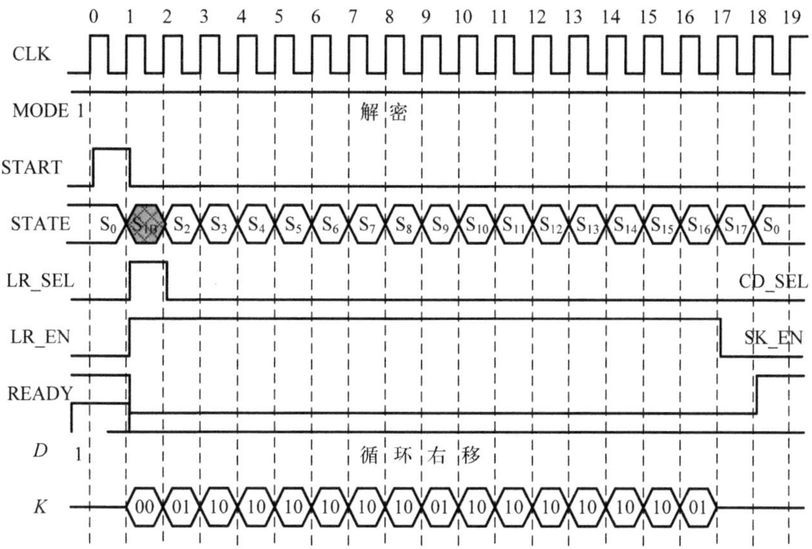

图 6-62　基于 Moore 型有限状态机的 DES 算法芯片控制器解密过程时序图

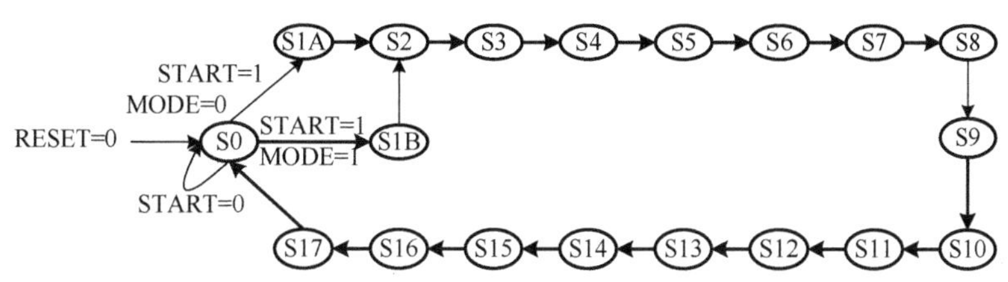

图 6-63　DES 算法芯片控制器状态转换图

(1)状态 S0：初始状态。此状态等待启动信号 START，若 START 信号为 0，维持原状态不变，否则判断模式信号 MODE，若 MODE=0，进入状态 S1A，否则进入状态 S1B。

(2)状态 S1A：加密运算准备状态。此状态待处理明文数据准备就绪，写入 L、R 寄存器(第 0 轮)，加密运算所需的第 1 轮子密钥生成完成，该状态下一时钟转向状态 S2。

(3)状态 S1B：解密运算准备状态。此状态待处理密文数据准备就绪，写入 L、R 寄存器(第 0 轮)，解密运算所需的第 1 轮子密钥生成完成，该状态下一时钟转向状态 S2。

(4)状态 S2：加解密运算第 1 轮状态。此状态完成加解密运算的第 1 轮，写入 L、R 寄存器，加解密运算所需的第 2 轮子密钥生成完成，该状态下一时钟转向状态 S3。

(5)状态 S3～S16：加解密运算第 2～15 轮状态。此状态完成加解密运算的第 2～15 轮，写入 L、R 寄存器，加解密运算所需的第 3～16 轮子密钥生成完成，该状态下一时钟转向状态 S17。

(6)状态 S17：加解密运算第 16 轮状态。此状态完成加解密运算的第 16 轮，写入 L、R 寄存器，该状态下一时钟返回状态 S0。

分析工作时序图、算法状态机图，可以得到电路的状态转换表如表 6-13 所示。

2. 指令存储器

控制器共有 19 个状态，采用 5bit 编码，即当前地址、下一地址可用 5bit 数据表示，地址寄存器采用 5 位 D 触发器，指令存储器深度为 2^5=32。输出变量共 5 个，分别为 READY、

LR_SEL/CD_SEL、LR_EN/CD_EN、K[1]、K[0]，占据指令存储器 5 列，指令寄存器采用 5 位 D 触发器。

表 6-13　基于 Moore 型有限状态机的 DES 算法芯片控制器状态转换表

现态	START	MODE D	次态	READY	LR_SEL CD_SEL	LR_EN CD_EN	K[1:0]
S0	0	X	S0	1	0	0	00
	1	0	S1A	1	0	0	00
	1	1	S1B	1	0	0	00
S1A	X	X	S2	0	1	1	01
S1B	X	X	S2	0	1	1	00
S2	X	X	S3	0	0	1	01
S3	X	X	S4	0	0	1	10
S4	X	X	S5	0	0	1	10
S5	X	X	S6	0	0	1	10
S6	X	X	S7	0	0	1	10
S7	X	X	S8	0	0	1	10
S8	X	X	S9	0	0	1	10
S9	X	X	S10	0	0	1	01
S10	X	X	S11	0	0	1	10
S11	X	X	S12	0	0	1	10
S12	X	X	S13	0	0	1	10
S13	X	X	S14	0	0	1	10
S14	X	X	S15	0	0	1	10
S15	X	X	S16	0	0	1	10
S16	X	X	S17	0	0	1	01
S17	X	X	S0	0	0	0	00

对于 AGL 而言，输入变量为 2bit，分别为 START、MODE，只有在状态 S0 需要进行一次判断，至少需要 1 路 Jump_addr，1bit 条件选择 CS，而在状态 S1A、S1B、S2、……、S17 无须判断，直接跳转到“下一状态”，这个“下一状态”可以由当前状态存储的 Jump_Addr 直接给出，也就是说，状态 S0 对应的指令存储器一行存储的 CS=1，其余状态存储的 CS=0，条件选择 CS 的引入，将判断当前状态(当前地址)转换为判断存储变量值，简化了 AGL 电路设计。此时，指令存储器位宽为 1+5+5=11bit，指令存储器存储结构为 $2^5\times 11$，如图 6-64 所示。

1	5	1	1	1	1	1
CS	Jump_addr	READY	LR_SEL CD_SEL	LR_EN CD_EN	K[1]	K[0]

图 6-64　指令存储器存储结构

考虑到 5 位数据可编码 32 种不同状态，该控制器仅使用了其中的 19 种，尚有 13 种空余，同时考虑到+1 电路有一定延迟，尽可能不用或者少用，多用 Jump_addr 或者与 Curr_Addr

有简单逻辑关系的运行，因此，定义状态 S0 编码为 00000，状态 S1A 编码为 00001，状态 S2 编码为 00010，状态 S3 编码为 00011，……，状态 S16 编码为 10000，状态 S17 编码为 10001，而状态 S1B 编码定为 11111（状态 S0 编码取非），主要是为了简化电路设计，此时，指令存储器存储数据如表 6-14 所示。

表 6-14　指令存储器存储数据

State	Curr_Addr	CS	Jump_addr	READY	LR_SEL CD_SEL	LR_EN CD_EN	$K[1]$	$K[0]$
S0	00000	1	00001	1	0	0	0	0
S1A	00001	0	00010	0	1	1	0	1
S2	00010	0	00011	0	0	1	0	1
S3	00011	0	00100	0	0	1	1	0
S4	00100	0	00101	0	0	1	1	0
S5	00101	0	00110	0	0	1	1	0
S6	00110	0	00111	0	0	1	1	0
S7	00111	0	01000	0	0	1	1	0
S8	01000	0	01001	0	0	1	1	0
S9	01001	0	01010	0	0	1	0	1
S10	01010	0	01011	0	0	1	1	0
S11	01011	0	01100	0	0	1	1	0
S12	01100	0	01101	0	0	1	1	0
S13	01101	0	01110	0	0	1	1	0
S14	01110	0	01111	0	0	1	1	0
S15	01111	0	10000	0	0	1	1	0
S16	10000	0	10001	0	0	1	0	1
S17	10001	0	00000	0	0	0	0	0
X	10010	0	00000	0	0	0	0	0
X	10011	0	00000	0	0	0	0	0
X	10100	0	00000	0	0	0	0	0
X	10101	0	00000	0	0	0	0	0
X	10110	0	00000	0	0	0	0	0
X	10111	0	00000	0	0	0	0	0
X	11000	0	00000	0	0	0	0	0
X	11001	0	00000	0	0	0	0	0
X	11010	0	00000	0	0	0	0	0
X	11011	0	00000	0	0	0	0	0
X	11100	0	00000	0	0	0	0	0
X	11101	0	00000	0	0	0	0	0
X	11110	0	00000	0	0	0	0	0
S1B	11111	0	00010	0	1	1	0	0

3. AGL 电路设计

对指令存储器存储数据表进行深入分析，可得下一地址转换功能表，如表 6-15 所示。

表 6-15　地址转换功能表

CS	START	MODE	Next_addr
0	X	X	Jump_addr
1	0	X	Curr_addr
1	1	0	Jump_addr
1	1	1	$\overline{\text{Curr\_addr}}$

据此，可得 AGL 逻辑处理流程，如图 6-65 所示。

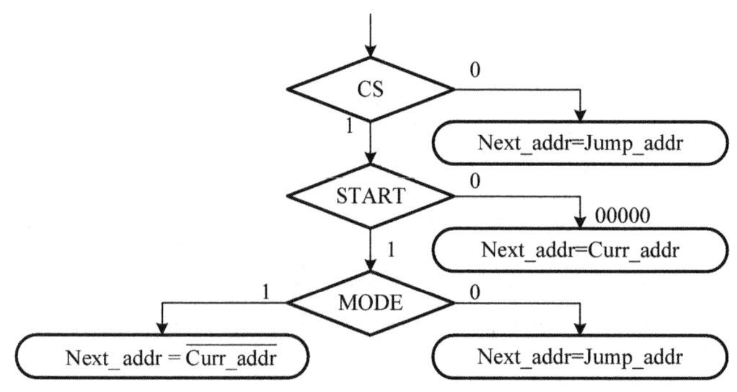

图 6-65　AGL 功能图

据此，可得 AGL 电路下一地址逻辑表达式。

$$\text{Next\_addr} = \overline{\text{CS}}\cdot\text{Jump\_addr} + \text{CS}\cdot\overline{\text{START}}\cdot\text{Curr\_addr} + \text{CS}\cdot\text{START}\cdot(\overline{\text{MODE}}\cdot\text{Jump\_addr} + \text{MODE}\cdot\overline{\text{Curr\_addr}})$$

4. 微代码控制器电路结构

因此，可以得到微代码控制器的结构如图 6-66 所示。图中，地址寄存器、指令寄存器在上升沿进行操作，输出较输入延迟两个时钟周期，即功能表与前述的转换真值表并不是完全一致的，而是在上述状态转换真值表的寄存器上延迟了一个时钟周期。若要求完全匹配，将指令寄存器删除、直接输出即可，如图 6-66 所示。

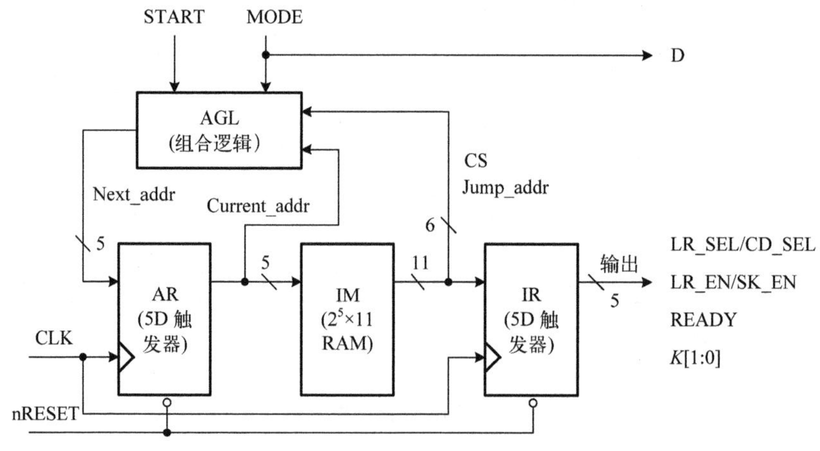

图 6-66　基于微代码控制器的 DES 控制器结构

6.4.3 Grain-80 算法乱数生成模块控制器设计

6.3 节中，给出了 Grain-80 算法乱数生成模块控制器的两种实现方式：一是采用单一状态机设计实现，二是采用状态机+计数器实现。方式一思路简洁，所需的状态总数目较多，可直接转换为微代码控制器实现；方式二所需的状态总数少，但是设计复杂，这种附加计数器的控制器往往需要采用微控制器实现，无法直接转换为微代码控制器实现。本节对基于方式一的控制器实现方案进行改造，采用微代码控制器设计实现 Grain-80 算法乱数生成模块控制器。

1. 支持 Mealy 型状态机实现的微代码控制器

依据 6.3 节所述，该状态机的输出 FSR_WEN 与输入信号 WEN 直接相关，是一个 Mealy 型状态机，必须改造成为 Moore 型状态机，才能采用典型的微代码控制器实现，或者适当改造微代码控制器结构，以适应 Mealy 型状态机实现。6.4.2 节我们讨论了改造状态机的实现方式，本节重点讨论通过改造微代码控制器结构，以适应 Mealy 型状态机的实现。

Mealy 型状态机的输出信号不仅与状态输出有关，还与当前输入信号有关，从本质上说，Mealy 型状态机的输入主要有两大作用：一是影响状态转换关系，即参与次态逻辑计算，二是影响当前输出，直接参与输出逻辑计算。因此，将输入按照是否参与输出逻辑计算进行分类。

第一类输入：只参与次态逻辑计算，不参与输出逻辑计算，称为 S 类输入，如 Grain-80 算法乱数生成芯片状态机控制器中的 START 信号。

第二类输入：不参与次态逻辑计算，只参与输出逻辑计算，称为 O 类输入，如 DES 算法芯片状态机控制器中的 MODE 信号、Grain-80 算法乱数生成芯片状态机控制器中的 FULL 信号；

第三类输入：不但参与次态逻辑计算，而且参与输出逻辑计算，称为 SO 类输入，如 Grain-80 算法乱数生成芯片状态机控制器中的 WEN 信号。

根据 Mealy 型状态机组成结构，S 类、SO 类输入接入地址生成逻辑，SO 类、O 类输入接入输出逻辑，即指令译码器，据此可以得到一种支持 Mealy 型状态机实现的微代码控制器组成结构，如图 6-67 所示。

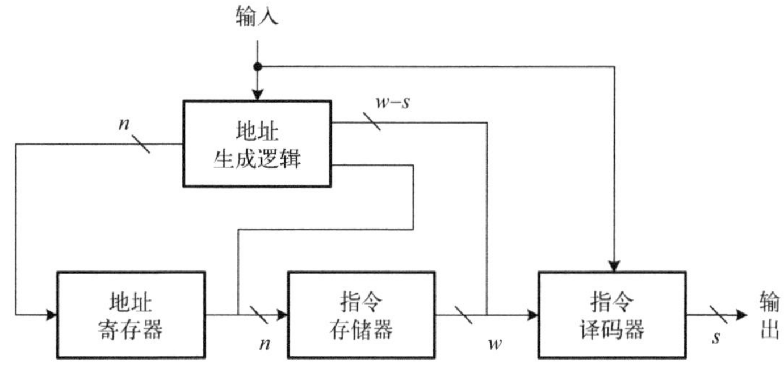

图 6-67　一种支持 Mealy 型状态机实现的微代码控制器组成结构

与经典的微代码控制器相比，该架构没有指令寄存器 IR，取而代之的是指令译码器 ID，

SO 类、O 类输入直接指令译码器，参与到输出逻辑计算之中，影响输出信号；S 类、SO 类输入接入地址生成逻辑，参与到下一地址计算之中，影响下一地址。

该结构中，地址生成逻辑、地址寄存器、指令存储器功能与前述的微代码控制器功能一致，由于引入了指令译码器，指令存储器中存储的指令可以采用数据编码方案进行压缩，以减少指令存储器存储位宽。该结构中，地址寄存器为有记忆电路，指令存储器、地址生成逻辑、指令译码逻辑为组合逻辑，当前输入与当前指令经译码逻辑共同决定了当前输出，无时钟延迟，图 6-68 给出该微代码控制器时序图。

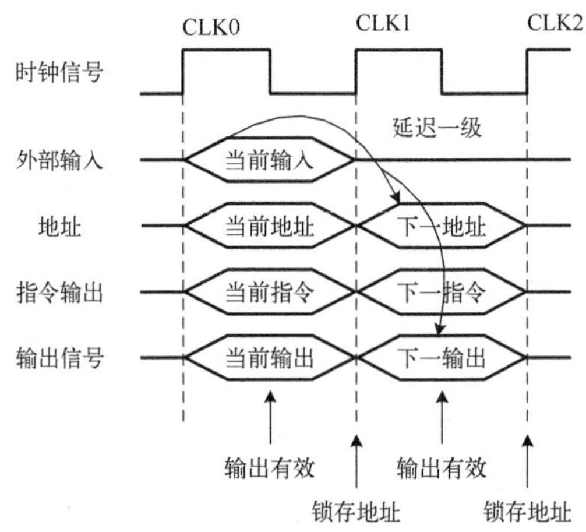

图 6-68　支持 Mealy 型状态机实现的微代码控制器时序图

图 6-69 给出该结构的硬件描述语言模型。

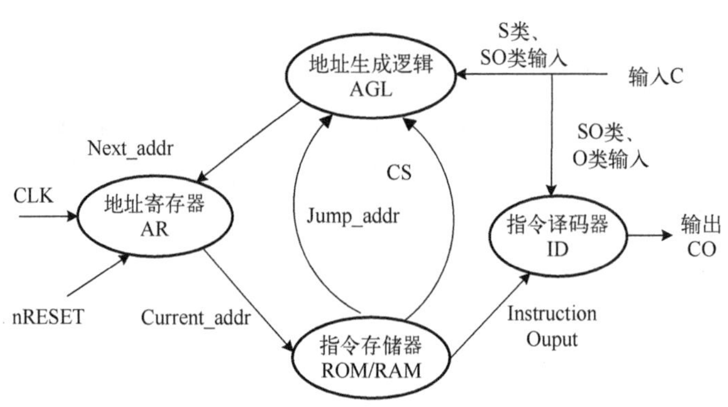

图 6-69　支持 Mealy 型状态机实现的微代码控制器硬件描述语言模型

2. Grain-80 算法乱数生成芯片的微代码控制器

1) 状态转换、输出取值关系分析

依据 Grain-80 算法乱数生成芯片控制器状态转换图、状态转换真值表，Grain-80 算法乱数生成芯片控制器状态总数为 41，需要 6bit 编码，即当前地址、下一地址可用 5bit 数据表示，地址寄存器采用 6 位 D 触发器，指令存储器深度为 2^6=64。

Grain-80 算法乱数生成芯片控制器输入信号包括启动信号 START、写使能 WEN、输出

FIFO 满标志 FULL。其中，只有 START 信号、WEN 信号影响状态转换，而 FULL 信号不影响状态转换，只影响输出；在初始化阶段(状态 S0)、乱数生成与读出阶段(状态 S41)需要判断输入信号 START，若 START=0，保持当前状态不变，否则进行跳转；在密钥/IV 装载阶段(状态 S1～S18)，需要判断输入信号 WEN，若 WEN=0，保持当前状态不变，否则进行跳转。

Grain-80 算法乱数生成芯片控制器输出信号包括线性反馈移位寄存器输入选择信号 LR_IN_SEL[1:0]、非线性反馈移位寄存器输入选择信号 NR_IN_SEL[1:0]、移位寄存器移位使能信号 FSR_WEN、乱数输出 FIFO 的写使能信号 KOF_WEN、乱数输出 FIFO 的读使能信号 KOF_REN、乱数输出 FIFO 数据有效标志信号 READY。其中，LFSR 输入选择信号 LR_IN_SEL[1:0]、NFSR 输入选择信号 NR_IN_SEL[1:0]只与当前工作阶段有关，与外部输入信号无关；在乱数生成与输出阶段，输出 FIFO 的写使能信号 KOF_WEN 才有可能为 1，取值是否为 1，需要判断当前输入 FULL 的取值，若 FULL=0，则 KOF_WEN=1，否则 KOF_WEN=0；移位寄存器移位使能信号 FSR_WEN 取值逻辑更为复杂，在密钥/IV 装载阶段、乱数生成与读出阶段分别需要判断输入信号 WEN、FULL，而在初始状态、数据填充阶段、算法初始化阶段则为恒定值，但无论如何，一旦工作阶段确定，是否判断输入信号、判断哪一个输入信号也就随之确定。而乱数输出 FIFO 数据有效标志信号 READY 是输出 FIFO 的空标志取非，乱数输出 FIFO 的读使能信号 KOF_REN 直接连接外部的读使能信号 REN，二者不需要控制器生成。由此可以得到两点结论：

(1) 工作阶段决定了状态转移过程是否判断输入信号、判断哪一个输入信号；

(2) 工作阶段决定了输出信号取值是否依赖输入信号、依赖哪一个输入信号。

采用对工作阶段进行判断较之对工作状态进行判断思路更为清晰，电路更加简单，因此考虑对“工作阶段”进行编码，状态转换过程对“工作阶段”编码的某些比特进行判断，输出信号对“工作阶段”编码、当前输入进行译码。

工作阶段编码方案设计既要考虑编码的完备性，能够满足 Grain-80 算法乱数生成芯片控制器 5 种不同的工作阶段编码需要，也需要考虑到应用上的便利性，最好与地址生成逻辑所专用的条件选择信号 CS 相复用，以降低存储空间占用。

定义工作阶段标志信号 OP_PRD[2:0]。OP_PRD[2:0]=100，代表芯片进入复位后状态，即当前地址 Curr_addr=00,0000；OP_PRD[2:0]=010，代表芯片进入密钥/IV 装载阶段，即当前地址 Curr_addr=00,0001～01,0010；OP_PRD[2:0]=001，代表芯片进入数据填充阶段，即当前地址 Curr_addr=01,0011～01,0100；OP_PRD[2:0]=000，代表芯片进入算法初始化阶段，即当前地址 Curr_addr=01,0101～10,1000；OP_PRD[2:0]=101，代表芯片进入乱数生成与读出阶段，即当前地址 Curr_addr=10,1001，如表 6-16 所示。

表 6-16　工作阶段、工作状态、地址对应表

工作阶段	当前状态	Curr_addr[5:0]	OP_PRD[2:0]
初始状态	S_0	00,0000	100
密钥/IV 装载	S_1～S_{18}	00,0001～01,0010	010
数据填充	S_{19}～S_{20}	01,0011～01,0100	001
算法初始化	S_{21}～S_{40}	01,0101～10,1000	000
乱数生成与读出	S_{41}	10,1001	101

对于地址空间范围 10,1010～11,1111 对应存储空间的 OP_PRD[2:0]编码，此处暂时不考虑，待 AGL 设计完成之后，再对其编码、构造数据，使其当前输出无效，且能够跳转返回地址 00,0000(初始状态 S0)即可。

2)地址生成逻辑

在 Grain-80 算法乱数生成芯片工作过程中，控制器各个工作阶段都存在地址跳转(状态转换)问题，各个工作阶段的跳转判断变量、地址转移方式如图 6-70 所示。

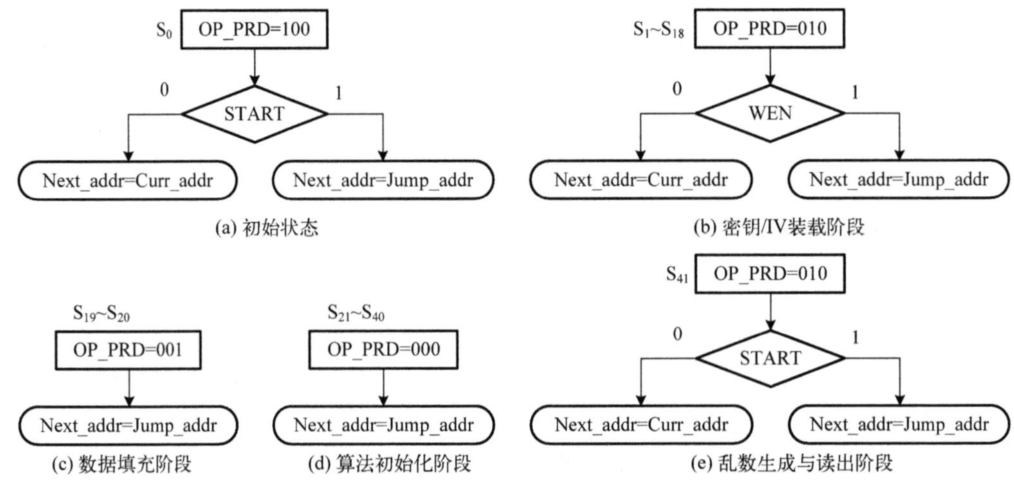

图 6-70　Grain-80 算法乱数生成芯片微代码控制器地址跳转示意图

在初始状态、乱数生成与读出阶段需要判断输入信号 START，在密钥/IV 装载阶段，需要判断输入信号 WEN，因此设置要 2bit 条件选择信号 CS1、CS0，分别作为判断 START、WEN 信号的条件选择信号，具体如下。

设置条件选择信号 CS1，作为判断 START 信号的依据，数据填充方式如下：

(1)指令存储器地址空间 00,0000、10,1001 对应行，CS1 位置填“1”；

(2)其余地址空间对应行，CS1 位置填“0”。

设置条件选择信号 CS0，作为判断 WEN 信号的依据，数据填充方式如下：

(1)指令存储器地址空间 00,0001～01,0010 对应行，CS0 位置填“1”；

(2)其余地址空间对应行，CS0 位置填“0”。

跳转地址 Jump_addr[5:0]，占据指令存储器 6 列，数据构造方式如下：

(1)指令存储器地址空间 00,0000 对应行，Jump_addr 位置填 00,0001；

(2)指令存储器地址空间 00,0001～01,0010 对应行，Jump_addr 位置分别填 00,0010、00,0011、…、01,0011，即 Curr_addr [5:0]+1；

(3)指令存储器地址空间 01,0011～10,1000 对应行，Jump_addr 位置分别填 00,0010、00,0011、…、01,0011，即 Curr_addr [5:0]+1；

(4)指令存储器地址空间 10,1001 对应行，Jump_addr 位置填 00,0001；

(5)指令存储器地址空间 10,1010～11,11111 对应行，Jump_addr 位置填 00,0000。

上述地址跳转过程可以采用表 6-17 所示方式进行构造。

表 6-17　条件选择信号与跳转地址构造方式

工作阶段	当前状态	CS1	CS0	Jump_addr[5:0]
初始状态	S_0	1	0	00,0001
密钥/IV 装载	S_1～S_{18}	0	1	Curr_addr [5:0]+1
数据填充	S_{19}～S_{20}	0	0	Curr_addr [5:0]+1
算法初始化	S_{21}～S_{40}	0	0	Curr_addr [5:0]+1
乱数生成与读出	S_{41}	1	0	00,0000

因此，可以得到 AGL 电路功能图，如图 6-71 所示。

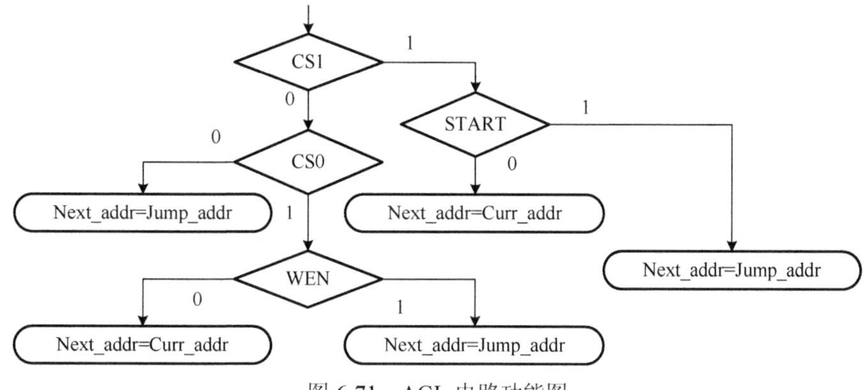

图 6-71　AGL 电路功能图

$$\begin{aligned}\text{Next\_addr} &= \text{CS1}\cdot\text{START}\cdot\text{Jump\_addr}+\text{CS1}\cdot\overline{\text{START}}\cdot\text{Curr\_addr}\\ &+\overline{\text{CS1}}\cdot\text{CS0}\cdot\text{WEN}\cdot\text{Jump\_addr}+\overline{\text{CS1}}\cdot\text{CS0}\cdot\overline{\text{WEN}}\cdot\text{Curr\_Addr}\\ &+\overline{\text{CS1}}\cdot\overline{\text{CS0}}\cdot\text{Jump\_addr}\end{aligned}$$

3) 指令存储器数据构造

此时，指令存储器共需要 9 列，3 列用于存储工作阶段编码 OP_PRD[2:0]，显然 CS1=OP_PRD[2]，CS0=OP_PRD[1]；6 列用于存储跳转地址 Jump_addr[5:0]，存储结构为 $2^6\times9$。指令存储器数据构造时，对于地址空间范围 10,1010～11,1111 对应存储空间的 OP_PRD[2:0] 编码，一定要确保当前地址能够跳转返回地址 00,0000（初始状态 S0），以防止干扰导致的“死机”，这里选择和密钥/IV 装载阶段相同的编码，由于没有写使能信号，FSR_WEN=0，KOF_WEN=0，不会发生误操作。此时，指令存储器存储数据如表 6-18 所示。

表 6-18　指令存储器存储数据

Curr_addr	OP_PRD	Jump_addr	Curr_addr	OP_PRD	Jump_addr
00,0000	100	00,0001	10,0000	000	10,0001
00,0001	010	00,0010	10,0001	000	10,0010
00,0010	010	00,0011	10,0010	000	10,0011
00,0011	010	00,0100	10,0011	000	10,0100
00,0100	010	00,0101	10,0100	000	10,0101
00,0101	010	00,0110	10,0101	000	10,0110

续表

Curr_addr	OP_PRD	Jump_addr	Curr_addr	OP_PRD	Jump_addr
00,0110	010	00,0111	10,0110	000	10,0111
00,0111	010	00,1000	10,0111	000	10,1000
00,1000	010	00,1001	10,1000	000	10,1001
00,1001	010	00,1010	10,1001	101	00,0000
00,1010	010	00,1011	10,1010	010	00,0000
00,1011	010	00,1100	10,1011	010	00,0000
00,1100	010	00,1101	10,1100	010	00,0000
00,1101	010	00,1110	10,1101	010	00,0000
00,1110	010	00,1111	10,1110	010	00,0000
00,1111	010	01,0000	10,1111	010	00,0000
01,0000	010	01,0001	11,0000	010	00,0000
01,0001	010	01,0010	11,0001	010	00,0000
01,0010	010	01,0011	11,0010	010	00,0000
01,0011	001	01,0100	11,0011	010	00,0000
01,0100	001	01,0101	11,0100	010	00,0000
01,0101	000	01,0110	11,0101	010	00,0000
01,0110	000	01,0111	11,0110	010	00,0000
01,0111	000	01,1000	11,0111	010	00,0000
01,1000	000	01,1001	11,1000	010	00,0000
01,1001	000	01,1010	11,1001	010	00,0000
01,1010	000	01,1011	11,1010	010	00,0000
01,1011	000	01,1100	11,1011	010	00,0000
01,1100	000	01,1101	11,1100	010	00,0000
01,1101	000	01,1110	11,1101	010	00,0000
01,1110	000	01,1111	11,1110	010	00,0000
01,1111	000	10,0000	11,1111	010	00,0000

4）指令译码逻辑

线性反馈移位寄存器输入选择信号 LR_IN_SEL[1:0]、非线性反馈移位寄存器输入选择信号 NR_IN_SEL[1:0]仅与当前状态有关，其功能如表 6-19 所示。

表 6-19　移位寄存器控制信号功能表

工作阶段	OP_PRD[2:0]	LR_IN_SEL[1:0]	NR_IN_SEL[1:0]
初始状态	100	XX	XX
数据装载	010	00	00
数据填充	001	01	11
算法初始化	000	10	01
乱数生成与读出	101	11	10

据此，可得输出信号逻辑表达式如下：

$$\text{LR\_IN\_SEL[1]}=\text{OP\_PRD[2]}\cdot\text{OP\_PRD[0]}$$
$$+\overline{\text{OP\_PRD[2]}}\cdot\overline{\text{OP\_PRD[1]}}\cdot\overline{\text{OP\_PRD[0]}}$$

$$\text{LR\_IN\_SEL[0]}=\text{OP\_PRD[0]}$$

$$\text{NR\_IN\_SEL[1]}=\overline{\text{OP\_PRD[2]}}\cdot\overline{\text{OP\_PRD[1]}}$$

$$\text{NR\_IN\_SEL[0]}=\text{OP\_PRD[0]}$$

输出信号 FSR_WEN、KOF_WEN 不仅与当前工作阶段有关，而且与输入信号 WEN、FULL 有关，其功能如表 6-20 所示。

表 6-20　输出信号功能表

工作阶段	OP_PRD[2:0]	WEN	FULL	FSR_WEN	KOF_WEN
初始状态	100	X	X	0	0
密钥/IV 装载	010	0	X	0	0
		1		1	
数据填充	001	X	X	1	0
算法初始化	000	X	X	1	0
乱数生成与读出	101	X	0	1	1
			1	0	0

据此，可得输出信号逻辑表达式如下：

$$\text{FSR\_WEN}=\text{OP\_PRD[2]}\cdot\text{WEN}$$

$$\text{KOF\_WEN}=\overline{\text{OP\_PRD[2]}}\cdot\overline{\text{OP\_PRD[1]}}+\text{OP\_PRD[0]}\cdot\text{WEN}$$
$$+\text{OP\_PRD[2]}\cdot\text{OP\_PRD[0]}\cdot\overline{\text{FULL}}$$

习　题　六

6-1　密码芯片的控制方式有哪几种？简要说明每一种控制方式。

6-2　简述状态机的分类及特点。

6-3　什么是微代码控制器，给出微代码控制器的电路结构。

6-4　某算法芯片控制器输入为 START，输出为 Y，共计 18 个状态，复位后初始状态为 S0，电路转换过程如题图 6-1 所示，试设计该控制器，要求：

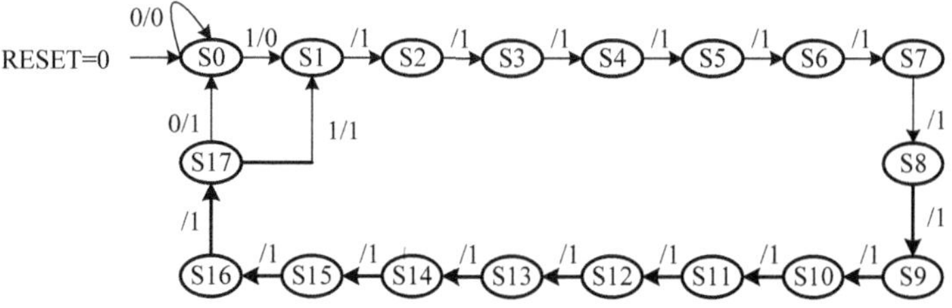

题图 6-1　某算法芯片控制器状态转换图

(1) 采用移位寄存器型控制器实现该控制器；

(2) 采用计数器型控制器实现该控制器；

(3) 采用状态机设计实现该控制器；

(4) 采用微代码控制器设计实现该控制器。

6-5 某分组密码芯片控制器设计。芯片输入信号：操作时钟 CLK，上升沿有效；异步复位 nRESET，低电平有效；启动信号 START，高电平有效；数据写入使能 WEN，高电平有效；端口地址 Addr[1:0]，用于标识输入接口 DIN 的功能，当 Addr[1:0]=00 时，DIN 输入的是明文/密文数据，Addr[1:0]=01 时，DIN 输入的是密钥，Addr[1:0]=10 时，DIN 输入的是控制命令，Addr[1:0]=11 时，保留。芯片输出信号：芯片运算标志 READY，高电平有效；运算轮数信号 RND[4:0]，标识当前运算处于的轮数，变化范围为 0～31。控制器接口如题图 6-2 所示。

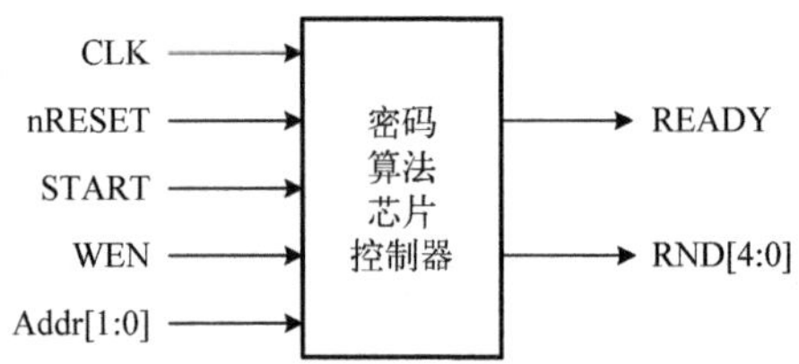

题图 6-2 某算法芯片控制器状态转换图

芯片工作过程如下：

(1) 上电之后，nRESET 有效，片内寄存器恢复初态，置运算标志信号 READY 为 1，运算轮数信号 RND[4:0]=0,0000，此时等待 START 信号到来才进行后续处理；

(2) 一旦 START 信号有效，则启动芯片，此时可以接收外部注入的命令、密钥或数据，READY、RND[4:0] 信号值保持不变；

(3) 当数据写入使能 WEN=1、端口地址 Addr[1:0]=00，即 DIN 作为数据明文/密文输入端口时，接连注入 4 组数据后，启动加解密运算，即第 4 组数据注入之后，片内开始加解密运算，置 READY 标志信号为 0；

(4) 加解密运算共计执行 32 个时钟周期，期间 READY 信号一直为 0，RND[4:0]从 0,0000 逐步递增至 1,1111，每个时钟+1；

(5) 加解密运算完成之后，置 READY 信号为 1，RND[4:0]=00000。

试设计该控制器，要求：

(1) 画出控制器的状态转换图或 ASM 图，列出状态转换真值表；

(2) 采用状态机设计实现该控制器；

(3) 采用微代码控制器设计实现该控制器。

6-6 某序列密码乱数生成芯片控制器设计。芯片输入信号：操作时钟 CLK，上升沿有效；异步复位 nRESET，低电平有效；启动信号 START，高电平有效；数据写入使能 WEN，高电平有效。芯片输出信号：芯片运算标志 READY，高电平有效；工作阶段标志信号 OP_PRD[2:0]，标识当前运算处于的工作阶段，变化范围为 000～100。控制器接口如题图 6-3 所示。

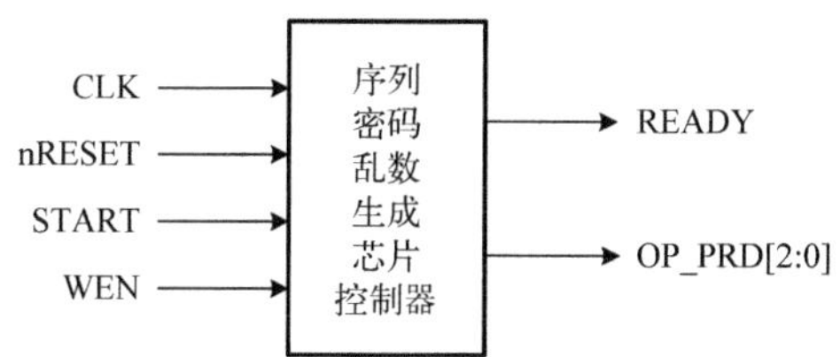

题图 6-3　某序列密码乱数生成芯片控制器

芯片工作过程如下。

(1) 上电复位阶段：若 nRESET 有效，片内寄存器恢复初态，置 READY 信号为 1，OP_PRD[2:0]= 000；

(2) 密钥注入阶段：若 START 信号有效，启动芯片，控制器进入密钥注入阶段，置 OP_PRD[2:0]= 001，表示进入密钥注入阶段，而 READY=1 不变；此时，若 WEN=1，则从输入端口(连接数据路径，图中未标示)注入 1bit 密钥，共需注入 64bit；该阶段结束后转入 IV 注入阶段；

(3) IV 注入阶段：当 64bit 密钥注入完成后，进入 IV 注入阶段，置 OP_PRD[2:0]= 010，而 READY=1 不变；此时，若 WEN=1，则从输入端口注入 1bit 的 IV，共需注入 22bit；该阶段结束后转入算法空转阶段；

(4) 算法空转阶段：当 22bit 的 IV 注入完成后，进入算法空转阶段，芯片自动运行；一旦进入算法空转阶段，则置 READY=0、 OP_PRD[2:0]= 011，期间一直保持不变，此阶段共计持续 100 个时钟周期；该阶段结束后转入乱数生成阶段；

(5) 乱数生成阶段：当 100 个时钟周期空转结束后，进入乱数生成阶段，芯片自动运行；期间 READY 信号保持为 0，置 OP_PRD[2:0]= 100 不变，此阶段共计持续 114 个时钟周期；该阶段结束后转入算法空转阶段；

(6) 整个工作流程为 (1)→(2)→(3)→(4)→(5)→(4)→(5)→…，其中，步骤 (4)、(5) 循环往复；任何时候，一旦检测到 START 信号有效，下一时钟立即转入密钥注入阶段。

试设计该控制器，要求：

(1) 画出控制器的状态转换图或 ASM 图、状态转换真值表；

(2) 采用状态机或计数器设计实现该控制器；

(3) 采用微代码控制器设计实现该控制器。

6-7　某杂凑算法芯片控制器设计。芯片输入信号：操作时钟 CLK，上升沿有效；异步复位 nRESET，低电平有效；启动信号 START，高电平有效；数据写入使能 WEN，高电平有效；最后一个字标志信号 LAST，高电平有效。芯片输出信号：运算轮数数值 RND[5:0]，工作标志 READY，高电平有效；输出有效标志 VALID，高电平有效。控制器接口如题图 6-4 所示。

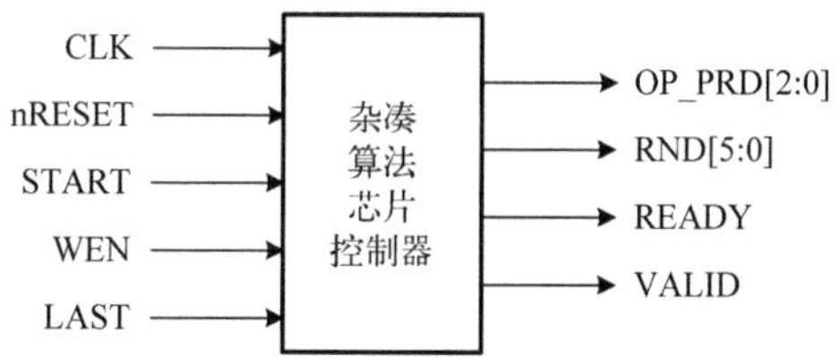

题图 6-4　某杂凑算法芯片控制器

已知待处理数据长度<2^{64}bit，按照512bit进行分组送入芯片，每次写入32bit，全部分组数据写入完毕需要16个时钟周期；压缩变换共运行64步，每个时钟周期执行1步，输出变换1步，需要1个时钟周期；消息填充工作已经由上位机完成，送入芯片的分组数据一定是512bit，LAST信号仅用于标识最后一个分组数据，芯片工作过程如下。

(1)上电复位阶段：若nRESET有效，片内寄存器恢复初态，置READY信号为1，VALID信号为1，OP_PRD[2:0]= 000，RND[5:0]=00,0000；

(2)数据输入阶段：若START信号有效，启动芯片，控制器进入数据输入阶段；此时，若 WEN=1，则从输入端口(连接数据路径，图中未标示)注入一个 32bit 数据；此时，置READY=1，VALID=0，OP_PRD[2:0]= 001，而RND[5:0]=00,0000保持不变，表示进入数据输入阶段；此阶段，若检测到第 4 个 32bit 数据输入，将转入数据输入与压缩变换并行工作阶段；

(3)数据输入与压缩变换并行工作阶段：当输入4个32bit数据之后，开始消息预处理、压缩变换，压缩变换与消息预处理同步执行，无延迟，也就是说，第4个时钟周期将第4个32bit 数据输入之后，第 5 个时钟周期启动消息预处理、压缩变换；此时，置 READY=0，OP_PRD[2:0]= 011，VALID=0，表示进入数据输入与压缩变换并行工作阶段，每写入1个32bit数据，执行1步压缩变换，RND[5:0]做+1操作；此阶段，若检测到第16个32bit数据输入，将转入数据输入与压缩变换自动运行阶段；

(4)压缩变换自动运行阶段：当前分组数据注入完毕之后，自动执行压缩变换；此时，置READY=0，OP_PRD[2:0]= 010，VALID=0，表示进入数据输入与压缩变换并行工作阶段，每个时钟周期执行1步压缩变换，RND[5:0]做1操作；此阶段，若压缩变换执行到最后一步，即RND[5:0]=11,1111，将转入输出变换阶段；

(5)输出变换阶段：输出变换占用 1 个时钟周期；此阶段，置 READY=0，VALID=0，OP_PRD[2:0]=100，表示进入输出变换阶段，RND[5:0]保持 00,0000 不变；此阶段，若当前分组数据输入期间未出现有效的LAST信号，则转入工作阶段(2)，等待下一分组数据输入，否则转入工作阶段(1)，等待数据读出，或执行下一数据报文的杂凑运算。

试设计该控制器，要求：

(1)画出控制器的状态转换图或ASM图，列出状态转换真值表；

(2)采用状态机或计数器设计实现该控制器；

(3)采用微代码控制器设计实现该控制器。

6-8　设计一个AES-128子密钥生成算法常数生成电路控制器(数据路径设计如题5-1所述)，电路接口如题图6-5所示。电路操作时钟CLK，上升沿有效；异步复位nRESET，低电平有效；启动信号START，高电平有效；数据输出OUT[7:0]。

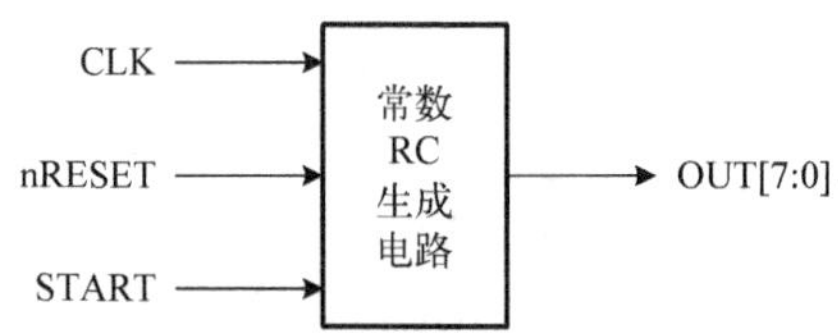

题图6-5　AES-128子密钥生成算法常数生成电路

已知：当 nRESET 有效时，内部寄存器恢复初态，OUT[7:0]输出为 0x01H；之后，一旦 START 信号有效，将启动子密钥生成运算，OUT[7:0]随时钟变化的规律见题表 6-1。定义第 0～3 个 CLK 电路输出为 RC[1]、第 4～7 个 CLK 电路输出为 RC[2]、……、第 36～39 个 CLK 电路输出为 RC[10]，则常数 RC[*i*]遵循以下变换规律：RC[*i*]=2*RC[*i*–1]，且 RC[*i*]∈GF(2^8)，*为 GF(2^8)域上不可约多项式为 $f(x)=x^8+x^4+x^3+x+1$ 的 x 乘法。

题表 6-1　不同时钟周期常数 RC[7:0]取值

CLK	0～3	4～7	8～11	12～15	16～19	20～23	24～27	28～31	32～35	36～39
RC[*i*]	01H	02H	04H	08H	10H	20H	40H	80H	1BH	36H
i	1	2	3	4	5	6	7	8	9	10

要求：

(1)依据第 5 章习题设计完成的数据路径，分析工作时序；

(2)基于移位寄存器、计数器、有限状态机或微代码控制器架构设计控制器，结合数据路径完成整个芯片的设计。

6.9 设计一个 DES 算法子密钥生成电路，该电路能够生成并存储 DES 加解密运算所需的全部子密钥，电路基本架构如题图 6-6 所示。电路输入信号为：系统时钟 CLK，上升沿有效；异步复位 nRESET，低有效；启动信号 START，高有效；主密钥输入端口 KIN[1:64]。电路输出信号为：轮运算子密钥输出 SK[1:48]，送入外部子密钥存储器；外部子密钥存储器写使能 SK_WEN，高有效；外部子密钥存储器写地址 SK_Addr[3:0]；运算完成标志 READY，高有效。

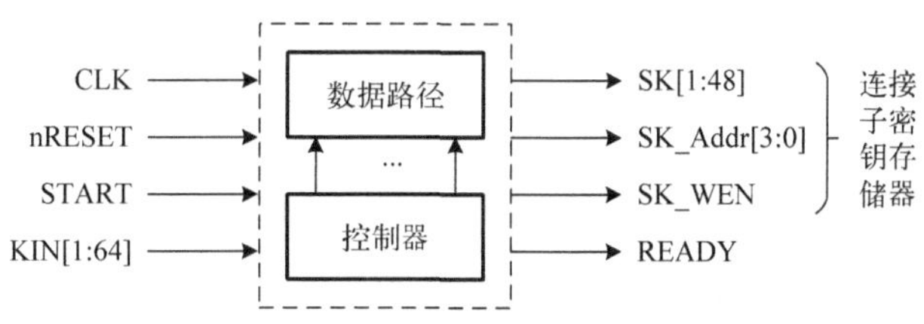

题图 6-6　DES 子密钥生成电路

已知：当 nRESET 有效时，内部寄存器恢复初态，等待 START 信号到来；一旦 START 信号有效，将启动子密钥生成运算(此时，64bit 密钥已在 KIN[1:64]端口)，并置 READY 信号无效；启动运算之后，每个时钟周期完成一轮子密钥生成并输出，同时置 SK_WEN 信号有效，给出对应的子密钥存储器地址信号 SK_Addr[3:0]，写入外部子密钥存储器；全部 16 轮子密钥生成完毕之后，置 READY 信号有效。要求：

(1)针对第 5 章习题设计完成的数据路径，分析工作时序，得到状态转换图或 ASM 图；

(2)基于移位寄存器、计数器、有限状态机或微代码控制器架构设计控制器。

6-10　依据本章对 DES 算法芯片控制器的描述，采用硬件描述语言，设计实现 DES 算法芯片控制器，要求：

(1)基于移位寄存器型控制器设计实现；

(2)基于计数器型控制器设计实现；

(3)基于有限状态机设计实现；

(4)基于微代码控制器设计实现。

6-11　依据本章对 Grain-80 乱数生成芯片控制器的描述，采用硬件描述语言，设计实现该乱数生成芯片控制器。

6-12　依据本章对 SHA1 杂凑算法芯片控制器的描述，采用硬件描述语言，设计实现 SHA1 杂凑算法芯片控制器。

6-13　依据本章对 1024bit 乘法芯片控制器的描述，采用硬件描述语言，设计实现 1024bit 乘法芯片控制器。

第 7 章　密码芯片安全防护

密码芯片实现密码算法，提供密码服务，存储密钥、密码参数、用户私密信息等敏感信息，是确保信息系统安全、密码系统自身安全的核心电子元器件，其往往成为攻击者的首选目标，其自身的安全防护设计非常重要。

7.1　密码芯片面临的安全威胁

针对密码芯片的攻击可以按照是否打开密码芯片的封装进行分类，打开芯片的攻击可分为侵入式攻击与半侵入式攻击。

侵入式攻击首先要去除芯片的封装，将裸片暴露出来，主要技术手段包括以下几种。

(1) 微探针探测：在去除芯片封装之后，利用微探针连接芯片内部节点与测试仪器设备，从而分析出密码芯片的有关设计信息和存储结构，读取出存储器的秘密信息。

(2) FIB 攻击：在去除芯片封装之后，利用聚焦离子束制作测试点、恢复测试端口，有针对性地改变芯片逻辑功能，进而达到分析内部电路结构和读取存储器内容的目的。

(3) 版图剖析：在去除芯片封装之后，采用反向技术，逐层摄像以获取芯片的内部结构，提取芯片的网表文件，获得内部电路结构、存储器的内容，分析获取芯片的功能。

半侵入式攻击也需要打开芯片的封装，但不需要剥离钝化层或者建立互联线，主要技术手段包括以下两种。

(1) 背面成像攻击：通过在芯片的背面使用红外线或者其他强光源对芯片进行成像，从而获取芯片的版图信息。这种技术手段常用于获取芯片的电路结构、ROM 信息等。

(2) 激光注入攻击：采用激光照射芯片，产生光电流，并直接生成图像，以获得晶体管的工作状态。

非侵入式攻击则无须去除芯片封装，在密码芯片可正常工作情况下，通过分析密码芯片工作时的各种伴随信息、植入故障以及芯片设计缺陷等方式，进而进行攻击。主要包括侧信道分析攻击、故障注入攻击等。

侧信道分析攻击：攻击者通过分析密码芯片运行过程中的功率消耗、时间消耗及电磁辐射信息等，从而非法获取密钥等敏感信息的方法。主要方法包括以下三种。

(1) 能量分析攻击：攻击者通过分析密码芯片执行密码运算过程中泄露的功耗信息来破解系统密钥的方法。

(2) 计时分析攻击：攻击者通过分析密码芯片执行密码运算过程中的时间信息来破解系统密钥的方法。

(3) 电磁辐射分析攻击：攻击者通过分析密码芯片执行密码运算过程中辐射的电磁信息来破解系统密钥的方法。

故障注入攻击：攻击者主要是通过改变密码芯片工作条件与环境，如工作电压、环境温度、工作频率、光照强度等，使其超出额定值，导入故障，从而非法获取密钥等敏感信息的方法。主要方法包括以下三种。

(1) 异常电压攻击：通过改变芯片工作电压，如低压、过压或在电源信号上植入“毛刺”等方式，使芯片电路或部分电路运行发生错误，导致敏感信息泄露。

(2) 异常温度攻击：通过改变芯片工作温度，如低温、高温方式，使芯片电路或部分电路运行发生错误，导致敏感信息泄露。

(3) 异常频率攻击：通过改变芯片工作频率，或者在时钟信号中植入“毛刺”，使芯片电路或部分电路运行发生错误，导致敏感信息泄露。

除以上攻击方法之外，还可以利用密码芯片结构设计缺陷、固件设计缺陷，对密码芯片进行攻击，主要包括以下两种方式。

(1) 测试/调试端口攻击：通过预留的测试、调试端口，绕开芯片安全验证机制，直接访问片内存储区，获取密钥等敏感信息的方法。

(2) 软件攻击：通过芯片的通信接口向密码芯片注入恶意代码，以达到非法读取片内存储器、非法写入片内存储器以及非法程序执行的目的，获取密钥等敏感信息的方法。

表 7-1 给出针对密码芯片常见的攻击方法。

表 7-1　针对密码芯片常见的攻击方法

攻击对象	攻击类别	攻击方法
开封裸片	侵入式攻击	微探针探测
		FIB 攻击
		版图剖析
		…
	半侵入式攻击	背面成像攻击
		激光注入攻击
		…
完整芯片	侧信道分析攻击	能量分析攻击
		计时分析攻击
		电磁辐射分析攻击
		…
	故障注入攻击	异常电压攻击
		异常温度攻击
		异常频率攻击
		…
	逻辑及软件攻击	测试/调试端口攻击
		软件攻击
		…

7.2　安全防护方法概述

密码芯片的安全防护设计的总体目标是保护密码芯片及其内部存储的各类敏感信息，防止密码芯片未经授权的操作或使用，防止内部存储的密钥、算法、参数及用户敏感信息的泄露，防止非法对密钥、算法、参数及用户敏感信息的非法篡改/替换/插入/删除操作。其保护的范围指密码的边界范围，是一个密码芯片的物理边界，即封装外壳。对于包含 CPU 的密码 SoC 芯片来说，还应该保护其运行的固件程序。密码芯片的安全防护应当贯穿于密码芯片全生命周期之中，从芯片设计制造、封装测试、芯片应用、芯片维护，直至芯片销毁的每一个环节之中。

下面从密码芯片的数据存储、接口隔离、系统自检、认证授权、工作状态标识、物理入侵攻击检测及防护、侧信道分析攻击及防护、故障注入攻击及防护等几个方面，介绍密码芯片的安全防护方法。

1. 数据存储

为抵抗物理入侵攻击、软件攻击等，密码芯片内部存储的密钥、算法、参数及用户敏感信息应加密存储，对于无法加密存储的信息，如主密钥，应该分割为若干份，分散存储在不同的位置。

一般而言，采用主密钥保护工作密钥，工作密钥保护会话密钥，现场生成会话密钥，每组报文更换一次会话密钥等方法。

以上方法仅适用于内嵌 CPU 的密码 SoC 芯片，需要采用嵌入式 CPU 编程软件实现，独立的密码算法引擎/芯片无法实现。

2. 接口隔离

密码芯片的接口指物理端口(如 UART、GPIO、USB、PCI 接口等)和逻辑接口(如数据输入、数据输出、命令输入、状态输出接口等)，密码芯片至少应当包含业务数据输入/输出接口、控制输入接口、状态输出等几类逻辑接口，这些逻辑接口可以共用一个物理端口，也可以采用不同的物理端口实现。

为防止直接通过端口/接口读取密码芯片内部的敏感信息，用于信息加密的密钥不允许以明文形式直接从密码芯片的任何物理端口/逻辑接口读出，任何时候，不允许从密码芯片的外部物理端口/逻辑接口直接访问片内敏感信息存储区，密码芯片内部存储密钥、参数、用户敏感信息的存储器与密码芯片的逻辑接口/物理端口进行隔离，使外部无法直接通过接口访问。

对于复杂的密码芯片(如密码 SoC 芯片)，一般设计有调试接口或测试接口，为防止通过该接口对密码芯片进行攻击，在采用密码芯片设计密码设备投入应用前，其调试接口、测试接口必须封闭，此时需要采用嵌入式 CPU 编程软件实现。

3. 系统自检

密码芯片上电工作时，应对其安全服务功能进行自检，以确保其工作正常，主要包括：片内随机数发生器生成数据随机性检测、密码处理实现的一致性检测以及片内集成的安全防护措施有效性检测。

该方法同样仅适用于内嵌 CPU 的密码 SoC 芯片，需要嵌入式 CPU 编程软件实现，不适用于独立的密码算法引擎。

4. 认证授权

为防止密码芯片的非授权使用，密码芯片应当设计认证及访问机制，当密码芯片工作时应对操作员进行身份认证，并依据身份确定其许可的操作，以防止非法使用、越权操作。为确保安全性，认证必须具有足够的强度；而且密码芯片每次断电、更换操作人员，必须重新进行认证。

认证可以选择基于角色的认证或基于身份的认证。基于角色的认证是指通过操作人员选择其角色，进行认证，此时可以将角色选择与角色授权结合进行，不要求验证单个操作员的身份。基于身份的认证是指通过认证操作员的身份，确定其角色，此时，操作员身份认证、角色选择及角色的授权认证可结合进行。一般而言，密码芯片至少应该包括以下三种角色。

(1)用户角色：指执行许可的密码功能的角色；

(2)密码管理角色：指执行密码初始化和管理功能的角色；

(3)维护角色：指对密码模块进行物理或逻辑上的维护的角色，当进入/退出该角色时，用户私钥及敏感数据应当消失。

以上方法不适用于独立的密码算法引擎，仅适用于内嵌 CPU 的密码 SoC 芯片，需要嵌入式 CPU 编程软件实现。

5. 工作状态标识

为防止用户误操作，密码芯片应当采用合适的方法来表示密码芯片的工作状态，如指定引脚的信号。密码芯片具有以下基本状态：接通/切断电源状态、密码管理状态、密钥/敏感数据输入状态、用户工作状态、芯片自检状态、芯片故障状态。根据应用的需求，密码芯片还可能包括“旁路”和“维护”两种状态，当芯片处于“旁路”状态时，密码芯片被“旁路”，不执行密码功能，此状态必须明确地予以标示。当芯片处于“维护”状态时，应销毁用户私钥及敏感数据。

状态之间相互转换的关系可采用状态转换图/状态转换表或等效的方法来表示，当采用这种方法描述工作模式时，必须清晰地表述出密码芯片的所有工作状态和故障状态、密码芯片从一个状态到另一状态的转换过程、引起密码芯片发生状态转换的输入、密码芯片状态转换导致的输出。

6. 物理入侵攻击检测及防护

物理入侵攻击成本较高，但是也很难以防御，在芯片设计层面，可以采取以下措施：

(1)电路冗余与重构设计。在电路设计时添加冗余的部分或者采用可重构技术设计电路，应用时将参数写入电路，增加破译的难度。

(2)顶层金属防护网络。通过在裸片顶层设计金属特种传感网络，以抵抗芯片被开盖后的腐蚀、聚焦离子束(FIB)等物理侵入式攻击。

针对物理入侵攻击、半入侵式攻击，还可通过在密码芯片内部增加传感器，配合芯片封装实现物理入侵行为检测，进而实现物理安全防护。主要措施包括。

(1)防撬盖安全管壳：通过在芯片的管壳、盖板等封装外壳上植入金属传感网络，对撬盖、钻孔等物理入侵行为进行检测；

(2)可见光传感器：通过在芯片上设计可见光传感器等，对可见光光照强度进行测量，实现对撬盖、钻孔等物理入侵行为进行检测。

一旦检测到有物理入侵行为，应该启动应急销毁机制，具体包括电擦除、强酸腐蚀、片内微型爆炸等方法。

以上方法不适用于独立的密码算法引擎，仅适用于内嵌 CPU 的密码 SoC 芯片，需要采用嵌入式 CPU 编程软件实现。

7. 侧信道分析攻击及防护

密码芯片工作过程中会产生诸如运算时间、功耗和电磁辐射信号等侧信道信息，这些信息与芯片内部的密码操作、密钥及数据密切相关，可利用上述信息对密码芯片实施侧信道攻击。依据所利用的信息不同，侧信道攻击通常被分为时间(计时)分析攻击、能量分析攻击和电磁分析攻击。侧信道攻击不需要打开密码芯片的硬件封装，是一种相对廉价且相当有效的攻击方式。侧信道攻击原理及防护技术详见 7.3～7.5 节。

8. 故障注入攻击及防护

在密码芯片运算期间引入故障，导致密码芯片部分电路不能完全正常工作，此时可通过分析芯片泄露的信息、并实施的攻击手段称为故障攻击。故障攻击原理及防护技术详见 7.6 节。

7.3 侧信道分析攻击原理分析

侧信道分析的概念和方法最早由 Kocher 在 1995 年提出，从最初的简单能量分析攻击，逐步发展出差分能量分析攻击、电磁辐射分析攻击、计时分析攻击等。

一般地，侧信道分析攻击实施可以分为以下两个阶段：一是泄露信息采集阶段，该阶段主要捕获实施密钥分析所需要的侧信道信息泄露，侧信道信息的采集可通过密码实现时的被动泄露和主动诱导产生，采集的精度取决于测试计量仪器或测试方法的精度；二是泄露分析阶段，利用采集获取的侧信道信息，使用一定的分析方法，结合密码算法的输入、输出和设计细节恢复部分密钥片段，进而恢复主密钥。

7.3.1 能量分析攻击

能量分析攻击主要是通过分析密码芯片加密过程中消耗的能量来恢复密钥等信息，其攻击示意图如图 7-1 所示，在密码芯片的供电电源端串联固定阻值的小电阻(通常为 1～50Ω)，通过示波器探头采集电阻两端瞬时电压的波形(也称为能量迹)，同时密码芯片要为示波器提供必要的触发信号。能量分析攻击过程如下：

(1) 启动密码芯片，执行密码运算；

(2) 连接密码芯片输出到示波器，当密码芯片工作时触发示波器启动，采集电阻两端瞬时电压的波形并存储；

(3) 反复执行以上过程，采集存储大量的能量迹波形；

(4) 采用一定的分析方法，基于计算机配合软件对能量迹波形进行分析，恢复密钥的全部或部分。

由于能量迹反映了密码芯片消耗电流的变化情况，与密码芯片处理的数据和当前执行的操作存在依赖关系，因此可以通过处理和分析能量迹恢复出密钥的全部或部分信息。

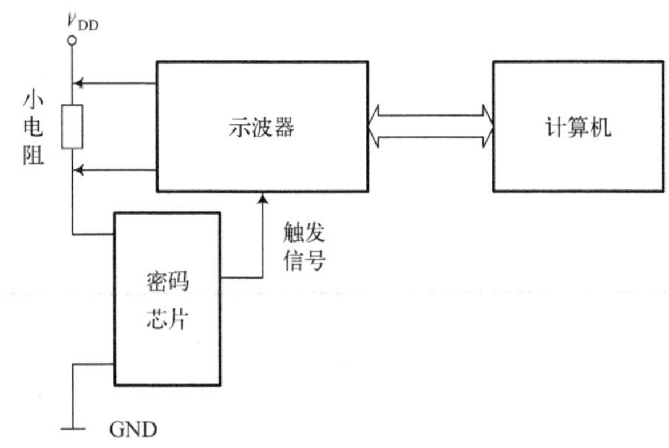

图 7-1　能量分析攻击示意图

1. 能量分析模型

在典型的 CMOS 电路中，功率消耗可分为静态功耗 P_{stat} 和动态功耗 P_{dyn}。其中，静态功耗来源于 CMOS 元件上拉网络和下拉网络在输入信号恒定时 MOS 管中存在的少量漏电流。动态功耗的产生有两个原因：一是元件中负载电容充电所产生的功耗；二是元件的输出信号发生翻转时，产生的瞬时短路电流功耗。

图 7-2 以反相器为例给出了动态电流中的充放电电流示意图。图 7-2(a) 描述了反相器的输入由 1 变为 0，即 P 管导通、N 管截止、输出由 0 变为 1 时，对负载电容 C_L 进行充电的工作过程，电流流向如图中 $I_{0\to 1}$ 所示；图 7-2(b) 中描述了反相器的输入由 0 变为 1，即 N 管导通、P 管截止、输出由 1 变为 0 时，负载电容 C_L 内电荷放电的工作过程，电流流向如图中 $I_{1\to 0}$ 所示。

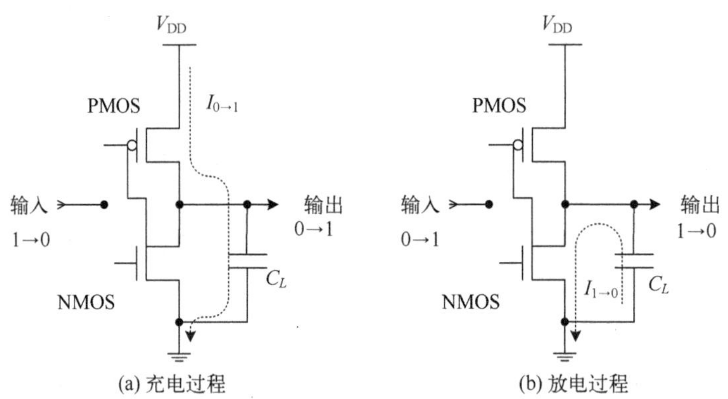

图 7-2　反相器负载电容充/放电电流

表 7-2 给出了 CMOS 电路输出转换对应的功耗类型。根据上述理论，在密码芯片中，使用不同明文进行加密的过程中，元件的翻转次数会有所不同，这就造成芯片消耗能量存在微小差异。能量分析攻击的目标正是记录密码芯片对大量不同明文进行加密或解密操作时所产生的大量功耗曲线，并由此恢复出密码芯片中的密钥。

表 7-2　CMOS 元件的输出状态转换和对应的能量消耗

输出状态转换	能量消耗	内部电容 C_L	能量消耗类型
0→0	P_{00}	无充电，无短路电流	静态
0→1	P_{01}	充电，有短路电流	静态+动态
1→0	P_{10}	放电，有短路电流	静态+动态
0→1	P_{11}	无充电，无短路电流	静态

为了能够实现能量分析攻击，必须要将芯片内部操作数映射为适当的功耗模型，以刻画逻辑元件的状态转换与功耗之间的关系，这种近似估计的模型与芯片的实际功耗存在一定的线性关系。在能量分析攻击中，通常使用的模型有两个：汉明距离(Hamming Distance，HD)模型和汉明重量(Hamming Weight，HW)模型。

汉明距离通过计算一段时间内电路中 0/1 翻转的数量来刻画芯片的功耗。如果能预判某个电路节点两个连续时刻的状态值，就可以应用汉明距离模型来描述芯片两个连续时刻电路翻转消耗的能量。例如，电路节点 t_1 时刻状态为 1101，t_2 时刻状态变换为 1010，则翻转消耗的能量与汉明距离 $HD(t_1, t_2)=3$ 呈线性关系。一般地，由于组合电路总是存在着不确定性的“毛刺”，而且“毛刺”引发的功耗在整个电路中占有相当大的比重，所以汉明距离模型通常应用于寄存器。

汉明重量在数值上等于电路状态值中包含 1 的个数。在功耗攻击中，汉明重量模型认为芯片的功耗泄露只与当前时刻电路节点中“1”的个数有关，而不关心电路节点的原始值和后续结果。由于 CMOS 电路的功耗强烈依赖于“电路中是否发生了转换”这样一个事实，因此，汉明重量模型描述电路功耗泄露不如汉明距离模型精确。然而，汉明重量模型的好处在于它不需要攻击者对电路实现细节有充分的了解，在某些场合，汉明重量模型可能是攻击者的唯一选择。

2. 简单能量分析

简单能量分析(Simple Power Analysis，SPA)攻击是指利用密码芯片加解密运算过程中采集到的能量迹曲线，采用数理统计方法来完成能量分析攻击的技术。如果一个密码芯片在执行不同的操作时会产生不同的能量消耗，或者在同一种操作下，执行不同操作数会产生不同的能量消耗，那么该密码芯片容易受到 SPA 攻击。

然而，由于 SPA 攻击模型简单，其攻击效果有限。对于使用对称密码算法的芯片很难通过 SPA 直接得到算法使用的密钥信息，SPA 通常作为差分能量分析或者计时分析的辅助措施。例如，在利用差分功耗攻击破解 DES 算法密钥时，需要对 DES 算法的第一轮(或最后一轮)加密操作的能量迹进行统计分析，此时可以首先采用 SPA 判断出第一轮(或最后一轮)加密操作的起始位置。图 7-3 是 DES 算法芯片执行一个分组数据加密操作时采集到的能量迹，从图中可以很明显地区分出 16 轮操作的起始时间。在 7.3.3 节将进一步结合计时分析实例对 SPA 进行介绍。

3. 差分能量分析

差分能量分析(Differential Power Analysis，DPA)是最常用、最有效的能量分析攻击方法

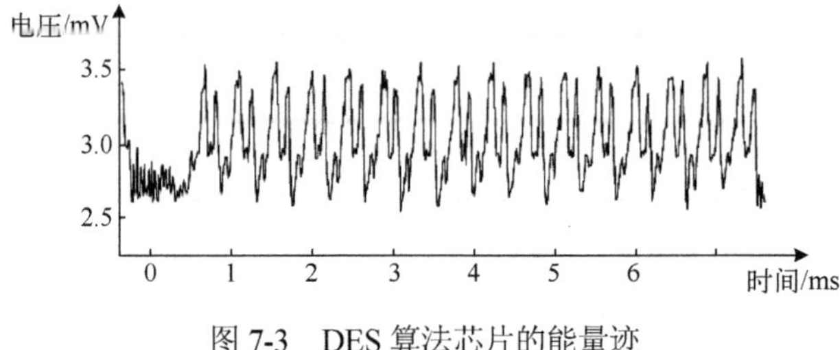

图 7-3 DES 算法芯片的能量迹

之一。即使采集到的能量曲线中存在大量的噪声，攻击者也可以进行密钥恢复。DPA 整体是利用分而治之的思想，把被攻击的轮运算子密钥分为若干个相互独立的子密钥分量，逐个进行攻击恢复。

以 AES 算法为例，初始变换密钥加和第一轮字节替换流程如图 7-4 所示，其中字节替代操作由 16 个 *S* 盒并行执行，图中 *P*[0:7]是最低 8 位的明文输入，*K*[0:7]是最低 8 位的密钥值，而 *D*[0:7]是第一个 S-Box 的输出结果。攻击者只需要猜测 8 位的密钥 *K*[0:7]就可以根据明文 *P*[0:7]推测出 *D*[0:7]的所有可能取值，进而采用能量分析模型推测出芯片的能量消耗，对实际采集的功耗与推测功耗值进行相关性检验就可以找到正确的密钥取值。具体攻击过程如下。

(1)执行 *N* 个随机明文的加密操作，并采集和存储芯片每次加密过程的功耗信息，记为 *T*;

(2)选取加密操作中的某个中间结果(此处选择第一个 S-Box 输出，如图 7-4 所示)作为分析的中间值，根据 *N* 个明文数据以及猜测的相应密钥取值推测计算出 *N* 次加密操作的中间值结果;

(3)根据计算的中间值结果，结合能量分析模型(汉明重量或汉明距离)，可以推测出芯片在该中间值的计算过程中消耗的能量信息，记为 *T*′。

(4)将 *N* 个推测的能量信息 *T*′与实际测量的 *N* 组功耗数据 *T* 进行相关性检验，如果两个样本没有表现出相关性，则表示猜测的密钥是错误的，此时攻击者重新猜测一个密钥值并重复步骤(2)和(3)，直到分析出 *T*′与 *T* 呈现明显的相关性，则说明找到了正确密钥。

在 AES 密码算法中，如果攻击者选择第一轮 S-Box 的输出作为攻击点，则一次密钥猜测只需要猜测 8 位密钥，这样最多只需要 2^8 种猜测情况就可以得到正确的 8 位密钥取值。针对 16 个 S-Box 依次进行密钥猜测和检验就可得到全部 128 位的密钥值，其攻击复杂度为 16×2^8，而单纯的暴力破解密钥则需要猜测 2^{128} 种密钥取值。由此可看出，差分功耗攻击可以将密钥搜索空间减小到完全能接受的范围内。

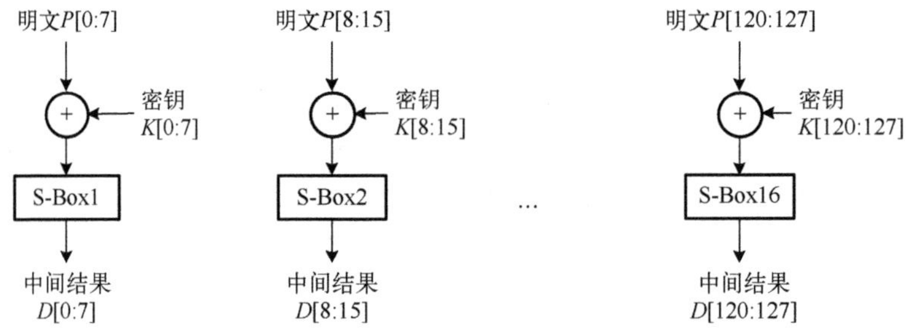

图 7-4 AES 算法轮密钥加和第一轮字节替换

7.3.2　电磁辐射分析攻击

由 7.3.1 节的分析可以得到，芯片工作过程中，充/放电电流对 CMOS 电路的功耗影响最大。根据电磁学的相关理论，大量带电粒子定向移动形成电流，而随时间变化的电流会产生变化的磁场。如图 7-5 所示，由毕奥-萨伐尔定律可知，给定电流元 Idl 在空间一点 P 产生的磁感应强度 $\mathrm{d}B$ 由式(7-1)给出。

$$\mathrm{d}B = \frac{\mu_0}{4\pi}\frac{I\mathrm{d}l \times e_r}{r^2} \tag{7-1}$$

其中，$\mathrm{d}l$ 表示长度为 $\mathrm{d}l$ 的通电导线，导线方向为电流 I 的方向；r 为电流元到 P 点的径矢；μ_0 为真空磁导率；$\mathrm{d}B$ 的方向垂直于电流元和径矢构成的平面。由式(7-1)可知，电路中电磁辐射与电流成正比，且 CMOS 门电路的电流与内部数据又具有相关性，因此电路中辐射的电磁信息也与处理数据存在相关性，这构成了电磁分析攻击的物理基础。

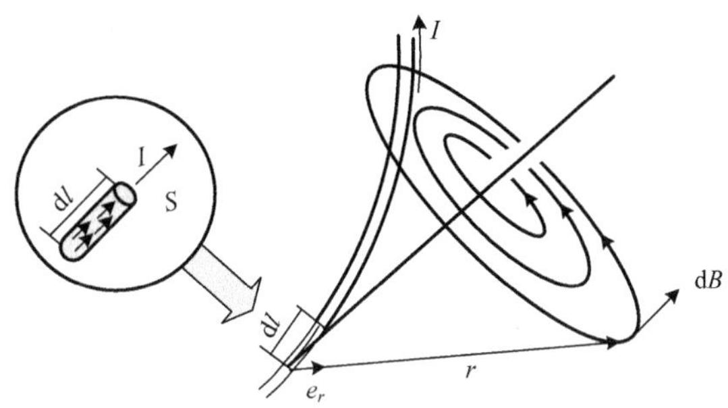

图 7-5　电流元的磁场

在电磁分析过程中，通过近场探头和示波器采集芯片对外辐射的电磁信息，进而进行处理分析。从本质上来说，电磁分析和能量分析原理是一致的，都是由于芯片内部晶体管状态翻转引起的，因此针对电磁分析也有简单电磁分析、差分电磁分析方法，基本流程与能量分析一致，在此不再赘述。需要指出的是，对于复杂密码 SoC 芯片而言，由于可以采用高分辨率的近场探头对其中的密码运算单元进行精确定位，有针对性地只采集密码运算单元的电磁辐射信息，相较于能量分析攻击(通常要采集整个 SoC 芯片的能量消耗)而言，攻击更具有针对性，攻击效率更高。

7.3.3　计时分析攻击

计时分析是指利用密码算法的加解密或数据访问时间进行分析的侧信道攻击方法。根据时间产生来源的不同，可分为普通计时分析和 Cache 攻击。普通计时分析主要利用密码运算中间值输入比特位和密码运算时间的相关性来恢复密钥等信息，Cache 攻击则是利用 CPU 中 Cache 机制的时间特性来恢复密钥信息，主要应用于基于微处理器指令编程的密码实现方式。本节主要阐述普通计时攻击。

一般地，计时分析需要与简单能量分析相结合，从而完成整个攻击过程。下面以 RSA 算法为例对计时分析过程进行介绍，在 RSA 算法中，对明文 M 和密文 C 的加密和解密过程如下：

$$C = M^e \bmod N$$

$$M = C^d \bmod N$$

显然，RSA 算法的核心运算是模幂运算，实现模幂运算的基本途径是“平方-乘法”算法，以下为采用 LR 算法实现模幂运算的算法伪码，其核心运算为大数的“平方”与“乘积”运算。

大数模幂 LR 算法如下。

加密过程：

C=1

for i=s−1 to 0

　　C=(C × C) mod N

　　if　e_i=1　then

　　　　C=(C × M) mod N

return C

解密过程：

M=1

for i=s−1 to 0

　　M=(M × M) mod N

　　if　d_i=1　then

　　　　M=(M × C) mod N

return M

在解密过程中，执行 M=C^d mod N 运算，从 i=0 开始逐位扫描指数 d_i，若 d_i=0，则只进行平方操作，若 d_i=1，需要执行平方操作和乘法操作，通过观察能量迹会发现芯片消耗的能量与密钥的数值会存在明显的依赖关系。图 7-6 给出某 RSA 算法芯片的一条能量迹，图中，一簇波谷代表一个平方操作，一簇波峰代表一个乘法操作。如果一个平方操作后紧跟一个乘法操作，代表此时操作的二进制密钥 d_i 为 1，否则 d_i 为 0。因此，只需通过观察划分出各个操作所占用的时间即可恢复出 RSA 的密钥 d。

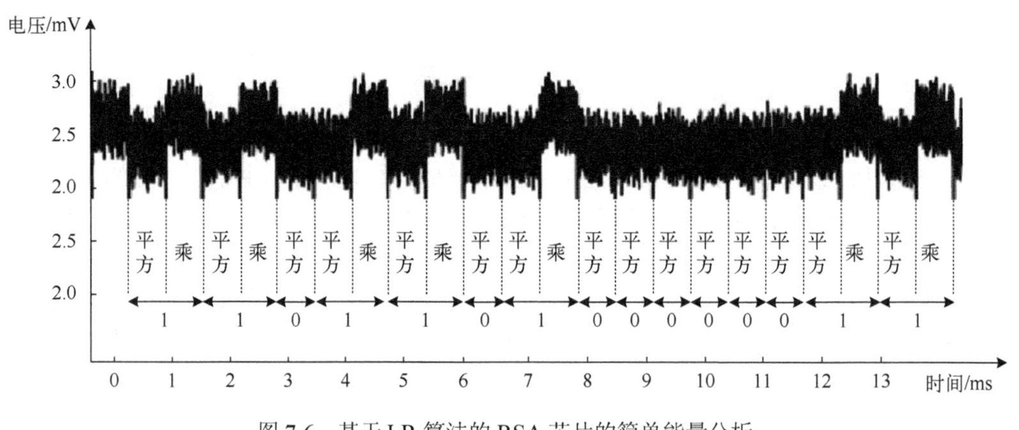

图 7-6　基于 LR 算法的 RSA 芯片的简单能量分析

总体来说，计时分析往往需要结合能量分析攻击技术，其模型简单、计算量少、需要的功耗轨迹数量少，但需要详细了解加解密的实现过程，同时要求设备具有明显的功耗特征。

7.4　抗能量/电磁分析防护技术

能量/电磁分析实施的理论依据是功耗值/电磁辐射值依赖于密码设备所执行的操作和所处理的数据，因此针对二者的防护技术也基本相似，本节主要介绍抗能量分析的防护技术，其同样也适用于抗电磁辐射分析攻击。

对于能量分析采样得到的功耗曲线，其中与数据操作有关的信息对于攻击者而言是有用的，记为 P_{sw}，其余与数据操作无关的功耗记为 P_{noise}，因此，功耗曲线中某一点的信噪比(SNR)可以表示如下：

$$\mathrm{SNR} = \frac{\mathrm{Var}(P_{sw})}{\mathrm{Var}(P_{noise})} \tag{7-2}$$

SNR 量化了密码芯片泄露信息量的多少。方差 $\mathrm{Var}(P_{sw})$ 表示攻击者可用的功耗分量，方差 $\mathrm{Var}(P_{noise})$ 量化了任何时刻功耗值中噪声的分量，SNR 的值越大，功耗与数据之间的相关性越强。因此，防护技术的出发点是降低这种相关性。

根据密码芯片设计需求和应用领域的不同，通常可以在算法级、系统级和电路级三个级别进行防护设计。

7.4.1　算法级防护技术

算法级防护技术使用最为普遍，且较容易实现，主要包括增加噪声、指令随机化和掩码技术等。

1. 增加噪声

由式(7-2)可以看出，SNR 的值越小，攻击的难度越大，增加噪声可以使式子中分母的值变大，从而减小 SNR。增加噪声的方式有多种，例如，可以并行执行多个不相关操作，也可以使密码芯片内部集成专用的噪声模块。然而，这种方法存在着固有的缺陷，如可以通过对多条功耗曲线取平均值的方法来减小噪声的影响，此外，还可以用数字信号处理当中的滤波技术去掉噪声。

2. 指令随机化

在功耗分析中，需要对大量功耗曲线进行统计分析，因此首先要对功耗曲线进行正确的对齐处理，保证各条曲线相同位置进行的操作也是相同的。而指令随机化可以使得密码芯片每次运算的指令执行时刻变得随机，增加了对齐的难度，从而使得攻击实现更加困难。

目前，指令随机化中最常用的方法是随机插入伪操作和指令的乱序执行。此外，也可以利用多时钟域使密码芯片的工作时钟随机地在多个时钟信号中切换来实现指令随机化。

3. 掩码技术

掩码技术是应用最广泛而且被认为是最为有效的算法级防护措施，利用随机数对芯片内部所处理的数据进行掩码，使密码芯片所处理的中间值随机化，从而使电路的功耗、运行时间以及电磁辐射等都与真实数据无关。如图 7-7 所示，在掩码技术中，通常在加密开始时用随机数对输入进行掩码，加密结束时移

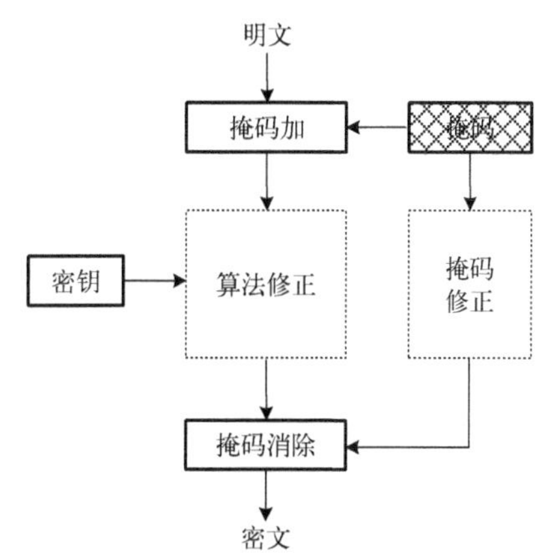

图 7-7　掩码防护示意图

除变换后得到的掩码(称为修正掩码)以恢复出正确的密文输出。

利用随机数对中间值进行掩码，则攻击者可利用的功耗分量变小，而转换噪声增大，所以 SNR 变小，破解难度增加。7.4.4 节将结合 DES 算法，详细介绍掩码的具体实现过程。

7.4.2 系统级防护技术

系统级防护技术主要是从密码芯片体系结构方面增强芯片的安全防护能力，通常的实现方式包括两种：信号滤波和功耗动态调节。

(1)信号滤波。

信号滤波技术的目的是减小式(7-2)中 P_{sw} 的值，从而使得 SNR 减小，增加攻击难度。最常见的现实方式是在密码芯片的电源引脚和密码运算单元间插入一个滤波器(如开关电容)，过滤掉功耗值中的可用信号分量，降低密码设备的信息泄露。

(2)功耗动态调节。

功耗动态调节的目标是使得式(7-2)中 P_{sw} 的方差尽可能地降低。电流动态调节通常要借助于专用电路实现。图 7-8 给出一个密码 SoC 芯片，包括一组密码处理引擎及配套的微处理器系统。设计专用的片内稳压器，并使其串联在外部电源与密码引擎之间，由片内稳压器对片内各个模块进行供电，此时芯片整体功耗曲线的形状将趋于平缓，功耗与所处理数据之间的依赖关系将不那么紧密。

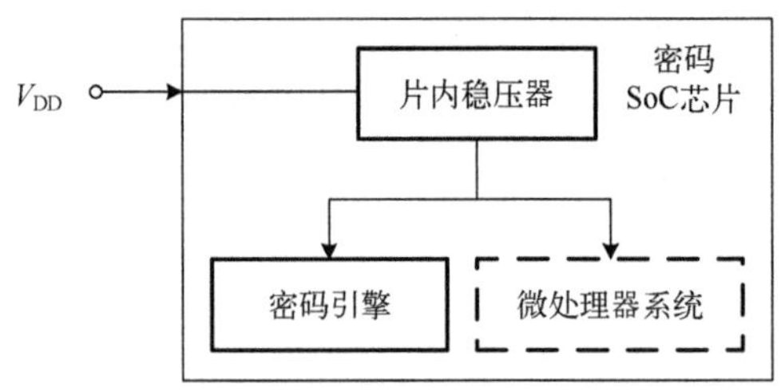

图 7-8 集成稳压器防护示意图

7.4.3 电路级防护技术

电路级的防护技术就是从密码芯片逻辑单元的设计角度出发，增强密码芯片的安全性，具体实施过程一般是首先设计新的标准单元逻辑，再基于这些单元来构建安全的密码芯片。比较常见的有电流模逻辑、双轨预充电逻辑等，其中，双轨预充电逻辑在密码芯片设计中得到广泛应用，下面重点进行介绍。

双轨预充电逻辑(Dual-Rail Precharge Logic)又称为动态差分逻辑(Dynamic Differential Logic)，是一种功耗恒定的逻辑结构，具有以下两个特点。

(1)逻辑单元所有输入和输出信号的逻辑值都是由互补的双轨信号表征的，例如，由(1,0)表征逻辑“1”，而(0,1)表征逻辑“0”。

(2)逻辑单元采用动态门工作模式，每个时钟周期分为预充电和求值两个阶段。在预充电阶段，互补的双轨信号被充电(或放电)到相同的电平；而在求值阶段，双轨输出端根据输入信号的逻辑值跳变为互补电平。

在满足以上两个条件的情况下，双轨预充电逻辑单元在每个时钟周期中无论输出信号的逻辑值如何变化，其双轨输出信号都有且仅有一个信号会发生跳变，如果两个输出信号跳变时所消耗的功耗相同则单元就具有了与信号逻辑值变化无关的、恒定的功耗特征。

在动态差分逻辑具体的电路实现中，最为典型是 WDDL（Wave Dynamic Differential Logic）逻辑，这种逻辑采用传统的标准单元进行搭建，不需要设计专门的单元逻辑，在最大程度上将动态差分结构与标准单元设计流程进行了折中。在目前提出的所有抗能量攻击的逻辑中，WDDL 是对传统集成电路设计流程改动最小、防护性能较好的一种动态差分结构。

对于 WDDL 结构，每个逻辑单元包含一对 AND-OR 逻辑，两个 AND、OR 逻辑分别接收输入信号的正、负逻辑，并产生两个互补的逻辑输出。图 7-9 为 WDDL 的“与”逻辑单元示意图。

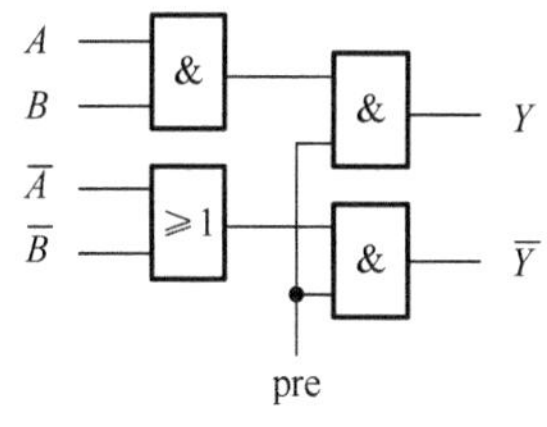

图 7-9　WDDL“与”逻辑单元

从图 7-9 中可以看出，在 WDDL 的“与”逻辑单元中采用一个标准的与门和一个标准的或门实现差分输出的互补逻辑，其中，与门接收上级逻辑的正信号，或门接收上级逻辑的负信号。同时，单元输出连接了两个与门作为逻辑单元的预充电路，当预充电信号 pre 为 0 时，根据与门的功能特性，两个互补的差分输出被同时放电到 0（即 Y、$\overline{Y}$ 均被置为 0）。当预充电信号 pre 跳变为 1 后，两个与门的输出值由另一个输入信号决定。这时，上一级的与门和或非门的输出被传送到电路的差分输出端。由于这两个信号是互补的，必定有一个信号将会根据求值逻辑的结果被上拉到 1，从而完成了动态差分电路的逻辑功能。

7.4.4　DES 算法掩码实现

在一个带有掩码防护的算法中，每一个中间值 v 都会做如下变换：$v_m=v*m$。把 m 称为掩码，掩码 m 是由密码芯片生成的随机数，每次都不相同。运算* 可以为逐比特异或运算（⊕）、模加运算（+）或模乘运算（×），具体根据算法而定，一般情况下选择逐比特异或运算。下面以 DES 算法为例，介绍算法掩码的实现。

设原始的 DES 算法每一轮输入分别为 $L(0)/R(0),L(1)/R(1),\cdots,L(15)/R(15)$，最后一轮输出为 $L(16)/R(16)$，中间状态记为 $L(\mathrm{i})$、$R(\mathrm{i})$；加掩码后算法每一轮输入分别为 $L_M(0)/R_M(0),L_M(1)/R_M(1),\cdots,L_M(15)/R_M(15)$，最后一轮输出为 $L_M(16)/R_M(16)$，每一轮的中间状态记为 $L_M(i)$、$R_M(i)$。

为确保 DES 密码算法整体都能够被掩码保护，在掩码实现方案中，首先生成一个 64bit 的随机数作为掩码 M，M 与 64 位的待处理输入数据 IN 进行异或，结果分为左、右两部分，送入 DES 算法轮运算，如图 7-10 所示。

经过 IP 置换后，得到第 1 轮运算输入 $L_M(0)$ 和 $R_M(0)$ 分别为

$$L_M(0)=\mathrm{LIP}(\mathrm{IN})\oplus\mathrm{LIP}(M)$$

$$R_M(0)=\mathrm{RIP}(\mathrm{IN})\oplus\mathrm{RIP}(M)$$

其中，LIP(X) 为对数据 X 做 IP 置换之后取左侧 32bit 数据，RIP(X) 为对数据 X 做 IP 置换之后，取右侧 32bit 数据，令 M1=IP(M)、M1L=LIP(M)、M1R=RIP(M)。与正常未加掩码的过程对比，$L_M(0)$ 和 $R_M(0)$ 也可记为

$$L_M(0)=L(0)\oplus\mathrm{M1L}$$

$$R_M(0)=R(0)\oplus\mathrm{M1R}$$

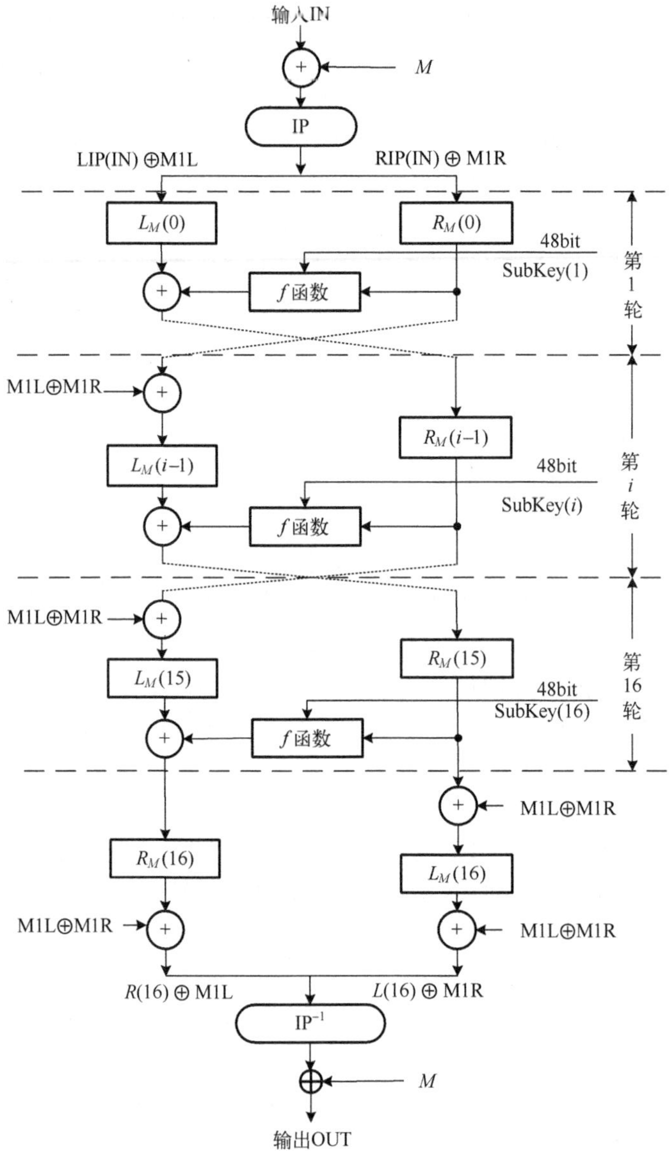

图 7-10　具有掩码防护结构的 DES 算法处理过程

显然算法的原始中间值 $L(0)$ 和 $R(0)$ 已经被掩盖保护。之后 $R_M(0)$ 和第一轮子密钥 SubKey(1)共同输入到 f 函数进行计算，如图 7-11 所示。

$R(0)\oplus \mathrm{M1R}$ 经过 E 置换，得到 $E(R(0)\oplus \mathrm{M1R})=E(R(0))\oplus E(\mathrm{M1R})=E(R(0))\oplus \mathrm{M2}$，其中 $\mathrm{M2}=E(\mathrm{M1R})$ 为 M1R 经 E 置换后的结果。该结果与第一轮运算子密钥 SubKey(1)异或得到 $E(R(0))\oplus \mathrm{M2}\oplus \mathrm{SubKey}(1)$ 作为 S 盒的输入。

由于 S 盒是非线性运算，因此在掩码处理过程中需要对 DES 算法的 S 盒进行修改，以保证最后加密结果的正确性，令修改后的 S 盒 $S_{\text{M-Box}}$ 满足：

$$S_{\text{M-Box}}(X)=\mathrm{S}_{\text{Box}}(X\oplus \mathrm{M2})\oplus P^{-1}(\mathrm{M1L}\oplus \mathrm{M1R})$$

那么，$E(R(0))\oplus \mathrm{M2}\oplus \mathrm{SubKey}(1)$ 经 $S_{\text{M-Box}}$ 查表操作后，输出为

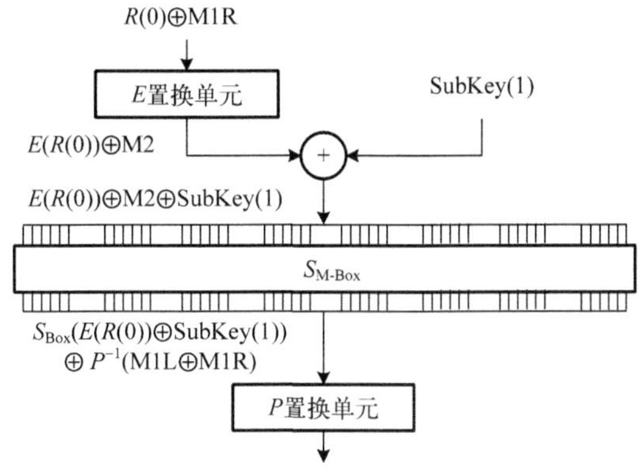

图 7-11　带掩码的 DES 算法 f 函数

$$S_{\mathrm{Box}}(E(R(0)) \oplus \mathrm{SubKey}(1)) \oplus P^{-1}(\mathrm{M1L} \oplus \mathrm{M1R})$$

再经过 P 置换后，输出为

$$P(S_{\mathrm{Box}}(\mathrm{EP}(R(0)) \oplus \mathrm{SubKey}(1))) \oplus (\mathrm{M1L} \oplus \mathrm{M1R})$$

上述结果与 $L_M(0)$ 异或后得到 $R_M(1)$：

$$\begin{aligned} R_M(1) &= P(S_{\mathrm{Box}}(\mathrm{EP}(R(0)) \oplus \mathrm{SubKey}(1))) \oplus (\mathrm{M1L} \oplus \mathrm{M1R}) \oplus L(0) \oplus \mathrm{M1L} \\ &= P(S_{\mathrm{Box}}(\mathrm{EP}(R(0)) \oplus \mathrm{SubKey}(1))) \oplus L(0) \oplus \mathrm{M1R} \\ &= R(1) \oplus \mathrm{M1R} \end{aligned}$$

即用掩码值 M1R 对中间值 $R(1)$ 进行了防护。

如图 7-10 所示，将右侧输入的 $L_M(0)$ 与 $\mathrm{M1L} \oplus \mathrm{M1R}$ 进行异或运算，得到

$$L_M(1)=R_M(0) \oplus \mathrm{M1L} \oplus \mathrm{M1R}=R(0) \oplus \mathrm{M1L}=L(1) \oplus \mathrm{M1L}$$

即用掩码值 M1L 对中间值 $L(1)$ 进行了防护。

以此类推，按照图 7-10 所示掩码处理方案，在之后的轮运算中，掩码值 M1L 始终对 $L(i)$ 进行防护，M1R 始终对 $R(i)$ 进行防护。

在完成第 16 轮计算后，得到

$$R_M(16)=R(16) \oplus \mathrm{M1R}$$

$$L_M(16)=L(16) \oplus \mathrm{M1L}$$

之后对掩码进行调整，将 $R_M(16)$、$L_M(16)$ 分别和 $\mathrm{M1L} \oplus \mathrm{M1R}$ 进行一次异或运算，得到 $R(16) \oplus \mathrm{M1L}$、$L(16) \oplus \mathrm{M1R}$。再经过 IP^{-1} 变换后，结果为

$$\begin{aligned} &\mathrm{IP}^{-1}(R(16) \oplus \mathrm{M1L}, L(16) \oplus \mathrm{M1R}) \\ &= \mathrm{IP}^{-1}(R(16), L(16)) \oplus \mathrm{IP}^{-1}(\mathrm{M1L}, \mathrm{M1R}) \\ &= \mathrm{IP}^{-1}(L(16), R(16)) \oplus M \end{aligned}$$

将上述结果与掩码 M 再进行一次异或，即可得到正确的密文 C。

在上述整个 DES 加解密算法流程中，所有中间值均与掩码 M 或者 M 的衍生运算结果进行异或，攻击者无法获取真正的中间结果，从而实现侧信道防护。总体来说，与未加掩码的

DES 算法对比，算法的改变主要体现在：

(1)在进行 1～16 轮加解密运算时，右 32bit 作为下一轮输入的左 32bit 前，还要先与 MLR(=M1L ⊕ M1R)进行异或运算；

(2)第 16 轮运算的时候互换 32bit 前，左右都需要异或 MLR；

(3)加掩码之后的 DES 算法 F 函数和 S 盒变化较大，需要调整。一般而言，加掩码之后对密码算法的非线性变换环节影响较大，需要根据轮运算进行相应变换；带掩码的 DES 算法 S 盒结构如图 7-12 所示；

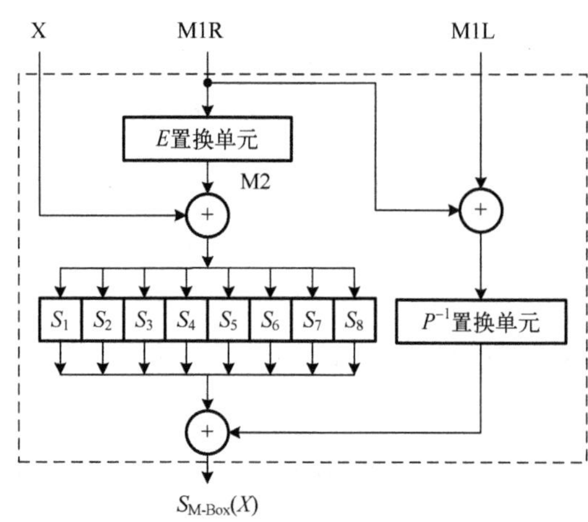

图 7-12　带掩码的 DES 算法 S 盒

(4)在 FP 置换后，数据输出作为密文前，需要与掩码值 M 进行异或运算脱掩码。

7.5　抗计时分析防护技术

计时分析攻击往往需要与其他攻击方法配合使用，才能达到最佳攻击效果，最常用的是能量分析攻击。此时，需要对密码算法各个环节的处理时间进行精确采集，同时采集密码芯片的能量迹，依据不同操作在能量空间维度上存在的差异，从时间维度对各个操作进行区分，进而实现攻击。因此，防护技术也需要从时间维度和空间维度进行设计。

7.5.1　时间维度防护

密码算法由一系列基本算子链接而成，当算法程序、密钥确定之后，各个算子的执行顺序、执行起始时间、执行时长也就随之确定，相应的功耗曲线也就固定下来。这为时间分析攻击提供了依据。在时间维度进行防护，就是通过电路设计，切断时间相关特征数据与输入的密钥或者密钥的某些比特的直接联系。具体方法包括时间随机化和时间平衡化两种方法。

1. 时间随机化

时间随机化就是对密码算法各算子的执行顺序、起始执行时刻或执行时长进行随机化处理，使得芯片工作的每一时段能量消耗对于攻击者来说是具有随机性的。显然，算法执行的随机性越强，对芯片的攻击越困难。目前使用最为广泛的是插入伪操作和乱序操作。

插入伪操作的基本思想是在密码算法执行前后以及执行过程中随机插入伪操作。此时，每一次执行密码算法，均需要生成随机数，并依据随机数来确定在不同位置插入伪操作的数量。若每一次算法执行过程中插入伪操作的数量相同，则攻击者便无法通过测量算法的执行时间来推断出插入伪操作的数量。

乱序操作的基本思想是打乱算子的执行顺序，使操作的先后顺序呈现随机化特征，使攻击者无法建立算法的执行时段与算子的直接关系。例如，AES 算法每一轮都执行 16 次 *S* 盒查表操作，查表操作相互独立，可以随意改变这些操作的执行顺序。打乱这些操作需要在每一次 AES 算法执行中，生成随机数来确定 16 个 *S* 盒查表操作的执行顺序。

乱序操作的缺点是只针对特定的操作执行。在密码算法中，可以被任意改变执行顺序的操作有限，经常组合使用乱序操作与随机插入伪操作。

2. 时间平衡化

时间平衡化就是通过芯片设计，减少密码运算或关键运算模块的运算时间对密钥长度、密钥中“1”的个数的依赖关系，使不同密钥长度、密钥中“1”的个数无论多少的情况下，运算时间基本相同。

例如，某 RSA 算法芯片采用 *L-R* 指数扫描算法实现模幂算法，即采用二进制表示参与模幂运算的私钥 d，按照自左至右的方式，逐位扫描私钥 d 的各比特位，具体方法如下。

在 RSA 算法芯片解密过程中，执行 $M=C^d \bmod N$ 运算，从 $i=0$ 开始逐位扫描指数 d_i，若 $d_i=0$，则只进行模平方操作，若 $d_i=1$，则需要执行模平方操作和模乘法操作，如下所述：

```
M=1
for i=s−1 to 0
    M=(M × M) mod N
    if  d_i=1  then
        M=(M × C) mod N
return M
```

依据图 7-6 给出芯片的能量迹曲线，密钥 $d_i=1$ 与 $d_i=0$ 对应的能量消耗明显不同，芯片的能量消耗与密钥的数值存在明显的依赖关系。此时修改实现算法如下：

```
M=1
for i=s−1 to 0
    M=(M × M) mod N
    H=(M × C) mod N
    if  d_i=1  then
        M=M
            Else
                M=H
return M
```

显然，无论密钥 $d_i=1$ 还是 $d_i=0$，均需执行模平方操作和模乘法操作，能量消耗相同，时间消耗相同，只是最后写入寄存器的来源不同，芯片具有抗时间分析攻击能力。

7.5.2 空间维度防护

在空间维度上防护基本思想是改变密码芯片的能量消耗特征，使得每一步操作所消耗的能量没有规律，从而实现防护。具体来说，可以通过增加噪声、减少有用信号等方式来实现。

1. 增加噪声

增加噪声最简单的一种方法是并行执行多个与结果无关的操作，上述改进算法中执行了运算 $H=(M\times C) \bmod N$，该操作显然与计算结果无关，相当于增加了噪声。

2. 降低有用信号能量消耗

计时分析攻击往往针对运行时间与密钥紧密关联的操作部件实施，此时可以定制专用逻辑结构，以降低该操作的能量消耗，达到防护的目的，也可以采用抗能量分析攻击中的信号滤波等方法，提供抗计时分析攻击能力。

7.6 故障注入攻击与防护技术

7.6.1 故障注入攻击

故障注入攻击是侧信道攻击的一个重要分支，其主要通过在芯片执行密码算法期间引入故障来获取密钥的相关信息。

故障注入攻击一般分为故障注入和故障利用两个阶段。故障注入指在某个合适的时间将故障(如电压/时钟“毛刺”)注入密码运行中的某中间状态位置，故障利用指利用错误的结果或意外的行为，使用特定的分析方法来恢复出部分甚至全部密钥。故障利用与密码算法具体相关，同时依赖于算法所实现的硬件平台和实现方法。故障注入的基本流程可分为四步：选定故障模型、故障注入、故障样本筛选和基于故障的密钥分析。

下面以 AES 算法为例，介绍故障注入的实现。这里，假设攻击者不知道加密密钥，但能够为密码芯片施加明文，并观测加密结果 C，同时，攻击者掌握了芯片上算法实现的细节信息。首先，在故障模型方面，选择在第 9 轮行移位(ShiftRows)之后的 S_0(图 7-13 中最上方左侧阴影格子)引入故障，故障传播过程如图 7-13 所示。

若 AES-128 加密算法状态位分别为 $S_0,S_1,\cdots,S_{14},S_{15}$ 共 16 字节，设 SR_9 为没有故障注入时第 9 轮行移位后的正确结果，ε 为注入的故障，则被注入故障之后的结果 F_{SR9} 可以用如下公式表示：

$$F_{\mathrm{SR9}}=\mathrm{SR}_9\oplus\begin{bmatrix}\varepsilon & 0 & 0 & 0\\ 0 & 0 & 0 & 0\\ 0 & 0 & 0 & 0\\ 0 & 0 & 0 & 0\end{bmatrix}$$

经过第 9 轮列混合(MixColumns)变换，结果为

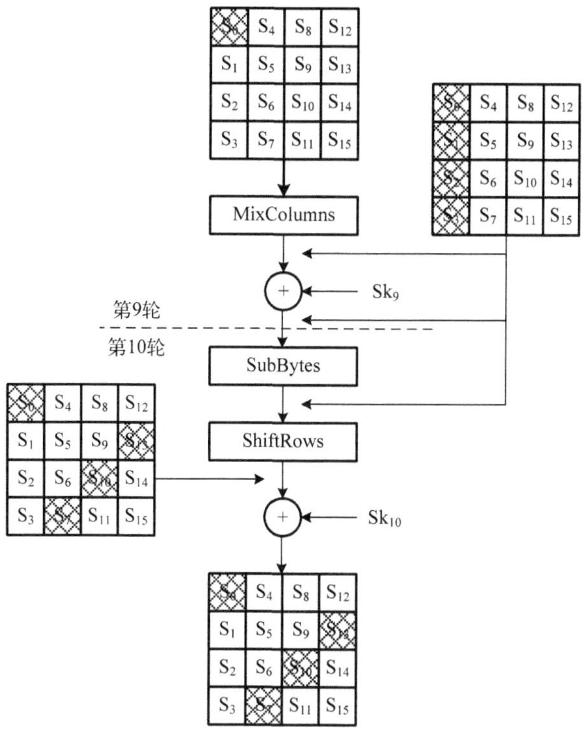

图 7-13　第 9 轮行移位之后注入单字节故障的故障传播过程

$$\begin{bmatrix} S_0 & S_4 & S_8 & S_{12} \\ S_1 & S_5 & S_9 & S_{13} \\ S_2 & S_6 & S_{10} & S_{14} \\ S_3 & S_7 & S_{11} & S_{15} \end{bmatrix} \leftarrow \begin{bmatrix} 02 & 03 & 01 & 01 \\ 01 & 02 & 03 & 01 \\ 01 & 01 & 02 & 03 \\ 03 & 01 & 01 & 02 \end{bmatrix} \times \begin{bmatrix} S_0 & S_4 & S_8 & S_{12} \\ S_1 & S_5 & S_9 & S_{13} \\ S_2 & S_6 & S_{10} & S_{14} \\ S_3 & S_7 & S_{11} & S_{15} \end{bmatrix}$$

显然，故障传播至 S_0、S_1、S_2、S_3 这 4 字节；进一步，经过第 9 轮轮密钥加和第 10 轮字节替换(SubBytes)，故障仍处于这 4 字节；设 Addkey_9 表示没有故障注入时第 9 轮轮密钥加之后的正确结果，第 9 轮列混合和轮密钥加之后结果变为 F_{Addkey_9}，有

$$F_{\text{Addkey}_9} = \text{Addkey}_9 \oplus \begin{bmatrix} 2\varepsilon & 0 & 0 & 0 \\ \varepsilon & 0 & 0 & 0 \\ \varepsilon & 0 & 0 & 0 \\ 3\varepsilon & 0 & 0 & 0 \end{bmatrix}$$

之后经过第 10 轮行移位变换，故障传播至 S_0、S_{13}、S_{10}、S_7 这 4 字节；随后的变换过程该 4 个故障字节的位置将不再发生变化，也就是说密文同样是 S_0、S_{13}、S_{10}、S_7，这 4 字节将含有故障。进一步，经过第 10 轮字节代替之后结果变为

$$F_{\text{SB}_{10}} = \text{SB}_{10} \oplus \begin{bmatrix} \varepsilon_0 & 0 & 0 & 0 \\ \varepsilon_1 & 0 & 0 & 0 \\ \varepsilon_2 & 0 & 0 & 0 \\ \varepsilon_3 & 0 & 0 & 0 \end{bmatrix}$$

其中，SB_{10}为没有故障注入时第 10 轮字节代替后的正确结果。设 X_0、X_1、X_2、X_3 分别表示第 10 轮字节代替之前中间状态对应 4 字节的值，则 ε 与 ε_0、ε_1、ε_2、ε_3 之间满足：

$$\begin{aligned} S(X_0+2\varepsilon) &= S(X_0)+\varepsilon_0 \\ S(X_1+\varepsilon) &= S(X_1)+\varepsilon_1 \\ S(X_2+\varepsilon) &= S(X_2)+\varepsilon_2 \\ S(X_3+3\varepsilon) &= S(X_3)+\varepsilon_3 \end{aligned} \tag{7-3}$$

而加密结束之后 C'为

$$C' = C \oplus \begin{bmatrix} \varepsilon_0 & 0 & 0 & 0 \\ 0 & 0 & 0 & \varepsilon_1 \\ 0 & 0 & \varepsilon_2 & 0 \\ 0 & \varepsilon_3 & 0 & 0 \end{bmatrix}$$

其中，C 为没有故障注入时的正确加密结果。因此，ε_0、ε_1、ε_2、ε_3 的值可以通过异或正确和错误的密文得到。对于同一次故障注入，ε 的值是唯一的。故而对于式(7-3)中的四个等式，可以采用遍历的方法，得到满足要求的(ε，X_0)、(ε，X_1)、(ε，X_2)、(ε，X_3)，进而得到中间状态 X_0、X_1、X_2、X_3 可能的取值。从而根据如下公式得到末轮密钥 $SK_{10}(0)$、$SK_{10}(13)$、$SK_{10}(10)$、$SK_{10}(7)$ 的可能取值。

$$\begin{aligned} S(X_0)\oplus K_{10}(0) &= C(0) \\ S(X_1)\oplus K_{10}(13) &= C(13) \\ S(X_2)\oplus K_{10}(10) &= C(10) \\ S(X_3)\oplus K_{10}(7) &= C(7) \end{aligned}$$

在此基础上，重复进行故障注入和上述整个过程，直到筛选出最终正确的末轮运算子密钥的 4 字节。

7.6.2　抗故障注入攻击与防护技术

按照密码芯片导入故障在时间上的先后顺序，抗故障注入攻击防护策略可分为四类：切断接触点、环境监控、故障检测以及故障纠正。

1. 切断接触点

切断接触点的防御对策旨在切断故障注入工具与受保护的密码芯片的联系，使得攻击者难以对密码芯片进行物理访问。

密码芯片的时钟信号往往是故障攻击的候选目标，攻击者通过在时钟信号上注入“毛刺”，打乱芯片工作节拍，从而导致芯片发生故障，破解芯片密钥。如果在芯片内部设计实现时钟生成电路，则切断了时钟输入与芯片外部接口之间的连接，可抵抗时钟“毛刺”注入攻击。

除此之外，还可以使用低通滤波器滤除电源输入端的毛刺，有效抵抗电源“毛刺”故障注入攻击，可以通过无源金属屏蔽或涂覆反射涂层的方法来抵御激光攻击等。

2. 环境监控

环境监控的基本思路是在密码芯片内部设计多种传感器，对环境参数(电压、频率、温度、光照强度等)进行监测，当参数超过设定的阈值时，关闭密码处理引擎，停止密码服务，销毁内部敏感信息。这种措施需要片内 CPU 编程支持，常常应用于密码 SoC 芯片，图 7-14 给出一种具有环境监测功能的密码 SoC 芯片结构。

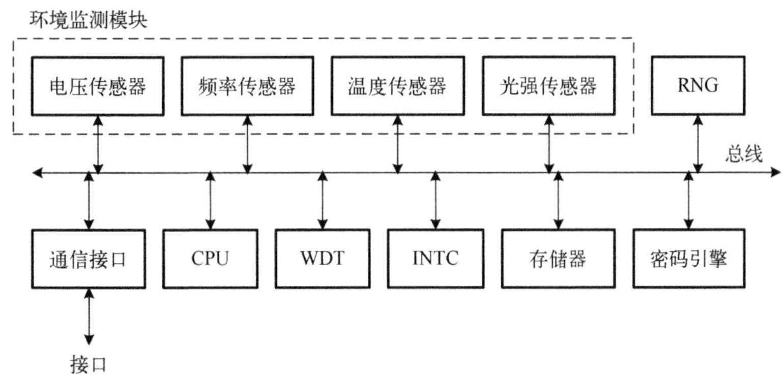

图 7-14　具有环境监测功能的密码 SoC 芯片

这里的电压传感器主要对内核工作电压进行监测，检测电压是否存在毛刺，是否超出设定的阈值(一般为额定工作电压的±10%)；频率传感器对密码芯片的工作频率进行监测，检测时钟信号工作频率是否超出设定范围，防止时钟信号产生“毛刺”或工作频率过低；温度传感器对环境温度进行监测，检测环境温度是否超出设定范围，防止温度过高或过低；光强传感器对各种光照强度进行监测，防止激光注入或物理入侵攻击。

3. 故障检测

故障检测防御通过在集成电路中增加冗余电路来检测故障，主要包括基于信息的冗余技术、基于空间的冗余技术和基于时间的冗余技术。

基于信息冗余的故障检测方法依据差错控制理论，通过设计预测与判决电路得以实施。预测电路对输入数据进行差错控制编码，生成输入信息校验位，并送入校验信息计算电路，作为预测输出(如图 7-15 中信号 p)；同时，将输入信息经密码变换电路之后的输出进行差错控制编码(如图 7-15 中信号 y)，得到输出信息校验值。二者比较，如果一致，表示该电路没有出现故障，否则表示电路发生故障。常用的差错控制编码有奇偶校验码以及循环冗余校验码等。

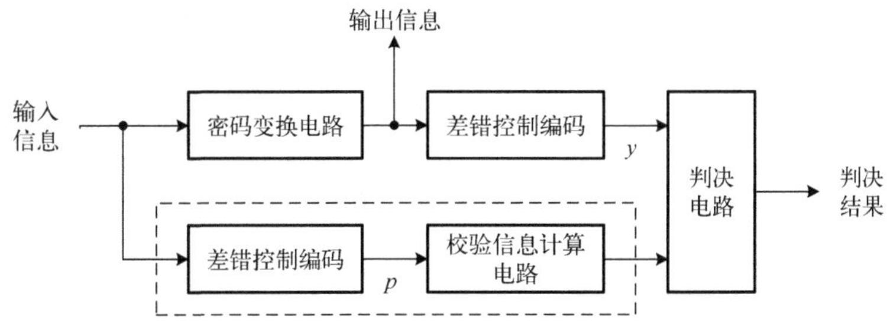

图 7-15　基于差错控制编码的故障检测电路结构

不同的密码变换单元，差错控制编码方案与电路的实现结构不同。比特置换、移位等密码变换电路，只改变输入信号的顺序，不改变输入信号中 1、0 的个数，可以采用奇偶校验码进行差错控制，密码变换之前与之后的差错控制编码计算结果不会发生变化，此时，只需比较变换之前的输入信息与变换之后输出数据的奇偶校验位是否一致，就可以判断电路是否发生故障。

对于异或这样的线性运算电路，可以采用奇偶校验码作为差错控制编码。

设：某异或单元的明文输入 $A=\{A_{128},A_{127},\cdots,A_2,A_1\}$，参与运算的子密钥输入 $SK=\{K_{128},K_{127},\cdots,K_2,K_1\}$，异或运算结果 $Z=A\oplus SK=\{Z_{128},Z_{127},\cdots,Z_2,Z_1\}$。

定义：输入 A 的奇偶校验位为 $A_0=A_{128}\oplus A_{127}\oplus\cdots\oplus A_2\oplus A_1$，输入 K 的奇偶校验位为 $K_0=K_{128}\oplus K_{127}\oplus\cdots\oplus K_2\oplus K_1$，输出 Z 的奇偶校验位为 $Z_0=Z_{128}\oplus Z_{127}\oplus\cdots\oplus Z_2\oplus Z_1$，则有

$$\begin{aligned}A_0\oplus K_0&=(A_{128}\oplus A_{127}\oplus\cdots\oplus A_2\oplus A_1)\oplus(K_{128}\oplus K_{127}\oplus\cdots\oplus K_2\oplus K_1)\\&=(A_{128}\oplus K_{128})\oplus(A_{127}\oplus K_{127})\oplus\cdots\oplus(A_2\oplus K_2)\oplus(A_1\oplus K_1)\\&=Z_{128}\oplus Z_{127}\oplus\cdots\oplus Z_2\oplus Z_1\\&=Z_0\end{aligned}$$

非线性电路，如 S 盒、模加、模乘等单元，密码变换对差错控制编码影响较大，需要具体情况具体分析，有时往往采用基于空间的冗余技术和基于时间的冗余技术检测故障。

基于空间冗余的故障检测方法对原始电路进行复制，向原始电路和复制电路赋予相同输入，然后比较并行执行得到的两个输出是否一致来判断是否有故障注入。

基于时间冗余的故障检测方法通过连续执行原始电路两次，并比较产生的两个输出来进行检测，这种检测方法需要额外的时间消耗。

4. 故障纠正

故障纠正在故障检测的基础上对故障进行纠正，使集成电路最终输出正确结果。此时，虽然故障能注入原始电路中，原始电路发生故障，输出也发生错误，但是最终结果可以被修正回正确值。与故障检测一样，也可以采用基于信息的冗余技术、基于空间的冗余技术和基于时间的冗余技术进行故障纠正。

基于信息的冗余技术一般采用纠错编码继续错误检查和纠正，往往仅能应用于位置变换、线性运算等编码环节。基于空间的冗余技术和基于时间的冗余技术，往往采用多数表决机制，基于空间冗余，需要将原始电路复制两份，三套电路对相同的输入执行相同的运算，取两个或两个以上相同的结果输出；如果基于时间冗余，需要采用同一套电路对同一组输入数据连续执行 3 次，取两个或两个以上相同的结果输出。这种防御对策受大量硬件资源及运算时间消耗的限制。

习　题　七

7-1　简述侧信道分析攻击。

7-2　简述测试/调试端口攻击的方法及危害。

7-3　什么是故障注入攻击？主要防护方法有哪些？

7-4　什么是物理入侵攻击？主要防护方法有哪些？

7-5　什么是能量分析攻击？主要防护方法有哪些？

7-6　什么是计时分析攻击？主要防护方法有哪些？

7-7　RSA 算法采用大数模幂运算 $C=M^e$ –mod N，采用自左至右的指数扫描方法（L-R 算法），大数模幂运算可以分解为大数模乘运算：

$$C = M^e \bmod N = (((\cdots((((1\cdot M^{e_{s-1}})_N)_N^2 \cdot M^{e_{s-2}})_N)_N^2 \cdots M^{e_1})_N)_N^2 \cdot M^{e_0})_N$$

(1) 试采用语言伪码描述，绘出算法流程图。

(2) 说明采用该算法是否具有抗时间攻击能力，如果不能，对算法流程图进行适当修改。

7-8　A5-1 算法采用了 3 个线性反馈移位寄存器，3 个 LFSR 的级数和联接多项式分别为

$LFSR_1$：19 级，$g_1(x)=x^{19}\oplus x^{18}\oplus x^{17}\oplus x^{14}\oplus 1$

$LFSR_2$：22 级，$g_2(x)=x^{22}\oplus x^{21}\oplus x^{17}\oplus x^{13}\oplus 1$

$LFSR_3$：23 级，$g_3(x)=x^{23}\oplus x^{22}\oplus x^{19}\oplus x^{18}\oplus 1$

试设计实现 3 个 LFSR，使其能够检测出移位寄存器发生的 1bit 故障。

参考文献

曹杰, 2014. 抗功耗分析攻击的高速 ECC 算法加速器[D]. 杭州: 杭州电子科技大学.

常忠祥, 2015. 面向序列密码编码环节的可重构设计技术研究[D]. 郑州: 解放军信息工程大学.

陈琳, 2016. 椭圆曲线密码处理器关键技术及安全防护研究[D]. 郑州: 解放军信息工程大学.

陈韬, 2004. 基于 CIOS 算法的 RSA 芯片设计与实现[D]. 郑州: 解放军信息工程大学.

陈韬, 2014. 对称密码可重构专用指令处理器设计技术研究[D]. 郑州: 解放军信息工程大学.

陈韬, 罗兴国, 李校南, 等, 2014. 一种基于流处理框架的可重构分簇式分组密码处理结构模型[J]. 电子与信息学报, 36(12): 3027-3034.

戴乐育, 2015. 可重构分组密码协处理器二维指令系统研究与设计[D]. 郑州: 解放军信息工程大学.

戴乐育, 李伟, 徐金甫, 等, 2015. 面向任务级的多核密码处理器数据分配机制[J]. 计算机工程与设计, 36(1): 98-102.

戴紫彬, 2004. 密码芯片发展述评[J]. 电子技术学院学报信息安全专刊, 16(12): 53-55.

戴紫彬, 2007. 面向分组密码处理的协处理器体系结构研究与设计实现 [D]. 郑州: 解放军信息工程大学.

戴紫彬, 苏锦海, 刘建国, 等, 2002. DES 算法的一种电路逻辑模型及实现方案[J]. 系统工程与电子技术, 24(5): 88-90.

戴紫彬, 孙万忠, 陈韬, 2005. 密码芯片设计基础[D]. 郑州: 解放军信息工程大学.

戴紫彬, 孙万忠, 张永福, 2003. DES 算法 IP 核设计[J]. 半导体技术, 28(5): 57-60, 74.

杜艳华, 戴紫彬, 2004. 安全散列算法 SHA-1 的 FPGA 设计与实现[J]. 电子技术学院学报, 16(1): 17-19.

冯登国, 周永彬, 刘继业, 2010. 能量分析攻击[M]. 北京: 科学出版社.

傅佩龙, 2010. 密码算法硬件快速实现技术研究[D]. 西安: 西安电子科技大学.

高飞, 2011. 序列密码处理结构可重构设计关键技术研究[D]. 郑州: 解放军信息工程大学.

姬忠宁, 2013. 密码协处理器低功耗设计技术研究[D]. 郑州: 解放军信息工程大学.

纪祥君, 2013. 序列密码非线性运算研究与可重构设计[D]. 郑州: 解放军信息工程大学.

蒋璇, 臧春华, 2001. 数字系统设计与 PLD 应用技术[M]. 北京: 电子工业出版社.

金晨辉, 郑浩然, 张少武, 2009. 密码学[M]. 北京: 高等教育出版社.

李军伟, 戴紫彬, 南龙梅, 等, 2014. 多引擎密码 SoC 并行处理技术研究与设计[J]. 计算机工程与设计, 35(7): 2312-2316.

李可长, 2011. 基于 FPGA 可重构快速密码芯片设计[J]. 计算机测量与控制, 19(7): 1665-1667.

李淼, 2010. 可重构线性反馈移位寄存器并行处理技术研究[D]. 郑州: 解放军信息工程大学.

李伟, 2009. 面向序列密码算法的反馈移位寄存器可重构并行化设计[D]. 郑州: 解放军信息工程大学.

李校南, 2013. 可重构分组密码处理架构研究[D]. 郑州: 解放军信息工程大学.

李亚民, 2000. 计算机组成与系统结构[M]. 北京: 清华大学出版社.

刘雷波, 王博, 魏少军, 2018. 可重构计算密码处理器[M]. 北京: 科学出版社.

刘元锋, 2005. RISC 架构微处理器扩展对称密码处理指令的研究[D]. 郑州: 解放军信息工程大学.

鲁俊生, 张文祥, 王新辉, 2004. 一种基于有限域的快速乘法器的设计与实现[J]. 计算机研究与发展, 41(4):

755-760.

马超, 2013. 对称密码中移位操作统一硬件架构研究与实现[D]. 郑州: 解放军信息工程大学.

孟涛, 2009. 分组密码 ASIP 关键技术研究及实现[D]. 郑州: 解放军信息工程大学.

孟涛, 戴紫彬, 2009. 分组密码处理器的可重构分簇式架构[J]. 电子与信息学报, 31(2): 453-456.

南龙梅, 2010. 序列密码协处理器指令系统研究与设计[D]. 郑州: 解放军信息工程大学.

帕克内尔, 埃什拉吉安, 1993. 超大规模集成电路设计基础: 系统与电路[M]. 王正华, 沈晓民, 党晓颖, 等译. 北京: 科学出版社.

秦帆, 2009. 可配置有限域运算单元设计技术研究[D]. 郑州: 解放军信息工程大学.

秦晓懿, 王瀚晟, 曾烈光, 2003. 线性和非线性寄存器系统的并行化技术[J]. 电子学报, 31(3): 406-410.

曲英杰, 2002. 可重组密码逻辑的设计原理[D]. 北京: 北京科技大学.

曲英杰, 刘卫东, 战嘉瑾, 2004. 可重构密码协处理器指令系统的设计方法[J]. 计算机工程与应用, 40(2): 10-12, 22.

任巧, 戴紫彬, 李伟, 等, 2009. 基于流密码的可适配反馈移位寄存器指令[J]. 计算机工程, 35(4): 162-164.

宋震, 2002. 密码学 [M]. 北京: 中国水利水电出版社.

孙万忠, 2003. 高速数据加密卡的硬件设计与实现[D]. 郑州: 解放军信息工程大学.

孙万忠, 戴紫彬, 张永福, 等, 2002. DES 算法的高速硬件实现[J]. 电子技术学院学报, 14(4): 48-51.

汪庆宝, 宿昌厚, 1996. 超大规模集成电路设计技术——从电路到芯片[M]. 北京: 电子工业出版社.

王兢, 戚金清, 2011. 数字电路与系统[M]. 2 版. 北京: 电子工业出版社.

王威, 2015. 面向多核的 ECC 加速阵列关键技术研究[D]. 郑州: 解放军信息工程大学.

王威, 严迎建, 李伟, 等, 2015. 双域可重构 CIOS 模乘器的研究与设计[J]. 微电子学, 45(4): 502-506.

王小云, 于红波, 2016. SM3 密码杂凑算法[J]. 信息安全研究, 2(11): 983-994.

王小云, 王明强, 孟宪萌, 2013. 公钥密码学的数学基础[M]. 北京: 科学出版社.

王志华, 邓仰东, 2000. 数字集成系统的结构化设计与高层次综合[M]. 北京: 清华大学出版社.

魏少军, 刘雷波, 尹首一, 2016. 可重构计算[M]. 北京: 科学出版社.

向楠, 2007. 比特置换网络及其在密码处理器中的应用研究[D]. 郑州: 解放军信息工程大学.

徐磊, 2015. 密码芯片能量分析研究与实现[D]. 济南: 山东大学.

杨晓辉, 2007. 面向分组密码处理的可重构设计技术研究[D]. 郑州: 解放军信息工程大学.

杨晓辉, 戴紫彬, 2006a. 基于 FPGA 的 SHA-256 算法实现[J]. 微计算机信息, 22(11): 146-148.

杨晓辉, 戴紫彬, 2006b. 一种基于 FPGA 的可重构密码芯片的设计与实现[J]. 电子技术应用, 32(8): 102-105.

杨之廉, 申明, 1999. 超大规模集成电路设计方法学导论[M]. 2 版. 北京: 清华大学出版社.

杨宗凯, 黄建, 杜旭, 2004. 数字专用集成电路的设计与验证[M]. 北京: 电子工业出版社.

叶以正, 来逢昌, 2011. 集成电路设计[M]. 北京: 清华大学出版社.

于学荣, 2007. 并行分组密码处理结构研究及指令系统设计[D]. 郑州: 解放军信息工程大学.

袁丹寿, 戎蒙恬, 2006.一种可重构的快速有限域乘法结构[J]. 电子与信息学报, 28(4): 717-720.

张学颖, 2010. 对称密码有限域运算模块可重构设计技术研究[D]. 郑州: 解放军信息工程大学.

张琰, 2008. RISC 结构专用指令密码处理器研究与设计[D]. 郑州: 解放军信息工程大学.

赵宗国, 李伟, 戴紫彬, 2015. 高速可伸缩 Montgomery 模除器设计技术研究[J]. 微电子学与计算机,32(12): 26-30.

LIU B, BASS B M, 2013. Parallel AES encryption engines for many-core processor arrays[J]. IEEE transactions on computers, 62(3):536-547.

LIU R, 2011. Hardware implementation of high performance SMS4 core[J]. Information security processing letters, 111(5):156-163.

MERKLE R C, 1989. One way hash functions and DES[C]//Advances in cryptology – CRYPTO'89, international cryptology conference. Santa Barbara: 428-446.

STEVENS M, BURSZTEIN E, KARPMAN P, et al., 2017. The first collision for full SHA-1[EB/OL]. https://shattered.io/static/shattered.pdf.

WU L, WEAVER C, AUSTIN T, 2001. Cryptomaniac: A fast flexible architecture for secure communication [C]//Proceedings of 28th annual international symposium on computer architecture (ISCA 2001). Gothenburg: 110-119.